从零开始学

电子元器件

识别·检测·维修·代换·应用

张校铭 主编

化学工业出版社

·北京·

本书采用图解形式，按照检测操作步骤，详细讲解了多种元器件的检修方法，读者只要按照步骤操作，可在短时间内学会各种电子元器件的检测、检修与代换技术。主要包括仪表工具使用、电阻器、电容器、电感器、变压器、二极管、三极管、场效应管、晶闸管、IGBT、继电器、开关、耳机、扬声器、蜂鸣器、石英晶体、集成电路、集成稳压器等元件的检修技术与应用，另外，书中配有二维码视频供读者学习。

本书适合广大电子技术初学者、电子爱好者，电子产品维修、设计人员以及电工等人员自学使用，也可作为职业院校电子、电工课程作基础教材使用，同时也是进行电子元器件检测与维修的很好的工具书。

图书在版编目（CIP）数据

从零开始学电子元器件——识别　检测　维修　代换应用 / 张校铭主编．— 北京：化学工业出版社，2017.7（2025.2重印）
ISBN 978-7-122-29892-8

Ⅰ．①从…　Ⅱ．①张…　Ⅲ．①电子元器件-识别-图解②电子元器件-检测-图解③电子元器件-检修-图解
Ⅳ．①TN606-64

中国版本图书馆CIP数据核字（2017）第130276号

责任编辑：刘丽宏　　　　装帧设计：刘丽华
责任校对：宋　夏

出版发行：化学工业出版社（北京市东城区青年湖南街13号　邮政编码100011）
印　　装：北京瑞禾彩色印刷有限公司
880mm×1230mm　1/32　印张11¾　字数381千字
2025年2月北京第1版第20次印刷

购书咨询：010-64518888　　　　售后服务：010-64518899
网　　址：http://www.cip.com.cn
凡购买本书，如有缺损质量问题，本社销售中心负责调换。

定　　价：49.80元　　

前言

电子元器件是组成电路、构成电子产品的最基本单位。要提高产品的质量，必须要了解并能识别元件，只有了解元器件才能提高自身素质，避免在作业中出现差错。因此，掌握电子元器件的结构性能及检测应用，是广大电工、电子技术人员的基本功。为帮助更多的人轻松掌握电子元器件检测与应用技能，编写了此书。

本书选取最常用、最实用的电子元器件，全面介绍了各类电子元器件的类型、符号、主要参数、性能特点、应用电路与维修技术，主要有电阻器、电容器、电感器、变压器、电机类、二极管、三极管、场效应管、晶闸管、继电器类、开关、耳机、扬声器、蜂鸣器、石英晶体、集成电路、集成稳压器等件的检修技术与应用等内容，并附有部分元件参数，供读者代换使用中参考。

在内容编排上，前面章节全面讲解数字万用表和指针万用表测量元件，后面章节选用最优实用方案选用一种表对元件测量进行讲解，另外对检测中遇到的问题也做了详细介绍。这样在有限的篇幅中讲解了更多的内容，同时还使读者学到了正确处理测量中遇到问题的方法。

本书配套的视频采用二维码聊天教学形式，全部为实际过程的测量，并且没有过度的剪辑编辑，因此读者在看视频时就如同在课堂听课一样，避免枯燥无味的学习，提高学习效率。另外，读者在阅读本书时，如有问题，请加微信关注，我们会尽快回复解答。

全书图文并茂，语言通俗易懂，适合广大电子技术初学者、电子爱好者，电子产品维修、设计人员以及电工等人员自学使用，也可作为高职高专及中、高等院校电子、电工课程教材使用，同时也是进行电子元器件检测与维修的很好的工具书。

本书由张校铭主编，参加本书编写的还有曹振华、赵书芬、王桂英、张伯龙、曹祥、焦凤敏、张校珩、张胤涵、曹振宇、曹铮、孔凡桂、孔祥涛、张书敏、张振文、陈海燕、张伯虎等。

由于时间仓促和编写水平有限及视频录制的限制，书中和视频中不足之处难免，恳请广大读者批评指正。

编者

目录

视频 3,18 36,51 53,62, 65

视频
156,161
172,174
213,221
229,231

视频
320,324
332,363
364

第1章 常用检测仪表与工具的使用方法

1.1 万用表的使用

万用表因具有多项测量功能、操作简单且携带方便，成为最常用、最基本的电工电子测量仪表之一。

1.1.1 万用表的分类

万用表主要分为指针型（机械型）、数字、台式万用表三大类。

指针型万用表又可分为单旋钮型万用表和双旋钮型万用表两类，常见的指针型万用表有 MF47、MF500 等，如图 1-1 所示。在实际使用中建议使用单旋钮多量程指针表。

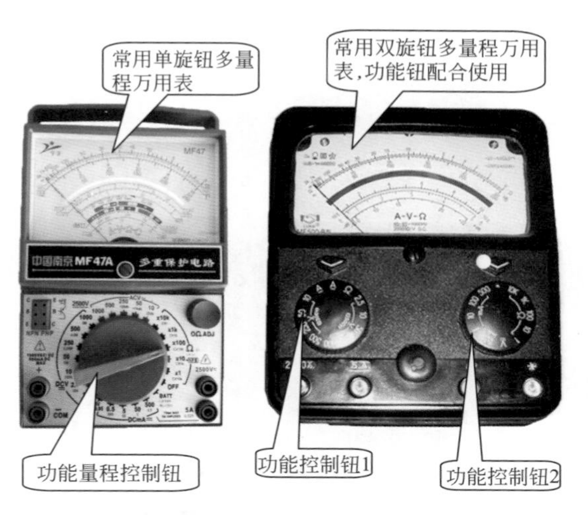

图1-1 常见的指针型万用表

数字万用表又分为多量程万用表和自动量程识别万用表，多量程万用表常见的有 DT9205、DT9208 型万用表等，如图 1-2 所示。需要测量时，旋转到相应功能的适当量程即可测量。

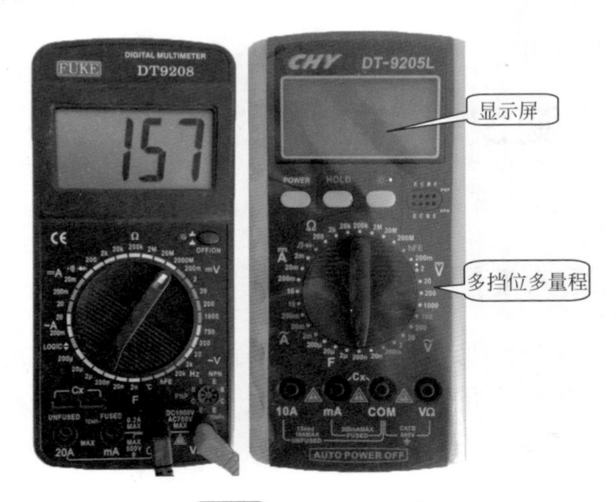

图1-2 多量程万用表

自动量程万用表常见型号有 QI857、R86E 等型号，在测量时只要将功能旋钮旋转到相应的功能位置即可测量，其量程大小可自动选择，如图 1-3 所示。

图1-3 自动量程万用表

数字万用表中还有一种高精度多功能台式万用表，主要用于高精度电子电路的测量，常见有福禄克及安捷伦台式万用表，台式万用表如图1-4 所示。

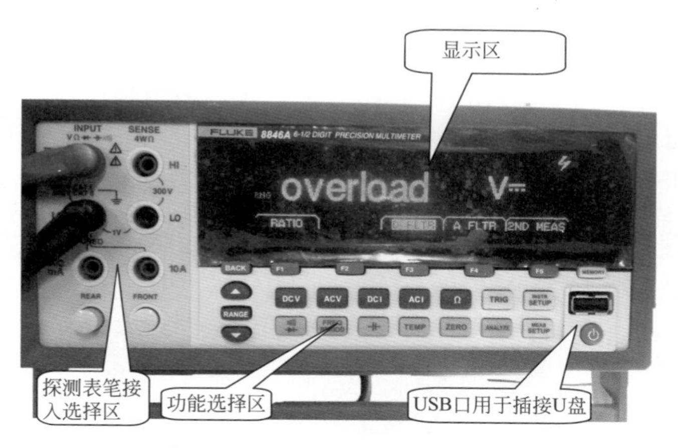

图1-4 台式万用表

1.1.2 指针型万用表

指针型万用表多使用 MF47 型万用表，其外形如图 1-5 所示。指针型万用表由表头、测量选择开关、欧姆调零旋钮、表笔插孔、三极管插孔等部分构成。

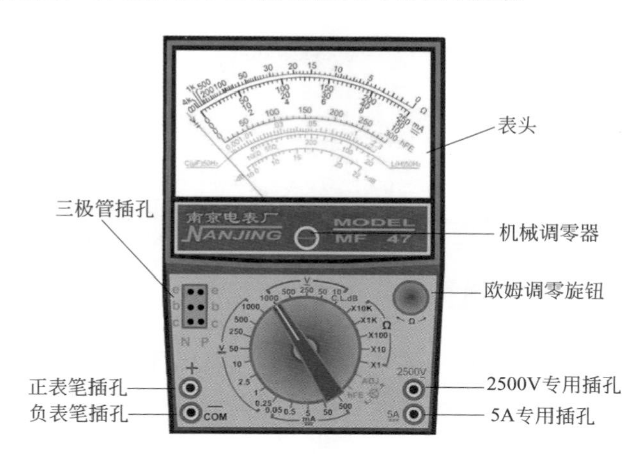

图1-5 MF47型万用表的外形

万用表面板上部为微安表头。表头的下边中间有一个机械调零器，用以校准指针的机械零位（图 1-5），指针下面的标度盘上共有 6 条刻度线，从上往下依次是：电阻刻度线、电压 / 电流刻度线、晶体管 B 值刻度线、电容刻度线、电感刻度线、电平刻度线。标度盘上还装有反光镜，用以消除视差。万用表面板下部中间是测量选择开关，只需转动一下旋钮即可选择各量程挡位，使用方便。测量选择开关指示盘与表头标度盘相对应，按交流红色、三极管绿色、其余黑色的规律印制成 3 种颜色，使用中不易搞错。

MF47 型万用表共有 4 个表笔插孔。面板左下角有正、负表笔插孔，一般习惯上将红表笔插入正表笔插孔，黑表笔插入负表笔插孔。面板右下角有 2500V 和 5A 专用插孔。当测量 2500V 交、直流电压时，红表笔应改为插入 2500V 插孔。当测量 5A 直流电流时，红表笔应改为插入 5A 插孔，如图 1-6 所示。

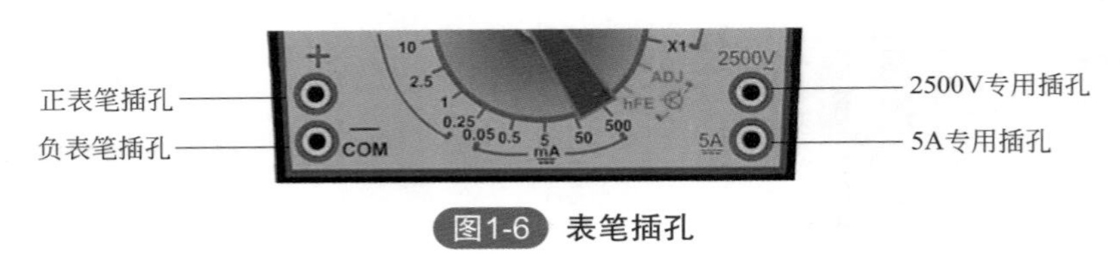

图1-6 表笔插孔

面板下部右上角是电阻挡调零旋钮，用于校准电阻挡“0Ω”的指示。

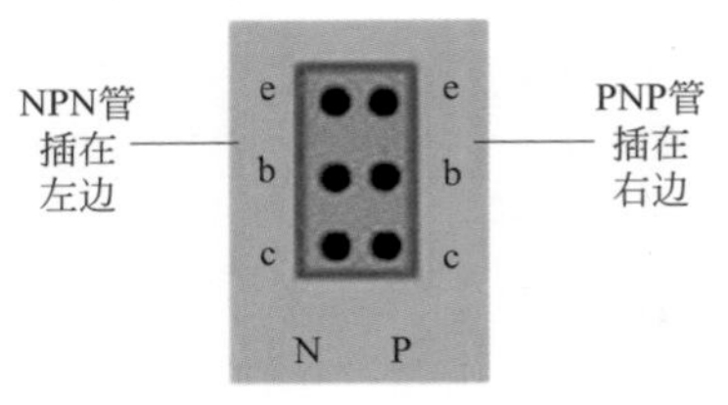

图1-7 三极管插孔

面板下部左上角是三极管插孔。插孔左边标注为“N”，检测 NPN 型三极管时插入此孔；插孔右边标注为“P”，检测 PNP 型三极管时插入此孔，如图 1-7 所示。

1.1.2.1 使用前准备工作

使用万用表前，首先应进行装电池、插表笔、调零等准备工作，然后根据测量对象选择挡位和量程。测量中还应注意防止读数误差。

（1）装入电池与连接表笔 由于电阻挡必须使用直流电源，因此使用前应给万用表装上电池。一般万用表的电池盒设计在表背面，打开电池盒盖后可见两个电池仓。左边是低压电池仓，装入一只 1.5V 的 2 号电池；右边是高压电池仓，装入一只 1.5V（或 9V）的层叠电池。接下来将表笔（测试棒）插入万用表插孔中，一般习惯上将红表笔插入“+”插孔，黑表笔插入“−”插孔。这时，万用表就可以正常使用了。

（2）机械调零 万用表在测量前注意水平放置时，表头指针是否处于交直流挡标尺的零刻度线上，否则读数会有较大的误差。若不在零位，应通过机械调零的方法（即使用小螺丝刀调整表头下方机械调零旋钮，如图 1-8 所示）使指针回到零位。

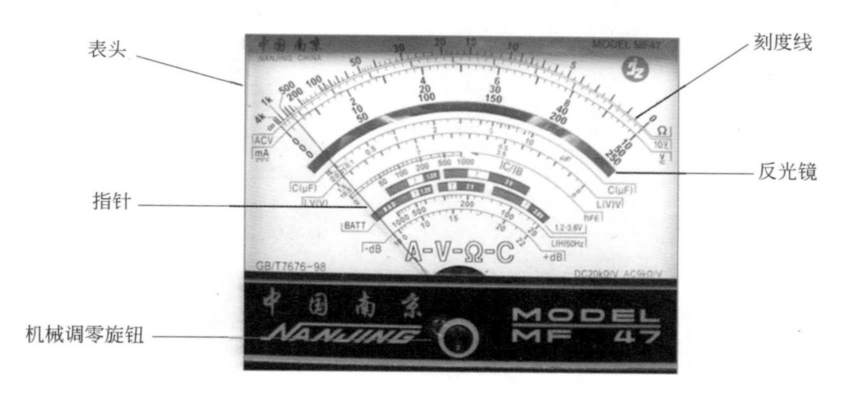

图1-8 表头与机械调零旋钮

（3）选择挡位 万用表的挡位和量程如图 1-9 所示。使用万用表进行测量时，首先应根据测量对象选择相应的挡位，然后根据测量对象的估计大小选择合适的量程。例如，测量 220V 市电，可选择交流电压“250V”挡。如果无法估计测量对象的大小，则应先选择该挡位的最大量程，然后逐步减小，直到能够准确读数。

1.1.2.2 万用表的使用

（1）电阻挡 电阻挡具有 ×1、×10、×100、×1k、×10k 共 5 挡，各挡中心阻值分别为 2.2kΩ、22kΩ、220kΩ。最大可读量程为 40MΩ。

① 量程选择。

第一步：试测。先粗略估计所测电阻阻值，再选择合适量程。如果不能估计被测电阻阻值，一般将开关拨在 R×100 或 R×1k 的位置进行初测，然后看指针是否停在中线附近，如果是则说明挡位合适。

提示：如果指针太靠近零，则要减小挡位；如果指针太靠近无穷大，则要增大挡位。

第二步：选择正确挡位。测量时，指针停在中间或附近，如图 1-10 所示。

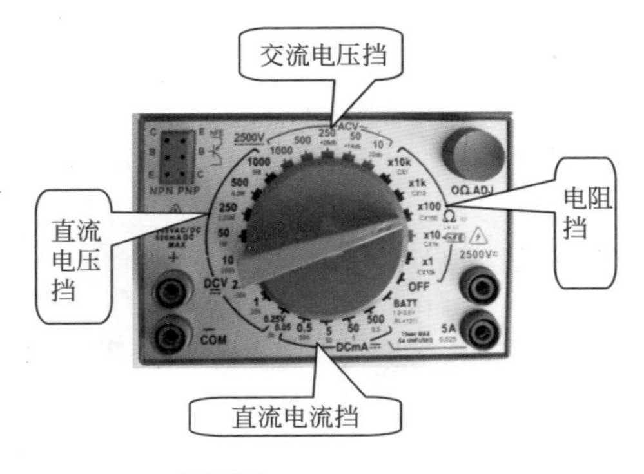

图1-9 挡位和量程

图1-10 指针停在中间或附近

② 欧姆调零。选好合适的电阻挡后，将红黑表笔短接，指针自左向右偏转，这时指针应指向 0Ω（表盘的右侧，电阻刻度的 0 值）。如果不在 0Ω 处，就要调整欧姆调零旋钮使万用表指针指向 0Ω 刻度，如图 1-11 所示。

提示：每次更换量程前，必须重新进行欧姆调零。

图1-11 欧姆调零

③ 测量非在路的电阻时，将万用表两表笔（不分正、负）分别接被测电阻的两端，指针指示出被测电阻的阻值，如图 1-12 所示。

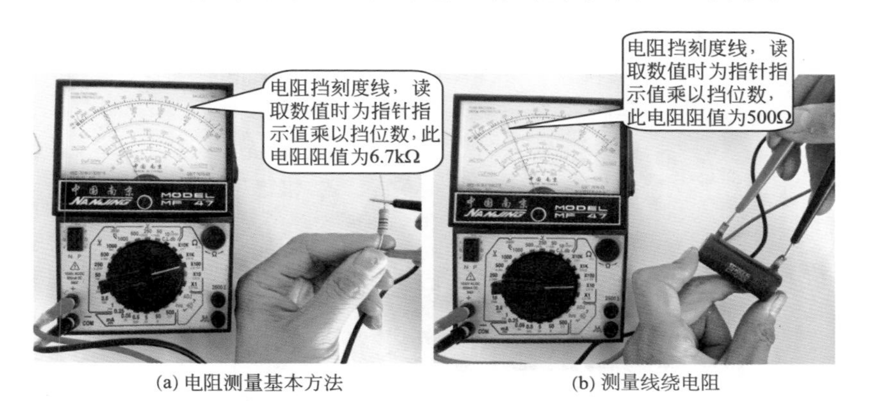

(a) 电阻测量基本方法 (b) 测量线绕电阻

图1-12 测量方法

注意：在测量电阻时，手不能同时接触电阻两端，尤其是大阻值电阻，因为手有一定的阻值，会与电阻并联，影响测量结果。如图 1-13 所示。

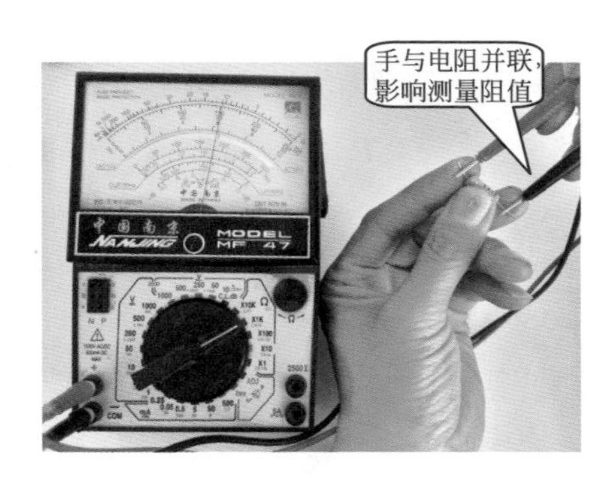

图1-13 手与电阻关联的影响

提示：
- 不能带电测量。
- 被测电阻不能有并联支路。

④ 测量电路板上的在路电阻时，应如图 1-14 所示将被测电阻的一端从电路板上焊开，然后再进行测量，否则由于电路和其他元器件的影响，测得的电阻值误差将很大。

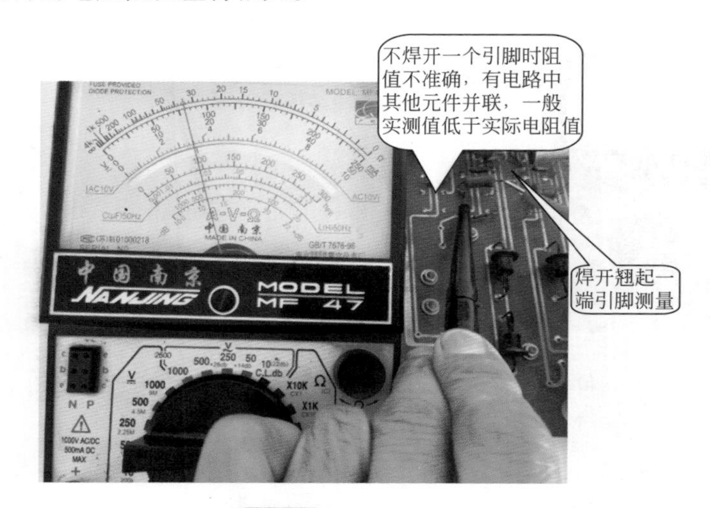

图1-14 测量在路电阻

提示：测量电路电阻时应先切断电路电源，如电路中有电容则应先行放电，以免损坏万用表。

⑤ 用电阻挡检测电路通断：用电阻挡检测电路通断时，可选用低阻挡直接测量被测电路，阻值基本为 0Ω 为通，阻值很大或表针不摆动则为断路。如图 1-15 所示。

⑥ 读数。被测电阻的阻值为表盘的指针指示数乘以电阻挡位，即被测电阻值 = 刻度示值 × 倍率。例如选用 R × 10k 挡测量，表针指示 18，则被测电阻值为 18 × 10k=180kΩ。

⑦ 挡位复位。测量工作完成后将挡位开关打在交流电压 1000V 挡（最大交流电压挡），以免下次误操作烧毁万用表。

⑧ 电阻挡使用注意事项如下：

• 当电阻连接在电路中时，首先应将电路的电源断开，决不允许带电测量。若带电测量则容易烧坏万用表，且会使测量结果不准确。

• 万用表内干电池的正极与面板上的“–”插孔相连，干电池的负极与面板上的“+”插孔相连。在测量电解电容和三极管等元器件的电阻时要注意极性。

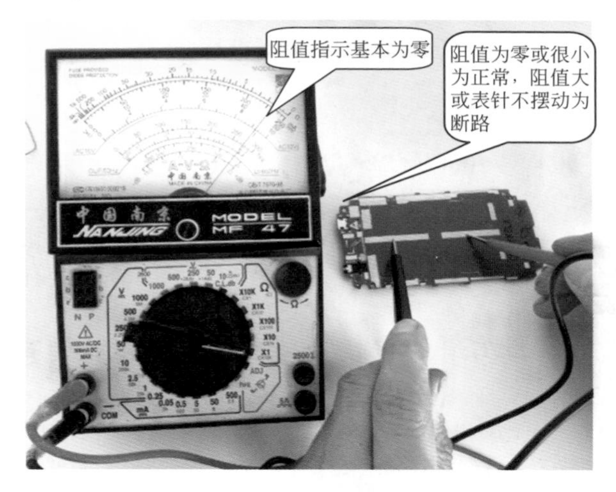

图1-15 用电阻挡检测电路通断

• 每换一次倍率挡，都要重新进行欧姆调零。

• 不允许用万用表电阻挡直接测量高灵敏度表头内阻。因为这样做可能使流过表头的电流超过其承受能力（微安级）而烧坏表头。

• 不准用两只手同时捏住表笔的金属部分测电阻，否则会将人体电阻并接于被测电阻而引起测量误差，因为这样测得的阻值是人体电阻与待测电阻并联后的等效电阻的阻值，而不是待测电阻的阻值。

• 电阻在路测量时可能会引起较大偏差，因为这样测得的阻值是部分电路电阻与待测电阻并联后的等效电阻的阻值，而不是待测电阻的阻值，最好将电阻的一个引脚焊开进行测量。

• 用万用表不同倍率的电阻挡测量非线性元器件的等效电阻时，测出的电阻值是不相同的。这是由于各挡位的中值电阻和满度电流各不相同所造成的。机械表中，一般倍率越小，测出的阻值越小（具体内容见晶体二极管、三极管部分内容）。

测量三极管、电解电容等有极性元器件的等效电阻时，必须注意两个笔的极性（具体内容见电容器质量判别部分）。

测量完毕，将测量选择开关置于交流电压最高挡，如AC1000V挡。

（2）直流电压挡 直流电压挡测量范围为0~2500V，灵敏度为

20kΩ/V，分为0.25V、1V、2.5V、10V、50V、250V、500V、1000V、2500V共9挡，其中2500V挡使用专用插孔，其余各挡由测量选择开关转换。

测量直流电压时，万用表构成直流电压表，直接并接于被测电压两端。

MF47型万用表的直流电压挡主要有0.25V、1V、2.5V、10V、50V、250V、500V、1000V、2500V挡。测量直流电压时首先估计一下被测直流电压的大小，然后将测量选择开关拨至适当的电压量程（万用表直流电压挡标有“V”或标“DCV”符号），将红表笔接被测电压“+”端（即高电位端），黑表笔接被测量电压“−”端（即低电位端）。

万用表测直流电压的具体操作步骤如下：

a. 选择挡位。将万用表的红黑表笔连接到万用表的表笔插孔中，并将测量选择开关调整至直流电压挡。

b. 选择量程。由于电路中电源电压只有3.6V，所以选用10V挡。若不清楚电压大小，应首先用最高电压挡测量，然后逐渐换用低电压挡。

c. 测量方法。万用表与被测电路并联，红表笔应接被测电路和电源正极相接处，黑表笔应接被测电路和电源负极相接处（图1-16）。

d. 正确读数。

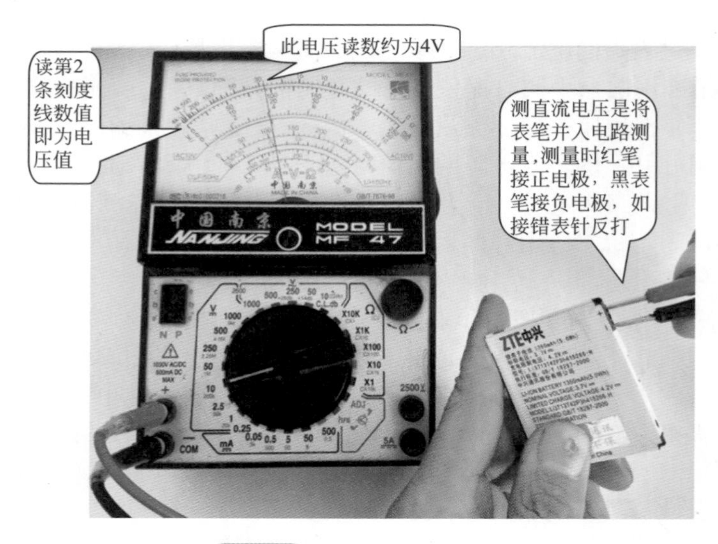

图1-16 万用表测直流电压

• 找到所读电压刻度尺。仔细观察表盘，直流电压挡刻度线应是表盘中的第二条刻度线。表盘第二条刻度线下方有 V 符号，表明该刻度线可用来读交直流电压。

• 选择合适的标度尺。在第二条刻度线的下方有 3 个不同的标度尺，0-50-100-150-200-250、0-10-20-30-40-50、0-2-4-6-8-10。根据所选用不同量程选择合适标度尺，例如 0.25V、2.5V、250V 量程可选用 0-50-100-150-200-250 标度尺，1V、10V、1000V 量程可选用 0-2-4-6-8-10 标度尺，50V、500V 量程可选用 0-10-20-30-40-50 标度尺。因为这样读数比较容易、方便。

• 确定最小刻度单位。根据所选用的标度尺来确定最小刻度单位。例如，用 0-50-100-150-200-250 标度尺时，每一小格代表 5 个单位；用 0-10-20-30-40-50 标度尺时，每一小格代表 1 个单位；用 0-2-4-6-8-10 标度尺时，每一小格代表 0.2 个单位。

• 读出指针示数大小。根据指针所指位置和所选标度尺读出示数大小。例如，指针指在 0-50-100-150-200-250 标度尺的 100 向右过 2 小格时，读数为 110。

• 读出电压值大小。根据示数大小及所选量程读出所测电压值大小。例如，所选量程是 2.5V，示数是 110（用 0-50-100-150-200-250 标度尺读数时），则该所测电压值是 110/250 × 25V=1.1V。

• 读数时视线应正对指针，即只能看见指针实物而不能看见指针在弧形反光镜中的像所读出的值。如果被测的直流电压大于 1000V 时，则可将 1000V 挡扩展为 2500V 挡。方法很简单，将转换开关置 1000V 量程，红表笔从原来的“+”插孔中取出，插入标有 2500V 的插孔中即可测 2500V 以下的高电压。

（3）交流电压挡 交流电压挡测量范围为 0~2500V，灵敏度为 45kΩ/V，分为 10V、50V、250V、500V、1000V、2500V 共 6 挡。其中，2500V 挡使用专用插孔，其余各挡由测量选择开关转换。

万用表可能用来测量各种交流电压的大小，测量交流电压与测量直流电压相似，不同之处是两表笔可以不分正、负。

测量 1000V 及其以下交流电压时，转动万用表上的测量选择开关至所需的 V 挡，测量 1000V 以及 2500V 的交流电压时，将测量选择开关置于交流 1000V 挡，并将红表笔改插入 2500V 专用插孔。

万用表测量交流电压的具体操作步骤如下：

a. 更换万用表测量选择开关至合适挡位，弄清楚要测的电压性质是交流电，将测量选择开关转到对应的交流电压最高挡位。

b. 选择合适量程。根据待测电路中电源电压大小估计一下被测交流电压的大小选择量程。若不清楚电压大小，应先用最高电压挡试触测量，后逐渐换用低电压挡直到找到合适的量程为止。

电压挡合适量程的标准是指针尽量指在刻度盘的满偏刻度的 2/3 以上位置（注意：与电阻挡合适倍率标准有所不同）。

c. 测量方法。万用表测电压时应使万用表与被测电路相并联，红黑表笔分别接测电压两端（交流电压无正负之分，故红表笔可随意接）。

d. 正确读数。读数时查看第二条刻度线，读数方法与直流电压的读数方法相同，此处不再重复讲述交流电压读数方法了。

（4）直流电流挡 直流电流挡测量范围为 0~5A，分为 0.05mA、0.5mA、5mA、50mA、500mA、5A 共 6 挡。其中，5A 挡使用专用插孔，其余各挡由测量选择开关转换。

万用表测量直流电流量的具体操作步骤如图 1-17 所示。

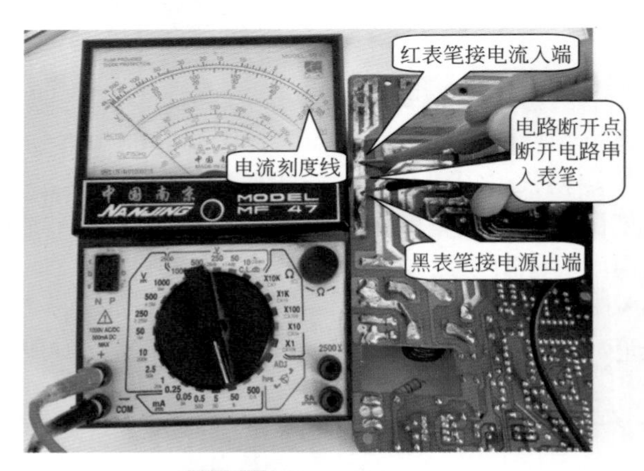

图1-17 直流电流挡测量

a. 机械调零。与测量电阻、电压一样，在使用之前都要对万用表进行机械调零（机械调零方法同测量电阻、电压的机械调零方法）。一般经常用的万用表不需每次都进行机械调零。

b. 选择量程。根据待测电路中电源电流估计一下被测直流电流的大小，选择量程。若不清楚电流的大小，应先用最高电流挡（500mA 挡）测量，后逐渐换用低电流挡，直到找到合适电流挡（标准同测量电压）。

c. 测量方法。使用万用表电流挡测量电流时，应将万用表串联在被测电路中，因为只有串联连接才能使流过电流表的电流与被测电路电流相同。测量时，应断开被测电路，将万用表红黑表笔串接在被断开的两点之中。特别应注意电流表不能并联接在被测电路中，这样做极易使万用表烧毁。同时注意红黑表笔的极性，红表笔要接在被测电路的电流流入端，黑表笔接在被测电路的电流流出端（同直流电压极性选择）。

d. 正确使用刻度和读数。万用表测量直流电流时选择表盘刻度线同测量电压时一样，都是第二条（第二条刻度线的右边有 mA 符号）。其他刻度特点、读数方法同测量电压。

如果测量的电流大于 500mA，可选择 5A 挡。将测量选择开关置于 500mA 挡量程，红表笔从原来的“+”插孔中取出，插入万用表右下角标有 5A 的插孔中即可测 5A 以下的大电流。

（5）晶体管挡 测量晶体管直流参数时，β 值的测量具有 1 个校准挡位（ADJ）和 1 个测量挡位（hFE），测量范围为 0~300（倍）。I_{CBO} 和 I_{CEO} 的测量使用 R × 1k 挡，测量范围为 0~60 μ A。如果 I_{CEO} 较大，可使用 R × 100 挡，测量范围相应为 0~600 μ A。

测量三极管的放大倍数：三极管类型有 PNP 型和 NPN 型两种，它们的检测方法是一样的。三极管的放大倍数测量主要分为以下几步：

• 欧姆调零。将挡位选择开关拨至 ADJ 挡位，然后调节欧姆调零旋钮，使指针指到标有“hFE”刻度线的最大刻度“300”处，实际上指针此时也指在欧姆刻度线“0”刻度处（图 1-18）。

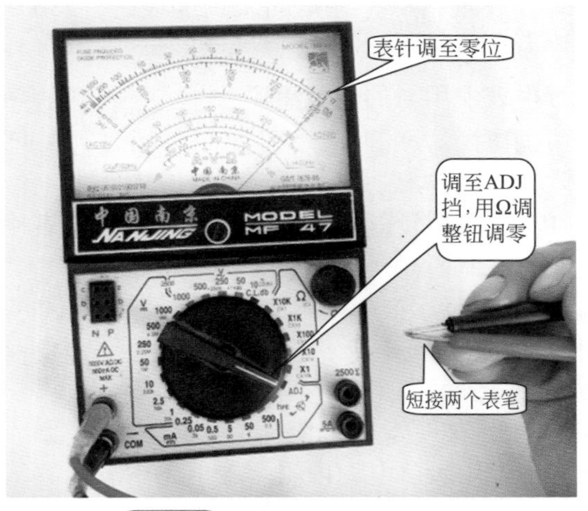

图1-18 调至ADJ调整钮调零

• 挡位选择。将挡位选择开关置于 hFE 挡。

• 根据三极管的类型和引脚的极性将三极管插入相应的测量插孔，PNP 型三极管插入标有“P”字样的插孔，NPN 型三极管插入标有“N”字样的插孔（图 1-19）。

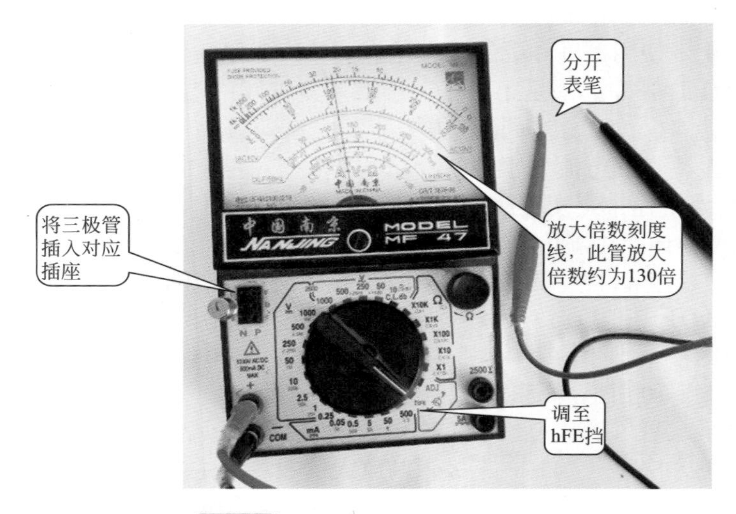

图1-19 三极管入相应的测量插孔

• 读数。读数时查看标有“hFE”字样的第四条刻度线，观察指针所指的刻度数。如发现指针指在第四条刻度线的“230”刻度处，则该晶体管放大倍数为 230 倍。

1.1.2.3 万用表使用时的注意事项

① 在测量电阻时，人的两只手不要同时和表笔一起搭在内阻的两端，以避免人体电阻的并入。

② 若使用 R × 1 挡测量电阻时，应尽量缩短万用表使用时间，以减少万用表内电池的电能消耗。

③ 测量电阻时，每次换挡后都要调零，若不能调零则必须更换新电池。切勿用力旋转调零旋钮，以免损坏。此外，不要双手同时接触两个表笔的金属部分，测量高阻值电阻时更要注意。

④ 在电路中测量某一电阻的阻值时，应切断电源，并将电阻的一端断开。更不能用万用表测电源内阻。若电路中有电容，应先放电。也不能测量额定电流很小的电阻（如灵敏电流计的内阻等）。

⑤ 测量直流电流或直流电压时，红表笔应接入电路中高电位一端（或电流总是从红表笔流入万用表）。

⑥ 测量电流时，万用表必须与待测对象串联；测量电压时，万用表必须与待测对象并联。

⑦ 测量电流或电压时，手不要接触表笔金属部分，以免触电。

⑧ 绝对不允许用电流挡或电阻挡测量电压。

⑨ 试测时应用跃接法，即在表笔接触测试点的同时，注视指针偏转情况，并随时准备在出现意外（指针超过满刻度、指针反偏等）时，迅速将表笔脱离测试点。

⑩ 测量完毕，务必将测量选择开关拨离电阻挡，应拨到最大交流电压挡，以免他人误用，造成仪表损坏；也可避免由于将量程拨至电阻挡，而把表笔碰在一起致使表内电池长时间放电。

1.1.2.4 指针型万用表常见故障的检测

以 MF47 型万用表为例，介绍万用表常见故障。

① 磁电式表头故障：

a. 摆动表头，指针摆幅很大且没有阻尼作用。此故障原因为可动线圈断路、游丝脱焊。

b. 指示不稳定。此故障原因为表头接线端松动或动圈引出线、游丝、分流电阻等脱焊或接触不良。

c. 零点变化大，通电检查误差大。此故障原因可能为轴承与轴承配合不妥当、轴尖磨损比较严重，致使摩擦误差增加，游丝严重变形，游丝太脏而粘圈，游丝弹性疲劳，磁间隙中有异物等。

② 直流电流挡故障：

a. 测量时，指针无偏转，此故障原因多为表头回路断路，使电流等于零；表头分流电阻短路，从而使绝大部分电流流不过表头；接线端脱焊，从而使表头中无电流流过。

b. 部分量程不通或误差大。此故障原因为分流电阻断路、短路或变值常见为（$R\times1\Omega$ 挡）。

c. 测量误差大。此故障原因为分流电阻变值（阻值变化大，导致正误差超差；阻值变小，导致负误差）。

d. 指示无规律，量程难以控制。此故障原因多为测量选择开关位置窜动（调整位置，安装正确后即可解决）。

③ 直流电压挡故障：

a. 指针不偏转，示值始终为零。此故障原因为分压附加电阻断线或表笔断线。

b. 误差大。此故障原因为附加电阻的阻值增加引起示值的正误差，阻值减小引起示值的负误差。

c. 正误差超差并随着电压量程变大而严重。此故障原因为表内电压电路元件受潮而漏电，电路元件或其他元件漏电，印制电路板受污、受潮、击穿、电击炭化等引起漏电。修理时，刮去烧焦的纤维板，清除粉尘，用酒精清洗电路后烘干处理。严重时，应用小刀割铜箔与铜箔之间电路板，从而使绝缘良好。

d. 不通电时指针有偏转，小量程时更为明显。此故障原因为由于受潮和污染严重，使电压测量电路与内置电池形成漏电回路。处理方法同上。

④ 交流电压、电流挡故障：

a. 置于交流挡时指针不偏转、示值为零或很小。此故障原因多为整流元件短路或断路，或引脚脱焊。检查整流元件，如有损坏应更换，若有虚焊应重焊。

b. 置于交流挡时示值减少一半。此故障是由整流电路故障引起的，即全波整流电路局部失效而变成半波整流电路使输出电压降低。更换整流元件，故障即可排除。

c. 置于交流电压挡时指示值超差。此故障是由串联电阻阻值变化超过元件允许误差而引起的。当串联电阻阻值降低绝缘电阻降低、测量选择开关漏电时，将导致指示值偏高。相反，当串联电阻阻值变大时，将使指示值偏低而超差。应采用更换元件、烘干和修复测量选择开关的办法排除故障。

d. 置于交流电流挡时指示值超差。此故障原因为分流电阻阻值变化或电流互感器发生匝间短路。更换元器件或调整修复元器件排除故障。

e. 置于交流挡时指针抖动。此故障原因为表头的轴尖配合太松，修理时指针安装不紧，转动部分质量改变等，由于其固有频率刚好与外加交流电频度相同，从而引起共振。尤其是当电路中的旁路电容变质失效而无滤波作用时更为明显。排除故障的办法是修复表头或更换旁路电容。

⑤ 电阻挡故障：

a. 电阻常见故障是各挡位电阻损坏（原因多为使用不当，用电阻挡误测电压造成）。使用前，用手捏两表笔，一般情况下指针应摆动，如摆动则说明对应挡电阻烧坏，应予以更换。

b. R×1 挡两表笔短接之后，调节调零电位器不能使指针偏转到零位。此故障多是由于万用表内置电池电压不足，或电极触簧受电池漏液腐蚀生锈，从而造成接触不良。此类故障在仪表长期不更换电池情况下出现最多。如果电池电压正常，且接触良好，调节调零电位器而指针偏转不稳定，无法调到欧姆零位，则多是调零电位器损坏。

c. 在 R×1 挡可以调零，其他量程挡调不到零，或只是 R×10k、R×100k 挡调不到零。此故障原因是分流电阻阻值变小，或者高阻量程的内置电池电压不足。更换电阻元件或叠层电池，故障即可排除。

d. 在 R×1、R×10、R×100 挡测量误差大。在 R×100 挡调零不顺利，即使调到零，但经几次测量后零位调节又变为不正常。此故障原因为测量选择开关触点上有黑色污垢，使接触电阻增加且不稳定。擦拭测量选择开关触点直至露出银白色为止，保证其接触良好，可排除故障。

e. 表笔短路，表头指示不稳定。此故障原因多是由于线路中有假焊点，电池接触不良或表笔引线内部断线。修复时应从最容易排除的故障做起，即先保证电池接触良好，表笔正常，如果表头指示仍然不稳定，就需要寻找线路中假焊点加以修复。

f. 在某一量程挡测量电阻时严重失准，而其余各挡正常。此故障往往是由于测量选择开关所指的表箱内对应电阻已经烧毁或断线所致。

g. 指针不偏转，电阻示值总是无穷大。此故障原因大多是由于表笔断线、测量选择开关接触不良、电池电极与引出簧片之间接触不良、电池日久失效已无电压以及调零电位器断路。找到具体原因之后作针对性的修复，或更换内置电池，故障即可排除。

1.1.2.5 指针型万用表的选用

万用表的型号很多，而不同型号之间功能也存在差异。除基本量程，在选购万用表时，通常要注意以下几方面：

① 选用万用表用于检测无线电等弱电子设备时，一定要注意以下三个方面。

a. 万用表的灵敏度不能低于 20kΩ/V，否则在测试直流电压时，万用表对电路的影响太大，而且测试数据也不准。

b. 万用表外形选择。需要上门修理时，应选外形稍小一些的万用表，如 M50 型 U201 等。如果不上门修理，可选择 MF47 或 MF500 型万用表。

c. 频率特性选择（俗称是否抗峰值）：方法是用直流电压挡测高频电路（如彩色电视机的行输出电路电压）看是否显示标称值，如是则频率特性高；如指示值偏高则频率特性差（不抗峰值），则此表不能用于高频电路的检测（最好不要选择此类万用表）。

② 检测电力设备（电动机、空调、冰箱等）时，选用的万用表一定要有交流电流测试挡。

③ 检查表头的阻尼平衡。首先进行机械调零，将表在水平、垂直方向来回晃动，指针不应该有明显的摆动；将表水平旋转和竖直放置时，指针偏转不应该超过一小格；将旋钮旋转 360° 时，指针应该始终在零附近均匀摆动。如果达到了上述要求，就说明表头在平衡和阻尼方面达到了标准。

1.1.3 数字型万用表

（1）认识 DT9208 型数字万用表 DT9208 型数字万用表是一种操作方便、读数精确、功能齐全、体积小巧、携带方便且使用电池作电源的手持式大屏幕液晶显示万用表。DT9208 为 $3\frac{1}{2}$位数字万用表，该表可用来测量直流电压/电流、交流电压/电流、电阻、电容、逻辑电平测试、二极管测试、三极管测量及电路通断等，可供工程设计、实验室、生产试验、工场事务、野外作业和工业维修等使用。DT9208 型数字万用表如图 1-20 所示。

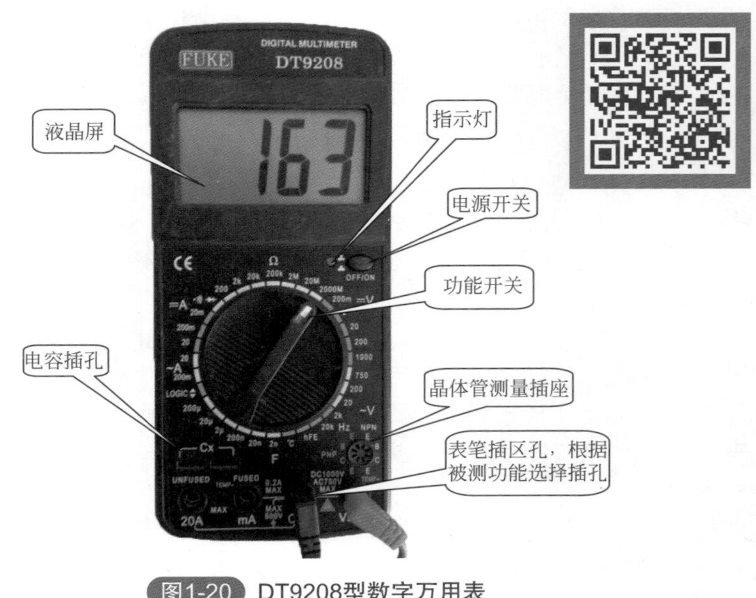

图1-20 DT9208型数字万用表

(2) 使用前的准备工作

① 将 ON/OFF 开关置于 ON 位置，检查 9V 电池电压。如果电池电压不足，"[电池符号]"将显示在显示器上，这时则需更换电池。如果显示器没有显示"[电池符号]"，则按以下步骤操作。

② 测试笔插孔旁边的"⚠"符号，表示输入电压或电流不应超过指示值，这是为了保护内部线路免受损伤。

③ 测试之前，功能开关应置于所需要的量程。

(3) 测量电阻　电阻测量如图 1-21 所示。

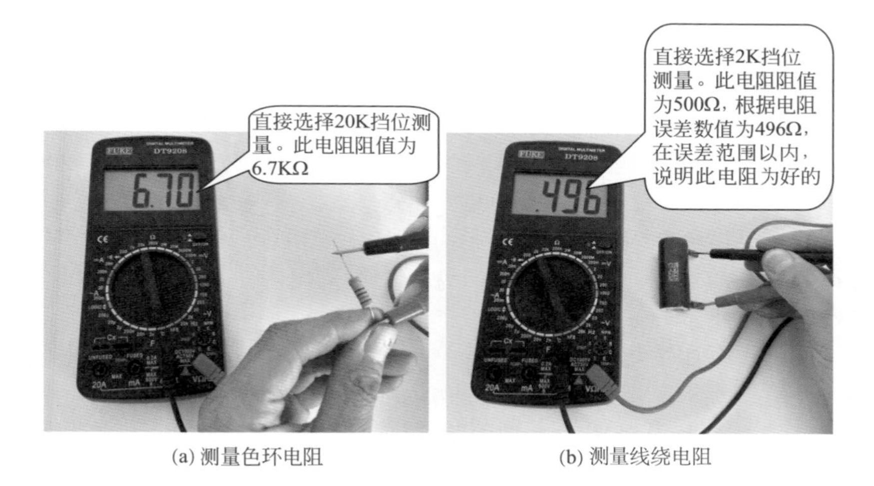

(a) 测量色环电阻　　(b) 测量线绕电阻

图1-21　测量电阻

① 测量步骤如下：

a. 将黑表笔插入 COM 插孔，红表笔插入 V/Ω 插孔。

b. 将功能开关置于 Ω 量程，将测试表笔连接到待测电阻上。

c. 分别用红黑表笔接到电阻两端金属部分。

d. 读出显示屏上显示的数据。

提示：在路测量电阻时与机械表相同，如图 1-22 和图 1-23 所示。

② 说明如下：

a. 量程选择和转换。量程选小了则显示屏上会显示"1."，此时应换用较大的量程；反之，量程选大了则显示屏上会显示一个接近于"0"

的数，此时应换用较小的量程。

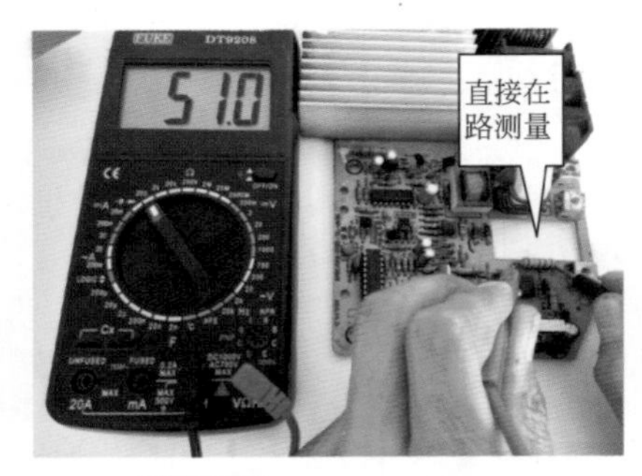

图1-22 直接在路测量

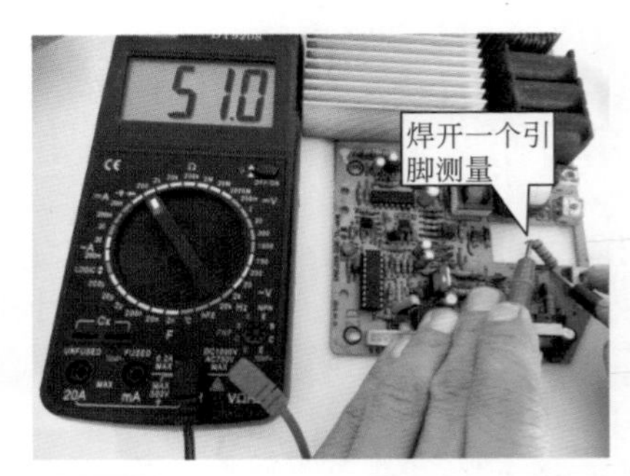

图1-23 焊开一个引脚测量在路电阻

b. 读数。显示屏上显示的数字再加上下边挡位选择的单位就是待测电阻的读数。要提醒的是，在“200”挡时单位是“Ω”，在“2~200k”挡时单位是“kΩ”，在“2~2000M”挡时单位是“MΩ”。

c. 如果被测电阻值超出所选择量程的最大值，将显示过量程“1.”，应选择更高的量程。对于大于 1MΩ 或更高的电阻，要几秒后读数才能稳定，这是正常的。

d. 当没有连接好（如开路情况）时，仪表显示为“1.”。

e. 当检查被测的阻抗时，要保证移开被测电路中所有电源，所有电容放电。被测电路中如有电源和储能元件，会影响电路阻抗测试正确性。

f. 万用表的 200MΩ 挡位，短路时有 10 个字，测量一个电阻时应从测量读数中减去这 10 个字。如测一个电阻时，显示为 101.0，应从 101.0 中减去 10 个字，被测元件的实际阻值为 100.0（即 100MΩ）。

（4）测量直流电压 直流电压测量如图 1-24 所示。

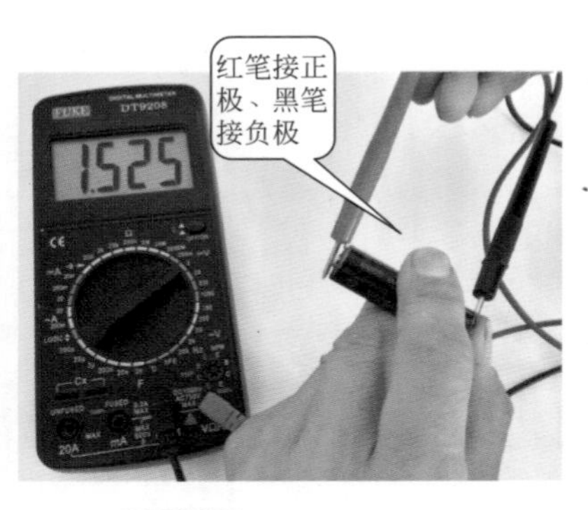

图1-24 测量直流电压

① 测量步骤如下：

a. 将黑表笔插入 COM 插孔，红表笔插入 V/Ω 插孔。

b. 将功能开关置于直流电压挡 V-量程范围，并将测试表笔连接到待测电源（测开路电压）或负载上（测负载电压降），红表笔所接端的极性将同时显示在显示器上。

② 说明如下：

a. 如果不知被测电压范围，将功能开关置于最大量程并逐渐下降。

b. 如果显示屏只显示“1”，表示过量程，功能开关应置于更高量程。

c. “⚠”表示不要测量高于1000V的电压，显示更高的电压值是有可能的，但有损坏内部线路的危险。

d. 当测量高电压时，要格外注意避免触电。

e. 若在数值左边出现“—”，则表明表笔极性与实际电极相反，此时红表笔接的是负极（图1-25）。

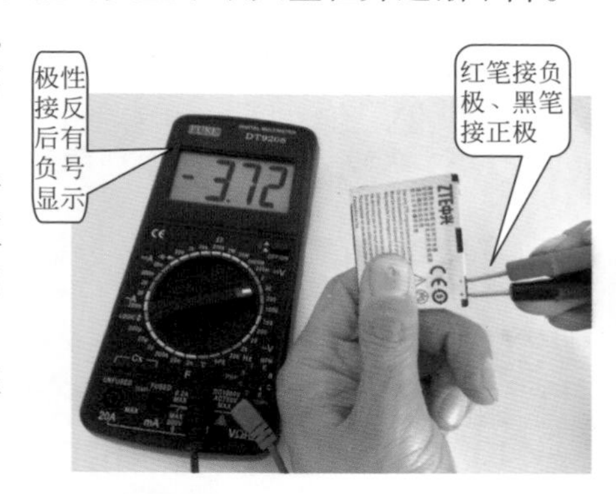

图1-25　极性接反后有负号显示

（5）测量交流电压　交流电压测量如图1-26所示。

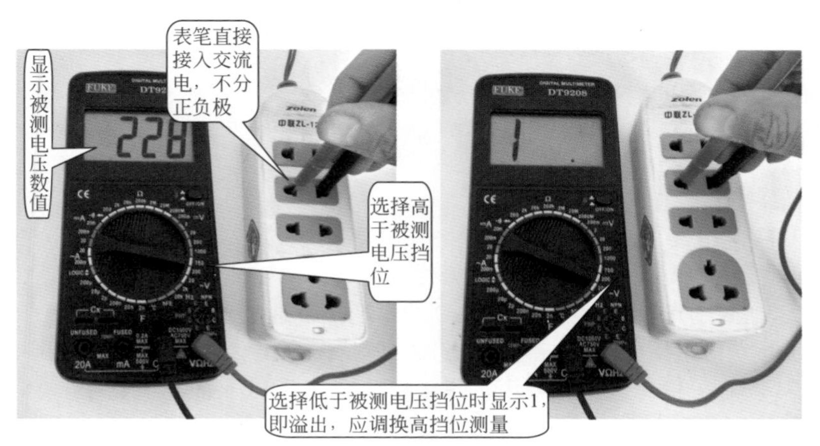

(a) 选择高于被测电压挡位　　(b) 选择低于被测电压挡位时显示1，即溢出

图1-26　测量交流电压

测量步骤如下：

a. 表笔插孔与直流电压的测量一样，不过应该将功能开关打到交流挡“V～”处所需的量程即可。

b. 交流电压无正负之分，测量方法与前面相同。

提示：

• 无论是测量交流还是测量直流电压，都要注意人身安全，不要随便用手触及表笔的金属部分。

•“⚠”表示不要测量高于 700Vrms 的电压，显示更高的电压值是有可能的，但有损坏内部线路的危险。

（6）测量直流电流 直流电流测量如图 1-27 所示。

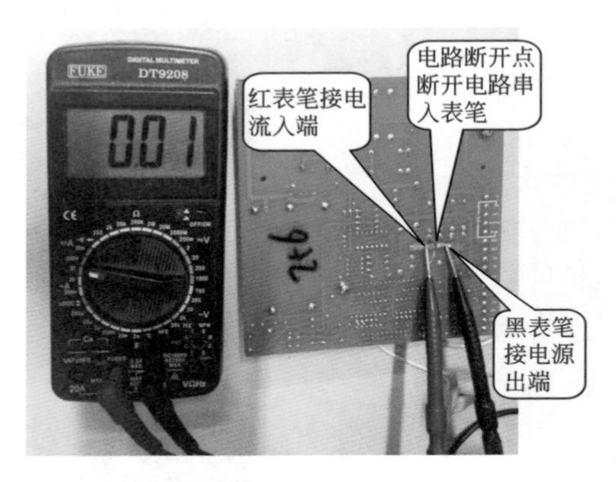

图1-27 测量直流电流

① 测量步骤如下：

a. 断开电路。

b. 黑表笔插入 COM 插孔，红表笔插入 mA 插孔或者 20A 插孔。

c. 功能开关打至 A-（直流）挡，并选择合适的量程。

d. 断开被测电路，并将数字万用表串入被测电路中。被测电路中电流从一端流入红表笔，经万用表黑表笔流出，再流入被测电路中。

e. 接通电路。

f. 读出 LCD 显示屏数字。

② 说明如下：

a. 估计电路中电流的大小。若测量大于 200mA 的电流，则要将红表笔插入“10A”插孔并将功能开关打到直流“10A”挡；若测量小于 200mA 的电流，则将红表笔插入“200mA”插孔，将功能开关打到直流 200mA 内的合适量程。如果使用前不知被测电流范围，将功能开关置于最大量程并逐渐下降。

b. 将万用表串入电路中，保持稳定即可读数。若显示为“1.”，那么就要加大量程；如果在数值左边出现“–”，则表明电流从黑表笔流进万用表。

c. “⚠”表示最大输入电流为200mA, 过量的电流将烧坏熔丝，应再更换。20A量程无熔丝保护，测量时不能超过15s。

（7）测量交流电流 测量方法与直流电流相同，不过挡位应该打到交流挡位A～。

提示：电流测量完毕后应将红表笔插入“VΩ”插孔，若直接测量电压，则会导致万用表烧毁。

（8）测量电容 电容测量如图1-28所示。

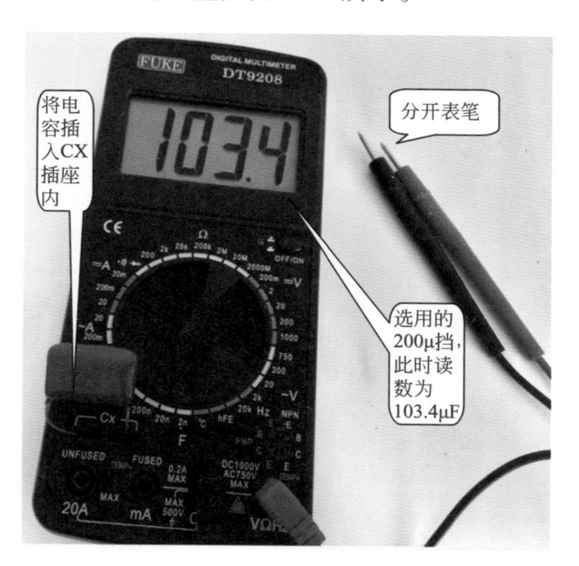

图1-28 测量电容

① 测量步骤如下：

a. 将电容两端短接，对电容进行放电，确保数字万用表的安全。

b. 将功能开关打至电容“F”测量挡，并选择合适的量程。

c. 将电容插入万用表CX插孔。

d. 读出LCD显示屏上数字。

② 说明如下：

a. 测量前电容需要放电，否则容易损坏万用表。

b. 测量后也要放电，避免埋下安全隐患。

c. 仪器本身已对电容挡设置保护，故在电容测试过程中不用考虑极性及电容充放电等情况。

d. 测量电容时，将电容插入专用的电容测试座中（不要插入表笔插孔 COM、VΩ）。

e. 测量大电容时，稳定读数需要一定时间。

（9）测量二极管 二极管测量如图 1-29 所示。

① 测量步骤如下：

a. 红表笔插入 VΩ 插孔，黑表笔插入 COM 插孔。

b. 功能开关打在（—▷|—）挡。

c. 判断正负。

d. 红表笔接二极管正极，黑表笔接二极管负极。

e. 读出 LCD 显示屏上数据。

f. 两表笔换位，若显示屏上显示为“1”，说明二极管正常；否则，说明此管被击穿。

② 二极管好坏判断如下：

a. 将红表笔插入 VΩ 插孔，黑表笔插入 COM 插孔，并且功能开关打在（—▷|—）挡进行测试。测试后颠倒表笔再测试一次。

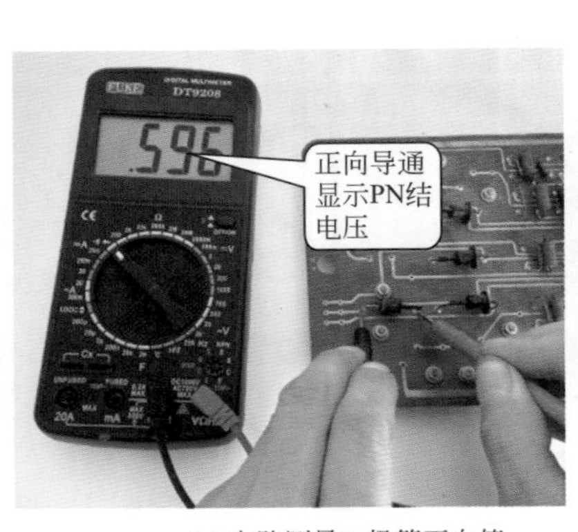

(a) 在路测量二极管正向值

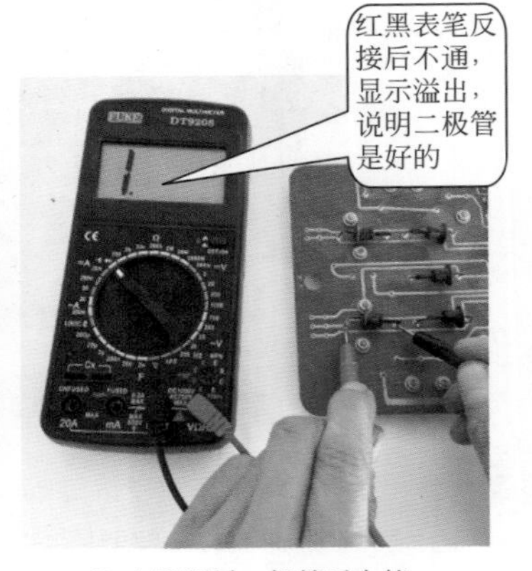

(b) 在路测量二极管反向值

图1-29 测量二极管

b. 如果两次测量结果一次显示“1.”，另一次显示零点几的数字，那么此二极管就是一个正常的二极管；假如两次显示都相同，那么此二极管已经损坏。LCD 上显示的一个数字即是二极管的正向压降（硅二极管为 0.6V 左右，锗二极管为 0.2V 左右），根据二极管的特性可以判断此时红表笔接的是二极管的正极，而黑表笔接的是二极管的负极。

（10）测量三极管 三极管测量如图 1-30 所示。

① 测量步骤如下：

a. 红表笔插入 VΩ 插孔，黑表笔插入 COM 插孔。

b. 功能开关打在（—▷|—）挡。

c. 找出三极管的基极 B。

d. 判断三极管的类型（PNP 型或者 NPN 型）。

e. 功能开关打在 hFE 挡。

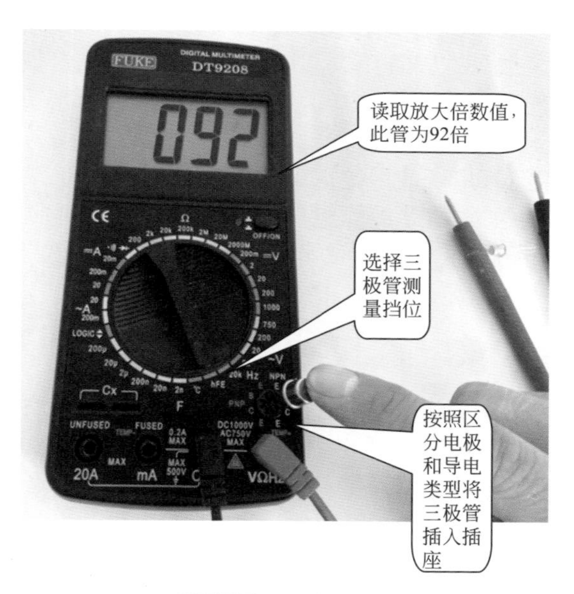

图1-30 测量三极管

f. 根据类型插入 PNP 或 NPN 插孔测量 β。

g. 读出显示屏中 β 值。

② 三极管引脚判断如下：

a. 判断 B 极。表笔插位同上；其原理同二极管。先假定 A 脚为基极，用黑表笔与该脚相接，红表笔与其他两引脚分别接触；若两次读数均为 0.7V 左右，然后再用红表笔接 A 脚，黑笔接触其他两引脚，若均显示“1.”，则A脚为基极，否则需要重新测量，且此管为PNP型管。

b. 判断C、E极。可以利用hFE挡来判断：先将挡位打到hFE挡，可以看到挡位旁有一排小插孔，分别为PNP和NPN的测量。前面已经判断出管型，将基极插入对应管型“B”孔，其余两脚分别插入“C”、“E”孔，此时可以读取数值（即β值）；再固定基极，其余两引脚对调；比较两次读数，读数较大的引脚位置与表面“C”、“E”相对应。

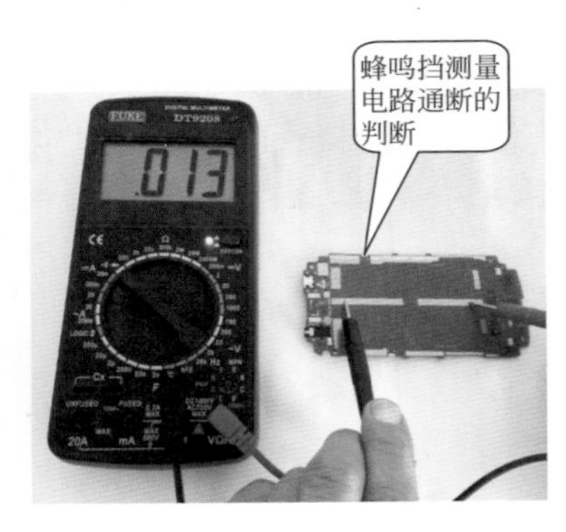

图1-31 电路通断的判断

（11）电路通断的判断 将表挡位置于蜂鸣挡（多数和二极管挡位共用）用表笔直接测量被测电路，如电路通是蜂鸣器发出声音，同时指示灯亮，如无声音，指示灯不亮说明电路不通，用此方法可查电路短路、断路。如图1-31所示。

（12）数字型万用表使用注意事项

① 如果无法预先估计被测电压或电流的大小，则应先拨至最高量程测量一次，再根据实际情况逐渐把量程减小到合适位置。测量完毕，应将量程开关拨到最高电压挡，并关闭电源开关。

② 满量程时，仪表仅在最高位显示数字“1.”，其他位均消失，这时应选择更高的量程。

③ 测量电压时，应将数字型万用表与被测电路并联；测量电流时，应将数字型万用表与被测电路串联。测量直流量时，不必考虑正、负极性。

④ 当误用交流电压挡测量直流电压或者误用直流电压挡测量交流电压时，显示屏将显示“000”或低位上的数字出现跳动。

⑤ 测量时，不能将显示屏对着阳光直晒，否则不仅会导致显示的数值不清晰，而且会影响显示屏的使用寿命，并且万用表也不要在高温环境中存放。

⑥ 禁止在测量高电压（220V以上）或大电流（0.5A以上）时切换量程，以防止产生电弧，烧毁开关触点。

⑦ 测量电容时，注意要将电容插入专用的电容测试座中，不要插入表笔插孔内；每次切换量程时都需要一定复零时间，待复零结束后再插入待测电容；测量大电容时，显示屏显示稳定的数值需要一定的时间。

⑧ 显示屏显示“电池符号”、“BATT”或“LOWBAT”时，说明电

池电压过低，需要更换电池。

⑨ 使用完毕后，对于没有自动关机功能的万用表将电源开关拨至“OFF”（关闭）状态。

（13）数字型万用表常见故障与检测

① 仪表无显示。首先检查电池电压是否正常（一般用的是9V电池，新的也要测量）。其次检查熔丝是否正常，若不正常则予以更换；检查稳压电路是否正常；若不正常则予以更换；检查限流电阻是否开路，若开路则予以更换。再查：检查电路板上的线路是否有腐蚀或短路、断路现象（特别是主电源电路线），若有则应清洗电路板，并及时做好干燥和焊接工作。如果一切正常，测量显示集成电路的电源输入的两脚，测试电压是否正常，若正常则该集成电路损坏，必须更换该集成电路；若不正常，则检查其他有没有短路点，若有则要及时处理好；若没有或处理好后还不正常，则该集成电路已经内部短路，则必须更换。

② 电阻挡无法测量。首先从外观上检查电路板，在电阻挡回路中有没有连接电阻烧坏，若有则必须立即更换；若没有，则对每一个连接元件进行测量，有坏的及时更换；若外围都正常，则测量集成电路是否损坏，若损坏必须更换。

③ 电压挡在测量高压时示值不准，或测量稍长时间示值不准，甚至不稳定。此类故障大多是由于某一个或几个元件工作功率不足引起的。若在停止测量的几秒内，检查时发现这些元件发烫，这是由于功率不足而产生热效应所造成的，同时形成了元件的变值（集成电路也是如此），则必须更换该元件（或集成电路）。

④ 电流挡无法测量。此故障多是由于操作不当引起的，检查限流电阻和分压电阻是否烧坏，若烧坏则应予以更换；检查到放大器的连线是否损坏，若损坏则应重新连接好；若不正常则更换放大器。

⑤ 示值不稳，有跳字现象。检查整体电路板是否有受潮或漏电现象，若有则必须清洗电路板并作好干燥处理；输入回路中有无接触不良或虚焊现象（包括测试笔），若有则必须重新焊接；检查有无电阻变质或刚测试后有无元件发生超正常的烫手现象（这种现象是由其功率降低引起的），若有则应更换该元件。

⑥ 示值不准。这种现象主要是由测量通路中电阻值或电容失效引起的，则更换该电容或电阻；检查该通路中的电阻阻值（包括热反应中的阻值），若阻值变值或热反应变值，则予以更换该电阻；检查A/D转换器的基准电压回路中的电阻、电容是否损坏，若损坏则予以更换。

1.2 数字型电容表的使用

1.2.1 数字型电容表的结构

以常用的 DT-6013 型数字电容表为例说明数字型电容表的使用及注意事项。如图 1-32 所示，面板上部为 3 $\frac{1}{2}$位 LCD 液晶显示屏，最大显示读数为 1999。面板中部左侧为挡位选择按钮：右侧上部有电源开关，电源开关下面是调零旋钮。面板下部为被测电容器插孔，左负右正。

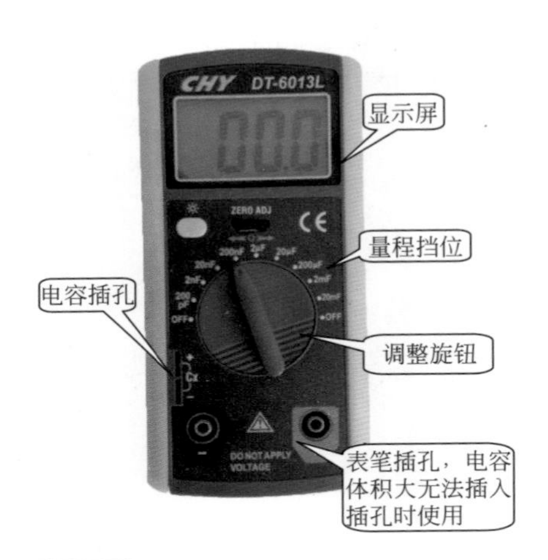

图1-32 DT-6013型数字电容表及外形

DT-6013 型数字电容表可以测量 0.1pF~2000μF 的电容量，分为 9 个测量挡位，通过表身左侧的 9 挡按钮开关进行选择，使用时，估计被测电容量的大小选择适当的挡位，只要按下相应的挡位按钮即可显示出电容量。

图 1-33 所示为数字型电容表电路原理框图。

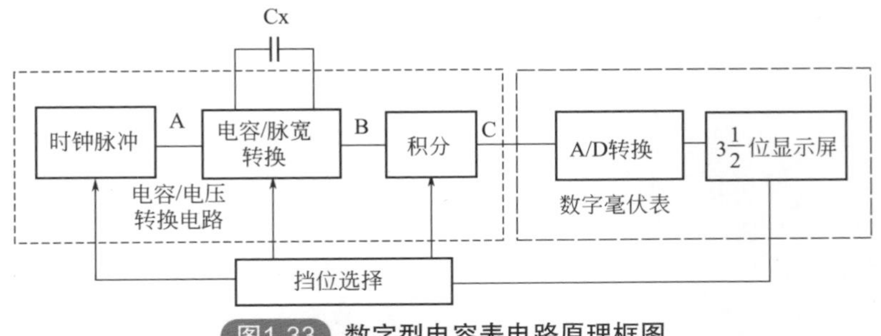

图1-33 数字型电容表电路原理框图

(1) 数字型电容表的电路构成

① 电容 / 电压转换电路。功能是将被测电容量转换为相应的电压值。它由时钟脉冲、电容 / 脉宽转换、积分电路以及挡位选择等单元组成。

② 毫伏级数字电压表。功能是电压测量并显示。它由双积分 A/D

转换器和 3 $\frac{1}{2}$位 LCD 显示屏组成。

③ 挡位选择电路。功能是改变量程。它由琴键式波段开关和相关电路组成。

（2）数字型电容表的测量原理 如图 1-33 所示，插入电容在时钟脉冲一定时，电容量越大，B 点输出脉宽越宽，C 点积分所得电压也越大。从“2μF”挡换为“20μF”挡时，挡位选择电路将改变时钟脉冲和积分电路等的参数，使得 20μF 电容量的积分电压与 2μF 电容量一样，并同时将显示屏的小数点向右移动一位。

1.2.2 数字型电容表的应用

数字型电容表使用前应先装电池。电池仓在表的背面，打开电池仓盖，将一只 9V 层叠电池扣牢在电池扣上并放入电流仓。打开电源开关（POWER），LCD 显示屏应显示“000”。如 LCD 显示屏显示数不为“000”，则应左右缓慢旋转调零旋钮（ZERO），直至显示数为“000”。

测量时，按下需要的挡位按钮，将被测电容器插入测量插孔，电解电容器等有极性电容器应注意区分正、负极（左负右正）（图 1-34）。

例如测量 22μF 电解电容器，挡位选择在“200μF”挡，读数为“19.0”，即该电容器的实际容量为 19.0μF。

测量无极性电容器时，被测电容器不分正负插入测量插孔。例如测量 0.15μF 电容器，挡位选择在“2μF”挡，读数为“158”，即该电容器的实际容量为 0.158μF。当显示屏显示数为“1”时，表示显示溢出，说明所选挡位偏小，应换用较大的挡位再进行测量。

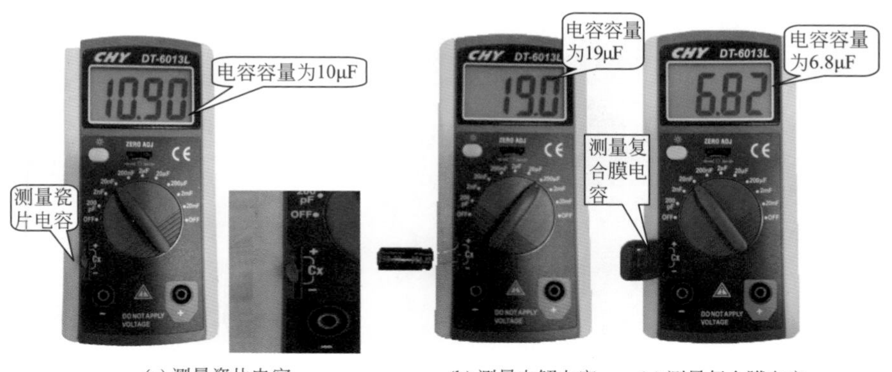

(a) 测量瓷片电容 (b) 测量电解电容 (c) 测量复合膜电容

图1-34

1.3 电烙铁、热风枪与吸锡器的使用

1.3.1 电烙铁

电烙铁是电子产品生产与维修中不可缺少的焊接工具。电烙铁主要利用电加热电阻丝或 PTC 加热元件产品热能，并将热量传送到烙铁头来实现焊接。电烙铁有内热式、外热式和电子恒温式等多种。

（1）内热式电烙铁 内热式电烙铁的铁头插在烙铁芯上，根据功率的不同，通电 2~5min 即可使用。烙铁头的最高温度可达 350℃左右。常用的内热式烙铁有 20W、25W、30W、50W 等多种。电子设备修理一般用 20~30W 内热式电烙铁就可以了。

① 内热式电烙铁的结构。如图 1-35（a）所示，内热式电烙铁由外壳、手柄、烙铁头、烙铁芯、电源线等组成。手柄由耐热的胶木制成，不会因电烙铁的热度而损坏手柄。烙铁头由紫铜制成，它的质量好坏与焊接质量好坏有很大关系。烙铁芯是用很细的镍铬电阻丝在瓷管上绕制而成的，在常态下它的电阻值根据功率的不同为 1~3kΩ。烙铁芯外壳一般由无缝钢管制成，因此不会因温度过热而变形。某些快热型电烙铁为黄铜管制成，由于传热快，不宜长时间通电使用，否则会损坏手柄。接线柱用铜螺钉制成，用来固定烙铁芯和电源线。

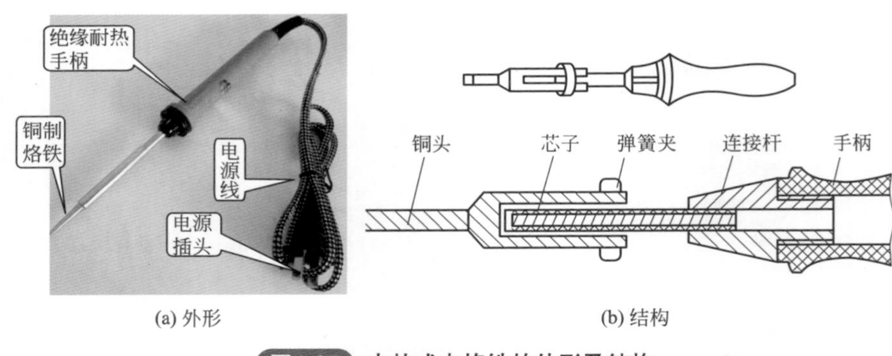

(a) 外形　(b) 结构

图1-35 内热式电烙铁的外形及结构

② 内热式电烙铁的使用。新电烙铁在使用前应用万用表测电源线两端的阻值，如果阻值为零，说明内部碰线，应拆开，将电线处断开再插上电源；如果无阻值，多数是烙铁芯或引线断（图 1-36）；如果阻值

在 3kΩ 左右，再插上电源，通电几分钟后拿起电烙铁在松香上蘸，正常时应该冒烟并有“吱吱”声，这时再蘸锡，让锡在电烙铁上蘸满才好焊接（图 1-37）。

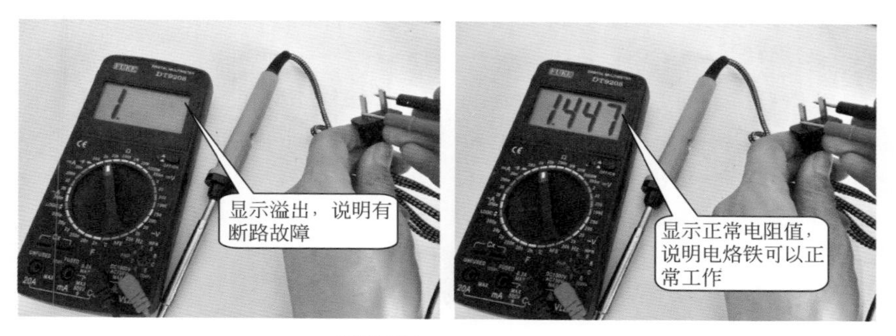

图1-36 烙铁芯测量

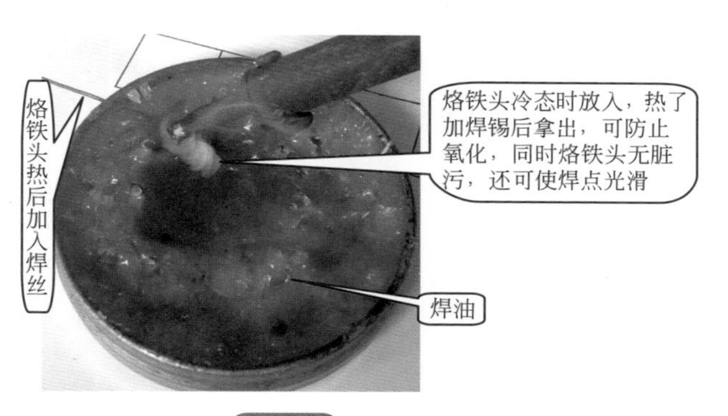

图1-37 清洗烙铁头

提示：一定要先将烙铁头蘸在松香上再通电，防止烙铁头氧化，从而可延长其使用寿命。

焊接注意事项如下：

a. 拿起烙铁不能马上焊接，应该先在松香或焊锡膏（焊油）上蘸一下，目的一是去掉烙铁头上的污物，二是试验温度。而后再去蘸锡，初学者应养成这一良好的习惯。

b. 待焊部位应该先着一点焊油，过分脏的部分应先清理干净，再蘸上焊油焊接。焊油不能用得太多，不然会腐蚀电路板，造成很难修复的故障，尽可能使用松香焊接。

c. 电烙铁通电后，电烙铁的放置头应高于手柄，否则手柄容易烧坏。

d. 如果电烙铁过热，应该把烙铁头从芯外壳上向外拔出一些；如果温度过低，可以把烙铁头向里多插一些，从而得到合适的温度（市电电压低时，不容易熔锡）无法保证焊接质量。

e. 焊接管子和集成电路等零件时，速度要快，否则容易烫坏元件。但是，必须要待焊锡完全熔在电路板和零件引脚后才能拿开电烙铁，否则会造成假焊，给维修带来后遗症。

焊接技术看起来是件容易事，但真正把各种机件焊接好还需要一个锻炼的过程。例如焊什么件、需要多大的焊点、需要多高温度、需要焊多长时间，都需要在实践中不断摸索。

③ 内热式电烙铁的维修。

a. 换烙铁芯。烙铁芯由于长时间工作，故障率较高。更换时，首先取下烙铁头，用钳子夹住胶木连接杆，松开手柄，把接线柱螺钉松开，取下电源线和坏的烙铁芯。将新芯从接线柱的管口处细心放入芯外壳内，插入的位置应该与芯外壳另一端齐为合适。放好芯后，将芯的两引线和电源引线一同绕在接线柱上紧固好，上好手柄和烙铁头即可。

b. 换烙铁头。烙铁头使用一定时间后会烧得很小，不能蘸锡，这就需要换新的。把旧的烙铁头拔下，换上合适的；如果太紧可以把弹簧取下，如果太松可以在未上之前用钳子镊紧。烙铁头最好使用铜棒车制成的，不宜使用铜等夹芯的（两者区分方法为手制的有圆环状的纹，夹芯的没有）。

（2）外热式电烙铁 外热式电烙铁是由烙铁头、传热筒、烙铁芯、外壳、手柄等组成的，如图 1-38 所示。烙铁芯是用电阻丝绕在薄云母片绝缘的筒子上，烙铁芯套在烙铁头的外面，故称外热式电烙铁。

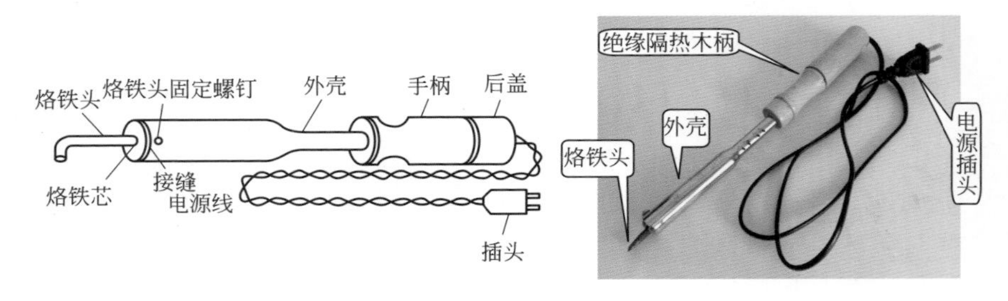

图1-38 外热式电烙铁的内部结构

外热式电烙铁一般通电加热时间较长，且功率越大，热的越慢。外热式电烙铁功率有 30~300W 等多种。外热式电烙铁体积比较大，也比较重，所以在修理小件电器中用得较少，多用于焊接较大的金属部件。外热式电烙铁使用及修理方法与内热式电烙铁相同。

（3）电子恒温式电烙铁 电子恒温式电烙铁是在前述电烙铁基础上加有温度控制电路，使电烙铁恒温。电子恒温式电烙铁适合焊接对温度要求较高的元件，使用时只要调整温度控制钮，达到合适温度即可。电子恒温式电烙铁的外形及结构如图 1-39 所示。

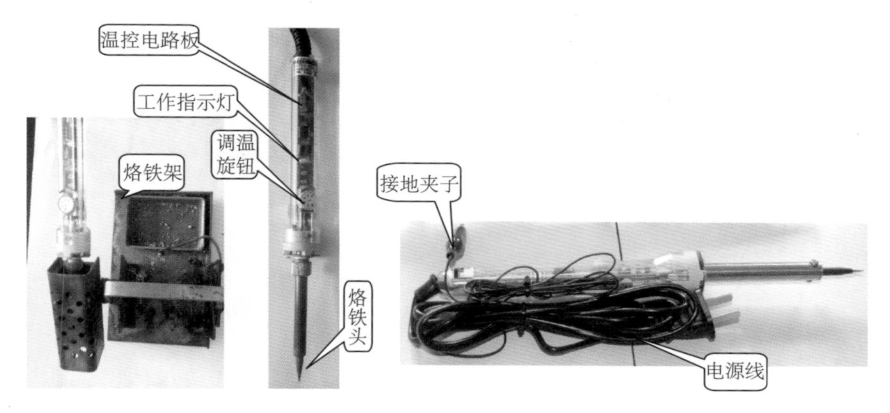

图1-39 电子恒温式电烙铁的外形及结构

1.3.2 热风枪

热风枪是拆卸多脚元件的最佳工具，有燃气式热风枪和电子恒温式热风枪。

（1）燃气式热风枪 燃气式热风枪（也称为自热烙铁）是利用丁烷气体燃烧产生的热量加热烙铁头进行焊接的。另外，它还能用热风来熔接塑料、紧缩热缩套管及喷火加热器等。燃气式热风枪适于野战部队、科考、地质或石油勘探、大地测绘中有关电子仪器、无线电等电子设备焊接时使用。

工作原理：利用液化丁烷产生的丁烷气从燃气罐高速喷出，点火后产生的火焰来加热。但并不是直接加热烙铁头（热效率低），而是用火焰加热多孔陶瓷触媒，加热至红色时，将辐射大量红外线来加热烙铁头（专利技术）。热效率高，火焰温度高达 1300℃，通过调节火焰的大小来控制温度，使温度在 200~500℃之间。

（2）电子恒温式热风枪 电子恒温式热风枪的外形如图 1-40 所示。与燃气式热风枪不同之处是，电子恒温式热风枪是利用气泵将电热丝所产生的热量吹出，其温度受电子温控器控制，使用方便，温度可控，结合多种型号的烙铁头适合焊接各种集成电路。

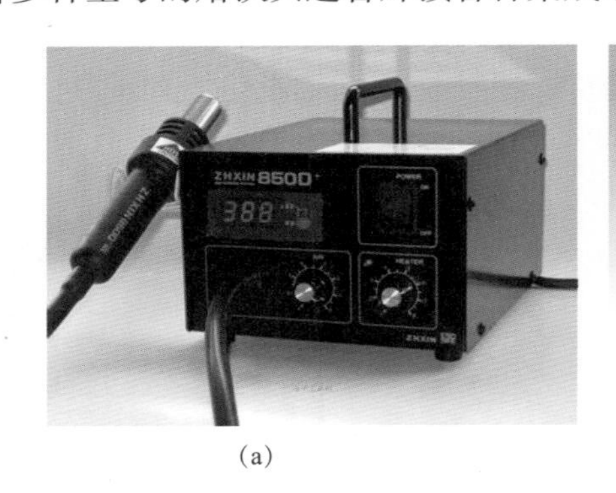

(a)

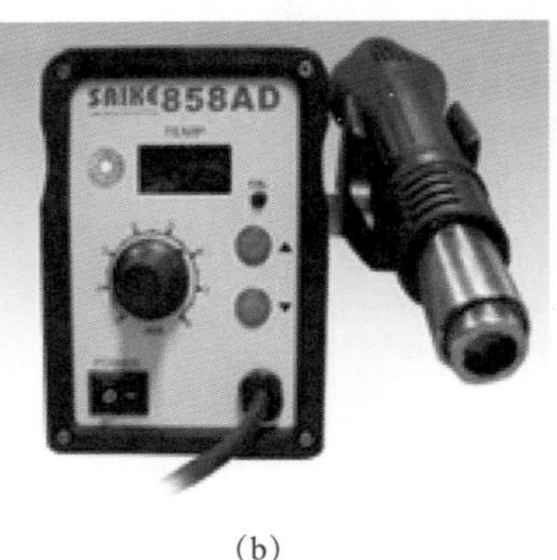

(b)

图1-40 电子恒温式热风枪的外形

使用方法如下（图 1-41）：

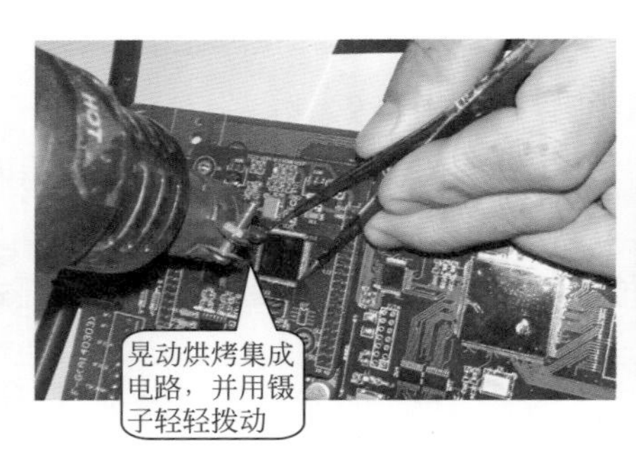

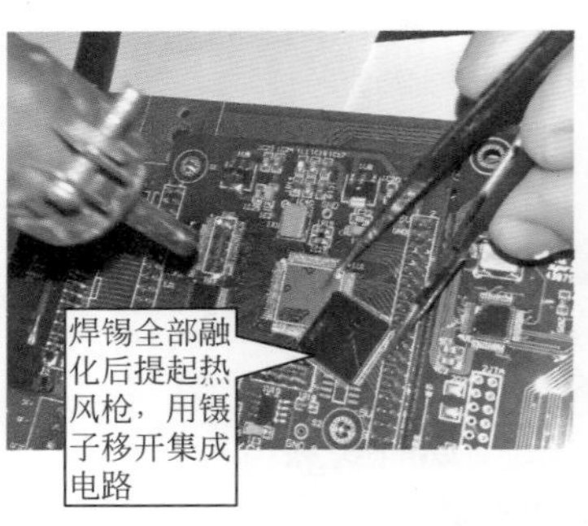

图1-41 拆卸集成块

① 拆卸集成块。选择与集成块尺寸相配合的喷嘴。松开喷嘴螺钉，装置喷嘴，按下电源开关，调节气流和温控钮后，将起拔器插入集成电路块底下。如果集成块宽度不配合起拔钢线尺寸，可挤压钢线宽度以适应。手持着焊枪，使喷嘴对准所要熔化焊剂部分，让喷出热气熔化焊剂。喷嘴不可触及集成块，焊剂熔化时提起起拔器，移开集成块，用吸锡线或吸锡泵清除焊剂残余。

② 焊接方法。涂抹适量锡膏，将集成块放在电路板上，向引线框平均喷出热气进行焊接。

③ 维修方法。常见故障是：发热材料损坏，替换时松开拴紧手柄螺钉，移出电线管。打开手柄取出管件，管内装置有石英玻璃和热绝缘体，勿掉落或遗失。松开终端，取出发热材料，插入新发热材料，切勿摩擦发热材料电线。重接终端。依拆开时的相反步装，回装手柄即可。

1.3.3 吸锡器

吸锡器是拆卸多脚元件及过孔焊件的理想工具，如图1-42所示。

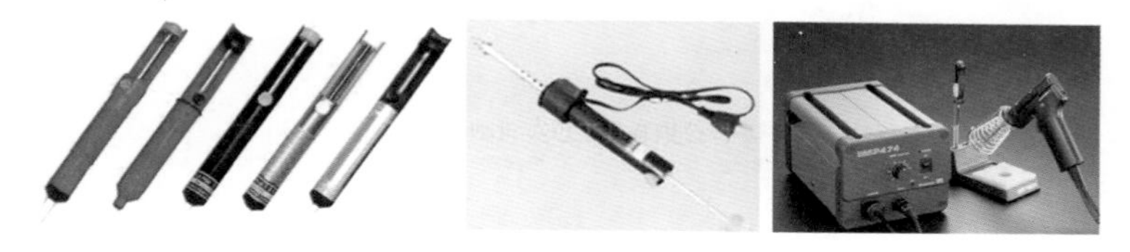

图1-42 吸锡器的外形

（1）吸锡器的结构及工作原理 吸锡器由吸锡头、烙铁芯外壳、烙铁芯、吸气管、手柄、气筒、开关、电源线等组成。吸锡头由紫铜制成。一端为螺纹扣，安装在吸气管上；另一端是一个孔，以便熔化的锡从此孔吸入。烙铁芯属于专用，外形和外热式烙铁芯相似，它套在吸气管上。吸气管用紫铜制成，热量通过它传给吸锡头，使吸锡头发热把固体锡变成液体锡吸入管内。烙铁芯外壳是带孔的，以便更好地散热。

气筒是专用的。当气管按下以后，开关即将其锁住，待吸锡头将锡熔化后，用手按一下开关，气筒会迅速回位。利用气筒的吸力，把熔化的锡吸入筒内，达到电路板上元件的引脚与电路板分开的目的（图1-43）。

（2）吸锡器的使用及维修 使用和维修吸锡器与其他烙铁基本相似，但要掌握好温度，吸锡头应该干净。具体的注意事项有以下几点：

① 吸锡头孔的直径有大小，如需拆细引脚的零件（如集成电路等），应选用直径小的吸锡头；如需拆粗引脚零件（如行输出变压器等），就应选用直径大的吸锡头。吸锡头很容易烧坏，所以使用完毕应断开电源，尽量不用它来焊接。

② 吸完一次后应反复按动气筒，使里面的液体锡清除干净。

③ 检查吸锡器好坏也应该用万用表电阻挡测电源线两端，观察其

阻值，如烧坏后可以换一支同型号芯继续使用。

④ 如果气筒吸气太小，可以加一点机油增加吸力。

⑤ 吸锡器一般有 30W、35W 两种，其性能相近，在实际应用中自行自选。

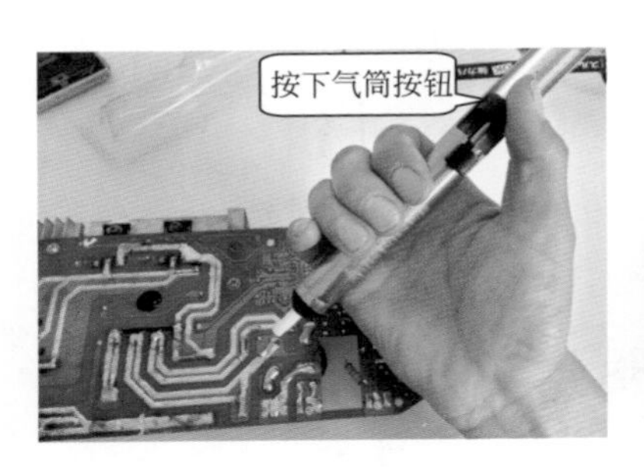

(a)

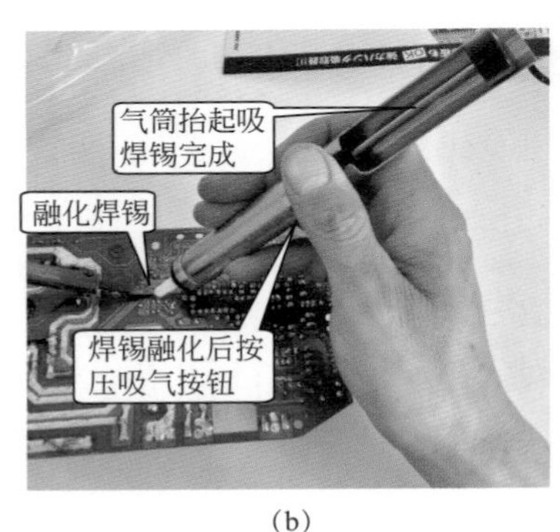

(b)

图1-43 利用吸锡器拆元件

1.4 常用工具

1.4.1 钳子

(1) 尖嘴钳（图 1-44） 主要用来剪切线径较细的单股与多股线以及单股导线接头弯圈、剥塑料绝缘层等。尖嘴钳的头部尖细，适用于狭小的工作空间或带电操作低压电气设备，尖嘴钳可制作小型接线鼻子，也可用来剪断细小的金属丝。

电工维修人员应选用带有绝缘手柄的，耐压在500V以下的尖嘴钳。使用时应注意以下问题。

① 使用尖嘴钳时，手离金属部分的距离应不小于2cm。

② 注意防潮，勿磕碰损坏尖嘴钳的柄套，以防触电。

③ 钳头部分尖细，且经过热处理，钳夹物体不可过大，用力时切勿太猛，以防损伤钳头。

④ 使用后要擦净，经常加油，以防生锈。

（2）斜口钳（图1-45）头部扁斜，又名斜口钳，专门用于剪断较粗的电线和其他金属丝，其柄部有铁柄和绝缘管套。电工常用的绝缘柄剪线钳，其绝缘柄耐压应为1000V以上。

图1-44 尖嘴钳　　图1-45 斜口钳

（3）钢丝钳　因刀口锋利、俗称老虎钳，常用的有150mm、175mm、200mm、250mm等多种规格（图1-46）。

钢丝钳由钳头和钳柄两部分组成。钳头由钳口、齿口、刀口和侧口四部分组成。钢丝钳的用途是夹持或折断金属薄板以及切断金属丝，可代替扳手来拧小型螺母；刀口可用来剪切电线、掀拔铁钉，也可用来剥离$4mm^2$及以下导线的绝缘层。

钢丝钳有两种，电工应选用带绝缘手柄的，一般钢丝钳的绝缘护套耐压500V，只适合在低压带电设备上使用。在使用钢丝钳时应注意以下几个问题：

① 使用电工钢丝钳以前，必须检查绝缘柄的绝缘是否完好。

② 要保持钢丝钳清洁，注意防潮，勿损坏柄套以免触电。钳轴要经常加油，防止生锈。带电操作时，手柄钢丝钳的金属部分保持2cm以上的距离。

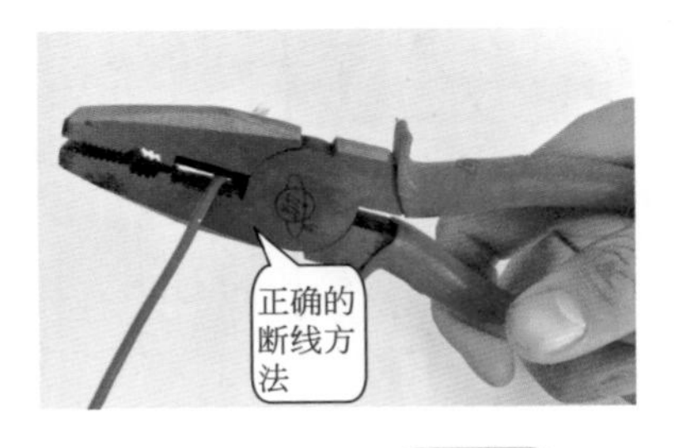

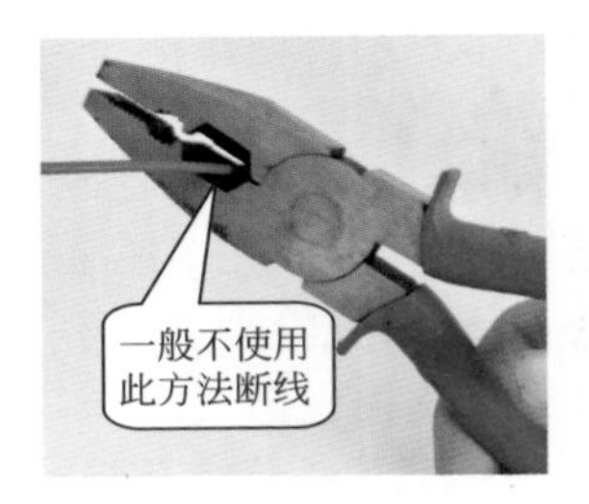

图1-46 钢丝钳及用法

（4）剥线钳 剥线钳为内线电工、电机修理电工、仪器仪表电工常用的工具之一。它适宜于塑料、橡胶绝缘电线、纤维等各种导线的剥皮。使用方法：将待剥皮的线头置于钳头的边口中，用手将两钳柄一捏，然后松开，绝缘皮便与芯线脱离。如图1-47、图1-48所示。

图1-47 剥线钳外形

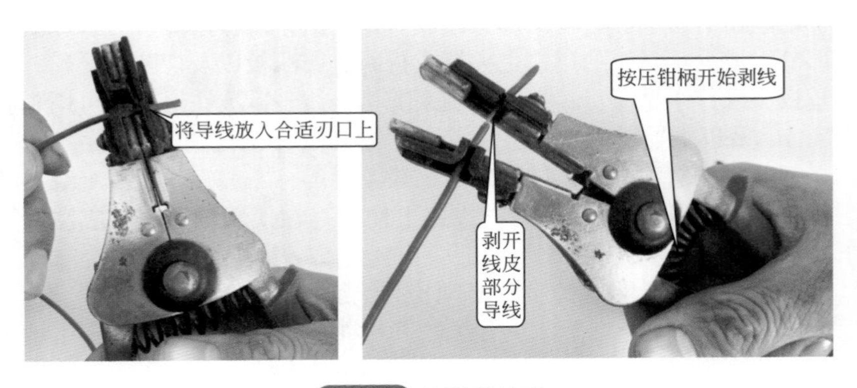

图1-48 剥线钳使用

剥线钳有165mm和180mm两种规格。它具有结构合理、刃口锋利、强度高、配合精度好、使用灵活、轻便等优点。

1.4.2 螺钉旋具

螺钉旋具俗称螺丝刀或改锥、起子，主要用来装配（拧紧和松开）螺钉、螺母等类似零件的工具。

螺钉旋具有手动式和机动式（又称为电动式），分为一字槽螺钉旋具、十字槽螺钉旋具、内六角螺钉旋具、内六角花形螺钉旋具、凹槽螺钉旋具、六角套筒螺钉旋具、内多角螺钉旋具、可逆式螺钉旋具、螺旋棘轮螺钉旋具和冲击螺钉旋具等多种，其外形如图 1-49 所示。

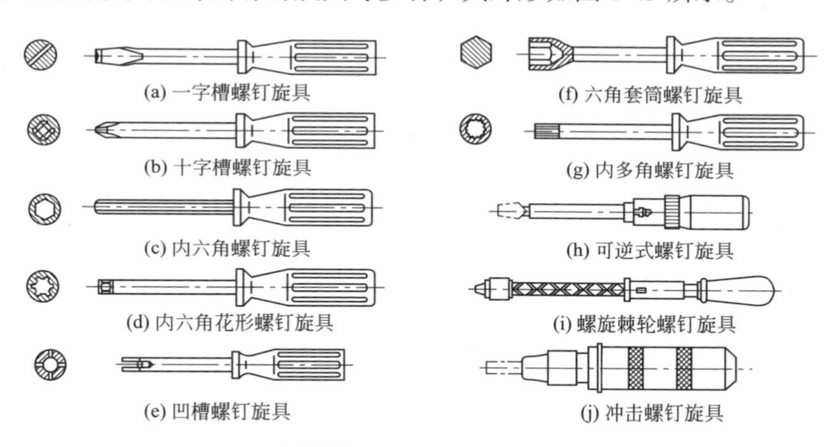

图1-49 常用螺钉旋具的外形

普通螺钉旋具主要由旋柄（由硬木或塑料制成）、旋杆、销子、工作部分、套箍尾等组成，如图 1-50 所示。可逆式螺钉旋具上还设有换向钮。成套的多功能螺钉旋具（如螺旋棘轮螺钉旋具）。一把旋柄通常配有多个（各种规格）旋杆或旋具头。

提示：螺旋钉具不能带电操作，以免漏电。

1.4.3 验电器

验电器是一种检验导线和设备是否带电的常用工具。

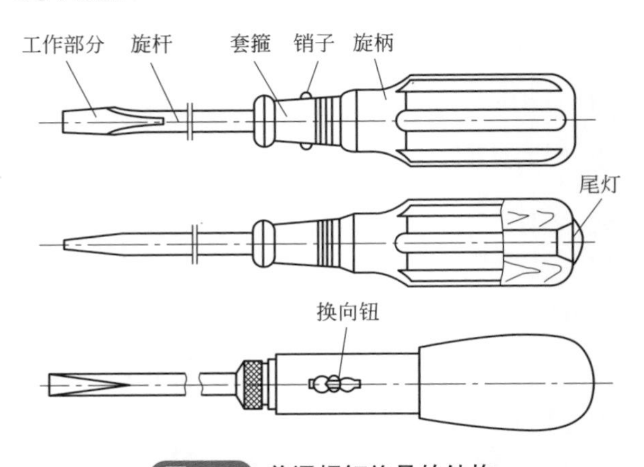

图1-50 普通螺钉旋具的结构

低压验电器分笔式（图 1-51）和旋具式［图 1-52（b）］两种，它们的内部结构相同，主要由电阻、氖管、弹簧组成。

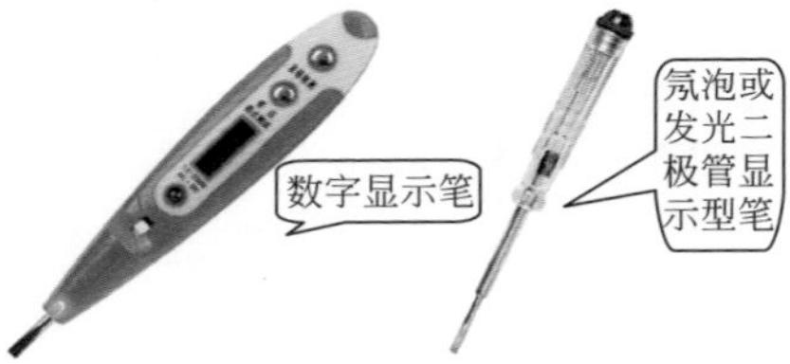

图1-51 验电笔

图 1-52（a）所示为钢笔式验电笔的正确握法和错误握法，而图 1-52（b）所示是螺钉旋具式验电笔的正确握法和错误握法。

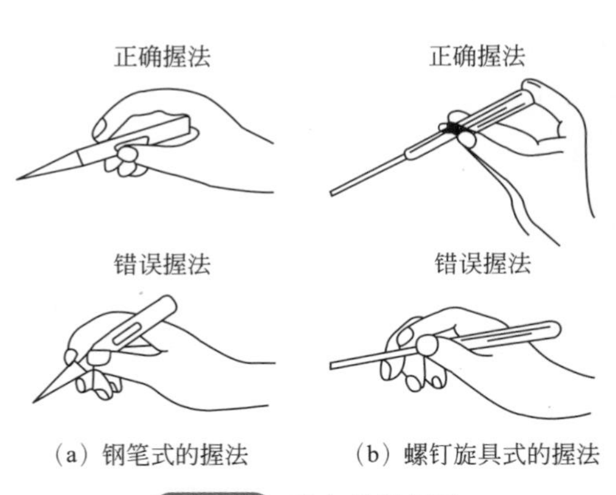

图1-52 验电笔的握法

只要带电体与地之间至少有 60V 的电压，验电笔的氖管就可以发光。

使用验电笔时，氖管窗口应在避光的一面，方便观察。

1.4.4 镊子

镊子（见图 1-53）用来夹持较小的零件、元器件等，在焊接时夹持被焊件以防止其移动和帮助散热，也是安装和修理电子产品不可缺少的工具。要求镊子的弹性要好，弹力要小。

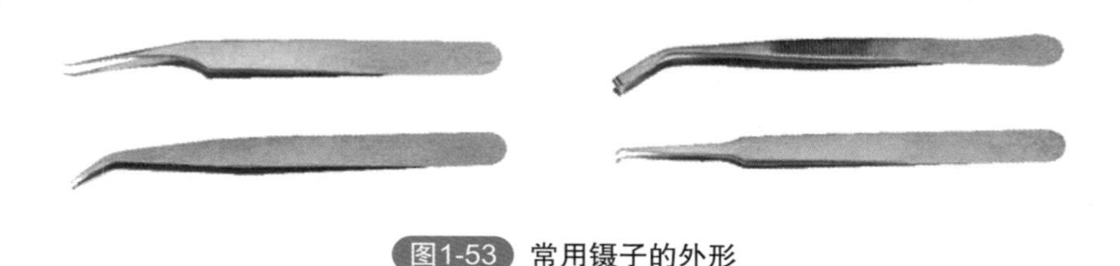

图1-53 常用镊子的外形

用于夹取防静电元器件时，应使用防静电镊子。

1.4.5 放大装置

对某些印制电路板组件进行目视检查时，需要使用放大装置来协助观测，图 1-54 所示是常用的带照明装置的放大镜系统。

放大装置应与被测要求项相匹配，公差为所选用放大倍数的 ±15%。用于检查焊接互连情况的放大倍数应根据被测件的最小焊盘宽度来确定。

体视显微镜又称“实体显微镜”或“解剖镜”，是一种具有正像立体感的目视仪器，其外形如图 1-55 所示。

体视显微镜特点是：双目镜筒中的左右两光束不平行，而是具有一定的夹角——体视角（一般为 12°~15°），成像具有三维立体感；图像是直立的，便于操作和解剖；工作距离很长，焦深及视场自径大，便于观察被检物体的全层。

1.4.6 真空吸拿工具

在装配体积较小的大规模集成电路时，为了方便和准确安装，同时也防止静电放电损害集成电路，以及手上的汗渍、盐分等对它的污染，通常采用真空吸拿工具来吸拿，最常用的真空吸拿工具是真空吸笔。

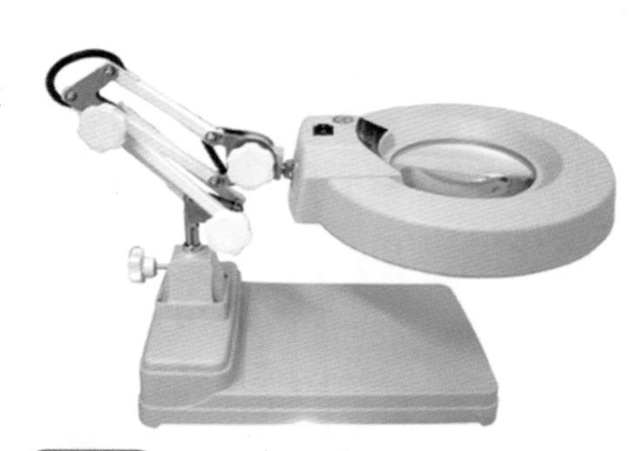

图1-54 带照明装置的放大镜系统的外形

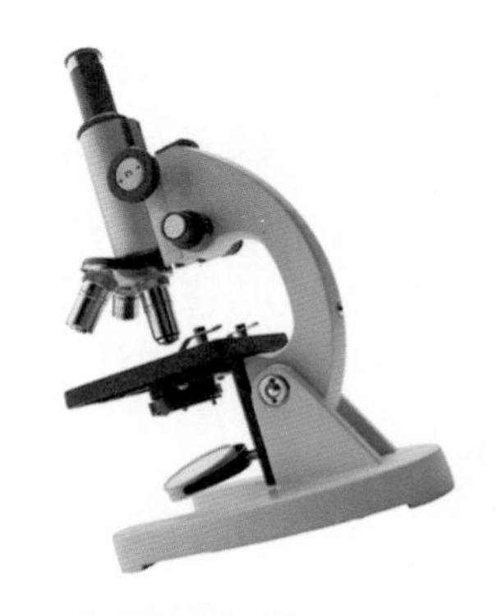

图1-55 体视显微镜的外形

真空吸笔是一种外形像钢笔的小型气动工具，分为气动真空吸笔和手动真空吸笔两种类型。

手动真空吸笔的动力是橡胶皮囊，气动真空吸笔的气源是真空发生器产生的 4~6kgf 的压缩空气。气动真空吸笔的动力十足，但活动范围有限；手动真空吸笔活动方便，但动力不如气动真空吸笔。

图 1-56 所示是真空吸笔的外形与使用。

图1-56 真空吸笔的外形与使用

第2章

电阻器的检测与维修

2.1 认识电阻器件

2.1.1 电阻的作用

电阻器是电子设备中应用十分广泛的元件。电阻器利用它自身消耗电能的特性，在电路中起降压、阻流等作用，各种电阻外形如图 2-1 所示。

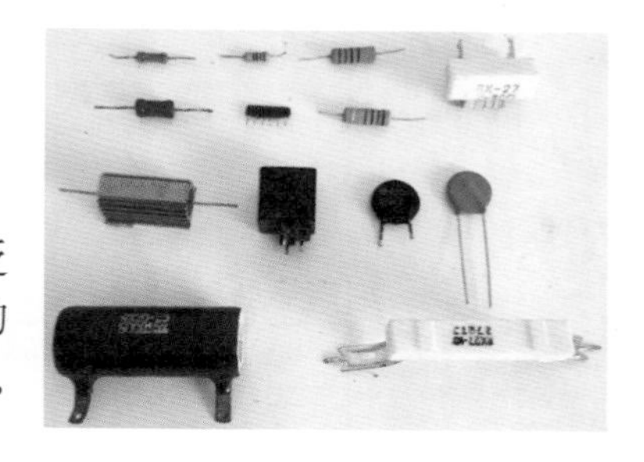

图2-1 电阻器的外形

2.1.2 电阻在电路中的文字符号及图形符号

电阻在电路中的基本文字符号为“R”，根据电阻用途不同，还有一些其他文字符号，如 RF、RT、RN、RU 等。电阻在电路中常用图形符号如图 2-2 所示。

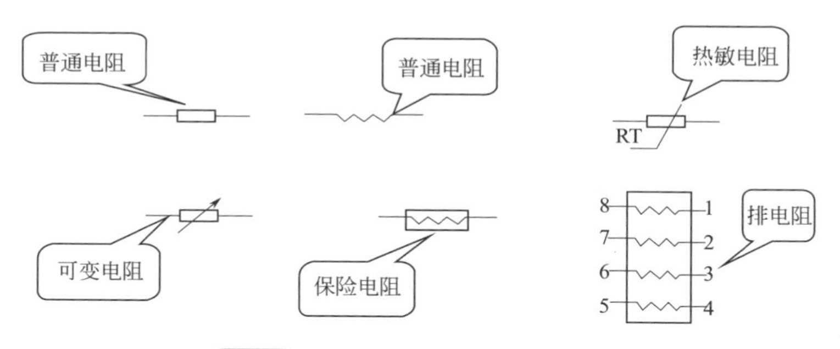

图2-2 电阻在电路中常用图形符号

2.1.3 电阻器的分类

(1)电阻器的分类 电阻器的分类如图 2-3 所示。

(2)电阻器的型号命名 根据国家标准 GB 2470—1981《电子设备用电阻器、电容器型号命名方法》规定，电阻器产品型号命名由四部分组成，如图 2-4 所示，各部分符号含义对照表见表 2-1。

表2-1 电阻器命名符号含义对照表

第一部分：主称		第二部分：材料		第三部分：特征			第四部分：序号
符号	意义	符号	意义	符号	电阻器	电位器	
R W	电阻器 电位器	T	炭膜	1	普通	普通	对主称、材料相同，仅性能指标、尺寸大小有区别，但基本不影响互换使用的产品，给同一序号；若性能指标、尺寸大小明显影响互换，则在序号后面用大写字母用为区别代号
		H	合成膜	2	普通	普通	
		S	有机实心	3	超高频	—	
		N	无机实心	4	高阻	—	
		J	金属膜	5	高温	—	
		Y	氧化膜	6	—	—	
		C	沉积膜	7	精密	精密	
		I	玻璃釉膜	8	高压	特殊函数	
		P	硼酸膜	9	特殊	特殊	
		U	硅酸膜	G	高功率	—	
		X	线绕	T	可调	—	
		M	压敏	W	—	微调	
		G	光敏	D	—	多圈	
		R	热敏	B	温度补偿用	—	
				C	温度测量用	—	
				P	旁热式	—	
				W	稳压式	—	
				Z	正温度系数	—	

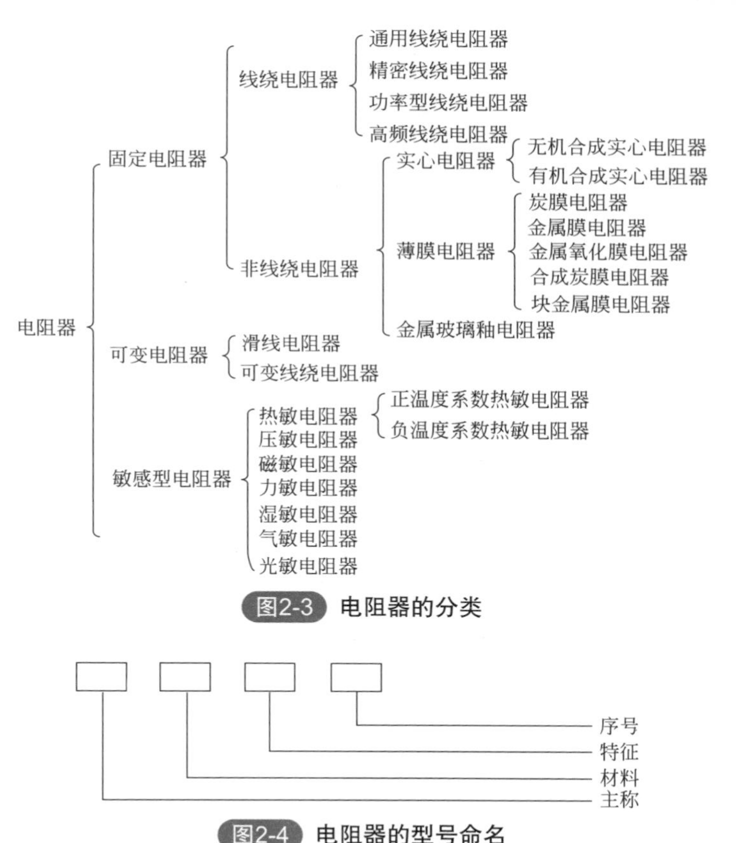

图2-3 电阻器的分类

图2-4 电阻器的型号命名

例如 RX22 表示普通线绕电阻器，RJ756 表示精密金属膜电阻器。常用的 RJ 为金属膜电阻器，RX 为线绕电阻器，RT 为炭膜电阻器。

2.1.4 电阻器的特点及用途

各类电阻器的特点及用途见表 2-2。

表2-2 常用电阻器的特点及用途

电阻器类型	特点	用途
炭膜电阻器（RT）	特定性较好，呈现不大的负温率系数，受电压和频率影响小，脉冲负载稳定	价格低廉，广泛应用于各种电子产品中

续表

电阻器类型	特点	用途
金属膜电阻器（RJ）	温度系数、电压系数、耐热性能和噪声指标都比炭膜电阻器好，体积小（同样额定功率下约为炭膜电阻器的一半），精度高（可达 ±0.5%~±0.05%） 缺点：脉冲负载稳定性差，价格比炭膜电阻器高	可用于要求精度高、温度稳定性好的电路中或电路中要求较为严格的场合，如运放输入端匹配电阻
金属氧化膜电阻器（RY）	比金属膜电阻器有较好的抗氧化性和热稳定性，功率最大可达 50W 缺点：阻值范围小（1Ω~200kΩ）	价格低廉，与炭膜电阻器价格相当，但性能与金属膜电阻器基本相同，有较高的性价比，特别是耐热性好，极限温度可达 240℃，可用于温度较高的场合
线绕电阻器（RX）	噪声小，不存在电流噪声和非线性，温度系数小，稳定性好，精度可达 ±0.01%，耐热性好，工作温度可达 315℃，功率大 缺点：分布参数大，高频特性差	可用于电源电路中的分压电阻、泄放电阻等低频场合，不能用于 2~3MHz 以上的高频电路中
合成实心电阻器（RS）	机械强度高，有较强的过载能力（包括脉冲负载），可靠性好，价廉 缺点：固有噪声较高，分布电容、分布电感较大，对电压和温度稳定性差	不宜用于要求较高的电路中，但可作为普通电阻用于一般电路中
合成炭膜电阻器（RH）	阻值范围宽（可达 100Ω~106MΩ），价廉，最高工作电压高（可达 35kV） 缺点：抗湿性差，噪声大，频率特性不好，电压稳定性低，主要用来制造高压高阻电阻器	为了克服抗湿性差的缺点，常用玻璃壳封装制成真空兆欧电阻器，主要用于微电流的测试仪器和原子探测器
玻璃釉电阻器（RI）	耐高温，阻值范围宽，温度系数小，耐湿性好，最高工作电压高（可达 15kV），又称厚膜电阻器	可用于环境温度高（−55~+125℃）、温度系数小（$<10^{-4}$/℃）、要求噪声小的电路中
块金属氧化膜电阻器（RJ711）	温度系数小，稳定性好，精度可达 ±0.001%，分布电容、分布电感小，具有良好的频率特性，时间常数小于 1ms	可用于高速脉冲电路和对精度要求十分高的场合，是目前最精密的电阻器之一

2.2 固定电阻器

2.2.1 固定电阻器的参数

（1）标称阻值及误差 电阻基本单位是欧［姆］（Ω）。常用的单位还有千欧（kΩ）和兆欧（MΩ），为千进制。标称值的表示方法主要有直标法、色标法、文字符号法、数码表示法。

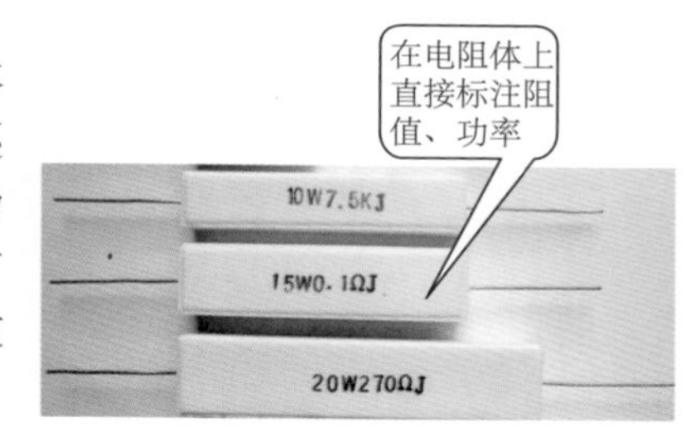

图2-5 直标法

a. 直标法（图 2-5）。即在电阻体上直接用数字标注出标称阻值和允许偏差。由于电阻器体积大，标注方便，对使用来讲也方便，一看便能知道阻值大小；小体积电阻不采用此方法。

b. 色标法。色标法是用色环或色点（多用色环）表示电阻器的标称阻值、误差。色环有四道环和五道环两种。五环电阻器为精密电阻器，如图 2-6 所示。

图 2-6（c）所示为四道色环表示方法。在读色环时从电阻器引脚离色环最近的一端读起，依次为第一道、第二道等。图 2-6（d）所示为五道色环表示方法，图 2-6（e）所示为色环读取示意图。读法同四道色环电阻器。目前，常见的是四道色环电阻器。在四道色环电阻器中，第一、二道色环表示标称阻值的有效值，第三道色环表示倍乘，第四道色环表示允许偏差。五道色环表示方法中，第一、二、三道色环表示标称阻值的有效值，第四道色环表示倍乘，第五道色环表示允许偏差。

四色环和五色环各色环的含义见表 2-3。

表2-3 电阻器色环的含义

颜色	棕	红	橙	黄	绿	蓝	紫	灰	白	黑	金	银	无色
数值位	1	2	3	4	5	6	7	8	9	0			
倍率位	10^1	10^2	10^3	10^4	10^5	10^6	10^7	10^8	10^9	10^0	10^{-1}	10^{-2}	
允许偏差（四色环）（五色环）	±1%	±2%			±0.5%	±0.25%	±0.1%				±5%	±10%	±20%

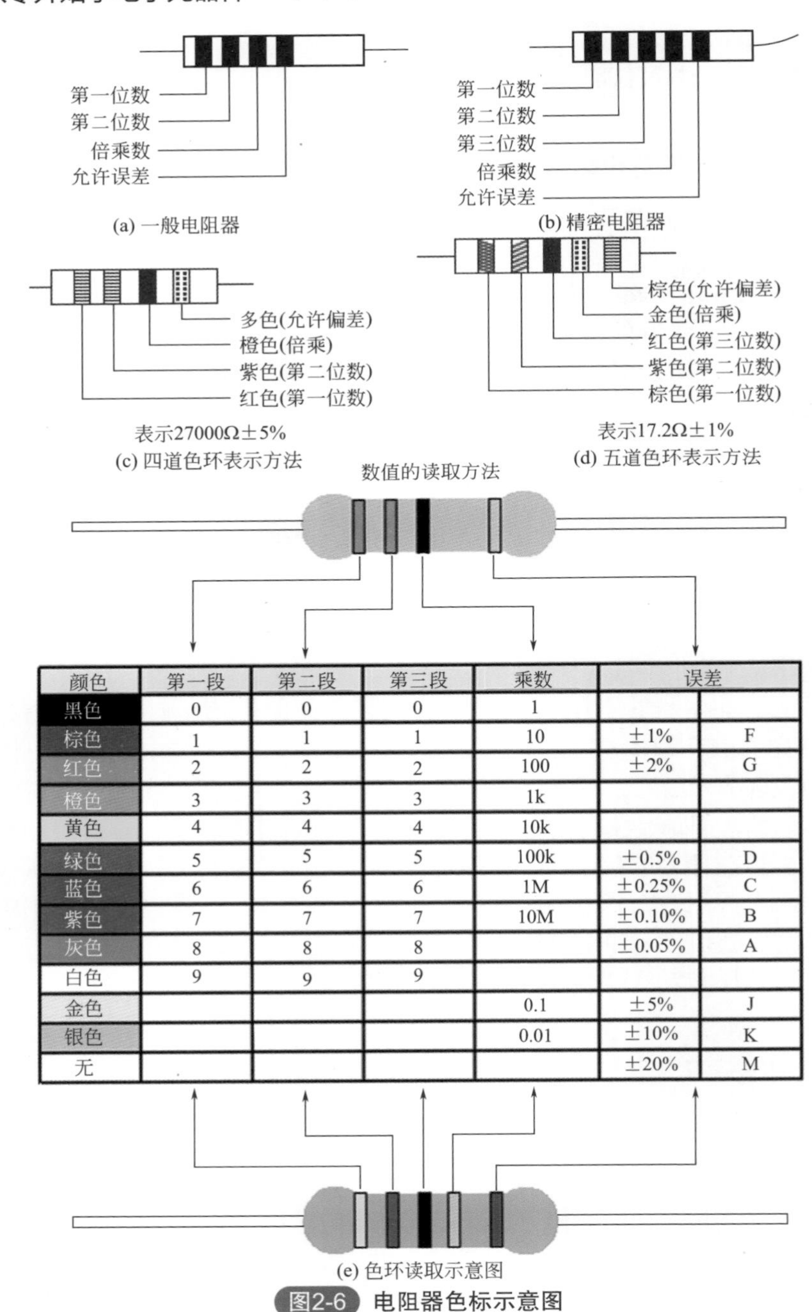

颜色	第一段	第二段	第三段	乘数	误差	
黑色	0	0	0	1		
棕色	1	1	1	10	±1%	F
红色	2	2	2	100	±2%	G
橙色	3	3	3	1k		
黄色	4	4	4	10k		
绿色	5	5	5	100k	±0.5%	D
蓝色	6	6	6	1M	±0.25%	C
紫色	7	7	7	10M	±0.10%	B
灰色	8	8	8		±0.05%	A
白色	9	9	9			
金色				0.1	±5%	J
银色				0.01	±10%	K
无					±20%	M

(e) 色环读取示意图

图2-6 电阻器色标示意图

快速记忆窍门：对于四道色环电阻器，以第三道色环为主。如第三环为银色，则为0.1~0.99Ω，金色为1~9.9Ω，黑色为10~99Ω，棕色为100~990Ω，红色为1~9.9kΩ，橙色为10~99kΩ，黄色为100~990kΩ，绿色为1~9.9MΩ。对于五道色环电阻，则以第四道色环为主，规律与四道色环电阻器相同。但应注意的是，由于五道色环电阻为精密电阻器，体积太小时无法识别哪端是第一环，所以对色环电阻器阻值的识别必须用万用表测出。

c. 文字符号法。文字符号法是将元件的标称值和允许偏差用阿拉伯数字和文字符号组合起来标志在元件上。注意常用电阻器的单位符号R作为小数点的位置标志。例如，R56=0.56Ω，1R5=1.5Ω，3K3=3.3kΩ。文字符号标注法如图2-7，符号含义见表2-4。

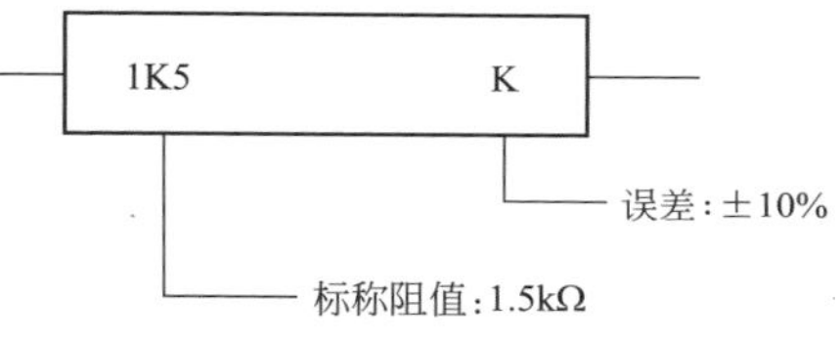

图2-7 文字符号标注法

d. 数码表示法。如图2-8所示，即用三位数字表示电阻值（常见于电位器、微调电位器及贴片电阻器）。识别时由左至右，第一位、第二位为有效数字，第三位是有效值的倍乘数或0的个数，单位为Ω。

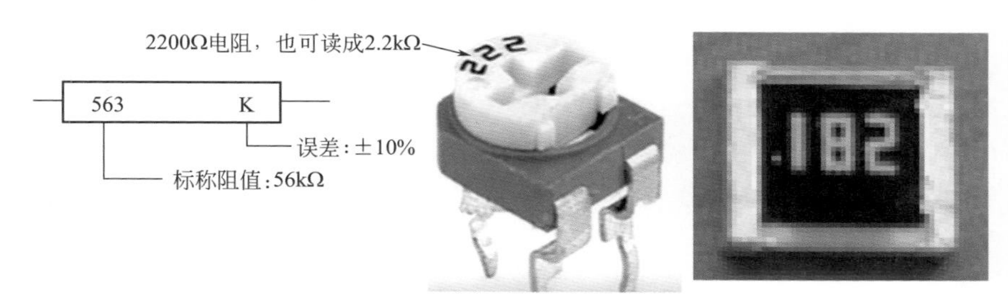

图2-8 数码表示法

表2-4 文字符号单位及误差

单位符号	单位		误差符号	误差范围	误差符号	误差范围
R	欧	Ω	D	±0.5%	J	±5%
K	千欧	kΩ	F	±1%	K	±10%
M	兆欧	MΩ	G	±2%	M	±20%

快速记忆窍门：同色环电阻器，若第三位数为1则为几百几千欧；

为2则为几点几千欧；为3则为几十几千欧；为4则为几百几十千欧；为5则为几点几兆欧……如为一位数或两位数则为实际数值。

e. 电阻标称系列及允许偏差。电阻标称系列及允许偏差见表2-5。

表2-5 电阻标称系列及允许偏差

系列	允许偏差	产品系数
E_{24}	±5%	1.0,1.1,1.2,1.3,1.5,1.6,1.8,2.0,2.2,2.4,2.7,3.0,3.3,3.6,3.9,4.3,4.7,5.1,5.6,6.2,6.8,7.5,8.2,9.1
E_{12}	±10%	1.0,1.2,1.5,1.8,2.2,2.7,3.3,3.9,4.7,5.6,6.8,8.2
E_{6}	±20%	1.0,1.5,2.2,3.3,4.7,6.8

（2）电阻温度系数 当工作温度发生变化时，电阻器的阻值也将随之相应变化，这对一般电阻器来说是不希望有的。电阻温度系数用来表示电阻器工作温度每变化1℃时，其阻值的相对变化量。该系数越小，电阻质量越高。电阻温度系数根据制造电阻的材料不同，有正系数和负系数两种。前者随温度升高阻值增大，后者随温度升高阻值下降。热敏电阻器就是利用其阻值随温度变化而变化而制成的一种特殊电阻器。

（3）额定功率 在规定的环境温度和湿度下，假定周围空气不流通，在长期连续负载而不损坏或基本不改变性能的情况下，电阻器上允许消耗的最大功率。为保证安全使用，一般选其额定功率比在电路中消耗的功率高1~2倍。额定功率分19个等级，常用的有0.05W、0.125W、0.25W、0.5W、1W、2W、3W、5W、7W、10W。电阻器额定功率的标注方法如图2-9所示。如电阻器上标注20W270ΩJ，表示该电阻额定功率为20W。

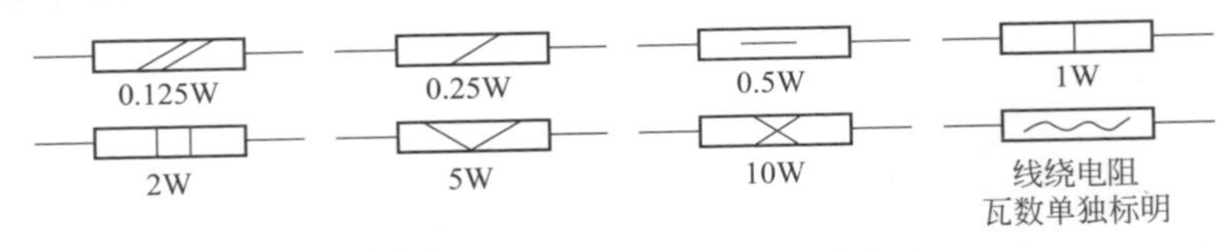

图2-9 电阻器额定功率的标注方法

2.2.2 用指针万用表检测固定电阻器

（1）实际电阻值的测量

① 将万用表的功能选择开关旋转到适当量程的电阻挡，将两表笔短路，调节调零电位器，使表头指针指向“0”，然后再进行测量。注

意在测量中每次变换量程，如从 R×1 挡换到 R×10 或其他挡后，都必须重新调零后再测量（图 2-10）。

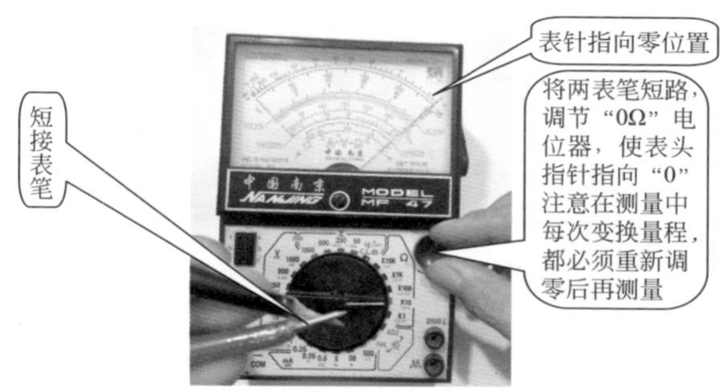

图2-10 测量中变换量程

② 将两表笔（不分正负）分别与电阻器的两端引脚相接，即可测出实际阻值。为了提高测量精度，应根据被测电阻器标称值的大小来选择量程。由于电阻挡刻度的非线性关系，它的中段较为精细，因此应使指针指示值尽可能落到刻度的中段位置，即全刻度起始的 20%~80% 弧度范围内，以使测量更准确。根据电阻误差等级不同，实际读数与标称阻值之间分别允许有 ±5%、±10% 或 ±20% 的误差。如不相符，超出误差范围，则说明该电阻变值了。如果测得的结果是 0，则说明该电阻器已经短路。如果是无穷大，则表示该电阻器已经断路，不能再继续使用（图 2-11）。

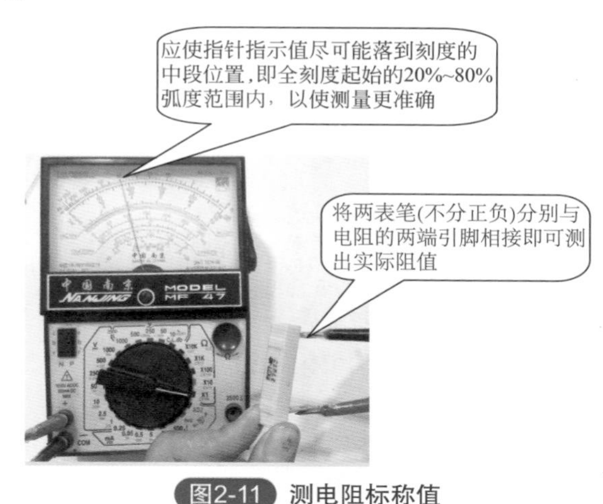

图2-11 测电阻标称值

测量时应注意的事项：测试大阻值电阻器时，手不要触及表笔和电阻器的导电部分，因为人体具有一定电阻，会对测试产生一定的影响，使读数偏小，如图 2-12 所示。

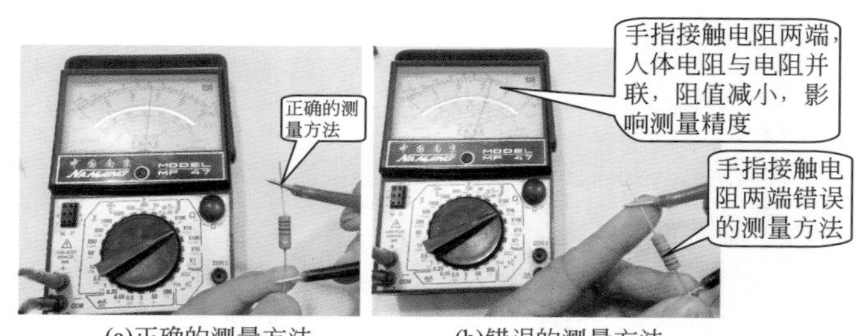

(a)正确的测量方法　　(b)错误的测量方法

图2-12 电阻器的测量

（2）电阻器额定功率的简易判别　小型电阻器的额定功率在电阻体上一般并不标出。根据电阻器长度和直径大小是可以确定其额定功率值大小的。电阻体大，功率大；电阻体小，功率小。在同体积时，金属膜电阻器的功率大于炭膜电阻器的功率。

（3）固定电阻在电路中测量方法

① 测量普通电阻。固定电阻在电路中测量时，被检测的电阻必须从电路中焊下来，至少要焊开一个头，以免电路中的其他元件对测试产生影响，测量误差增大。如图 2-13、图 2-14 所示。

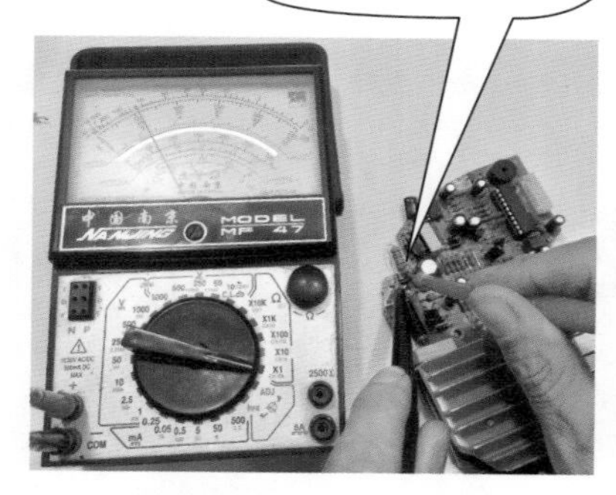

图2-13 直接在路测量

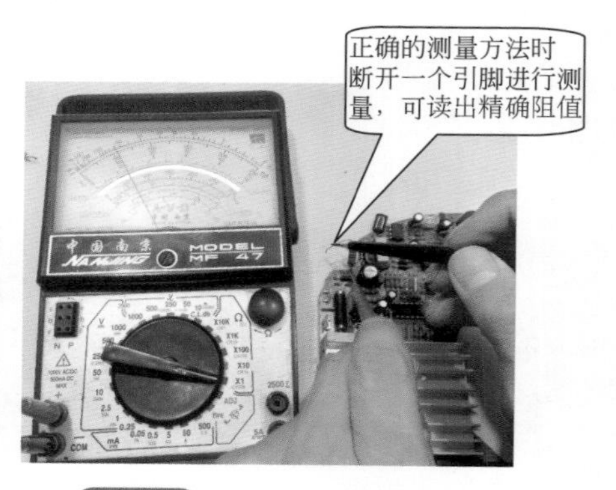

图2-14 断开一个引脚进行测量

② 测量贴片电阻。贴片电阻的测量与前述相同，如图 2-15 所示。

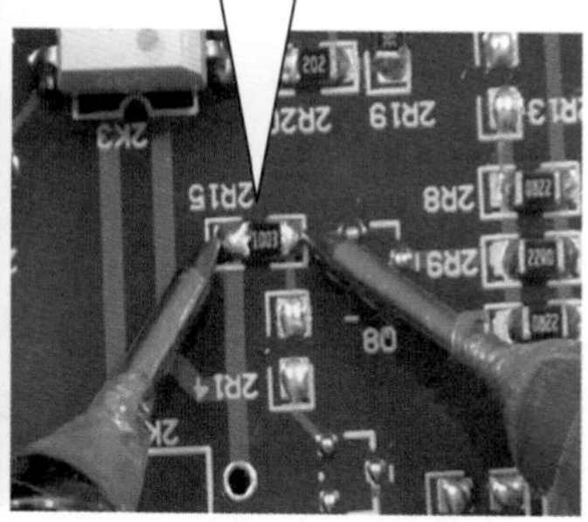

图2-15 测量贴片电阻

2.2.3 用数字万用表检测固定电阻器

（1）实际电阻值的测量

① 将万用表的功能选择开关旋转到适当量程的电阻挡。如图 2-16 所示。

② 将两表笔（不分正负）分别与电阻的两端引脚相接即可测出实际阻值。如图 2-17 所示。

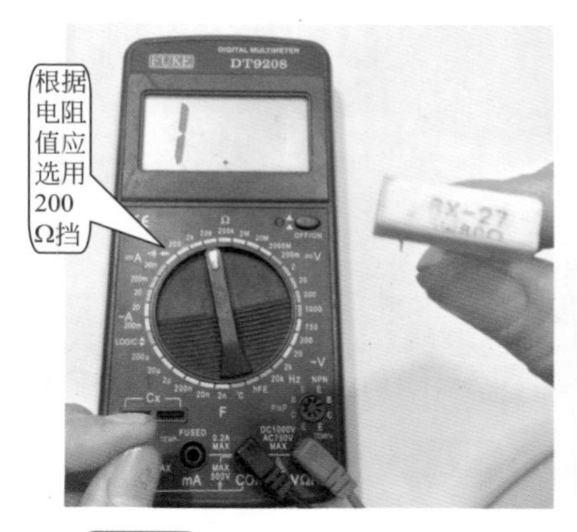

图2-16 选择开关到适当量程

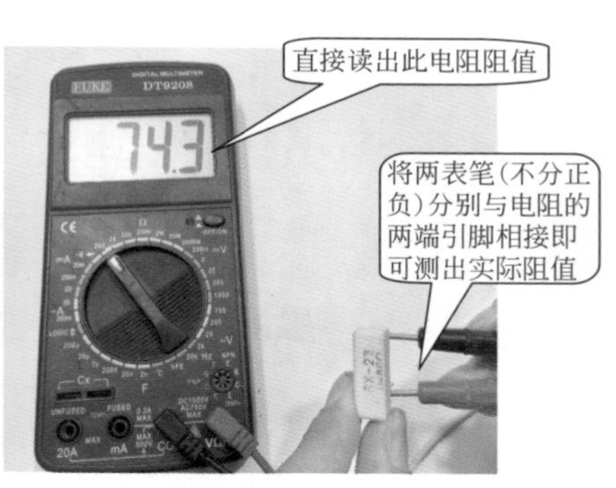

图2-17 测出实际阻值

测量时应注意的事项：测试时，大阻值电阻，手不要触及表笔和电阻的导电部分，因为人体具有一定电阻，会对测试产生一定的影响，使读数偏小，如图 2-18、图 2-19 所示。

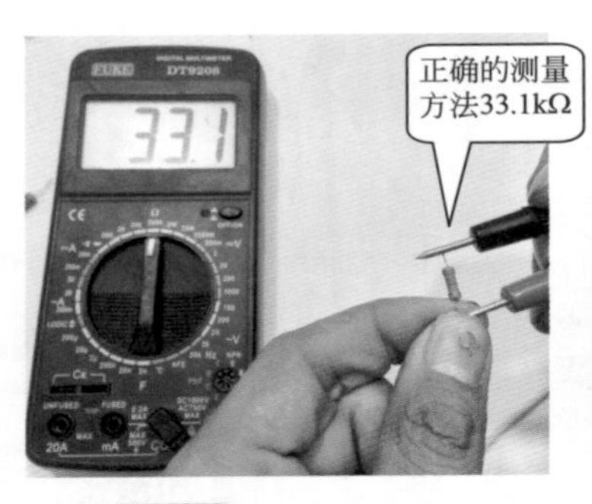

图2-18 正确的测量方法

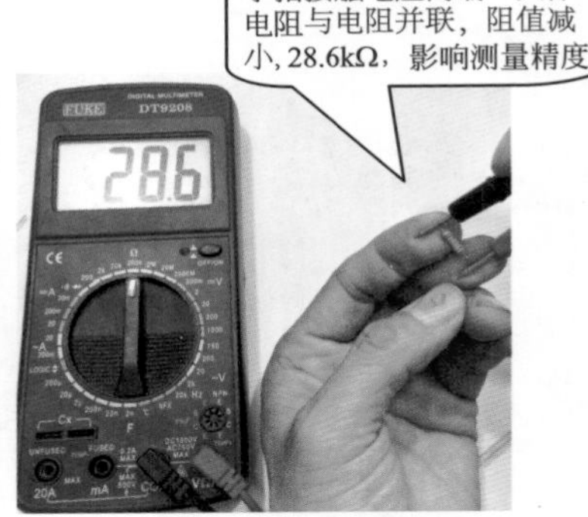

图2-19 错误的测量方法

（2）数字万用表在路测量测量普通电阻 固定电阻在电路中测量时，被检测的电阻必须从电路中焊下来，至少要焊开一个头，以免电路中的其他元件对测试产生影响，测量误差增大。如图 2-20、图 2-21 所示。

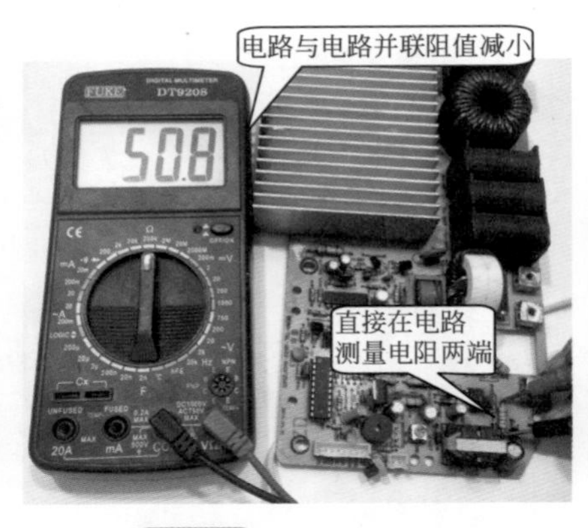

图2-20 在电路中测量

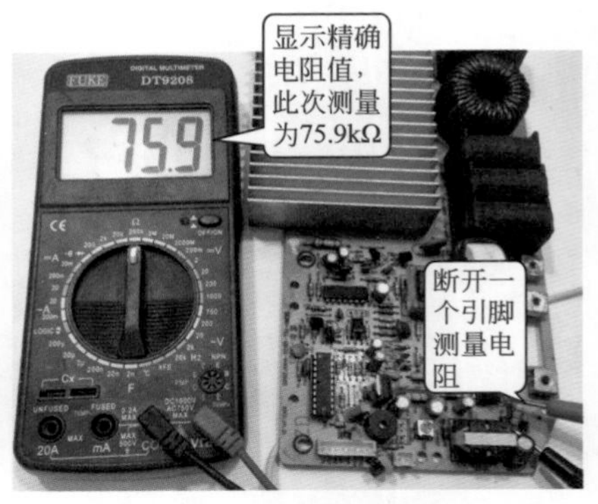

图2-21 断开一个引脚测量

（3）测量贴片电阻 贴片电子的测量与前述相同，如图 2-22 所示。

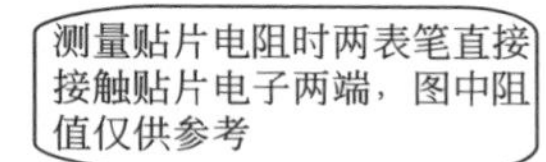

图2-22　测量贴片电阻

2.2.4　固定电阻器的选用与维修

（1）固定电阻器选用　选用普通电阻器时，应注意以下事项：

a. 所用电阻器的额定功率应大于实际电路功率的两倍，可保证电阻器在正常工作时不会烧坏。

b. 优先选用通用型电阻器，如炭膜电阻器、金属膜电阻器、实心电阻器、线绕电阻器等。这类电阻器的阻值范围宽，电阻器规格齐全，品种多，价格便宜。

c. 根据安装位置选用电阻器。由于制作电阻器的材料和工艺不同，因此相同功率的电阻器，其体积并不相同。金属膜电阻器的体积较小，适合安装在元器件比较紧凑的电路中；在元器件安装位置比较宽松的场合，可选用炭膜电阻器。

d. 根据电路对温度稳定性的要求选择电阻器。由于电阻器在电路中的作用不同。所以对它们在稳定性方面的要求也就不同。普通电路中即使阻值有所变化，对电路工作影响并不大；而应用在稳压电路中作电压采样的电阻器，其阻值的变化将引起输出电压的变化。

炭膜电阻器、金属膜电阻器、玻璃釉膜电阻器都具有较好的温度特性，适合用于稳定度较高的场合；精度高、功率大的场合可应用线绕电阻器（由于采用特殊的合金线绕制，它的温度系数极小，因此其阻值最为稳定）。

（2）固定电阻器的维修

① 对于炭膜电阻器或金属膜电阻器损坏后一般不予以修理，更换相同规格电阻器即可。

② 对于已断路的大功率小阻值线绕电阻器或水泥电阻器，可刮去表面绝缘层，露出电阻丝，找到断点。将断点的电阻丝退后一匝绞合拧紧即可。

a. 用电阻丝应急代换。电阻丝可以从旧线绕电位器或线绕电阻器上拆下。用万用表量取一段阻值与原电阻相同的电阻丝，并将其缠绕在原电阻器上，电阻丝两端分别焊在原电阻器的两端后装入电路即可。

b. 当损坏的线绕电阻器阻值较大时，可采用内热式电烙铁芯代换，如阻值不符合电路要求，可采用将电烙铁芯串、并联方法解决。只要阻值相近即可，不会影响电路的正常工作。

③ 电阻器烧焦后看不到色环和阻值，又没有图纸可依，对它的原阻值就心中没数。可用刀片把电阻器外层烧焦的漆割掉，测它一端至烧断点的阻值，再测另一端至烧断点的阻值，将这两个阻值加起来，再根据其烧断点的长度，就能估算出电阻器的阻值。

2.2.5 固定电阻器的代换

在修理中，当某电阻器损坏后，在没有同规格电阻器代换时，可采用串、并联方法进行应急处理：

（1）利用电阻串联公式 将小电阻变成大阻值电阻。如图 2-23、图 2-24 所示。

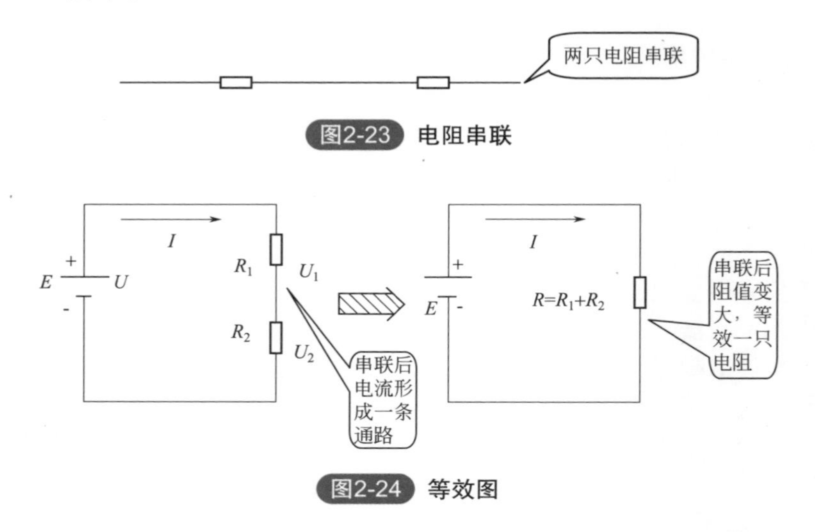

图2-23 电阻串联

图2-24 等效图

电阻串联公式为：$R_X=R_1+R_2+R_3+\cdots\cdots$

（2）利用电阻并联公式 将大阻值电阻变成所需小阻值电阻。如图2-25、图2-26所示。

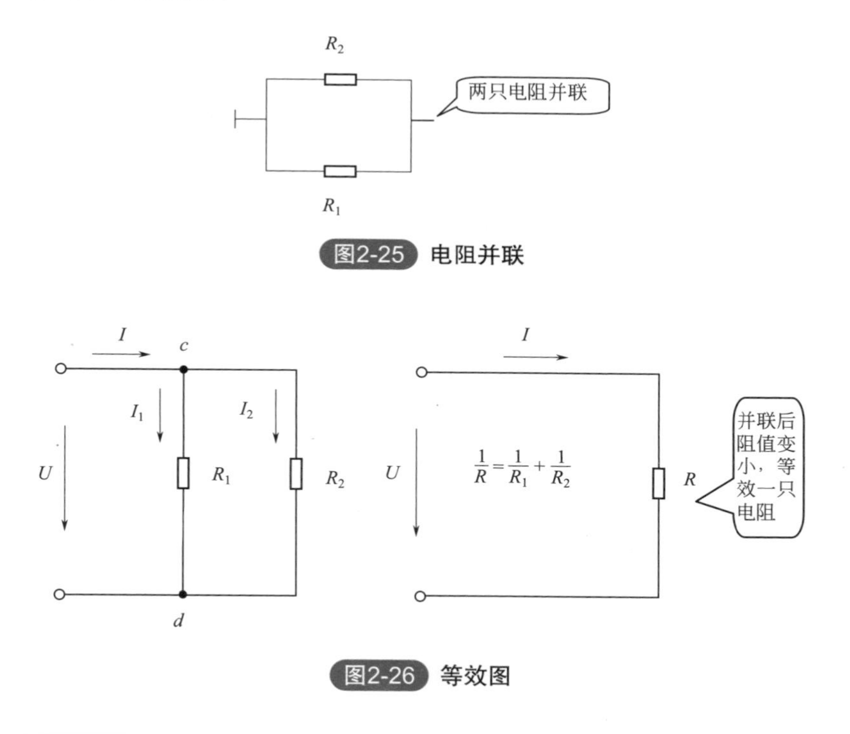

图2-26 等效图

提示：在采用串、并联方法时，除了应计算总电阻是否符合要求外，还必须检查每个电阻器的额定功率值是否比其在电路中所承受的实际功率大一倍以上。

$$1/R_{总}=1/R_1+1/R_2+\cdots+1/R_n$$

（3）利用电阻器串联和并联相结合 可以将大阻值电阻器变成所需小阻值电阻器。

注意：不同功率和阻值相差太多的电阻器不要进行串、并联，无实际意义。

2.2.6 固定电阻器应用电路

电阻器应用电路如图 2-27 所示。

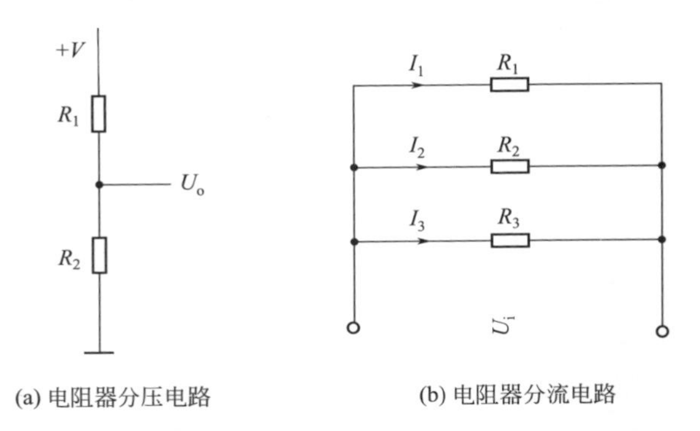

(a) 电阻器分压电路 (b) 电阻器分流电路

图2-27 电阻器的分压与分流电路

（1）分压与分流电路 如图 2-27（a）所示电阻分压电路中，$U_0=UR_2=$（R_2/R_1+R_2）$\times E_C$，经 R_1、R_2 分压后可得到合适电压输出。如图 2-27（b）所示分流电路中，各电阻器电流值的大小与电阻值成反比，即 $I_1=U/R_1$，$I_2=U/R_2$，$I_3=U/R_3\cdots$

（2）降压限流电路 将电阻器串入电路，可实现降压限流作用。图 2-28 为电热毯电路 R 与 VD1 构成电源指示电路，接通电源后，R 降压限流，得到二极管 VD2 所需供电电压。

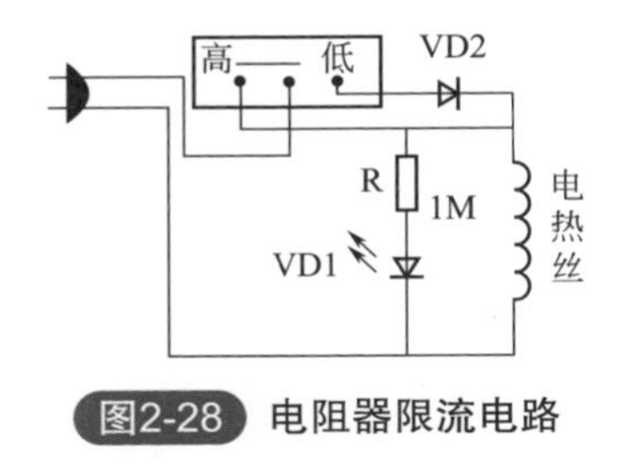

图2-28 电阻器限流电路

2.3 微调可变电阻器

微调电阻器体积小，无调整手柄，用于机器内部不经常需要调整的电路中。微调可变电阻器的外形、结构和图形符号如图 2-29 所示。

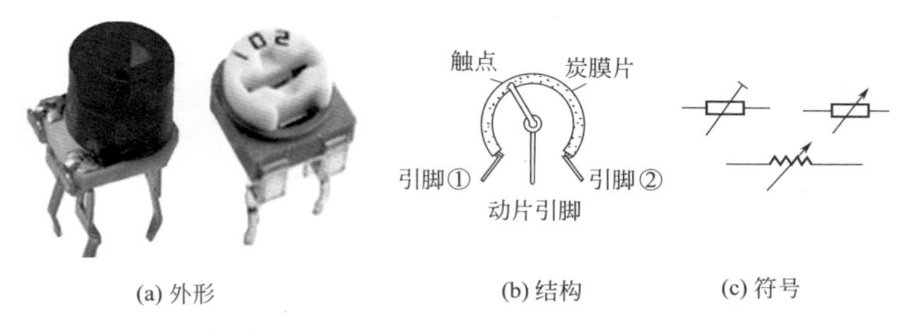

(a) 外形　(b) 结构　(c) 符号

图2-29 微调电阻器的外形、结构及图形符号

（1）可变电阻器的结构 由图2-29（a）可以看出，两个固定引脚接在炭膜体两端，炭膜体是一个固定电阻体，在两个引脚之间有一个固定的电阻值。动片引脚上的触点可以在炭膜上滑动，这样动片引脚与两个固定引脚之间的阻值将发生大小改变。当动片触点沿顺时针方向滑动时，动片引脚与引脚①之间阻值增大，与引脚②之间阻值减小；反之，动片触点沿逆时针方向滑动，引脚间阻值反方向变化。在动片滑动时，引脚①、②之间的阻值是不变化的，但是如若动片引脚与引脚②或引脚①相连通后，动片滑动时引脚①、②之间的阻值便发生改变。

（2）阻值表示方法 可变电阻器的阻值是指固定电阻体的值，也就是可变电阻器可以达到的最大电阻值，可变电阻器的最小阻值为零（通过调节动片引脚的旋钮）。阻值直接标在电阻器上。

（3）应用及注意事项 可变电阻器的应用及有关注意事项有以下几方面：

① 微调可变电阻器的功率较小，只能用于电流、电压均较小的电子电路中。

② 可变电阻器还可以用作电位器，此时三根引脚与各自电路相连，作为一个电压分压器使用。

③ 在大部分情况下作为一个可变电阻器使用，此时可变电阻器的动片与一根固定引脚在线路板已经连通，调节可变电阻器时可改变阻值。调节方法是用小的平口启子旋转电阻器的缺口旋钮。

④ 可变电阻器的故障发生率较高，主要故障是动片与炭膜之间的接触不良，炭膜磨损一般不予修理直接更换型号可变电阻器（应急修理时主要以清洗处理为主）。

第3章

电位器的检测与维修

3.1 认识电位器

电位器的分类方法很多，种类也相当的繁多，广泛应用于电器设备中作调整元件。

（1）电位器的结构 电位器结构与可变电阻器结构基本上是相同的，它主要由引脚、动片触点和电阻体（常见的为炭膜体）构成，其工作原理也与可变电阻器相似，动片触点滑动时动片引脚与两个固定引脚之间的电阻发生改变。图 3-1 所示是常用电位器的外形及图形符号。带开关电位器（图形符号中虚线表示此开关受电位器转柄控制）在转轴旋到最小位置后再旋转一下，便将开关断开。在开关接通之后，调节电位器过程中对开关无影响，一直处于接通状态。旋转式电位器有单轴电位器和双联旋转式电位器。双联旋转式电位器又有同心同轴（调整时两个电位器阻值同时变化）和同心异轴（单独调整）之分。图 3 -1 所示是直滑式电位器外形，它的特点是操纵柄往返作直线式滑动，滑动时可调节阻值。

（2）电位器的主要参数 电位器的参数很多，主要参数有电阻值、额定功率及噪声系数。

a. 电阻值。电位器的电阻值也是指电位器两固定引脚之间的电阻值，这跟炭膜体阻值有关。电阻值参数采用直标法标在电位器的外壳上。

b. 额定功率。电位器的额定功率同电阻器的额定功率一样，在使用中若运用不当也会烧坏电位器。

c. 动噪声。电位器的噪声主要包括热噪声、电流噪声和动噪声。前两者是指电位器动片触点不动时的电位器噪声，这种噪声与其他元器件中的噪声一样，是炭膜体（电阻体）固有噪声，又称之为静噪声，静噪声相对动噪声而言，其有害影响不大。

图3-1 电位器的外形及图形符号

动噪声是指电位器动片触点滑动过程产生的噪声，这一噪声是电位器的主要噪声。产生动噪声的主要原因是动片触点接触电阻大（接触不良）、炭膜体结构不均匀、炭膜体磨损、动片触点与炭膜体的机械摩擦噪声等。

3.2 用指针万用表检测电位器

（1）机械检查 检查电位器时，首先要转动转轴，看看转轴转动是否平滑、灵活，带开关电位器通断时“咔嗒”声是否清脆，并听一听电位器内部接触点和电阻体摩擦的声音，如有“沙沙”声，说明质量不好。用万用表测试时，先根据被测电位器阻值的大小，选择好合适电阻挡位，然后按下述方法进行检测（图 3-2）。

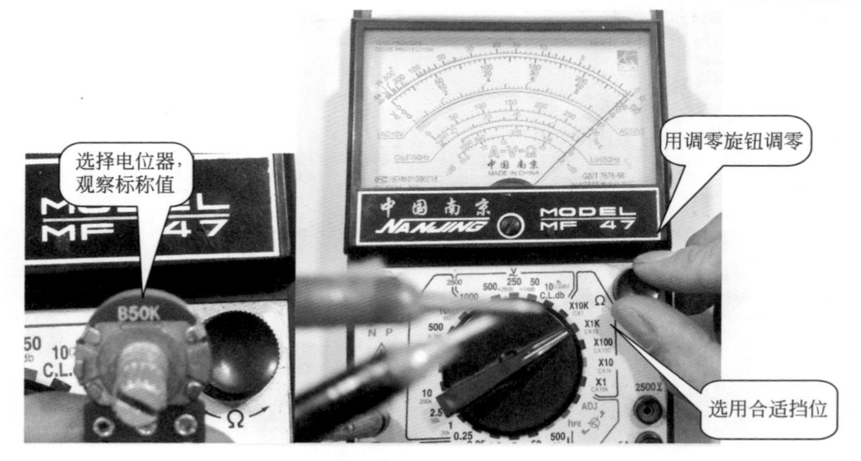

图3-2 测试前旋钮调零

（2）测量电位器的标称阻值 如图 3-3 所示用万用表的电阻挡测两边脚，其读数应为电位器的标称阻值。如万用表指针不动或阻值相差很多，则表明该电位器已损坏。

（3）检测活动臂与电阻片的接触是否良好 如图 3-4 所示，用万用表的电阻挡测中间脚与两边脚阻值。将电位器的转轴按逆时针方向旋转，再按顺时针方向慢慢旋转转轴，电阻值应逐渐变化，表头中的指针应平稳移动。从一端移至另一端时，最大阻值应接近电位器的标称值，最小值应为零。如万用表指针在电位器转轴转动过程中有跳动现象，说明触点有接触不良的故障。

（4）测试开关的好坏 对于带有开关的电位器，检查时可用万用表的电阻挡测开关两触点的通断情况是否正常，如图 3-5 所示。旋转电位器的转轴，使开关“接通”-“断开”变化。若在“接通”的位置，电阻值不为零，说明内部开关触点接触不良；若在“断开”的位置，电阻值不为无穷大，说明内部开关失控（图 3-6、图 3-7）。

图3-3 测量电位器的标称阻值

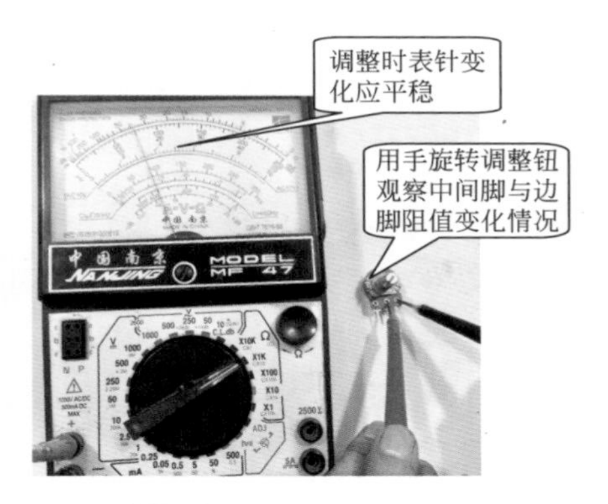

图3-4 中间脚与边脚阻值

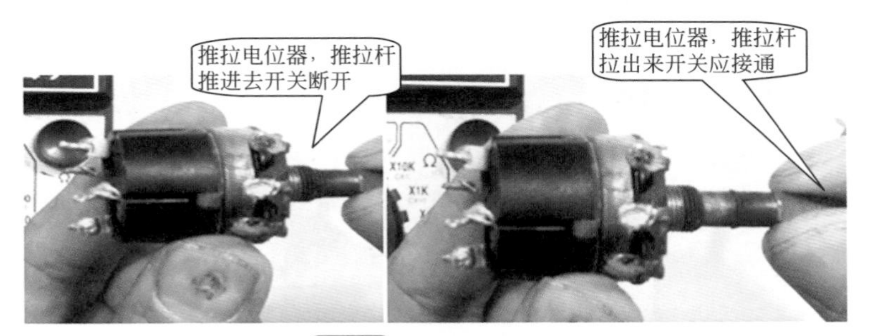

图3-5 开关位置状态

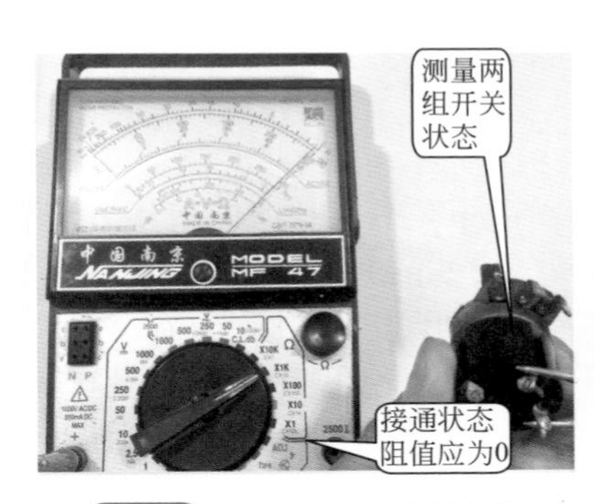

图3-6 测试一组开关的好坏

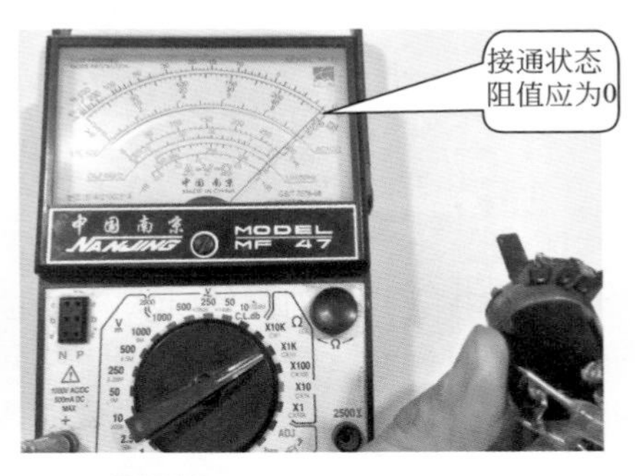

图3-7 测试两组开关的好坏

（5）检测完开关后应检测电位器的标称值和中间脚与边脚的旋转电阻值 如图 3-8~ 图 3-10 所示。

图3-8 测量电位器的两个边脚

图3-9 中间脚与左边脚电阻值

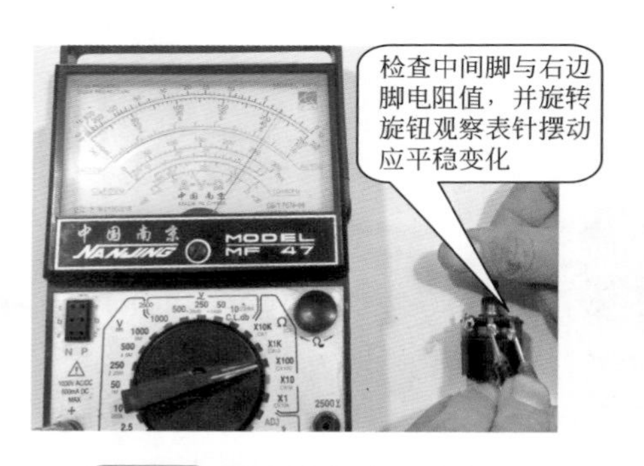

图3-10 中间脚与右边脚电阻值

3.3 数字万用表检测电位器

（1）测试开关的好坏 对于带有开关的电位器，检查时可用万用表的电阻挡测开关两接点的通断情况是否正常。如图 3-11、图 3-12 所示。

推拉电位器的轴，使开关“接通”—“断开”，变化。若在“接通”的位置，电阻值不为零，说明内部开关触点接触不良；若在“断开”的位置，电阻值不为无穷大，说明内部开关失控。如图 3-13、图 3-14 所示。

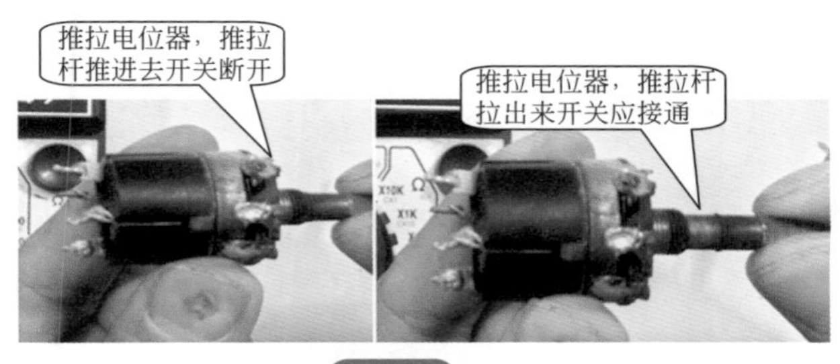

图3-11 开关状态

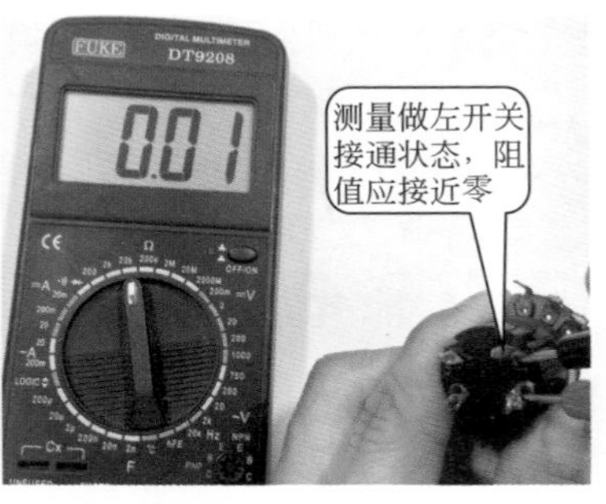

图3-12 选择挡位　　图3-13 测量第一组开关

（2）检测电位器的标称值和中间脚与边脚的旋转电阻值 如图3-15~图3-17所示。

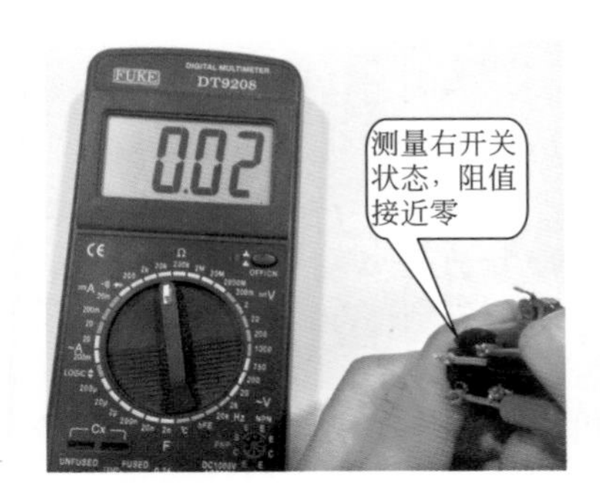

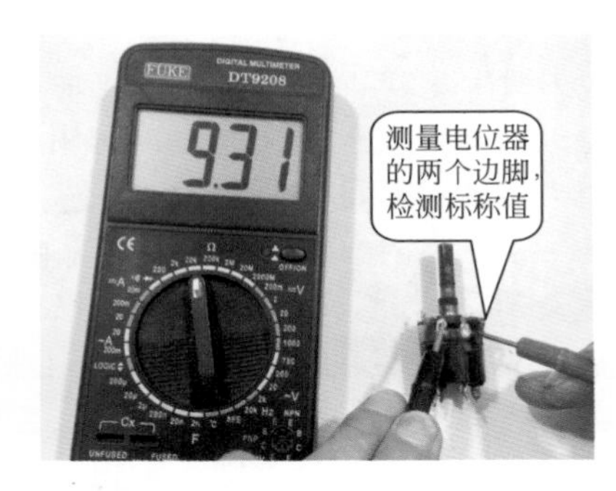

图3-14 测量第二组开关　　图3-15 测量电位器的两个边脚

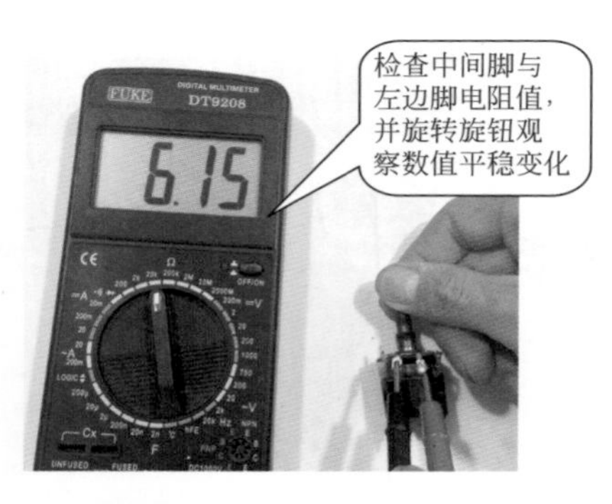

图3-16 中间脚与左边脚电阻值

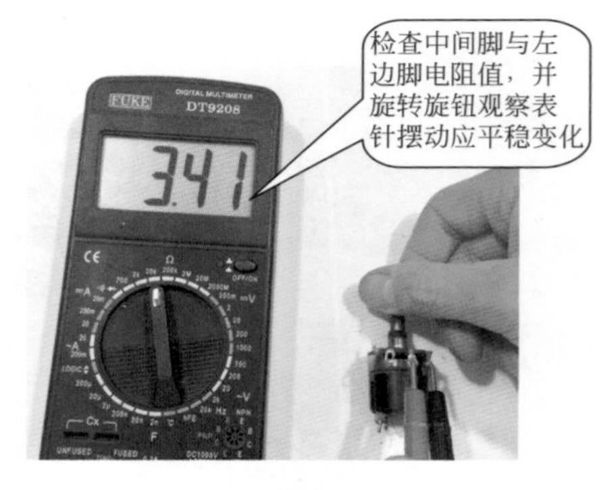

图3-17 测量中间脚与左边脚电阻

3.4 电位器的修理及代换

3.4.1 电位器的修理

① 转轴不灵活。转轴不灵活主要是轴套中积有大量污垢，润滑油干涸所致。发现这种故障，应拆开电位器，用汽油擦洗轴、轴套以及其他不清洁的地方，然后在轴套中添加润滑黄油，再重新装配好。

② 电位器一端定片与炭膜间断路（多为涂银处开路），另一端定片又未用或与动片焊连在一起，这时交换两定片的焊接位置，仍可正常使用。

③ 开关接触不良。电位器的开关部件在生产中已被固定，不易拆装，一般遇有弹簧不良或开关胶木转换片被挤碎时，只能换一个开关解决。另外，电位器经过多次修理后，开关套的固定钩损坏而无法很好地固定，影响开关正常拨动。这时用硬度适当的铜丝或铜片在原位上另焊几个小钩即可修复。

④ 滑动片接触不良。主要是由中心滑动触点处积有污垢造成的。可拆下开关部分，取下接头，用汽油或酒精分别擦净炭膜片、中央环形接触片和接头处的接点，然后装上接头，调整接头压力到合适程度为止。若电位器内炭膜磨损接触不良，可将金属刷触点轻轻向里或向外弯曲一些，从而改变金属刷在炭膜上的运动轨迹。修好的电位器可用欧姆表测量，使指针摆动平稳而不跳动即可。

3.4.2 电位器的代换

① 若没有高阻电位器，可用低阻电位器串接电阻的方法解决，即将

阻值合适的电阻器与可变电阻器串联，可串入边脚，也可串入中心脚。

② 若没有低阻电位器，可用高阻电位器并接电阻的方法解决，即将一阻值合适的电阻器并接在两边脚之间。

③ 没有电位器时，还可以用微调电阻器作小型电位器使用。选择立式或卧式的微调电阻器，在微调电阻器上焊上一根转轴，再在转轴上套一段塑料管即可。

④ 线路中一些电位器经调整之后，一般不需要再调整或很少需要调整，可直接用固定电阻器代用。代用前必须试验出最佳的电阻值。若电阻值不符合要求，可用两个或两个以上的电阻器通过串联或并联的方法解决。

3.5 电位器的应用

电位器的应用可分成两大类：一是作分压器使用；二是作可变电阻器使用。前者应用最广泛，后者在设计、调试电路时应用。

① 运用原理。电位器有三个引脚，是一个四端元件，它有输入和输出两个回路。图 3-18 所示是电位器应用电路。

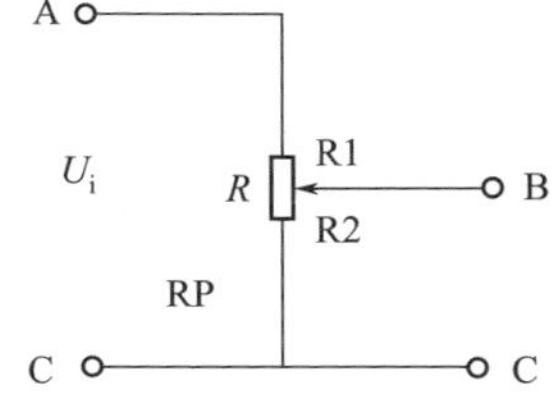

图3-18 电位器分压电路

信号源电压 U_i 加在电位器 RP 上，动片将 RP 分成两部分：电阻 R1 和 R2。设 RP 的全部电阻为 R，动片 B 至 A 端电阻为 R_1，动片 B 至 C 点电阻为 R_2，$R=R_1+R_2$。显然，当动片调至 C 点时，$R_1=R$、$R_2=0$；当动片调到 A 点时，$R_1=0$、$R_2=R$；当动片从 C 点往 A 点调节时，R_1 越来越小，R_2 则越来越大，$R_1+R_2=R$ 始终不变。图示电路的输入回路为信号源→ A 点→ RP → C 点，其输出回路为动片 B 点→ RP → C 点。

R1、R2 构成分压电路，则 U_i、U_o 之间的关系由下列公式决定：

$$U_o=(R_2/R_1+R_2)\ U_i$$

由上述可知，当动片滑动时，R_2 大小变化，从而 U_o 发生改变。当 $R_2=0$（动片在 C 点）时，$U_o=0$；当动片在 A 点（$R_2=R$）时，$U_o=U_i$。

② 可变电阻器应用。将电位器作为可变电阻器时，动片与一个固定引脚相连接，即可变成了可变电阻器。在图 3-19（a）中，改变 RP 中点位置，可改变三极管基极电压，从而改变电路工作点（I_c）。图 3-19

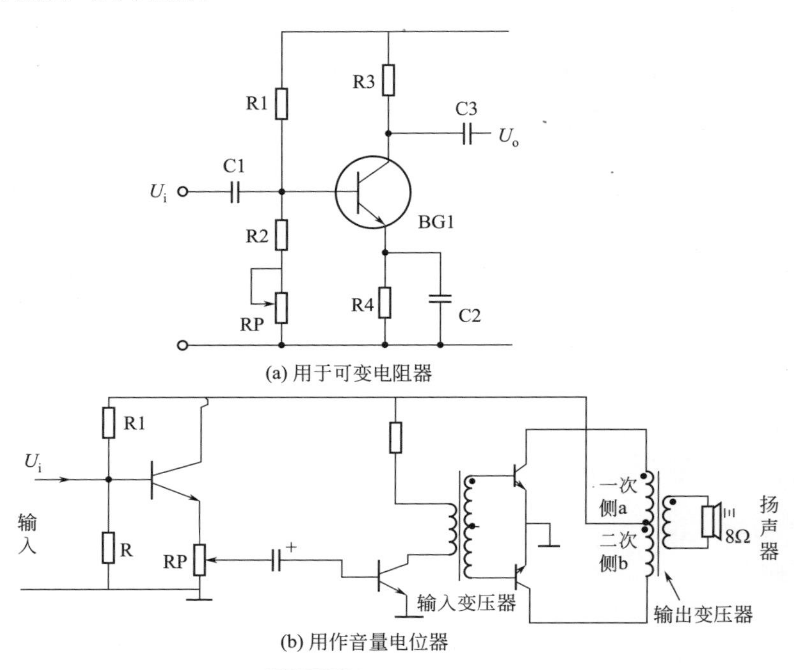

图3-19 电位器应用电路

（b）中用作音量电位器，改变 RP 中点，可改变送入后级信号量的大小，从而改变音量。

③ 注意事项。电位器在运用中要注意以下几方面的问题：

a. 电位器型号命名比较简单，由于普遍采用合成膜电位器，所以在型号上主要看阻值分布特性。在型号中，用 W 表示电位器，H 表示合成膜。

b. 在很多场合下，电位器是不能互换使用的，一定要用同类型电位器更换。

c. 在更换电位器时，要注意电位器安装尺寸等。

d. 有的电位器除各引脚外，在电位器金属外壳上还有一个引脚，这一引脚作为接地引脚，接电路板的地线，以消除调节电位器时人身的感应干扰。

e. 电位器的常见故障是转动噪声，几乎所有电位器在使用一段时间后，会不同程度地出现转动噪声。通常，通过清洗电位器的动片触点和炭膜体，能够消除噪声。对于因炭膜体磨损而造成的噪声，应作更换电位器的处理。

第4章

特殊电阻检测与维修

4.1 压敏电阻器

4.1.1 压敏电阻器的性能特点及参数

① 压敏电阻器的性能特点。压敏电阻器是利用半导体材料非线性特性制成的一种特殊电阻器。当压敏电阻器两端施加的电压达到某一临界值（压敏电压）时，压敏电阻器的阻值就会急剧变小。压敏电阻器的外形、结构、图形符号和伏安特性曲线如图 4-1 所示。

压敏电阻器的主要特性曲线如图 4-1（c）所示。当压敏电阻器两端所加电压在标称额定值内时，电阻值几乎为无穷大，处于高阻状态，其漏电流≤ 50μA; 当压敏电阻器两端的电压稍微超过额定电压时，其电阻值急剧下降，立即处于导通状态，反应时间仅在毫微秒级，工作电流急剧增加，从而有效地保护电路。

② 压敏电阻器的主要参数。压敏电阻器的主要参数是标称电压、漏电流和通流量。

a. 标称电压（U_{1mA}）。标称电压也称压敏电压，是指通过 1mA 直流电流时压敏电阻器两端的电压值。

b. 漏电流。漏电流是指当元件两端电压等于 75%U_{1mA} 时，压敏电阻器上所通过的直流电流。

c. 通流量。通流量是指在规定时间（8/20μs）之内，允许通过冲电流的最大值。

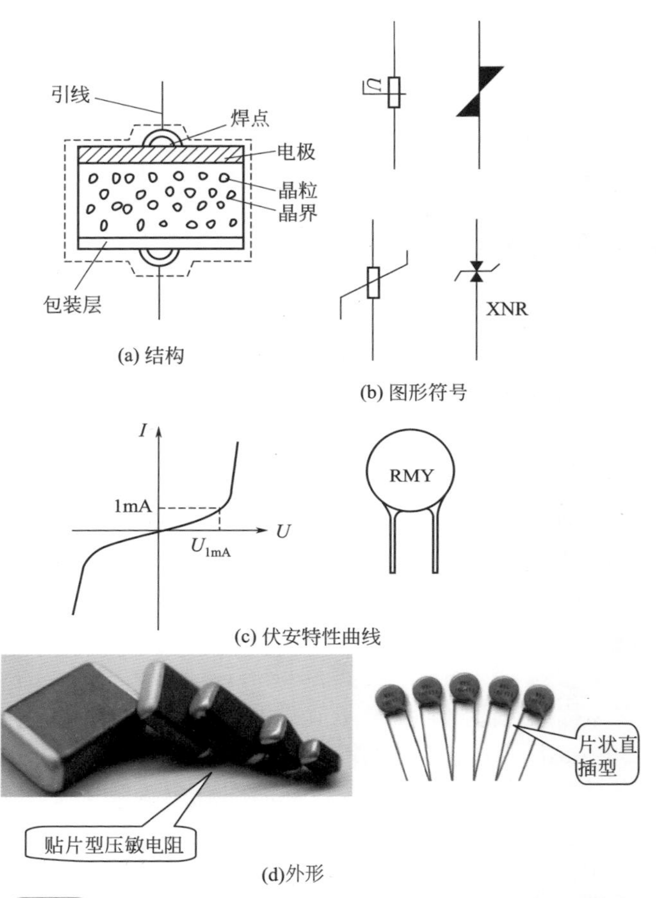

图4-1 压敏电阻的外形、结构、图形符号及伏安特性曲线

常用压敏电阻器的主要参数见表4-1。

表4-1 常用压敏电阻器的主要参数

型号	压敏电压/V	最大允许使用电压/V		最大限制电压/V	等级电流/A	静态电容/pF
MYD-05K180	18	11	14	40	1	1600
MYD-07K180				36	2.5	3500
MYD-10K180				36	5	7500
MYD-14K180				36	10	18000
MYD-20K180				36	20	37000

续表

型号	压敏电压/V	最大允许使用电压/V		最大限制电压/V	等级电流/A	静态电容/pF
MYD-05K220	22	14	18	48	1	1300
MYD-07K220				43	2.5	2800
MYD-10K220				43	5	6000
MYD-14K220				43	10	15000
MYD-20K220				43	20	30000
MYD-05K270	27	17	22	60	1	1050
MYD-07K270				53	2.5	2000
MYD-10K270				53	5	4000
MYD-14K270				53	10	10000
MYD-20K270				53	20	22000
MYD-05K330	33	20	26	73	1	900
MYD-07K330				65	2.5	1500
MYD-10K330				65	5	3000
MYD-14K330				65	10	7500
MYD-20K330				65	20	17000
MYD-05K390	39	25	31	86	1	500
MYD-07K390				77	2.5	1350
MYD-10K390				77	5	2600
MYD-14K390				77	10	6500
MYD-20K390				77	20	15000
MYD-05K470	47	30	38	104	1	450
MYD-07K470				93	2.5	1150
MYD-10K470				93	5	2200
MYD-14K470				93	10	5500
MYD-20K470				93	20	13000
MYD-05K560	56	35	45	123	1	400
MYD-07K560				110	2.5	950
MYD-10K560				110	5	1800
MYD-14K560				110	10	4500
MYD-20K560				110	20	11000
MYD-05K680	68	40	56	150	1	350
MYD-07K680				135	2.5	700
MYD-10K680				135	5	1300
MYD-14K680				135	10	3300
MYD-20K680				135	20	7000

续表

型号	压敏电压/V	最大允许使用电压/V		最大限制电压/V	等级电流/A	静态电容/pF
MYD-05K361	360	230	300	620	5	50
MYD-07K361				595	10	130
MYD-10K361				595	25	300
MYD-14K361				595	50	550
MYD-20K361				595	100	1200
MYD-05K431	430	275	350	745	5	45
MYD-07K431				710	10	110
MYD-10K431				710	25	250
MYD-14K431				710	50	450
MYD-20K431				710	100	900
MYD-10K621	620	385	505	1025	25	130
MYD-14K621					50	250
MYD-20K621					100	500
MYD-10K751	750	460	615	1240	25	120
MYD-14K751					50	230
MYD-20K751					100	420
MYD-10K821	820	510	670	1355	25	110
MYD-14K821					50	200
MYD-20K821					100	400
MYD-10K102	1000	625	825	1650	25	90
MYD-14K102					50	150
MYD-20K102					100	320
MYD-14K182	1800	1000	1465	2970	50	100
MYD-05K101	100	60	85	175	5	200
MYD-07K101				165	10	500
MYD-10K101				165	25	1400
MYD-14K101				165	50	2400
MYD-20K101				165	100	4800
MYD-05K121	120	75	100	210	5	170
MYD-07K121				200	10	450
MYD-10K121				200	25	1100
MYD-14K121				200	50	1900
MYD-20K121				200	100	3800

续表

型号	压敏电压/V	最大允许使用电压/V		最大限制电压/V	等级电流/A	静态电容/pF
MYD-05K151				260	5	140
MYD-07K151				250	10	350
MYD-10K151	150	95	125	250	25	900
MYD-14K151				250	50	1500
MYD-20K151				250	100	3000
MYD-05K201				355	5	80
MYD-07K201				340	10	250
MYD-10K201	200	130	170	340	25	500
MYD-14K201				340	50	1000
MYD-20K201				340	100	2000
MYD-05K221				380	5	70
MYD-07K221				360	10	250
MYD-10K221	220	140	180	360	25	450
MYD-14K221				360	50	1000
MYD-20K221				360	100	2000
MYD-05K241				415	5	70
MYD-07K241				395	10	200
MYD-10K241	240	150	200	395	25	400
MYD-14K241				395	50	900
MYD-20K241				395	100	1800
MYD-05K271				475	5	65
MYD-07K271				455	10	170
MYD-10K271	270	175	225	455	25	350
MYD-14K271				455	50	750
MYD-20K271				455	100	1600
MYD-05K291				675	5	50
MYD-07K291				650	10	130
MYD-10K391	390	250	320	650	25	270
MYD-14K391				650	50	500
MYD-20K391				650	100	1000
MYD-05K471				810	2	40
MYD-07K471				775	10	100
MYD-10K471	470	300	385	775	25	230
MYD-14K471				775	50	440
MYD-20K471				775	100	900

续表

型号	压敏电压/V	最大允许使用电压/V		最大限制电压/V	等级电流/A	静态电容/pF
MYD-10K681					25	130
MYD-14K681	680	420	560	1120	50	250
MYD-20K681					100	460
MYD-10K781					25	120
MYD-14K781	780	485	640	1290	50	230
MYD-20K781					100	420
MYD-10K911					25	100
MYD-14K911	910	550	745	1500	50	180
MYD-20K911					100	350
MYD-10K112					25	80
MYD-14K112	1100	680	895	1815	50	150
MYD-20K112					100	300

4.1.2 压敏电阻器的检测

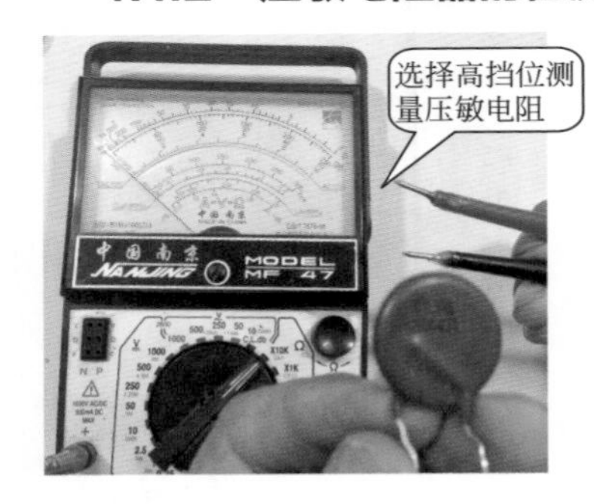

图4-2 选择挡位

（1）用指针万用表检测压敏电阻

好坏测量：应使用万用表电阻挡的最高挡位（10k 挡），常温下压敏电阻器的两引脚阻值应为无穷大，使用数字表时显示屏将显示溢出符号“1.”。若有阻值，就说明该压敏电阻器的击穿电压低于万用表内部电池的 9V（或 15V）电压（这种压敏电阻器很少见）或者已经击穿损坏（图 4-2~ 图 4-4）。

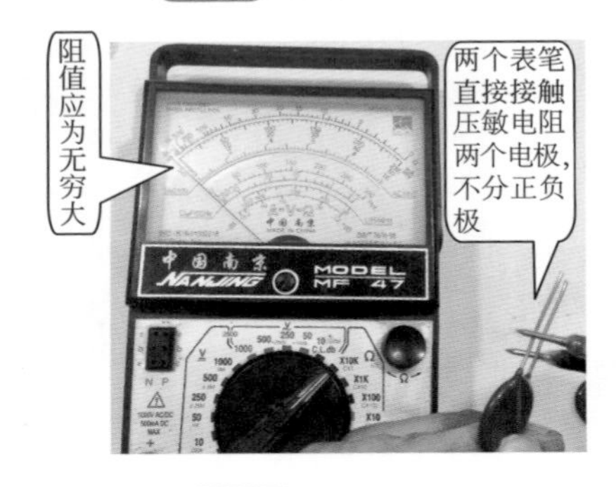

图4-3 测量阻值

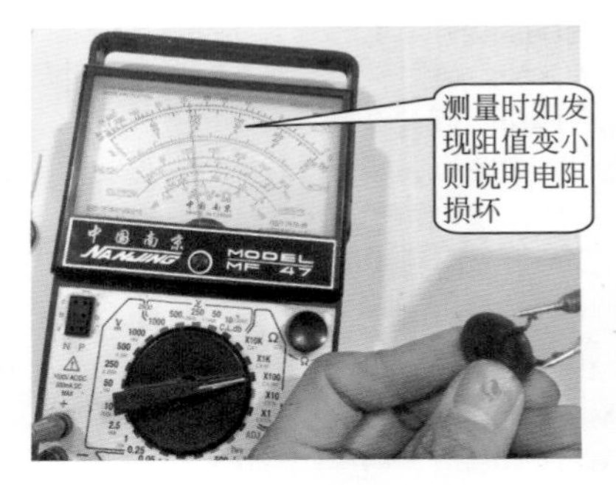

图4-4 阻值异常状态

（2）数字万用表检测压敏电阻

好坏测量：应使用万用表电阻挡的最高挡位（20k、200k 挡），常温下压敏电阻器的两引脚阻值应为无穷大，使用数字表，显示屏将显示溢出符号“1.”。若有阻值，就说明该压敏电阻器的击穿电压低于万用表内部电池的 9V（或 15V）电压（这种压敏电阻器很少见）或者已经击穿损坏 。如图 4-5、图 4-6 所示。

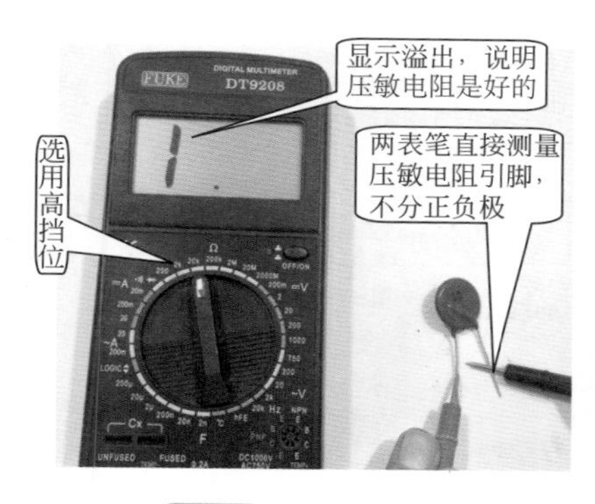

图4-5 选择高阻挡

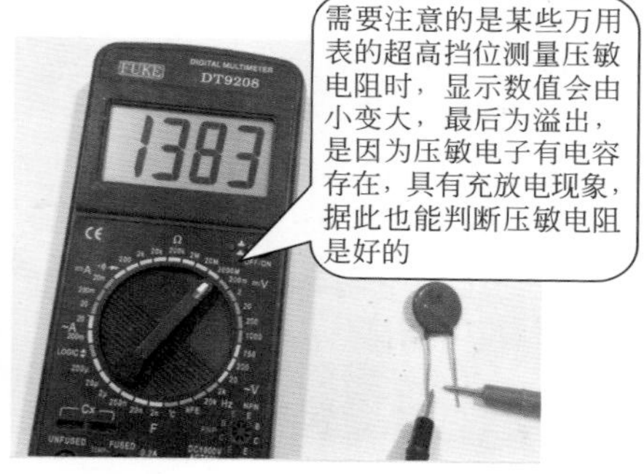

图4-6 测压敏电阻电容特性

（3）标称电压的测量 检测压敏电阻器标称电压如图 4-7 所示。

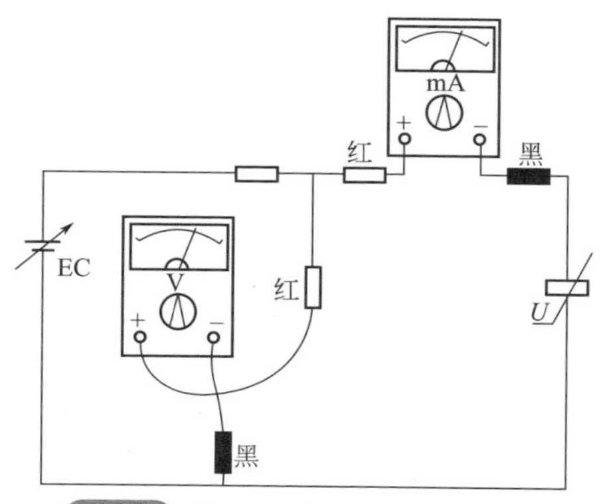

图4-7 检测压敏电阻器标称电压

如果需要测量压敏电阻器额定电压（击穿电压），可将其接在一个可调电源上，并串入电流表，然后调整可调电源，开始电流表基本不变。当再调高 EC 时，电流表指针摆动，此时用万用表测量压敏电阻器两端电压，即为标称电压。图中可调电源可用兆欧表代用。

4.1.3 压敏电阻器的应用

① 压敏电阻器的选用要点。压敏电阻器在电路中可进行并联、串联使用。并联用法可增加耐浪涌电流的数值，但要求并联的器件标称电压要一致。串联用法可提高实际使用的标称电压值，通常串联后的标称电压值为两个标称电压值的和。压敏电阻器选用时，标称电压值选择得越低则保护灵敏度越高，但是标称电压选得太低，流过压敏电阻器的电流也相应较大，会引起压敏电阻器自身损耗增大而发热，容易将压敏电阻器烧毁。在实际应用中，确定标称电压可用工作电路电压 ×1.73 来大概求出压敏电阻器标称电压。

② 压敏电阻器的应用。用于电源保护电路中。

如图 4-8（a）所示电路，当由雷电或由机内自感电势等引起的过电压作用到压敏电阻器两端时，压敏电阻器立即导通将过电压泄放掉，从而起到保护作用。

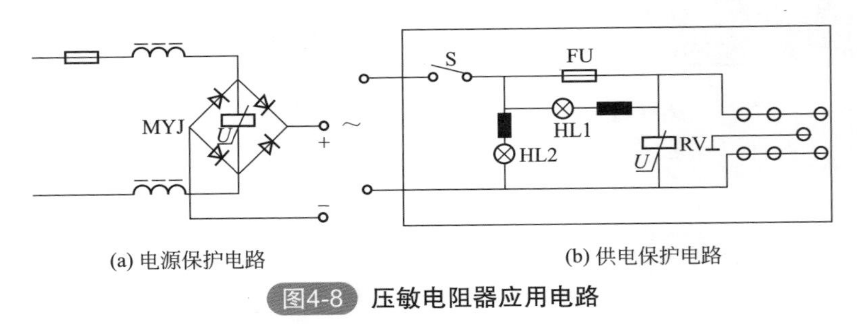

(a) 电源保护电路　　(b) 供电保护电路

图4-8 压敏电阻器应用电路

图 4-8（b）所示是一种常见的供电保护电路，压敏电阻器接在市电经保险管后的回路中，其额定工作电压选择在家用电器的安全使用电压范围内（300~400V）。当市电电压超过压敏电阻器标称工作电压时，在毫微秒的时间内，压敏电阻器的阻值急剧下降，流过压敏电阻器的电流急剧增加，使保险管瞬间熔断，家用电器因断电而得到保护。同时，并联在保险管两端的氖灯 HL1 点亮，指示保险管已熔断。HL2 为电源指示灯，S 闭合后即发光指示。

4.2 光敏电阻器

光敏电阻器是利用半导体光导效应制成的一种特殊电阻器，在有光照和黑暗的环境中，其阻值发生变化。用光敏电阻器制成的器件又称为

“光导管”，是一种受光照射导电能力增加的光敏转换元件。

4.2.1 光敏电阻器的外形、结构及图形符号

如图 4-9 所示，光敏电阻器由玻璃基片、光敏层、电极等部分组成。

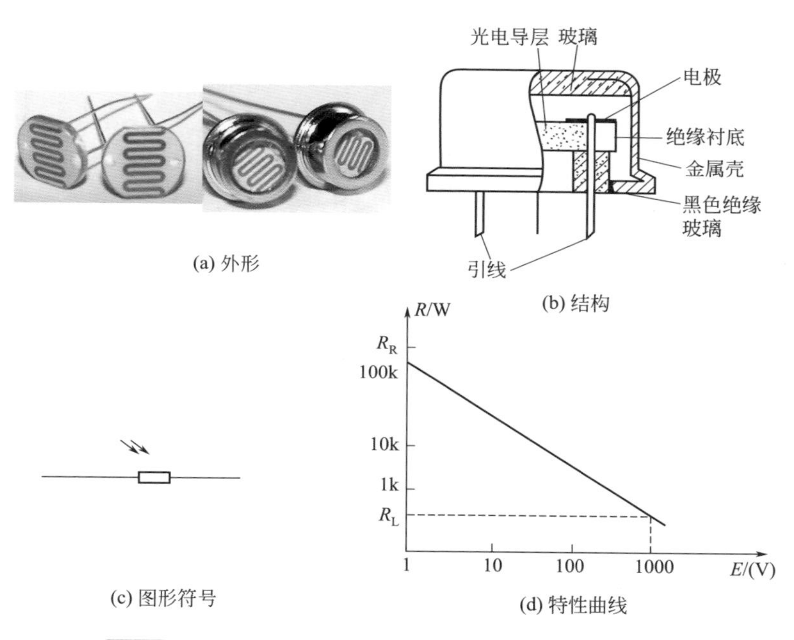

(a) 外形　(b) 结构　(c) 图形符号　(d) 特性曲线

图4-9　光敏电阻器的外形、结构、图形符号及特性曲线

根据制作光敏层所用的材料，光敏电阻器可以分为多晶光敏电阻器和单晶光敏电阻器。根据光敏电阻器的光谱特性，光敏电阻器又可分为紫外光敏电阻器、可见光光敏电阻器以及红外光光敏电阻器。

可见光光敏电阻器有硒、硫化镉、硫硒化镉和碲化镉、砷化镓、硅、锗、硫化锌等光敏电阻器。紫外光光敏电阻器对紫外线十分灵敏，可用于探测紫外线，比较常见的有硫化镉器和硒化镉光敏电阻器。红外光光敏电阻器有硫化铅、碲化铅、硒化铅、锑化铟、碲锡铅、锗掺汞、锗掺金等光敏电阻器。紫外线光敏电阻器及红外光敏电阻器主要应用于工业电器及医疗器械中，可见光敏电阻器可应用于各种家庭电子设备中。

4.2.2 光敏电阻器的主要参数和基本性能

① 伏安特性。在光敏电阻器的两端所加电压和流过的电流的关系称为伏安特性，所加的电压越高，光电流越大，且没有饱和现象。在给定的电压下，光电流的数值将随光照的增强而增大。

② 光电流。光敏电阻器在不受光照时的阻值称为“暗电阻”（或暗阻），此时流过的电流称为“暗电流”；在受光照时的阻值称为“亮电阻”（或亮阻），此时流过的电流称为“亮电流”。亮电流与暗电流之差就称为“光电流”。暗阻越大，亮阻越小，则光电流越大，光敏电阻器的灵敏度就高。实际上光敏电阻器的暗电阻一般是兆欧数量级，亮电阻则在几千欧以下，暗电阻与亮电阻之比一般在 1 ∶ 100 左右。

③ 光照特性。光敏电阻器对光线非常敏感。当无光线照射时，光敏电阻器呈高阻状态；当有光线照射时，电阻值迅速减小。图 4-9（d）为光敏电阻器特性曲线，坐标曲线表明了电阻值 R 与照度 E 之间的对应关系。在没有光照时，即 E=0，光敏电阻器的阻值称为暗电阻，用 R_R 表示。一般为 100kΩ 至几十兆欧。在规定照度下，电阻值降至几千欧，甚至几百欧，此值称之为亮电阻，用 R_L 表示。显然，暗电阻 R_R 越大越好，而亮电阻 R_L 则越小越好。

4.2.3 光敏电阻器的检测

光敏电阻器的阻值是随入射光的强弱变化而发生变化的。没有正负极性。在无光照时测得的阻值叫暗阻，通常暗阻较大；在有光线照射光敏电阻器时测得的阻值叫亮阻，通常亮阻较小。

（1）用指针万用表检测光敏电阻

① 检测光敏电阻的亮阻：将光敏电阻置于亮处，用一光源对光敏电阻的透光窗口照射，万用表的指针应有较大幅度的摆动，阻值明显减小。此值为亮电阻，越小说明光敏电阻性能越好。若此值很大甚至无穷大，则说明光敏电阻内部开路损坏。如图 4-10 所示。

② 检测光敏电阻的暗阻：首先将光敏电阻器置于暗处，用一黑纸片将光敏电阻器的透光窗口遮住，用万用表 R×1k 挡，将两表笔分别任意接光敏电阻器的两个引脚，此时万用表的指针基本保持不动，阻值接近无穷大，此值即为暗电阻，阻值越大说明光敏电阻器性能越好；若此值很小或接近为零，则说明光敏电阻器击穿损坏。如图 4-11 所示。

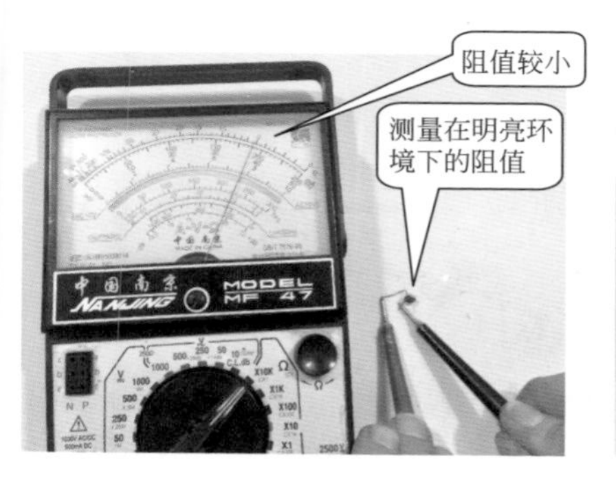

图4-10 测量在明亮环境下的阻值

图4-11 测量暗处阻值

（2）用数字万用表检测光敏电阻 如图 4-12、图 4-13 所示。

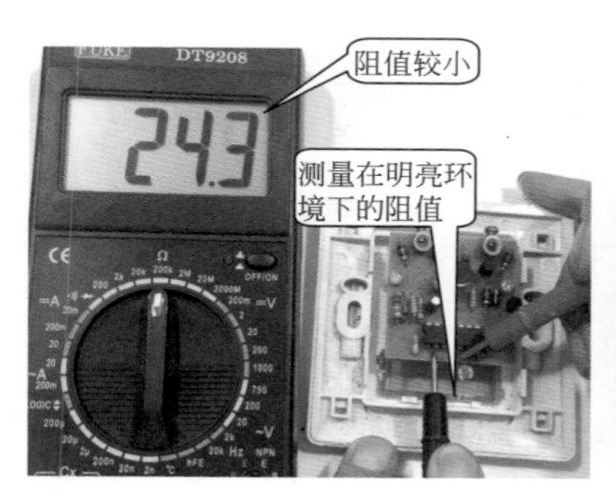

图4-12 测量在明亮环境下的阻值

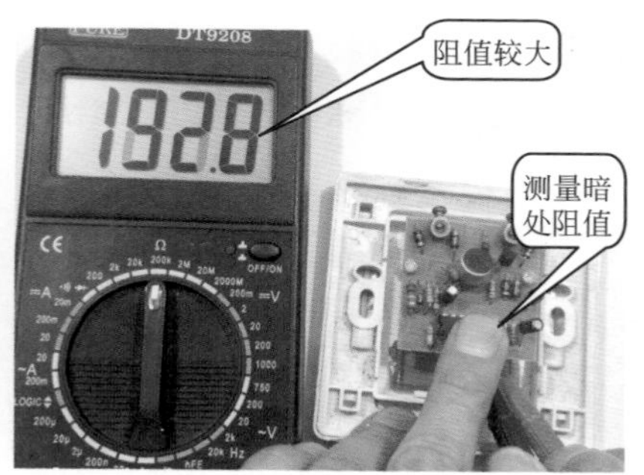

图4-13 测量暗处阻值

（3）检测灵敏度 将光敏电阻器在亮处和暗处之间不断变化，此时万用表指针应随亮暗变化而左右摆动。如果万用表指针不摆动，说明光敏电阻器的光敏材料已经损坏。

4.2.4 光敏电阻器的应用

图 4-14 是光敏电阻器 - 晶闸管光控开关电路。天黑时自动将灯点亮，天亮时光敏电阻器的亮电阻很小，将晶闸管 VS 的门极接地而使灯失电而熄灭。调节可变电阻器 RP，可使不同型号、规格的光敏电阻器在一定的条件（黑暗程度）下点亮灯。可作为如楼道、路灯等公共场所的自动光控开关。

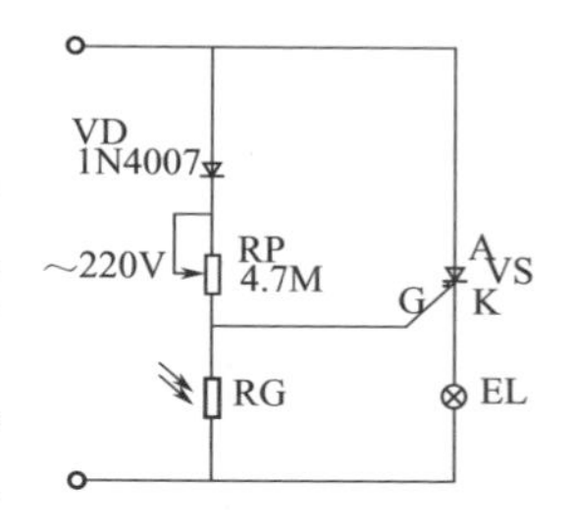

图4-14 光敏电阻器-晶闸管光控开关电路

4.3 湿敏电阻器

湿敏电阻器是一种阻值随湿度变化而变化的敏感电阻器件，可用作湿度测量及结露传感器。

4.3.1 湿敏电阻器的分类和图形符号

① 湿敏电阻器的分类。湿敏电阻器的种类较多，按阻值随温度变化特性分为正系数和负系数两种，正系数湿敏电阻器的阻值随湿度增大而增大，负系数湿敏电阻器则相反（常用的为负系数湿敏电阻器）。

② 湿敏电阻器的图形符号。图 4-15（c）所示为湿敏电阻器的图形符号（目前还没有统一的图形符号，有的直接标注水分子或 H_2O，有的图形符号仍用 R 表示）。

4.3.2 湿敏电阻器的结构及主要特性

① 湿敏电阻器结构如图 4-15（b）所示，由基片（绝缘片）、感湿材料和电极构成。当感湿材料接收到水分后，电极之间的阻值发生变化，完成湿度到阻值变化的转换。

② 湿敏电阻器特性：阻值随湿度增加是以指数特性变化的；具有一定响应时间参数，又称为时间常数，是指对湿度发生阶跃时阻值从零增加到稳定量的 63% 所需要的时间，表征了湿敏电阻器对湿度响应的特性；其他参数还有湿度范围、电阻相对湿度变化的稳定性等。

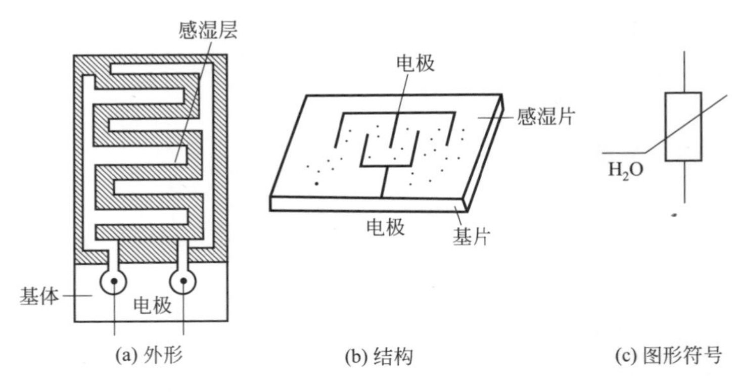

图4-15 湿敏电阻器的外形、结构及图形符号

4.3.3　湿敏电阻器的应用检测

检测湿敏电阻器时，先在干燥条件下测其标称阻值，应符合规定。如阻值很小或很大或开路说明湿敏电阻器损坏。然后给湿敏电阻器加一定湿度，阻值应有变化，不变说明湿敏电阻器损坏。图 4-16、图 4-17 为指针万用表检测湿敏电阻，图 4-18、图 4-19 为数字万用表检测湿敏电阻。

图4-16　干燥环境下的标称阻值

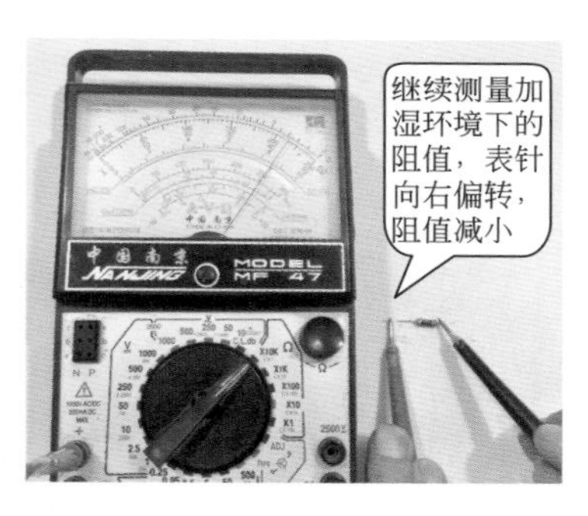

图4-17　加湿环境下的阻值

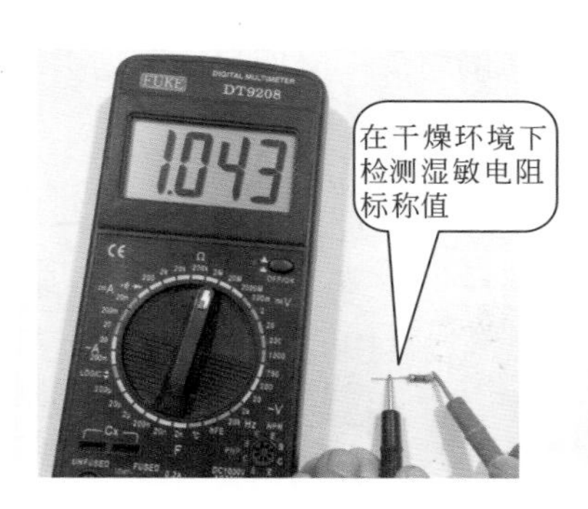

图4-18　干燥环境下检测

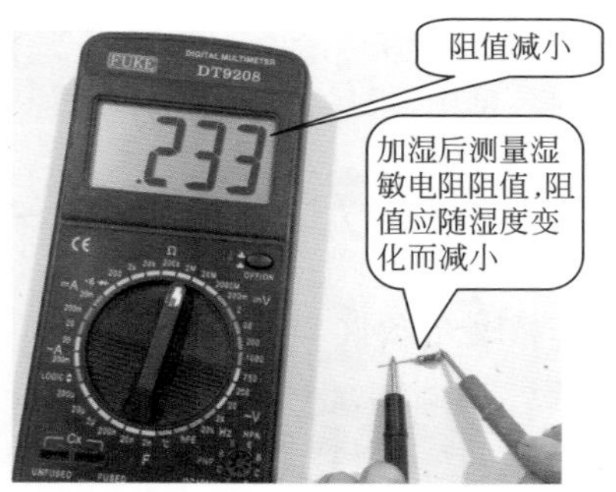

图4-19　加湿后测量

4.3.4　湿敏电阻器的代换

湿敏电阻器一般不能修复，应急代用时可用同阻值的炭膜电阻去掉漆皮代用（去掉漆皮后，受湿度影响，阻值会变化）。

4.3.5 湿敏电阻器的应用

湿敏电阻器的应用电路如图 4-20 所示。在测量湿度时，闭合 SA 并调整 RP 使表头归零，将 XP 插入插座即可测量，即当湿度变化时 μA 表指示湿度值。

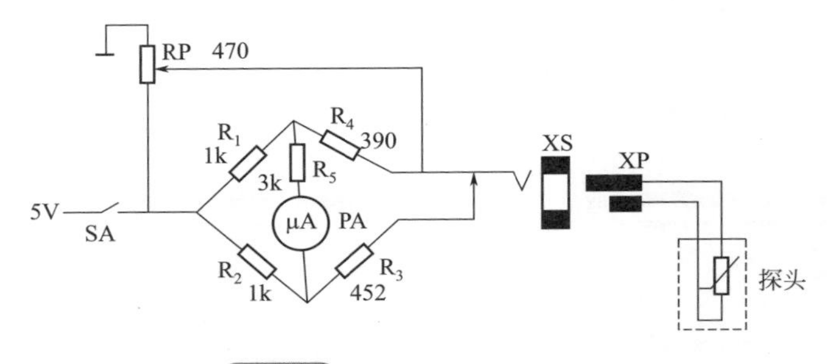

图4-20 湿敏电阻器应用电路

4.4 正温度系数热敏电阻器

4.4.1 认识正温度系数热敏电阻器

正温度系数热敏电阻器（又称 PTC）的阻值随温度升高而增大，可应用到各种电路中［图 4-21（a）］。

4.4.2 分类及参数

① PTC 的分类。PTC 的外形、结构、图形符号及特性曲线如图 4-21 所示。常见的 PTC 元件有圆柱形、圆片形和方柱形三种不同的外形结构，又有两端和三端之分。三端消磁电阻内部封装有两只热敏电阻器（一只接负载，另一只接地，起分压保护作用，从而降低开路瞬间冲击电流对电路元件产生的不良影响）。

② PTC 的主要参数：

a. 标称电阻值 R_t。标称电阻值也称零功率电阻值，即元件上所标阻值（环境温度在 25℃以下的阻值）。

b. 电阻温度系数 α_t。电阻温度系数表示零功率条件下温度每变化 1℃所引起电阻值的相对变化量，单位是 %/℃。

c. 额定功率。热敏电阻器在规定的技术条件下，长期连续负荷所允许的消耗功率称为额定功率。通常所给出的额定功率值是指 +25℃时的额定功率。

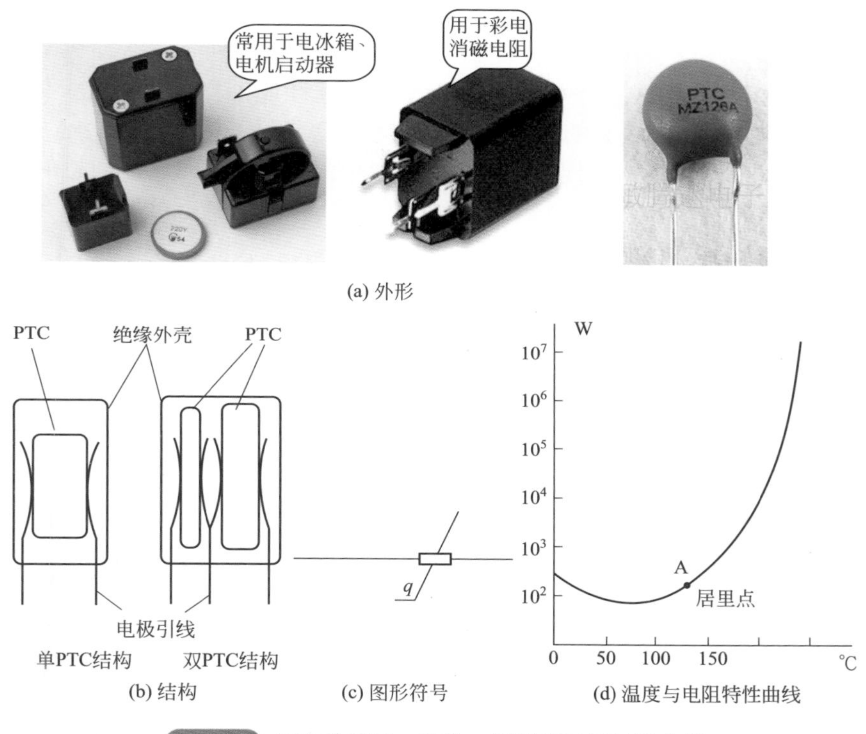

(a) 外形

(b) 结构　(c) 图形符号　(d) 温度与电阻特性曲线

图4-21 PTC的外形、结构、图形符号及特性曲线

d. 时间常数。时间常数是指热敏电阻器在无功功率状态下，当环境温度突变时电阻体温度由初值变化到最终温度之差的 63.2% 所需的时间，也称为热惰性。

e. 测量功率。测量功率是指在规定的环境温度下，电阻体受测量电源的加热而引起的电阻值变化不超过 0.1% 时所消耗的功率。其用途在于统一测试标准和作为设计测试仪表的依据。

f. 耗散系数。耗散系数是指热敏电阻器温度每增加 1℃所耗散的功率。

热敏电阻器常见阻值规格（常温）有 12Ω、15Ω、18Ω、22Ω、27Ω、40Ω 等。不同电路所选用的电阻也不一样。

4.4.3 正温系数热敏电阻的检测

（1）用指针万用表检测 PTC 消磁电阻

① 标称值检测。如图 4-22 所示，用万用表 R×1 挡在常温下（20℃左右）测得 PTC 的阻值与标称阻值相差 ±2Ω 以内即为正常。当测得的阻值大于 50Ω 或小于 8Ω 时，即可判定其性能不良或已损坏。PTC 上的标称阻值与万用表的读数不一定相等，这是由于标称阻值是用专用仪器在 25℃的条件下测得的，而万用表测量时有一定的电流通过 PTC 而产生热量，而且环境温度不可能正好是 25℃，所以不可避免地会产生误差。

② 好坏判断。若常温下 PTC 电阻的阻值正常，则应进行加温检测。具体检测方法是：用一热源对消磁电阻加热（例如用电烙铁烘烤或放在不同温度的水中，因水便于调温，也便于测温），用万用表观察其电阻值是否随温度升高而加大。如是，则表明 PTC 电阻正常，否则说明其性能已变坏不能再使用（图 4-23）。

图4-22 常温下测量

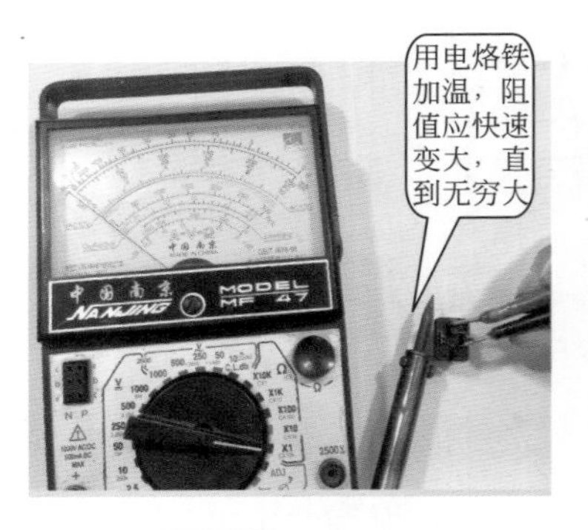

图4-23 加温测试

（2）用数字万用表检测 如图 4-24~ 图 4-26 所示。

4.4.4 PTC 的修理与代换

（1）维修

① 电阻器碎裂。电阻器如碎为例片，可挑选其中较大的一块，测其阻值为 20~30Ω 即可用。先把这块电阻器塞入铜触片中央，周围空隙处再塞入一些瓷碎片，使电阻不易移位即可上机使用。如电阻器碎裂成数块，也可先用 502 胶水逐块地对缝黏合，再按上述方法进行处理，即可使用。

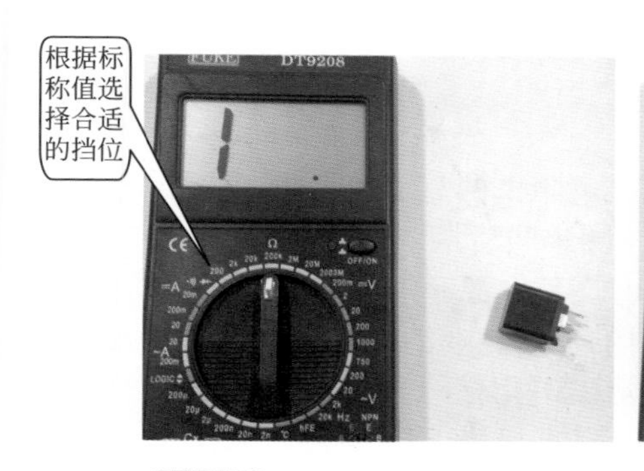

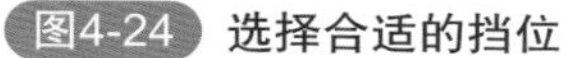
图4-24 选择合适的挡位

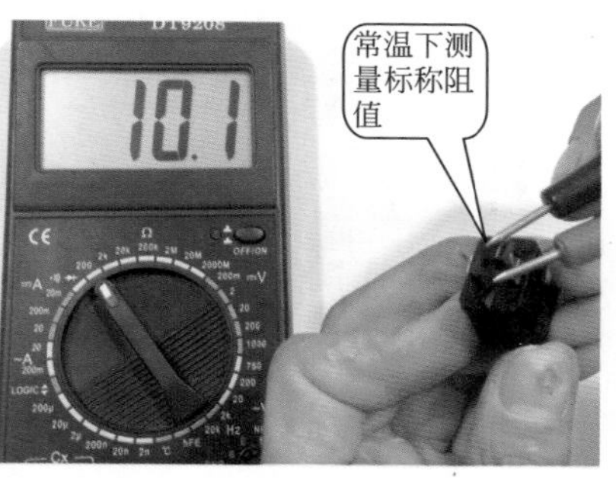

图4-25 常温下测量标称阻值

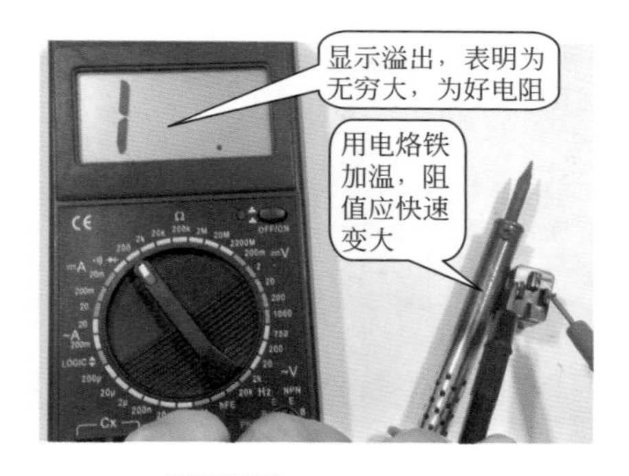

图4-26 加温测阻值

② 触点烧蚀。片状电阻器的两端面有层很薄的镀银导电层，被烧蚀的电阻器两面（或一面）与铜触片触点处因打火而烧黑时，就会造成电阻器接触不良。但这时整个电阻器并没有碎裂，边缘导电涂层仍然完好。对此故障，可另找一片薄铜片，剪成和电阻器一样大小的圆形片，紧紧贴在电阻器两端面嵌入胶木壳中。装好后测量，得到的阻值如与原来标称值相同，即可上机使用。

（2）代换 电阻器损坏后，最好用同型号或同阻值的电阻器来更换，如无同型号配件时，也可用阻值相近的其他电阻器来代换。例如15Ω 的电阻器损坏后，可以用 12Ω 或 18Ω 的电阻器代换，电路仍可正常工作。

三端消磁电阻损坏后，也可用阻值相近的两端消磁电阻来代换。代换时，按 PTC 阻值选取一只两端消磁电阻器，拆下损坏的三端消磁电阻，可将两端消磁电阻在电路中与负载串联焊接在一起即可。

4.4.5 PTC 电阻的应用

如图 4-27（a）所示，三端消磁电阻由两只 PTC 热敏电阻封装组合而成，其中阻值小的 RT1 与消磁线圈串联后接入 220V 交流电源起消磁作用。阻值较大的 RT2 并联在 220V 交流电源起进一步加热 RT1 的作用，以达到减少回路中的稳定电流的目的。用三端消磁电阻代换两端消磁电阻，可将阻值较小的 RT1 代替原消磁电阻接入即可。用两端消磁电阻代换三端消磁电阻时，可将消磁电阻直接入 RT1 即可。用两端电阻代三端电阻时可直接接在 RT1 位置，RT2 不用。主要用于彩电消磁电路。

图 4-27（b）用于单相电机启动用，接通电源瞬间电流较大，流过电阻，电阻发热，阻值变大，电流减小，当电阻值达到一定值（近似于开路）负载只有微弱电流，维持电阻热量。

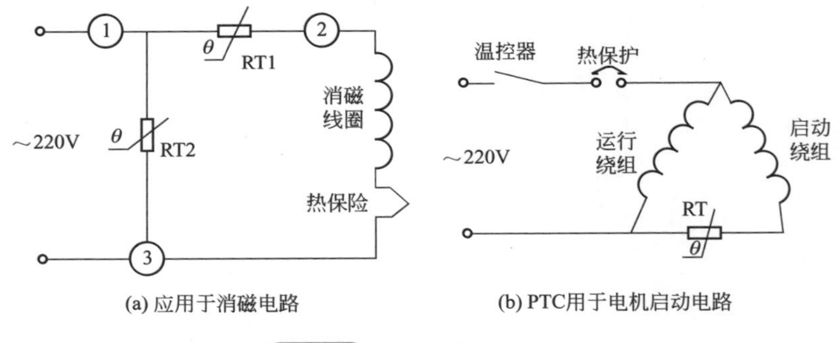

图4-27 PTC电阻应用电路

4.5 负温度系数热敏电阻器

负温度系数热敏电阻器（NTC）的电阻值随温度升高而降低，具有灵敏度高、体积小、反应速度快、使用方便的特点。NTC 具有多种封装形式，能够很方便地应用到各种电路中。NTC 的外形、结构、图形符号及特性曲线如图 4-28 所示。

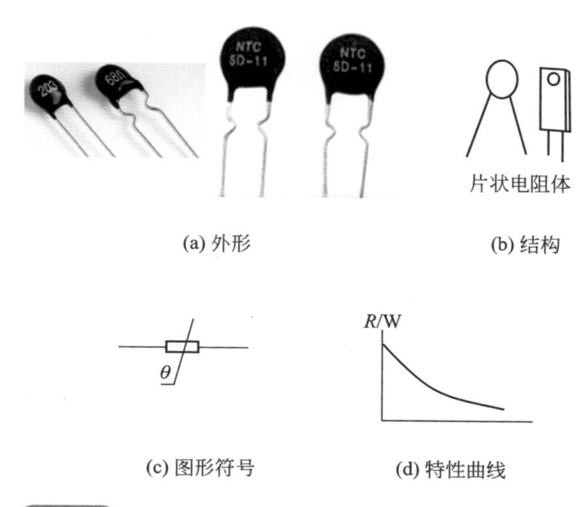

(a) 外形　(b) 结构

(c) 图形符号　(d) 特性曲线

图4-28 NTC的外形、结构、图形符号及特性曲线

4.5.1 负温度系数热敏电阻器的主要参数

① 标称电阻值 R_t。标称电阻值也称零功率电阻值，是指在环境温度 25℃下的阻值，即器件上所标阻值。

② 额定功率。热敏电阻器在规定的技术条件下，长期连续负荷所允许的消耗功率称为额定功率。通常所给出的额定功率值是指 +25℃时的额定功率。

③ 时间常数。时间常数是指热敏电阻器在无功功率状态下，当环境温度突变时，电阻体温度由初值变化到最终温度之差的 63.2% 所需的时间，也称热惰性。

④ 耗散系数。耗散系数是指热敏电阻器温度每增加 1℃所耗散的功率。

⑤ 稳压范围。稳压范围是指稳压型 NTC 能起稳压作用的工作电压范围。

⑥ 电阻温度系数 α_t。电阻温度系数表示零功率条件下温度每变化 1℃所引起电阻值的相对变化量，单位是 %/℃。

⑦ 测量功率。测量功率是指在规定的环境温度下，电阻体受测量电源的加热而引起的电阻值变化不超过 0.1% 时所消耗的功率。其用途在于统一测试标准和作为设计测试仪表的依据。

常用 NTC 的主要性能参数见表 4-2。

表4-2 常用NTC的主要性能参数

型号	工作电流范围/mA	最大允许瞬时过负荷电流 /mA	标称电压/V	量大允许电压变化/V	时间常数/s	稳压范围/V	标称电流/mA
MF21-2-2	04~6	62	2	0.4	≤ 35	1.6~3	2
MF22-2-0.5	0.2~2	22	2	0.4	≤ 35	1.6~3	0.5
MF22-2-2	0.4~6	62	2	0.4	≤ 45	1.6~3	2
RRW1-2A	2	12	2	0.4	≤ 10	1.5~2.5	0.6~6
RR827A	0.2~2	6	2	0.4		1.6~3	
RR827B	2~5	10	2	0.4		1.6~3	
RR827C/E	1.5~4	10	2		15	2~2.3	
RR827D	2.5~3.5	6	2	0.4		2~2.5	
RR827E	2.5~3.5	6	2	0.4		2.41~4	
RR831	0.2~3	6	3	0.4		2.8~4	
RR841	0.2~2	6	4	0.6		3~5	
RR860	0.2~2	6	6	1		3.5~7	

4.5.2 负温度系数热敏电阻器的检测

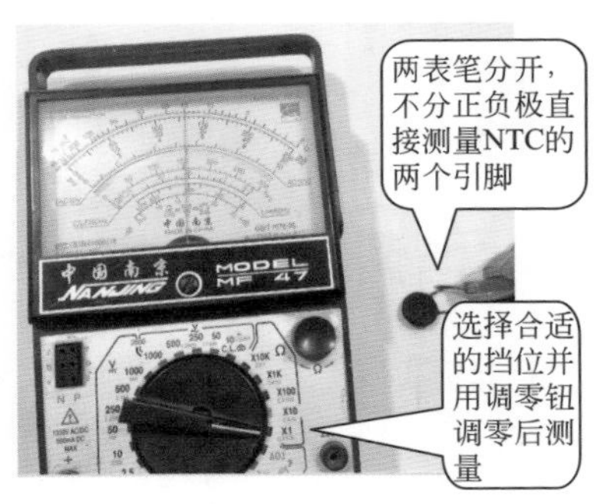

图4-29 测量NTC

（1）用指针万用表测量 测量标称电阻值 R_t 时用万用表测量 NTC 热敏电阻器的方法与测量普通固定电阻器的方法相同，即首先测出标称值（由于受温度的影响，阻值含有一定差别）。应在环境温度接近 25℃时进行，以保证测试的精度。测试时，不要用手捏住热敏电阻体，以防止人体温度对测试产生影响（图 4-29）。

在室温下测得 R_{t1} 后用电烙铁作热源，靠近热敏电阻器测出电阻值 R_{t2}，阻值应由大向小变化，变化很大，如不变则为损坏（图 4-30）。

（2）用数字万用表测量负温度系数热敏电阻 如图 4-31~ 图 4-33 所示。

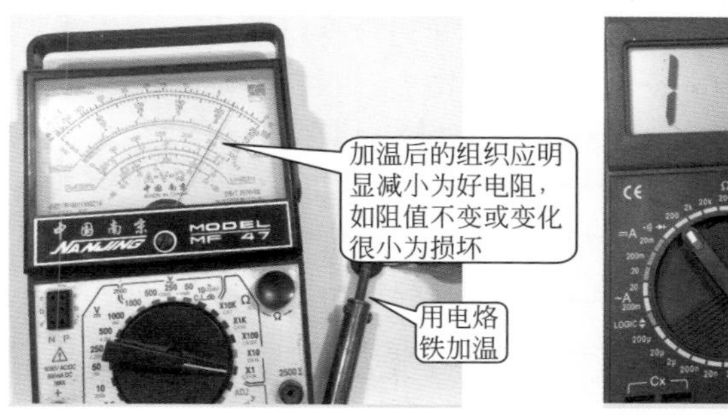

图4-30 加温测量

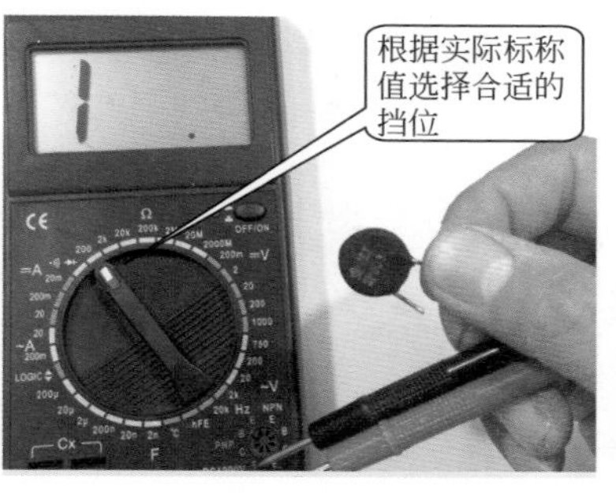

图4-31 选择合适的挡位

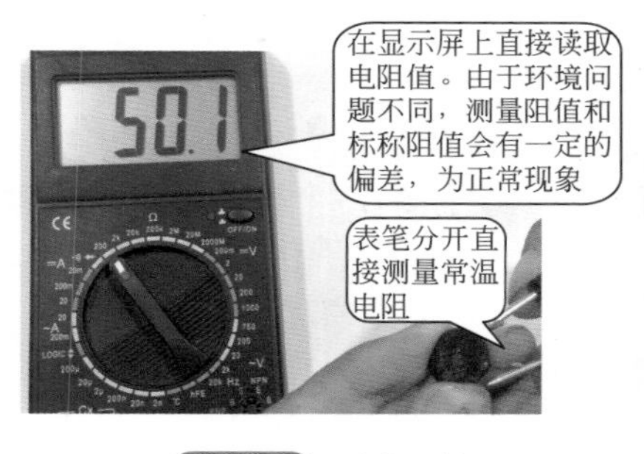

图4-32 测常温值

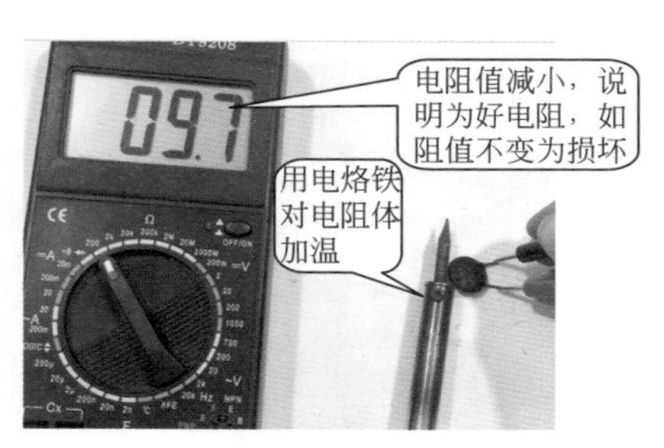

图4-33 加温测量

4.5.3 负温度系数热敏电阻器的应用

负温度系数热敏电阻器的应用非常广泛，如在电路中可稳定三极管的工作状态，还可用于测温电路，如图 4-34 所示。

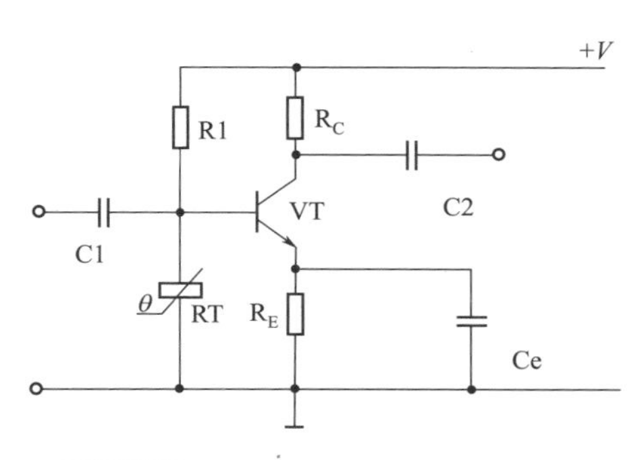

图4-34 NTC稳定三极管静态工作点

（1）稳定三极管的静态工作点 在各种三极管电路中，由于受温度的影响，会使三极管的静态工作点发生变化。通常温度增加时，三极管的集电极电流将增加。采用图 4-34 所示电路，利用 NTC 可以稳定三极管的工作点。图中 RT（实际应用中，RT 多与固定电阻器并联后再接入电路）作为三极管 VT 的基极下偏置电阻。当环境温度升高时，集电极电流 I_C 将增加，可是 RT 的阻值是随温度升高而降低的，因而基极偏压降低，使基极电流 I_B 减小，I_C 随之降低，实现了温度自动补偿。

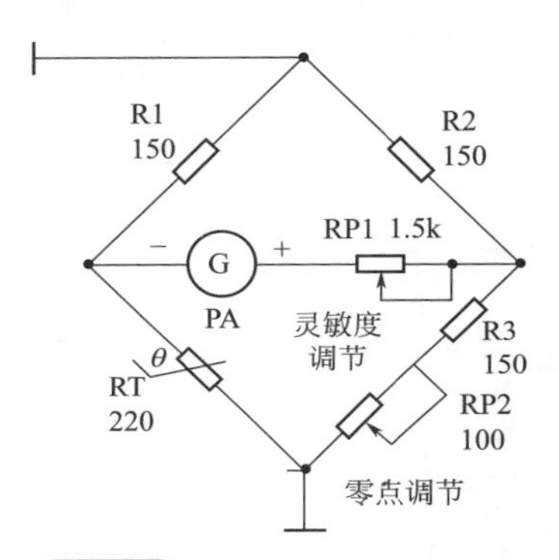

图4-35 NTC作温度传感元件

（2）在温度测量方面的应用 NTC 用于温度测量的例子很多，其基本电路如图 4-35 所示。图中 R1、R2、R3、RP2 及 RT 构成平衡电桥 ,RP2 为零点调节电位器 ,RP1 为灵敏度调节器 ,PA 为检流计。将 NTC 接入电桥，作为其中的一个桥臂；由于温度变化，将 RT 阻值发生变化，从而使电桥失去平衡，其失衡程度取决于温度变化的大小。再将失衡状态用指示器进行指示，或作为控制信号送到相应的电路中。

提示：使用中，电路中 NTC 元件多与其他元器件并联使用。

4.6 保险电阻器

4.6.1 保险电阻器的特点及作用

保险电阻器有电阻器和熔丝的双重作用。当过电流使其表面温度达到 500~600℃时，电阻层便剥落而熔断。故保险电阻器可用来保护电路中其他元器件免遭损坏，以提高电路的安全性和经济性。保险电阻器的外形、图形符号如图 4-36 所示。

4.6.2 保险电阻器的检测与代换

① 测量。测量时用万用表 R×1 或 R×100 挡测量，其测量方法同普通电阻器。如阻值超出范围很大或不通，则说明保险电阻器损坏。

② 修理与代换。换用保险电阻器时，要将它悬空 10mm 以上安置，

不要紧贴印制板。保险电阻器损坏后如无原型号更换，可根据情况采用下述方法应急代用：

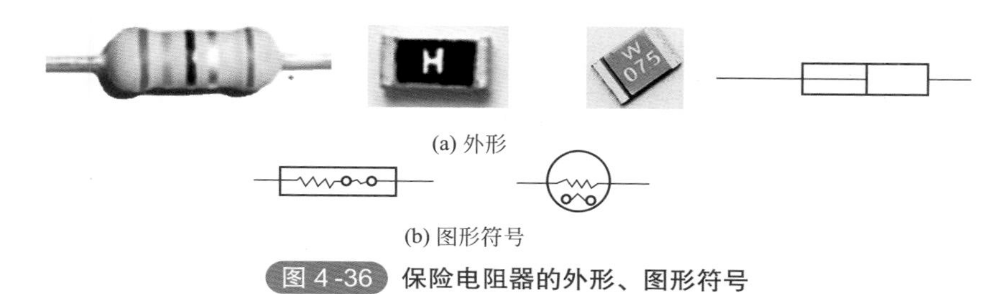

(a) 外形

(b) 图形符号

图 4-36 保险电阻器的外形、图形符号

a. 用电阻器和熔丝串联代用。将一只电阻器和一根保险丝管电流值要相符串联起来代用，电阻器的规格可参考保险电阻器的规格。电流可通过公式 $I=\sqrt{P/R}$ 计算，如原保险电阻器的规格为 51Ω/2W，则电阻器可选用 51Ω/2W 规格，保险丝的额定电流为 0.2A。

b. 用熔丝代用。一些阻值较小的保险电阻器损坏后，可直接用熔丝代用。熔丝的电流容量可由原保险电阻器的数值计算出来。方法同上。

c. 用电阻器代用。可直接用同功率、同阻值普通电阻器代用。

d. 用电阻器、保险电阻器串联代用。无合适电阻值时用一只阻值相差不多的普通电阻器和一只小阻值保险电阻器串联即可代用。

e. 热保险电阻器应用原型号代用。

4.6.3 保险电阻器的应用

图 4-37（a）为供电保护电路，当电路中有元件损坏时，电流增大，则 R 熔断，起到保护作用。图 4-37（b）为电风扇电路，R 装在电机外壳上，当电机温升过高时（一般为 139℃）则 R 熔断保护不被烧坏。

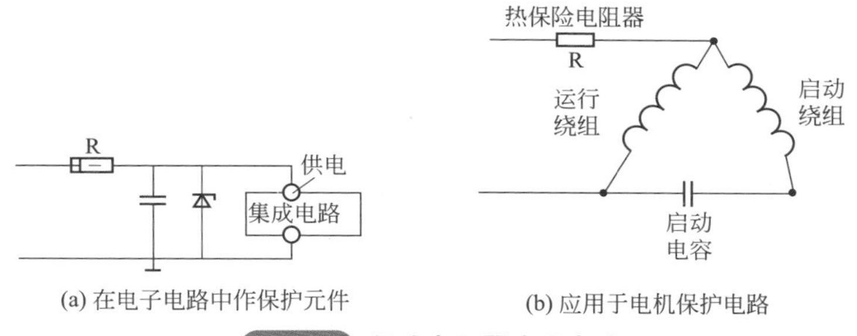

(a) 在电子电路中作保护元件

(b) 应用于电机保护电路

图4-37 保险电阻器应用电路

4.7 排阻

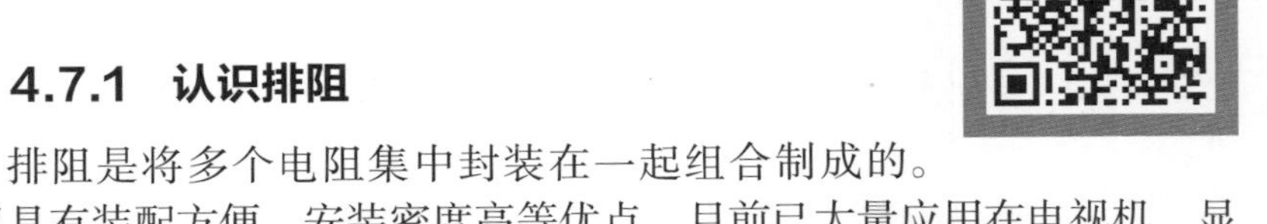

4.7.1 认识排阻

排阻是将多个电阻集中封装在一起组合制成的。排阻具有装配方便、安装密度高等优点，目前已大量应用在电视机、显示器、电脑主板、小家电中。在维修中，经常会遇到排阻损坏，由于不清楚其内部连接，导致维修工作无法进行。下面简单介绍排阻的相关知识，供维修人员参考。

排阻通常都有一个公共端，在封装表面用一个小白点表示。排阻的颜色通常为黑色或黄色。常见的排阻的外形及图形符号如图 4-38 所示。

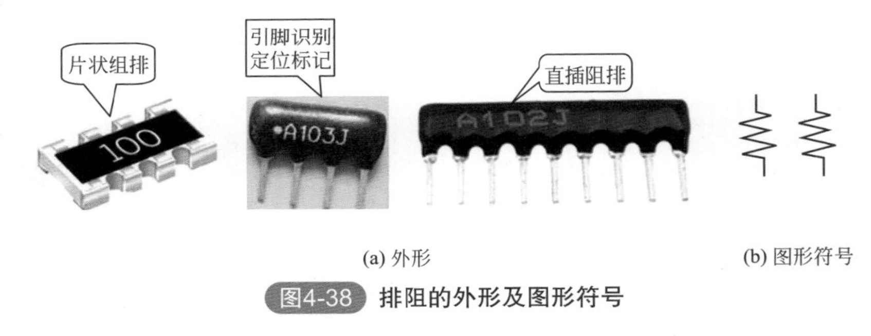

(a) 外形　　(b) 图形符号

图4-38 排阻的外形及图形符号

排阻可分为 SIP 排阻及 SMD 排阻。SIP 排阻即为传统的直插式排阻，依照线路设计的不同，一般分为 A、B、C、D、E、F、G、H、I 等类型。

SMD 排阻安装体积小，目前已在多数场合中取代 SIP 排阻。常用的 SMD 排阻有 8P4R（8 引脚 4 电阻）和 10P8R（10 引脚 8 电阻）两种规格。SMD 排阻电路原理图如图 4-39 所示。

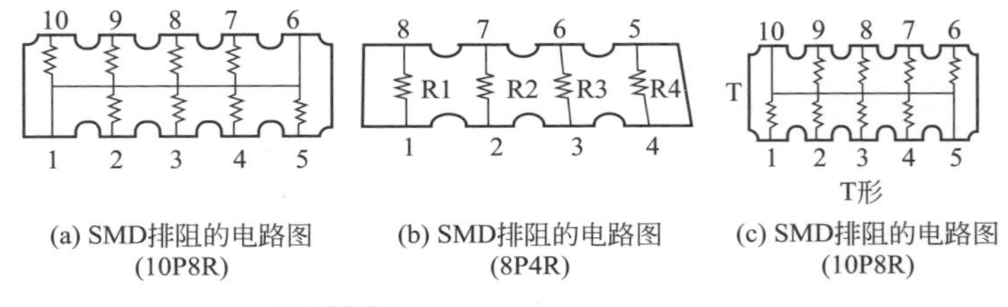

(a) SMD排阻的电路图 (10P8R)　　(b) SMD排阻的电路图 (8P4R)　　(c) SMD排阻的电路图 (10P8R)

图4-39 SMD排阻的电路原理图

选用时要注意，有的排阻内有两种阻值的电阻，在其表面会标注这两种电阻值，如220Ω/330Ω，所以SIP排阻在应用时有方向性，使用时要小心。通常，SMD排阻是没有极性的，不过有些类型的SMD排阻由于内部电路连接方式不同，在应用时还是需要注意极性的。如10P8R型的SMD排阻①、⑤、⑥、⑩引脚内部连接不同，有L和T形之分。L形的①、⑥脚相通。在使用SMD排阻时，最好确认一下该排阻表面是否有①脚的标注。

排阻的阻值与内部电路结构通常可以从型号上识别出来，其型号标示如图4-40所示。型号中的第一字母为内部电路结构代码，内部电路见表4-3。

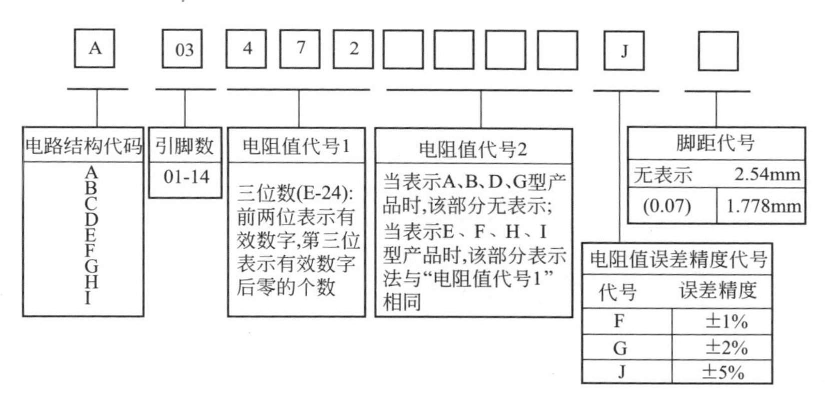

图4-40 型号标示图

表4-3 排阻型号中第一个字母代表的内部电路结构

电路结构代码	等效电路	电路结构代码	等效电路
A	$R_1=R_2=\cdots=R_n$	D	$R_1=R_2=\cdots=R_n$
B	$R_1=R_2=\cdots=R_n$	E	$R_1=R_2$或$R_1\neq R_2$

续表

电路结构代码	等效电路	电路结构代码	等效电路
C	R_1 R_2 R_n；1 2 n $n+1$；$R_1=R_2=\cdots=R_n$	F	R_1 R_2；1 2 3 $n-1$ n；$R_1=R_2$或$R_1\neq R_2$

4.7.2 排阻的检测

（1）用指针万用表测量 选择排阻，本次测量电阻为标注 512，根据表针数值指示为 5100Ω，即 5.1K Ω，在允许误差范围内即为好电阻。如图 4-41 所示。

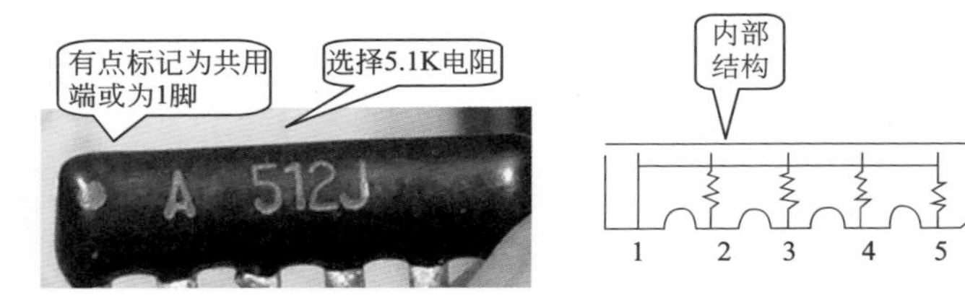

图4-41 选择5100电阻

在测量时，选用合适的挡位后，用一只表笔接共用端，另一只表笔分别测量其余引脚，观察所测数值应符合标称值。如图 4-42~ 图 4-46 所示。

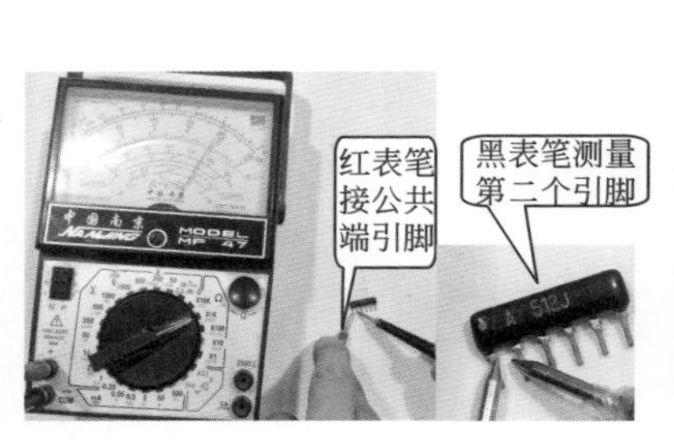

图4-42 第一次测量

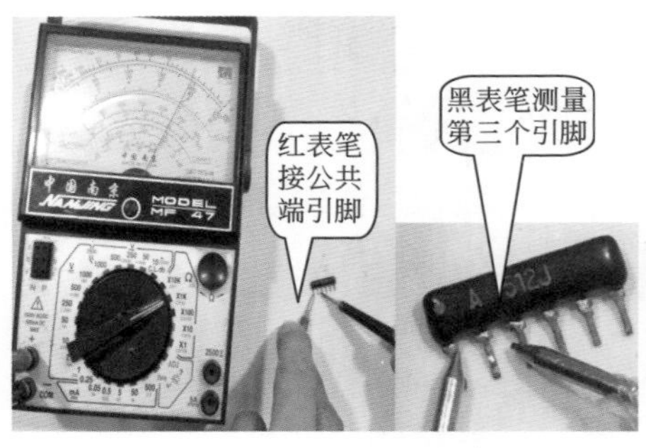

图4-43 第二次测量

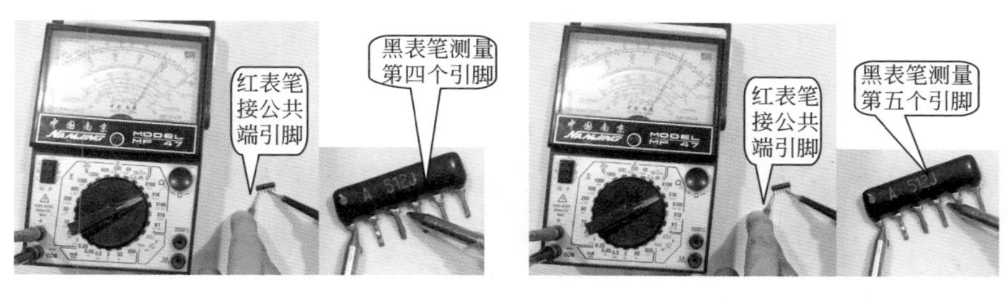

图4-44 第三次测量

图4-45 第四次测量

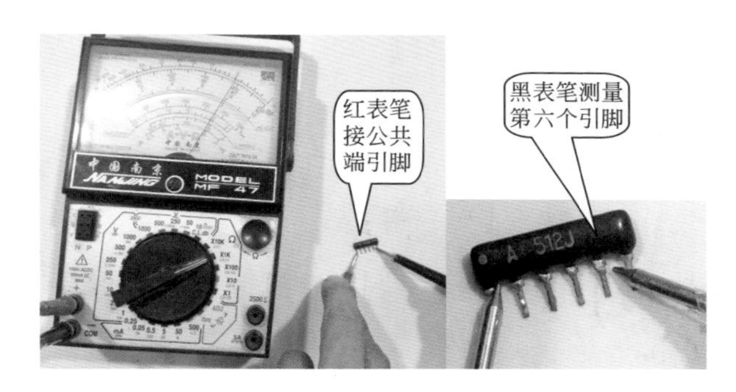

图4-46 第五次测量

（2）用数字万用表测量 选择排阻，本次测量电阻为标注 512，根据显示屏数值显示为 5.1KΩ，在允许误差范围内即为好电阻。根据标称电阻值选用合适的挡位，如图 4-47 所示。

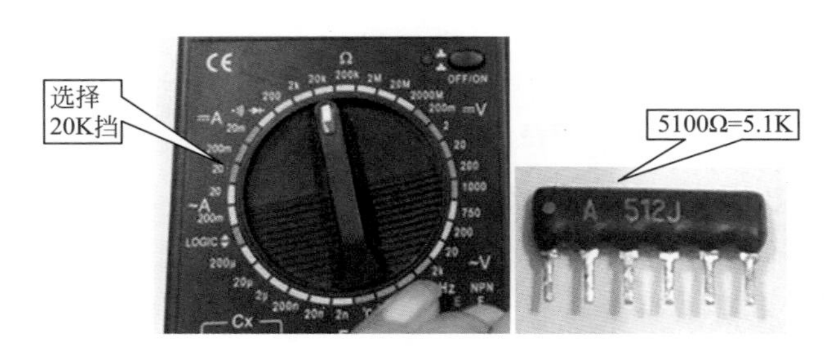

图4-47 选用合适的挡位

在测量时，选用合适的挡位后，用一只表笔接共用端，另一只表笔分别测量其余引脚，读出所显示数值应符合标称值。如图 4-48~ 图 4-52 所示。

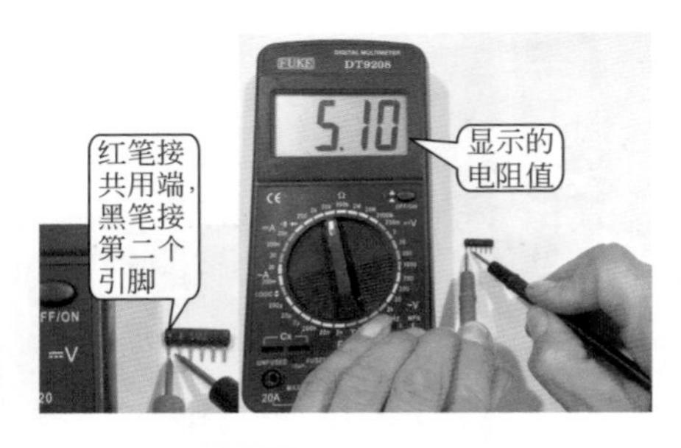

图4-48 第一次测量

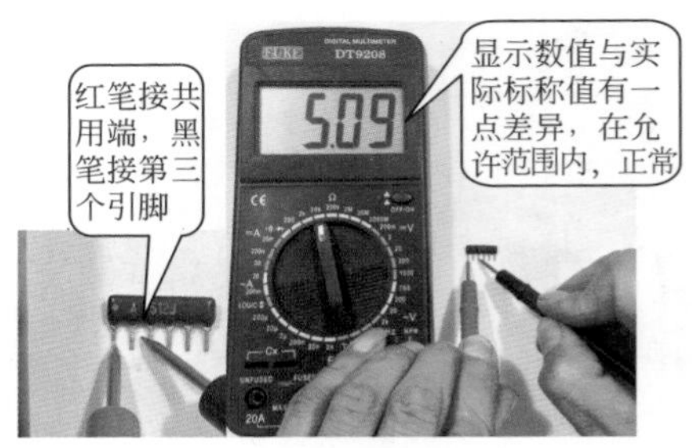

图4-49 第二次测量

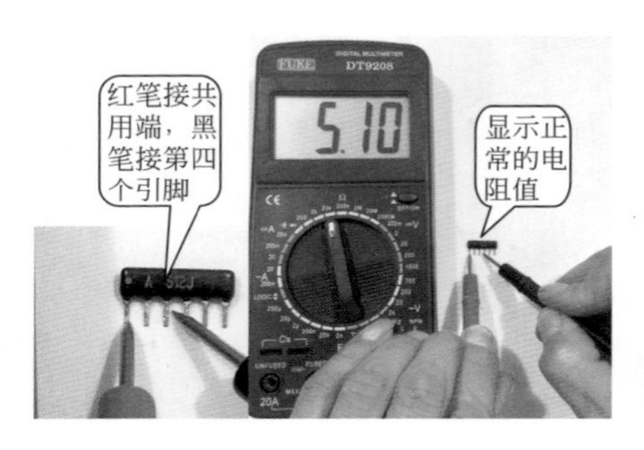

图4-50 第三次测量

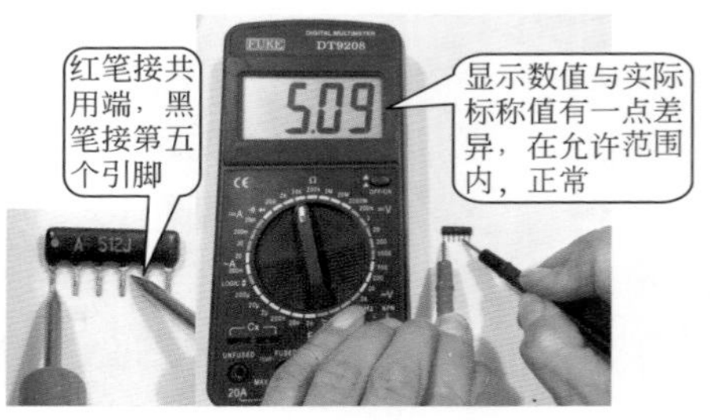

图4-51 第四次测量

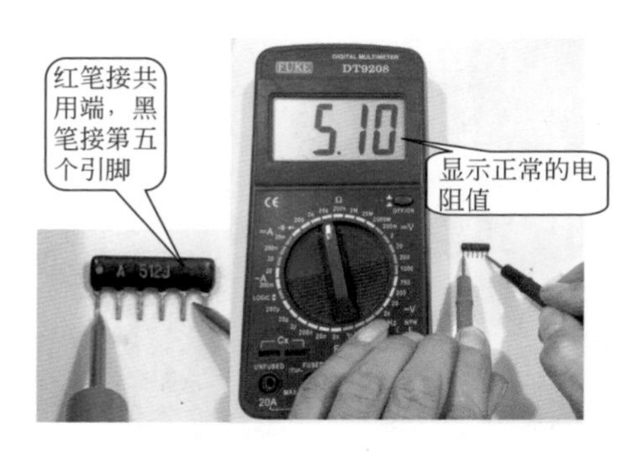

图4-52 第五次测量

提示：任何一种排阻的测量都要按照内部排列规律进行测量，并且每只电阻都要测量到，不要有漏测，否则无法保证排阻是好的。在电路中测量排阻时，原则上各电阻阻值应相同，但是由于电路中有其他元件，实际测量中可能出现不同的阻值。因此，在测量时应尽可能拆下来测量。

4.7.3 排阻应用电路

排阻在电路中可用于供电、耦合等，如图 4-53 所示。

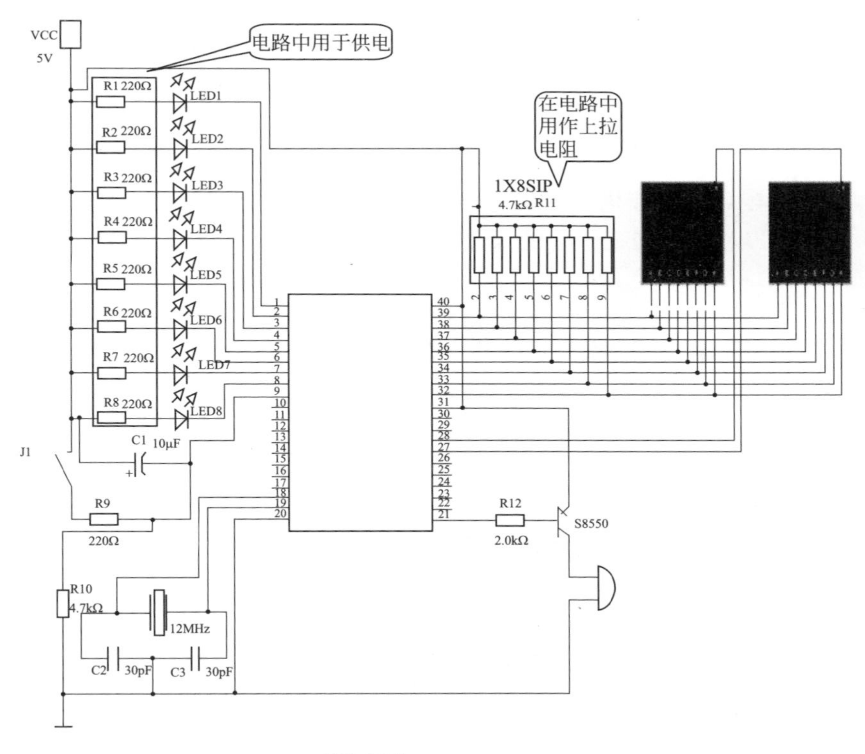

图4-53 排阻应用电路

第5章 电容器的检测与应用

5.1 认识电容器

（1）电容器的作用、图形符号 电容器简称电容，是电子电路中必不可少的基本元器件之一。它是由两个相互靠近的导体极板中间夹一层绝缘介质构成的。电容器是一种储存电能的元件，在电子电路中起到耦合、滤波、隔直流和调谐等作用。电容器在电路中用字母“C”表示。电容器的外形和符号如图 5-1 和图 5-2 所示。

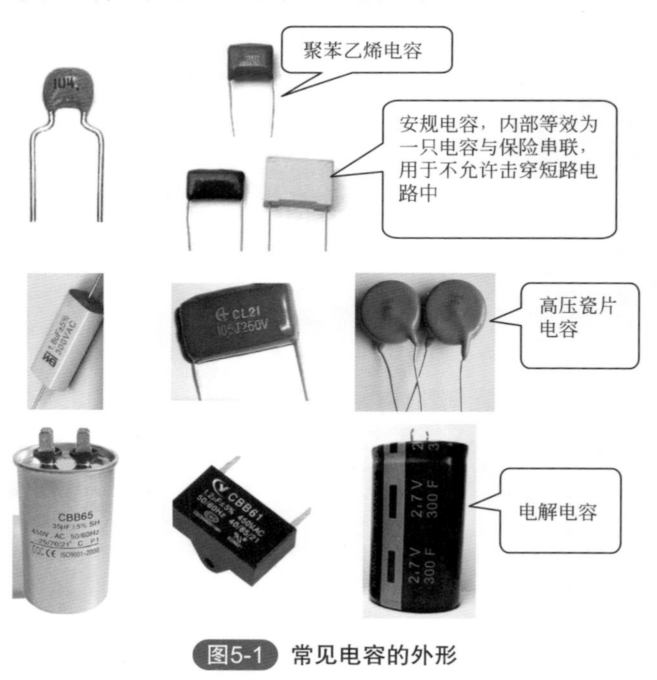

图5-1 常见电容的外形

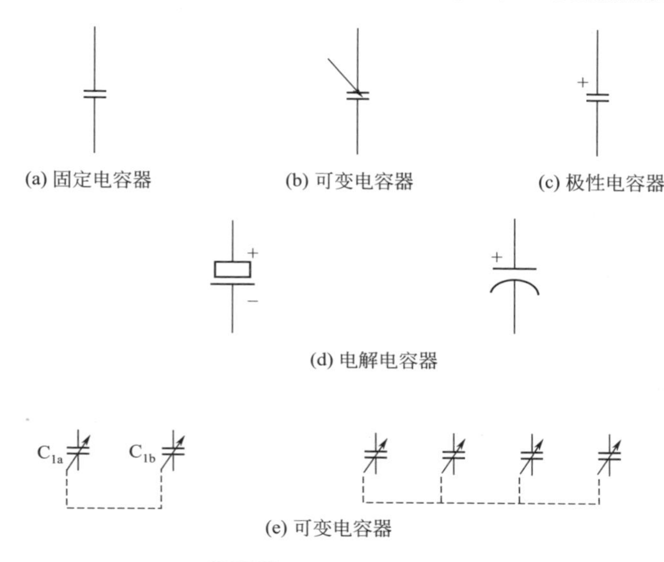

图5-2 电容器的图形符号

（2）电容器的型号命名 国产电容器型号命名一般由四个部分构成（不适用于压敏电容器、可变电容器、真空电容器），依次分别代表名称、材料、分类和序号，如图 5-3 所示。

为了方便读者学习，通过表 5-1 和表 5-2 列出了电容器材料符号含义对照表和电容器类型符号含义对照表。

表5-1 电容器材料符号含义对照表

符号	材　料	符号	材　料
A	钽电解	J	金属化纸介
B	聚苯乙烯等非极性有机薄膜	L	聚酯等极性有机薄膜
C	高频陶瓷	N	铌电解
D	铝电解	O	玻璃膜
E	其他材料电解	Q	漆膜
G	合金电解	T	低频陶瓷
H	纸膜复合	V	云母纸
I	玻璃釉	Y	云母

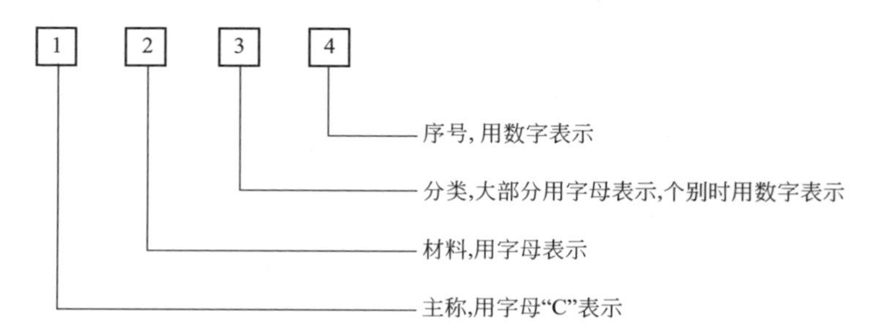

图5-3 电容器的型号命名

表5-2 电容器类型符号含义对照表

符号	类　型			
G	高功率型			
J	金属化型			
Y	高压型			
W	微调型			
	瓷介电容	云母电容	有机电容	电解电容
1	圆形	非封闭	非封闭	箔式
2	管形	非封闭	非封闭	箔式
3	叠片	封闭	封闭	烧结粉、非固体
4	独石	封闭	封闭	烧结粉、固体
5	穿心		穿心	
6	支柱等			
7				无极性
8	高压	高压	高压	
9			特殊	特殊

5.2 电容器的分类

电容器种类繁多，分类方式也不同，如图 5-4 所示。

提示：电解电容器是有极性的，它的背面上有明显的正极或负极标志。在更换此类电容器时应注意极性，若不小心接错极性则会导致其过电压损坏。涤纶电容器、瓷片电容器通常时针极性电容器。

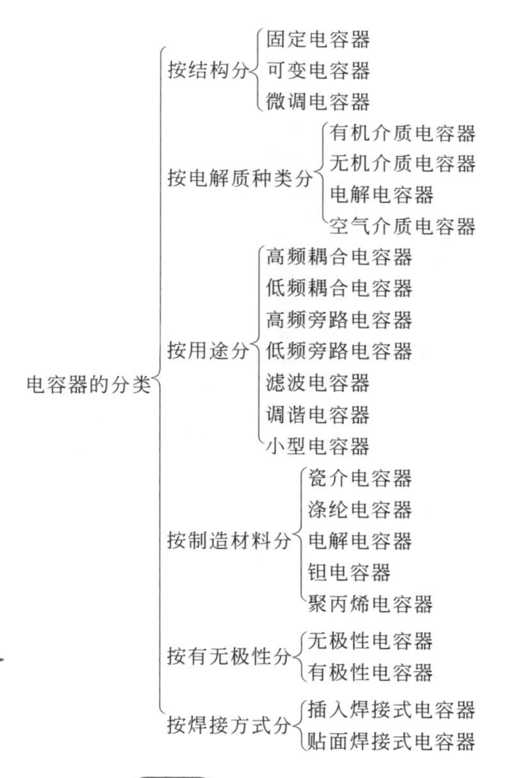

图5-4　电容器的分类

（1）铝电解电容器（CD） 如图 5-5 所示，它是由铝圆筒作负极，里面装有液体电解质，插入一片弯曲的铝带作正极制成的。还需要经过直流电压处理，使正极片上形成一层氧化膜作介质。它的特点是容量大，但是漏电大，误差大，稳定性差，常用作交流旁路和滤波，在要求不高时也用于信号耦合。电解电容器有正、负极之分，使用时不能接反。

提示：电解电容器的两极一般是由金属箔构成的。为了减小电容器的体积通常将金属箔卷起来。由于将导体卷起来就会出现电压，电容量越大的电容器金属箔就会越长，卷得越多，这样等效电感就会越大，理论上电容器在高频下工作，容抗应该更小，但由于频率增高的同时感抗也在加大，大到不可小视的地步，所以说电解电容器是一种低频电容器，容量越大的电解电容器其高频特性越差。

图5-5 铝电解电容器

（2）纸介电容器（CZ） 纸介电容器用两片金属箔作电极，夹在极薄的电容纸中，卷成圆柱形或扁柱形芯子，然后密封在金属壳或者绝缘材料（如火漆、陶瓷、玻璃釉等）壳中制成。它的特点是体积较小，容量可以做得较大。但是有固有电感和损耗都比较大，用于低频电路比较合适。纸介电容器的外形如图 5-6 所示。

图5-6 纸介电容器

（3）金属化纸介电容器（CJ） 金属化纸介电容器结构和纸介电容器基本相同，其外形如图 5-7 所示。它是在电容器纸上覆上一层金属膜来代替金属箔，体积小，容量较大，一般用在低频电路中。

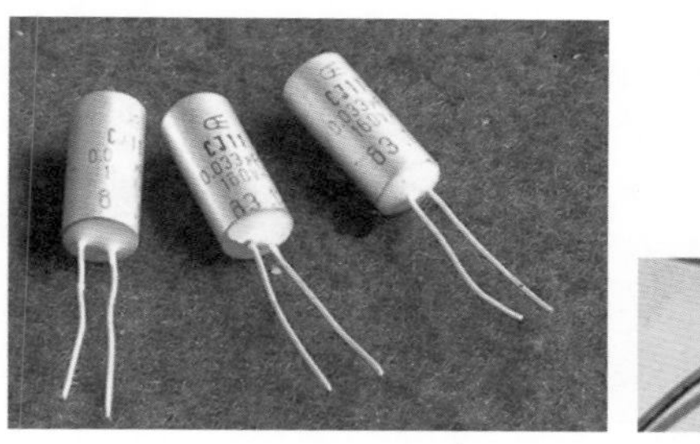

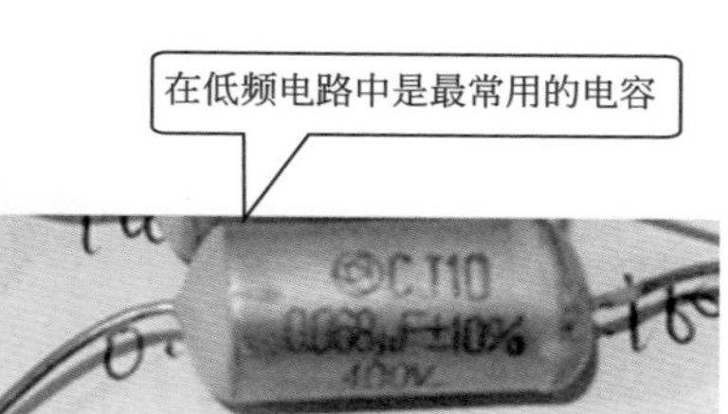

图5-7 金属化纸介电容器

（4）陶瓷电容器（CC） 陶瓷电容器用陶瓷作介质，在陶瓷基体两面喷涂银层，然后烧成银质薄膜作极板制成。它的特点是体积小、耐热性好、损耗小、绝缘电阻高，但容量小，适合用于高频电路。铁电陶瓷电容器容量较大，但是损耗和温度系数较大，适合用于低频电路。陶瓷电容器的外形如图 5-8 所示。

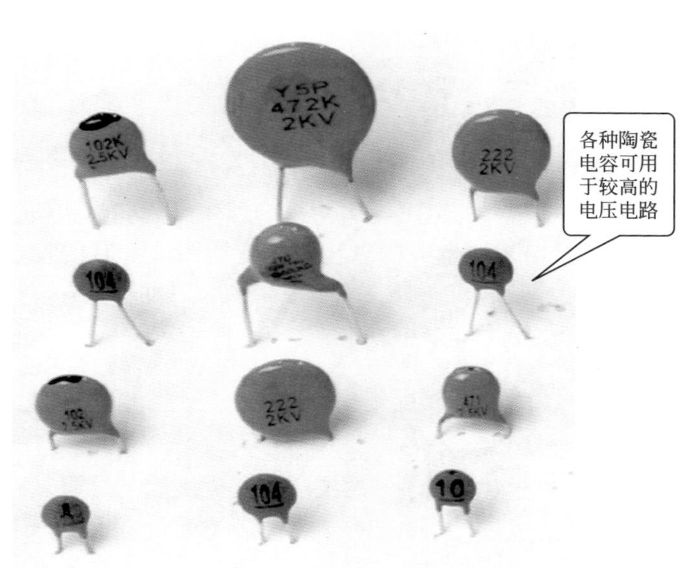

图5-8 陶瓷电容器

（5）薄膜电容器（CB） 薄膜电容器是以金属箔当电极，将其和聚乙酯、聚丙烯、聚苯乙烯或聚碳酸酯等塑料薄膜从两端重叠后卷绕成圆筒状制成的。依塑料薄膜的种类又分别称为聚乙酯电容器（又称 Mylar 电容器）、聚丙烯电容器（又称 PP 电容器）、聚苯乙烯电容器（又称 PS 电容器）和聚碳酸电容器。涤纶薄膜电容器介电常数较高，体积小，容量大，稳定性较好，适合作为旁路电容。聚苯乙烯薄膜电容器介质损耗小，绝缘电阻高，但是温度系数大，一般用于高频电路。薄膜电容器的外形如图 5-9 所示。

（6）云母电容器（CY） 云母电容器用金属箔或在云母片上喷涂银层作电极板，极板和云母一层一层叠合后压铸在胶木粉或封固在环氧树脂中制成。它的特点是介质损耗小、绝缘电阻大、温度系数小，适合用于高频电路。云母电容器的外形如图 5-10 所示。

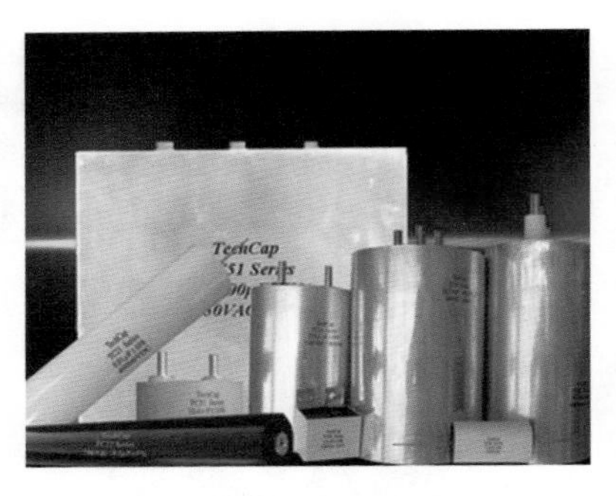

图5-9 薄膜电容器

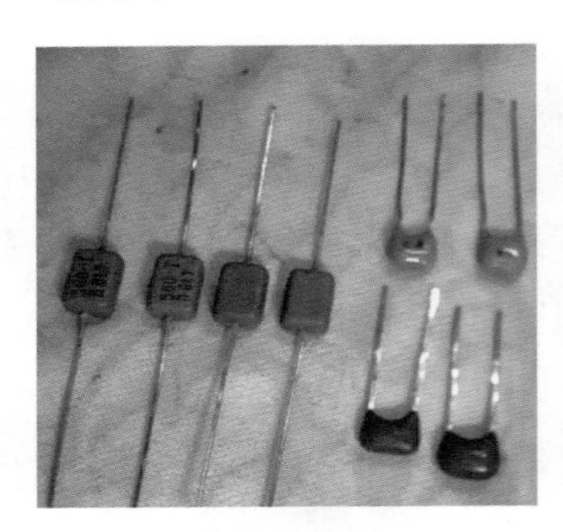

图5-10 云母电容器

（7）钽电解电容器（CA） 钽电解电容器用金属钽作正极，用稀硫酸等配液作负极，用表面生成的氧化膜作介质制成。它的特点是体积小、容量大、性能稳定、寿命长、绝缘电阻大、温度特性好，用在要求较高的设备中。钽电解电容器的外形如图 5-11 所示。

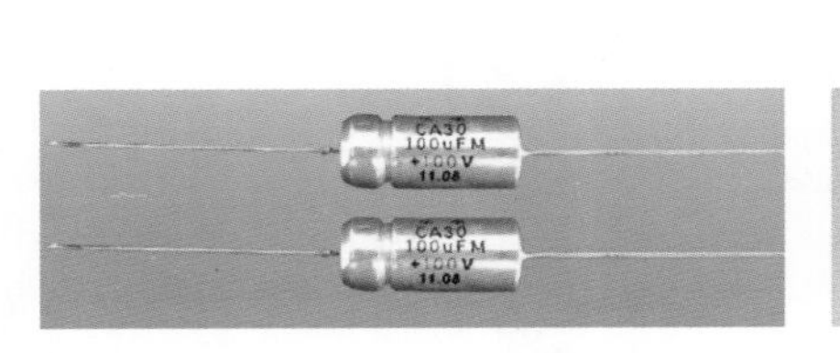

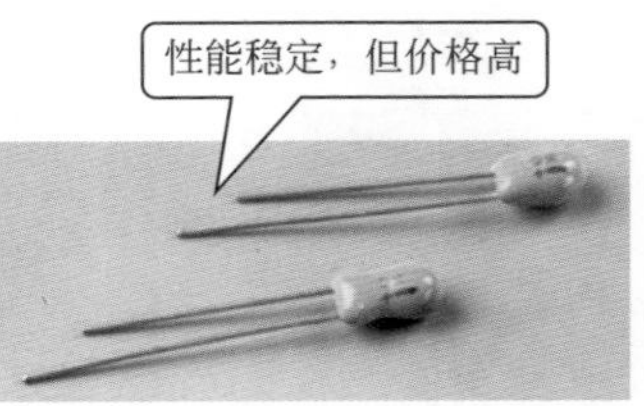

图5-11 钽电解电容器

（8）玻璃釉电容器（CI） 玻璃釉电容器的介质是玻璃釉粉加压制成的薄片，通过调整釉粉的比例，可以得到不同特性的电容器。因釉粉有不同的配制工艺方法，因而可获得不同性能的介质，也就可以制成不同性能的玻璃釉电容器。玻璃釉电容器具有介电系数大、体积小、损耗较小等特点，且耐温性和抗湿性也较好。玻璃釉电容器适合在半导体电路和小型电子仪器中的交、直流电路或脉冲电路使用。玻璃釉电容器的外形如图 5-12 所示。

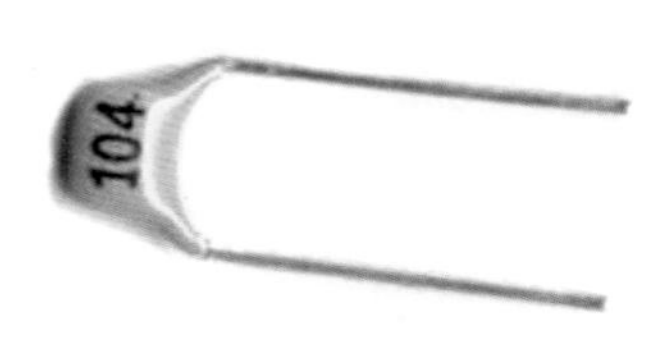

图5-12 玻璃釉电容器

（9）贴片电容（单片陶瓷电容器） 是目前用量比较大的常用元件，贴片电容有 NPO、X7R、Z5U、Y5V 等不同的规格，不同的规格有不同的用途。如图 5-13 所示。

0805CG102J500NT 0805：是指该贴片电容的尺寸套小，是用英寸来表示的，08 表示长度是 0.08 英寸，05 表示宽度为 0.05 英寸，CG 表示做这种电容要求用的材质，这个材质一般适合于做小于 10000PF 以下的电容，102 指电容容量，前面两位是有效数字，后面的 2 表示有多少个零 $10^2=10\times100$，也就是 =1000PF，J 是要求电容的容量值达到的误差精度为 5%，介质材料和误差精度是配对的，500 是要求电容承受的耐压为 50V，同样，500 前面两位是有效数字，后面是指有多少个零。N 是指端头材料，现在一般的端头都是指三层电极（银 / 铜层）、镍、锡，T 指包装方式，T 表示编带包装。贴片电容的颜色，常规见得多的就是比纸板箱浅一点的黄和青灰色，这在具体的生产过程中会产生不同差异。贴片电容上面没有印字，这和它的制作工艺有关（贴片电容是经过高温烧结面成，所以没办法在它的表面印字），而贴片电阻是丝印而成（可以印刷标记）。

贴片电容有中高压贴片电容和普通贴片电容，系列电压有 6.3V、10V、16V、25V、50V、100V、200V、500V、1000V、2000V、3000V、4000V。贴片电容的尺寸表示法有两种，一种是英寸为单位来表示，一种是以毫米为单位来表示，贴片电容系列的型号有 0201、0402、0603、0805、1206、1210、1812、2010、2225 等。贴片电容的材料常规分为三种，NPO，X7R，Y5V。NPO 此种材质电性能最稳定，几乎不随温度，电压和时间的变化而变化，适用于低损耗，稳定性要求要的高频电路。

贴片电容可分为无极性和有极性两类，无极性电容下述两类封装最为常见，即 0805、0603。

而有极性电容也就是我们平时所称的电解电容，一般我们平时用的最多的为铝电解电容，由于其电解质为铝，所以其温度稳定性以及精度都不是很高，而贴片元件由于其紧贴电路板，所以要求温度稳定性要高，所以贴片电容以钽电容为多，根据其耐压不同，贴片电容又可分为 A、B、C、D 四个系列，具体分类如下：类型封装形式耐压 A 3216 10V、B 3528 16V、C 6032 25V、D 7343 35V。

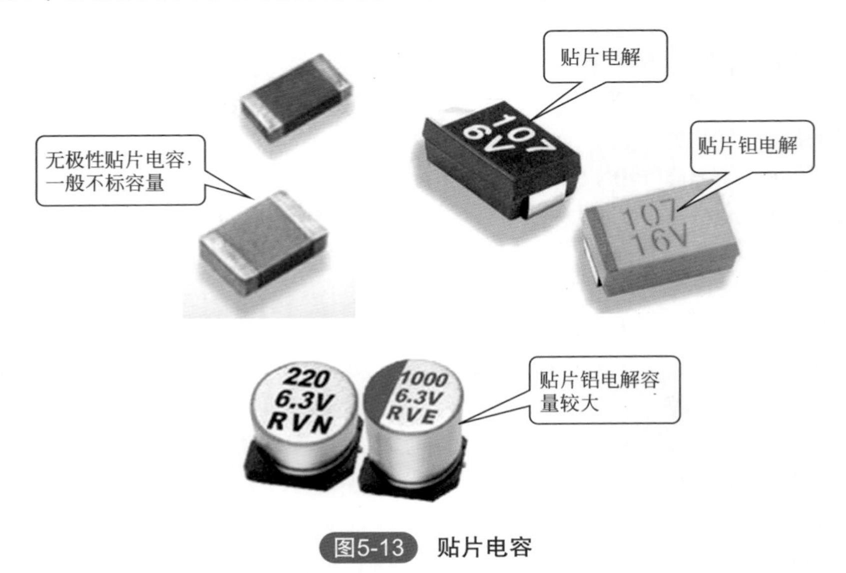

图5-13 贴片电容

（10）可变电容器 它由一组定片和一组动片组成，它的容量随着动片的转动可以连续改变。把两组可变电容器装在一起同轴转动，称为双连。可变电容器的介质有空气和聚苯乙烯两种。可变电容器的外形如图 5-14 所示。

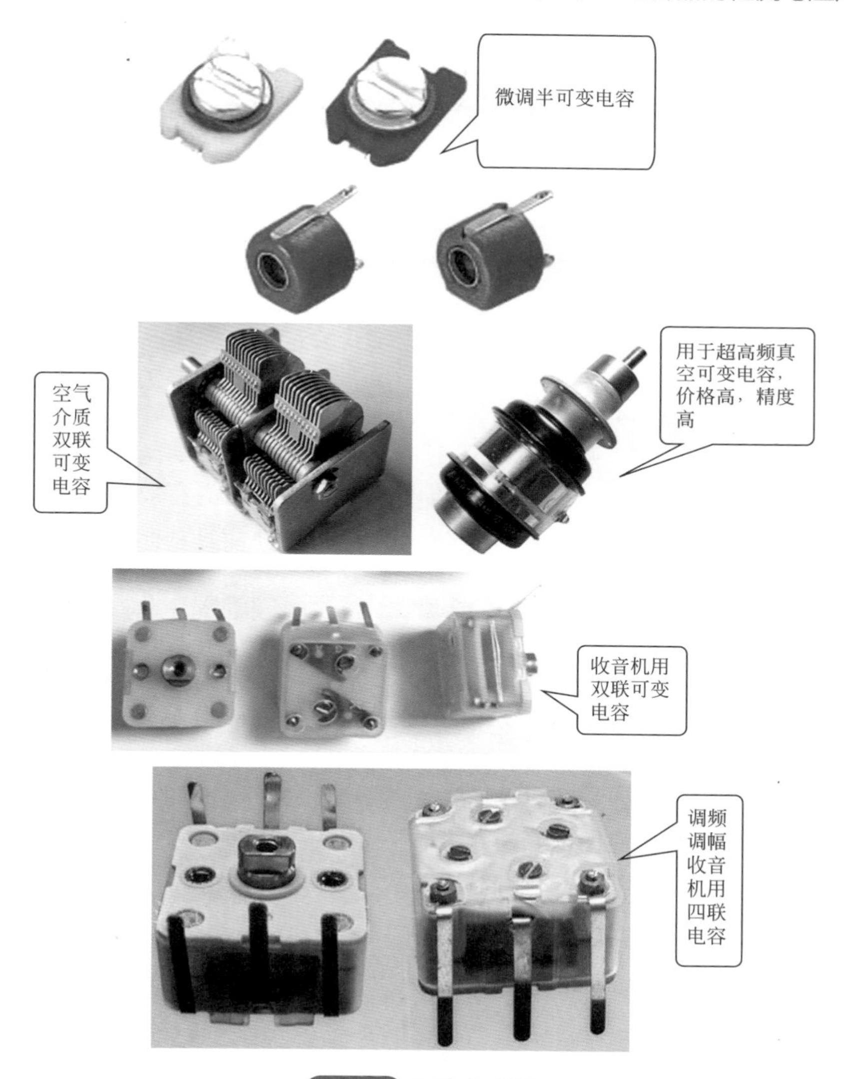

图5-14　可变电容器

5.3 电容器的主要参数

电容器的主要参数有标称容量、允许偏差、额定工作电压、温度系数、漏电流、绝缘电阻、损耗角正切值和频率特性。

（1）电容器的标称容量 电容器上标注的电容量称为标称容量，即表示某具体电容器容量大小的参数。

标称容量也分许多系列，常用的是E6、E12系列，这两个系列的设置同电阻器一样。电容基本单位是法［拉］，用字母“F”表示，此外有毫法（mF）、微法（μF）、纳法（nF）和皮法（pF）。它们之间的关系为 $1=10^3$mF$=10^6$μF$=10^9$nF$=10^{12}$pF。

（2）电容器的允许误差 电容器的允许偏差含义与电阻器相同，即表示某具体电容器标称容量与实际容量之间的误差。固定电容器允许偏差常用的是±5%、±10%和±20%。通常容量越小，允许偏差越小。

（3）电容器的额定工作电压 额定工作电压是指电容器在正常工作状态下，能够持续加在其两端的最大直流电压或交流电压的有效值。通常情况下电容器上都标有其额定电压，如图5-15所示。

图5-15 电容器上标有的额定电压

额定电压是一个非常重要的参数，通常电容器都是工作在额定电压下。如果工作电压大于额定电压，那么电容器将有被击穿的危险。

常用的固定电容器工作电压有6.3V、10V、16V、25V、50V、63V、100V、400V、500V、630V、1000V、2500V。

（4）电容器的温度系数 温度系数是指在一定环境温度范围内，单位温度变化对电容器容量变化的影响。温度系数分正温度系数和负温度系数，其中具有正温度系数的电容器随着温度的增加则电容量增加，反之具有负温度系数的电容器随着温度的增加则电容量减少。温度系数越低，电容器就越稳定。

提示：在电容器电路中往往有很多电容器进行并联。并联电容器往往有这样的规律：几个电容器有正温度系数，而另外几个电容器有负温度系数。原因在于：在工作电路中正负温度系数的电容器混并后，一部分电容器随着工作温度的升高电容量增高，另一部分电容器随着温度的升高电容量减少，这样总的电容量更容易控制在某一范围内。此外电容器标称容量是在一定频率下测量的，一般国产的为100Hz，进口的为120Hz，无极电容为1000Hz以上，因此使用电桥测电容时要选用合适的频率。

（5）电容器的漏电流 理论上电容器有通交阻直的作用，但在有些时候，例如高温高压等情况下，当给电容器两端加上直流电压后仍有微弱电流流过（这与绝缘介质的材料密切相关），这一微弱的电流被称为漏电流。通常电解电容器的漏电流较大，云母电容器或陶瓷电容器的漏电流就相对较小。漏电流越小，电容器的质量就越好。

（6）电容器的绝缘电阻 电容器两极间的阻值即为电容器的绝缘电阻。绝缘电阻等于加在电容器两端的直流电压与漏电流的比值。一般电解电容器的漏电阻相对于其他电容器的绝缘电阻要小。

电容器的绝缘电阻与电容器本身的材料性质密切相关。

（7）电容器的损耗角正切值 损耗角正切值又称为损耗因数，用来表示电容器在电场作用下所消耗能量。在某一频率的电压下，电容器有效损耗功率和电容器的无功损耗功率的比值，即为电容器的损耗角正切值。损耗角正切值越大，电容器的损耗越大，损耗较大的电容器不适合在高频电压下工作。

（8）电容器的频率特性 电容器的频率特性通常是指电容器的电参数（如电容量、损耗角正切值等）随电场频率而变化的性质。在高频下工作的电容器，由于介电常数在高频时比低频时小，因此电容量将相应减小。与此同时，它的损耗将随频率的升高而增加。此外在高频工作时，电容器的分布参数（如极片电阻、引线和极片接触电阻、极片的自身电感、引线电感等）都将影响电容器的性能，由于这些因素的影响，使得电容器的使用频率受到限制。

不同品种的电容器，最高使用频率范围不同。小型云母电容器最高工作频率在250MHz以内，圆片形瓷介电容器最高工作频率为300MHz，圆管形瓷介电容器最高工作频率为200MHz，圆盘形瓷介电容器最高工作频率为3000MHz。

5.4 电容器参数的标注

电容器的参数标注方法主要有直标法、文字符号法和色标法三种。

（1）直标法 直标法在电容器中用得最多，是在电容器上用数字直接标注出标称的电容器、耐压（额定电压）等。直标法使电容器各项参数容易识别。

直标法一般用于体积较大的电容器。图5-16所示是采用直标法标注电容器示意图。

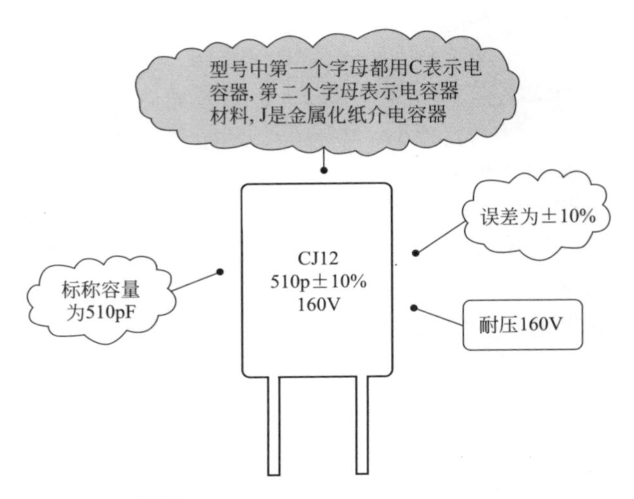

图5-16 采用直标法标注电容器示意图

（2）文字符号法 文字符号法是用特定符号和数字表示电容器的容量、耐压、误差的方法。一般数字表示有效数值，字母表示数值的量级。

常用的字母有 m、μ、n、p 等，字母 m 表示毫法（mF）、字母 μ 表示微法（μF）、字母 n 表示纳法（nF）、字母 p 表示皮法（pF）。

例如，10μ 表示标称容量为 10μF，10p 表示标称容量为 10pF 等。

字母有时也表示小数点。例如，p33 表示 0.33pF，2p2 表示 2.2pF，3μ3 表示 3.3μF。

① 三位数字表示法。该方法是指用三位数字表示电容器的容量。其中，前两位数字为有效值数字，第三位数字为倍乘数（即表示 10 的 n 次方），单位为 pF。例如，图 5-17 的三位数是 472，它的具体含义为 47×10^2pF，即标称容量为 4700pF。

在一些体积较小的电容器中普遍采用三位数表示法，因为电容器体积小，采用直标法标出的参数字太小，容易看不清和被磨掉。

② 四位数字表示法。该方法是指用四位整数来表示标称电容量，单位仍为 pF。例如 1800 表示 1800pF；或者用四位小数此时单位为 μF，例如 1.234 表示 1.234μF。

（3）色标法 采用色标法标注的电容器又称为色码电容器，色码表示的是电容器标称容量。

色码电容器的具体表示方式同三位数表示法，只是用不同颜色色码表示各位数字。

图 5-18 所示是色码电容器示意图。如图中所示，电容器上有 3 条色带，3 条色带分别表示 3 个色码。色码的读码方向是：从顶部向引脚方向读，对这个电容器而言是棕、绿、黄依次为第一、二、三条色码。

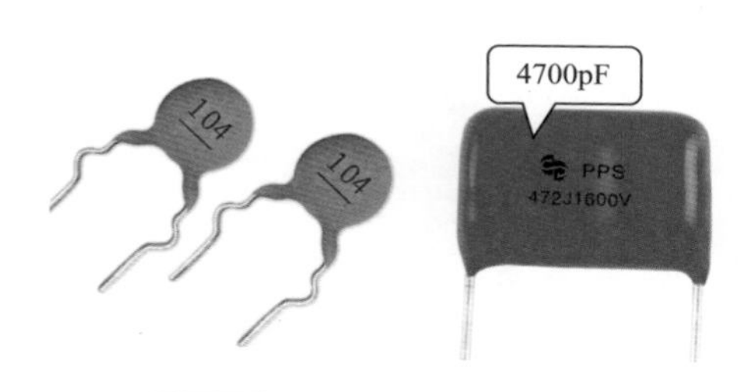

图5-17 电容器三位数表示法

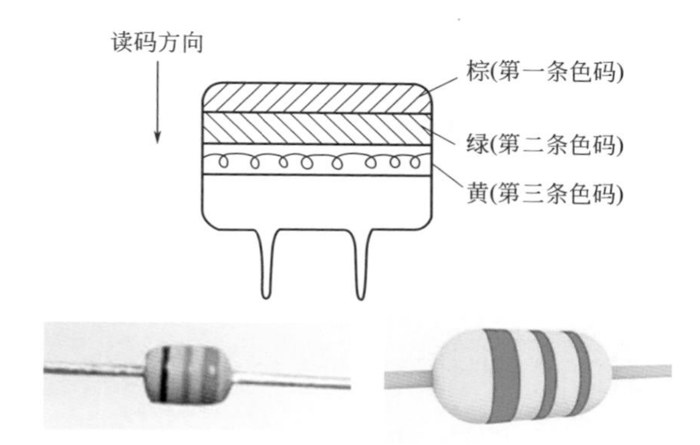

图5-18 色码电容器示意图

在色标法中，第一、二条码表示有效数字，第三条色码表示倍乘中 10 的 n 次方，容量单位为 pF。

表 5-3 所示是色码的具体含义。

表5-3 色码的具体含义

色码颜色	黑色	棕色	红色	橙色	黄色	绿色	蓝色	紫色	灰色	白色
表示数字	0	1	2	3	4	5	6	7	8	9

当色码要表示两个重复的数字时，可用宽两倍的色码来表示。如图5-19所示，该电容器前两位色码颜色相同，所以用宽两倍的红色带表示。这一电容器的标称电容量为 22×10^4pF=220000pF=0.22μF。

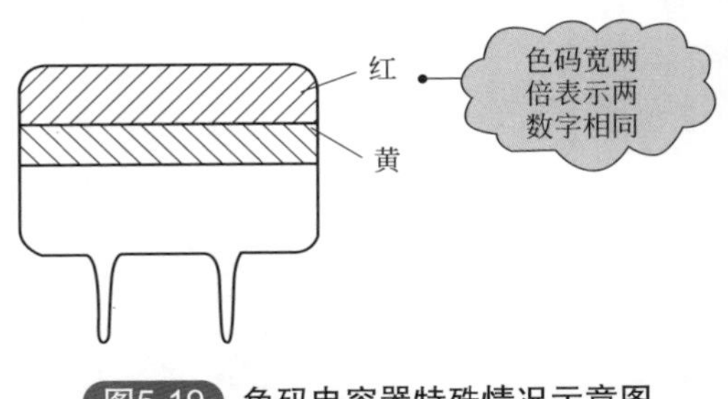

图5-19 色码电容器特殊情况示意图

5.5 电容器的串并联

(1) 电容器的串联使用 一只电容器的一端接另一只电容器的一端，称为串联，如图5-20所示。串联后电容器的容量为这两只电容器容量相乘再除以它们之和，即 $C=C_1C_2/(C_1+C_2)$。

电容器串联的一些基本特性与电阻器电路相似，但由于电容器的某些特殊功能使得电容器电路具有以下独特的特性：

图5-20 电容器的串联示意图

① 串联后电容器电路基本特性仍未改变，仍具有隔直流通交流的作用。

② 流过各串联电容器的电流相等。

③ 电容器容量越大，两端电压越小。

④ 电容器越串联，电容量越小（相当于增加了两极板间距，同时 $U=Q/C$）。

电容器串联的意义：由于电容器制作工艺的难易程度不同，所以并不是每种电容量的电容器都直接投入生产。例如常见的电容器有22nF、33nF、10nF（1F=1000mF，1mF=1000μF，1μF=1000nF，1nF=1000pF）但是很少见11nF。若要调试一个振荡电路，正好需要11nF，就可通过两只 22nF 的电容器进行串联得到 11nF。

关于极性电容器的串联：两只有极性电容器的正极或负极接在一起相串联（一般为同耐压、同容量的电容器）时，可作为无极电容器使用。其容量为单只电容器的 1/2，耐压为单只电容器的耐压值。

（2）电容器的并联使用　两个电容器两端并接称为并联，并联后电容器的容量是这两只电容器容量之和，即 $C=C_1+C_2$。电容器并联时，电容器的耐压值与原电容器相同或高于原电容器。

电容器并联方式与电阻器并联方式是一样的，两只以上电容器采用并接方式与电源连接构成一个并联电路，如图 5-21 所示。

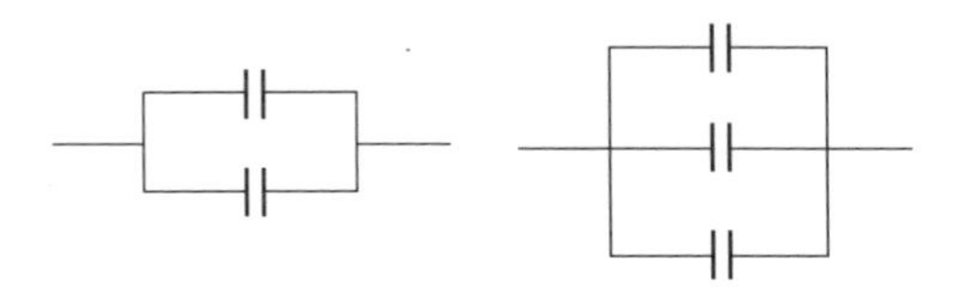

图5-21　电容器的并联示意图

电容器的并联同样与电阻器的并联在某方面很相似。同样由于电容器本身的特性，电容器并联电路具有以下独特的特性：

① 由于电容器的隔直作用，所有参与电容器并联的电路均不能通过直流电流，也就是相当于对直流形同开路。

② 电容器并联电路中各电容器两端的电压相等，这是绝大多数并联电路的公共特性。

③ 随着并联电容器数量的增加，电容量会越来越大。并联电路的电容量等于各电容器电容量之和。

④ 在并联电路中电容量大的电容器往往起关键作用。因为电容量大的电容器容抗小，当一只电容器的容抗远大于另一只电容器时，相当于开路。

⑤ 并联分流，主线路上的电流等于各电路电流之和。

电容器并联的意义：并联电容器又称移相电容器，主要用于补偿电力网系统感性负荷的无功功率，以提高功率因数，改善电压质量，降低线路损耗。也有稳定工作电路的作用，电容器并联后总容量等于它们的容量相加，但是效果比使用一只电容器好，电容器内部通常是金属一圈一圈缠绕的，电容量越大则金属圈越多，这样等效电感就越大。而用多个小容量的电容器并联方式获得等效的大电容，则可以有效地减少电感的分布。

（3）电容器的混联使用 电容器的混联电路是由电容器的串联与并联混联在一起形成的，如图 5-22 所示。

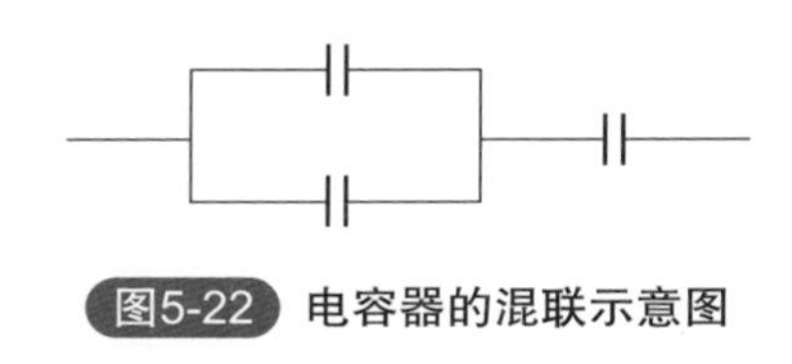

图5-22 电容器的混联示意图

在分析电容器的混联电路时，可以先把并联电路中各个电容器等效成一个电容器，然后用等效电容器与另一电容器进行串联分析。

5.6 用指针万用表检测电容器

5.6.1 用指针万用表检测固定电容器

（1）使用万用表检测小于 10nF 的电容器 对于 0.01μF 以下的固定电容器，因为其容量太小，用万用表测量时只能定性地检查出电容器是否有漏电以及内部是否短路或击穿情况，并不能定性判断其质量（图 5-23）。测量时为保证测量准确性，应首先用一小电阻器给其放电。然后选用万用表的 R × 10k 挡，用两表笔分别任意接触电容器的两个引脚，观察万用表指针有无偏转，交换表笔再测一次（图 5-24）。

观察指针变化，正常情况下指针均应有一个向右的摆动，然后缓慢移到无空大，若测出阻值较小或为零，则说明电容器已漏电损坏或存在内部击穿；若指针从始至终均未发生摆动，说明该电容器内部已发生断路。

对于 0.01μF 以下固定电容器的检测，还可以使用附加电路的方法，利用复合三极管放大作用进行检测，选两只 β 均在 100 以上且穿透电流小的三极管组成复合电路，如图 5-25 所示。由于复合三极管的放大作用，被测电容器的充放电过程将被予以放大，使万用表指针摆幅加大，从而便于观察。首先检测被测电容器是否有充电现象，进而判断其好坏。选用万用表 R × 10k 挡，然后将万用表的红表笔和黑表笔分别与复合管的发射极和集电极相接，观察指针偏转后是否能够回到无穷大。接着交换表笔再测一次，若两次中有一次不能回到无穷大则证明电容器已经损坏。

图5-23 第一次测量

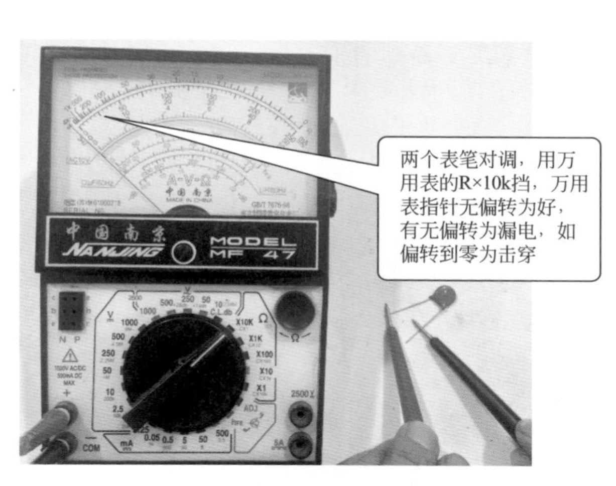

图5-24 第二次测量

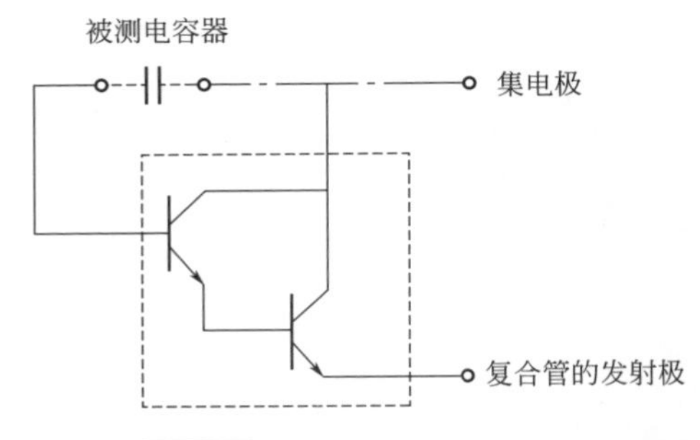

图5-25 用复合管检测电容器

当两表笔分别接触电容器的两根引线时，指针首先朝顺时针方向（向右）摆动（此过程为电容器的充电过程），然后又慢慢地向左回归。当指针静止时所指的电阻值就是该电容器的漏电电阻。在测量中如指针距无穷大较远，表明电容器漏电严重，不能使用。有的电容器在测漏电阻时，指针退回到无穷大位置后又沿顺时针摆动，这表明电容器漏电更加严重。

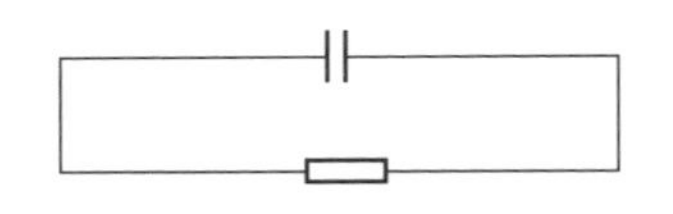

图5-26 待测电容器的放电示意图

（2）使用万用表检测大于10nF的电容器 对于0.01μF以上的固定电容器，可直接用万用表的R×10k挡测试电容器有无充电过程以及有无内部短路或漏电。首先用一只电阻器给待测电容放电，如图5-26所示，接着选择万用表的R×10k挡并用两表笔分别任意接触待测电容器的两个引脚，然后观察万用表指针偏转，如图5-27所示。交换表笔再测一次，如图5-28所示。

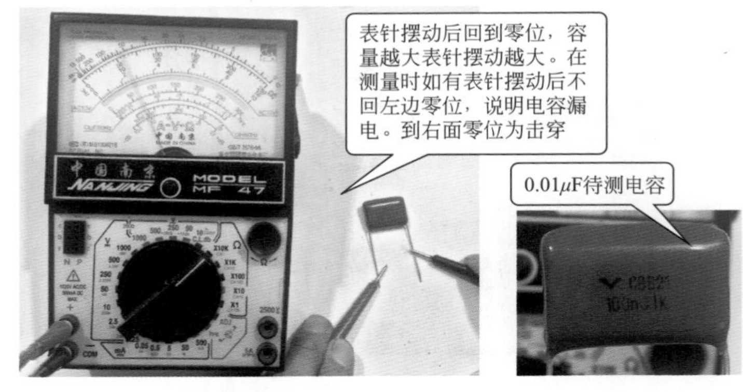

图5-27 第一次测电容两极间阻值变化

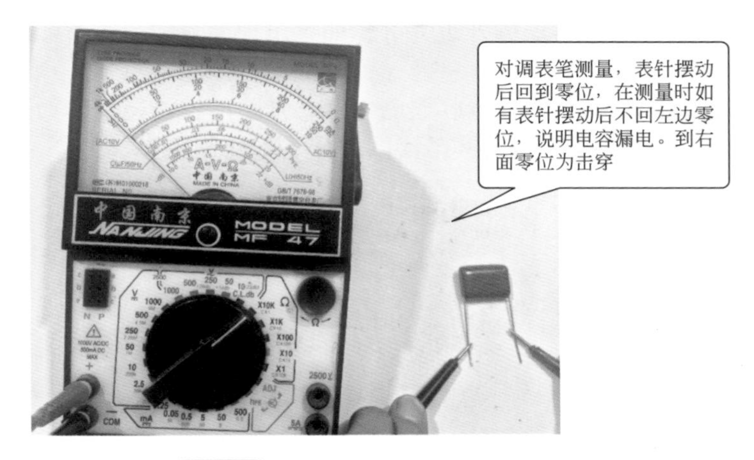

图5-28 第二次测电容两极间阻值变化

观察表针变化，正常情况下两次测量指针应首先朝顺时针方向（向右）摆动（此过程为电容器的充电过程），然后又慢慢地向左回归到无穷大。若测出阻值较小或为零，则说明电容器已漏电损坏或存在内部击穿；若指针从始至终未发生摆动，说明电容器两极之间已发生断路。经上述推论该电容器基本正常。

5.6.2 用指针万用表检测电解电容器

电解电容器常出现的问题有击穿、漏电、容量减小或消失等。通常可通过在开路状态下检测电解电容器的阻值来判断其性能的好坏。

电解电容器开路测量的步骤如下：

① 用电烙铁将待测电容器取下，如图 5-29 所示；并对待测电容器的两引脚进行清洁，如图 5-30 所示。

图5-29 用电烙铁将待测电容器取下

② 检查待测电容器的外观完好，如果出现漏液或引脚折断，则该电容器已损坏。

③ 通过引脚的长短及电容器侧面标志判断电容器极性，如图 5-31 所示。电容器的正极引脚通常比较长，而负极侧则标有“–”。

图5-30 清洁待测电容器的两引脚

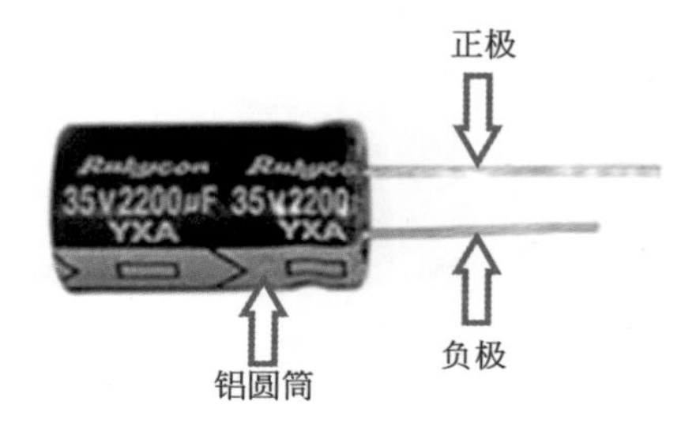

图5-31 电解电容器的标志及引脚长度

④ 测量前需对电容器进行放电，可以采用将一阻值较小的电阻器的两引脚与电解电容器的两引脚相接的方法，如图 5-32 所示。

⑤ 将万用表调到电阻挡的 R × 1k，并进行调零校正，如图 5-33 所示。

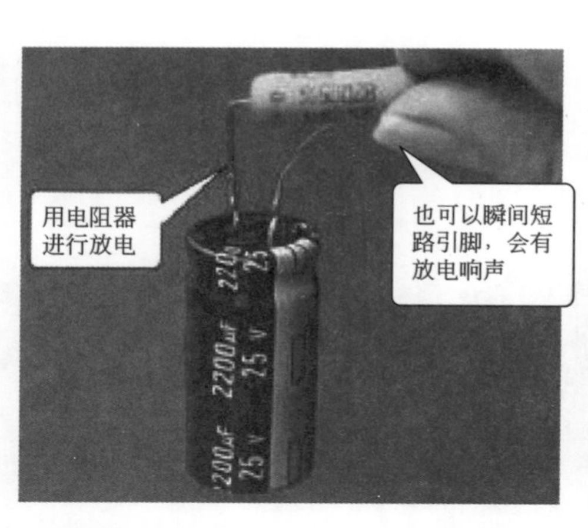

图5-32 用电阻器对电解电容器进行放电

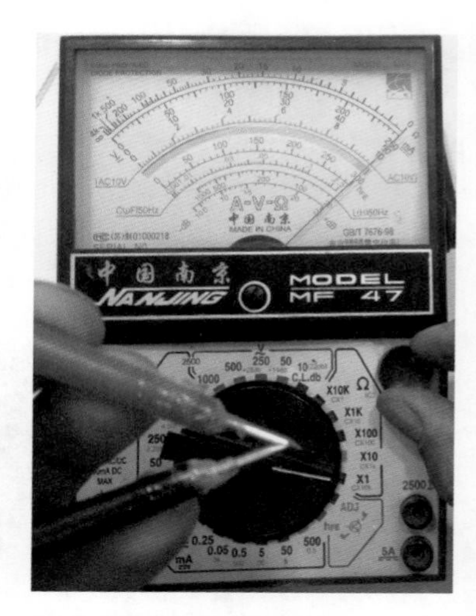

图5-33 选择万用表的R × 1k挡并调零校正

⑥ 将红表笔接电容器的负极引脚，黑表笔接电容器的正极引脚，观察万用表读数变化，如图 5-34 所示。

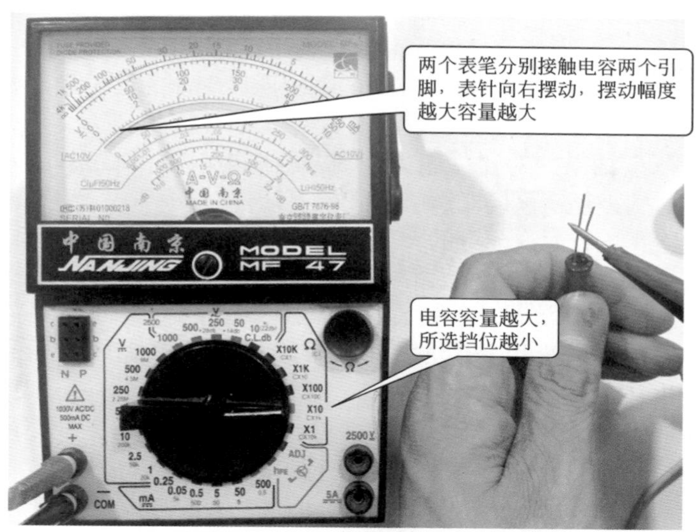

(a)第一次测量

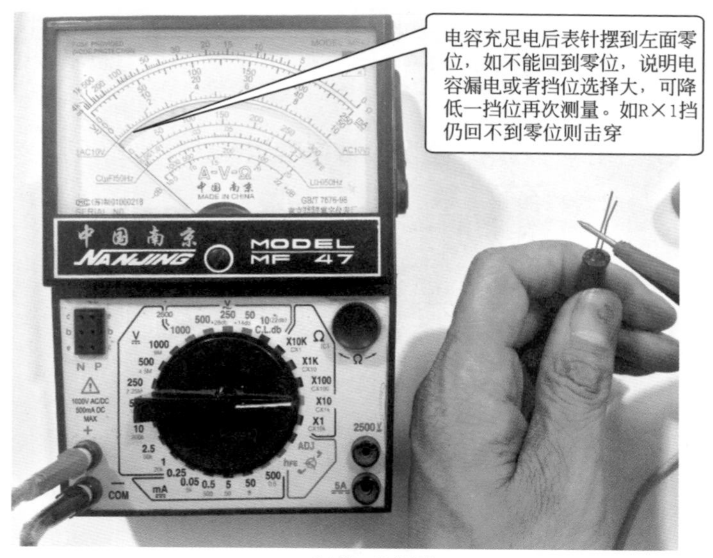

(b)第二次测量

图5-34 电解电容器的检测

如图 5-34 所示，指针首先朝顺时针方向（向右）摆动（此过程为电容器的充电过程），然后又慢慢地向左回归到无穷大，因此待测电解电容器基本正常。如果此时指针摆动一定角度后随即向回调了一点（即所测阻值较小），说明该电容器漏电严重不能再使用。如果此时指针根本未发生摆动，说明该电解电容器的电解质已干涸，已经没有电容量。如果阻值为零，说明电容器已发生击穿。

通过测量结果的对比，还可以判断电解电容器的极性。如不知道电解电容器的极性，可以对两引脚进行测量并记录阻值，然后交换两表笔再测一次，比较两次测量的大小，通常电解电容器的正向电阻要比反向电阻大很多，测得电阻较大的一次黑表笔所接的是电解电容器的正极（数字型万用表测试测得电阻较大的一次红表笔所接的是正极）。

有些漏电的电容用上述方法不易准确判断出好坏，当电容器的耐压值大于万用表内电池的电压值时，根据电解电容器正向充电时漏电流小、反向充电时漏电流大的特性，可采用 R × 10k 挡，为电容器反向充电，观察指针停留位置是否稳定，即反向漏电流是否恒定，由此判断电容器是否正常的准确性较高。例如，黑表笔接电容器的负极、红表笔接电容器的正极时，指针迅速向右偏转，然后逐渐退至某个位置（多为“0”的位置）停止不动，则说明被测电容器正常；若指针停留在 50~200kΩ 的某一位置或停留后又逐渐慢慢向右移动，说明该电容器已漏电。

5.6.3 用指针万用表检测贴片电容器

贴片电容器检测如图 5-35~ 图 5-37 所示。

图5-35 待测贴片电容

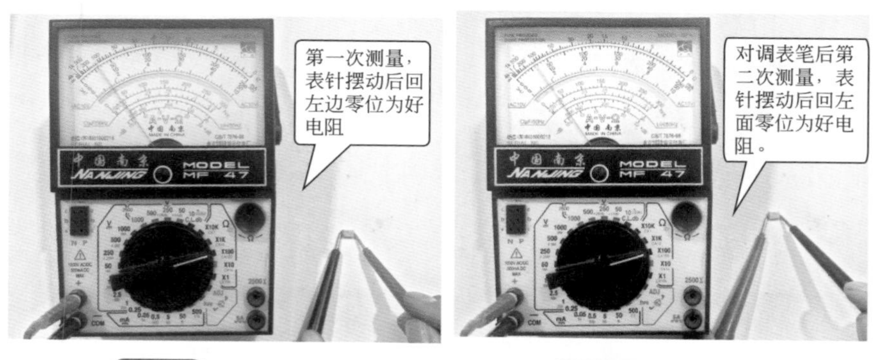

图5-36 第一次测量　　图5-37 第二次测量

5.6.4 指针表检测可变电容器

对于可变电容器，首先用手缓缓旋动转轴，转轴转动应该十分平滑，不应有时紧时松甚至卡滞的现象。将载轴向各个方向推动时，不应该有松动现象。用手缓缓旋动转轴，转轴转动应该十分平滑，不应有时紧时松甚至卡滞的现象。将载轴向各个方向推动时，不应该有松动现象。

用一只手旋动转轴，速度要慢，用另一只手轻触动片组外缘，检查是否有松脱。若转轴与动片之间已经接触不良，就不能再继续使用了。如图 5-38 所示。

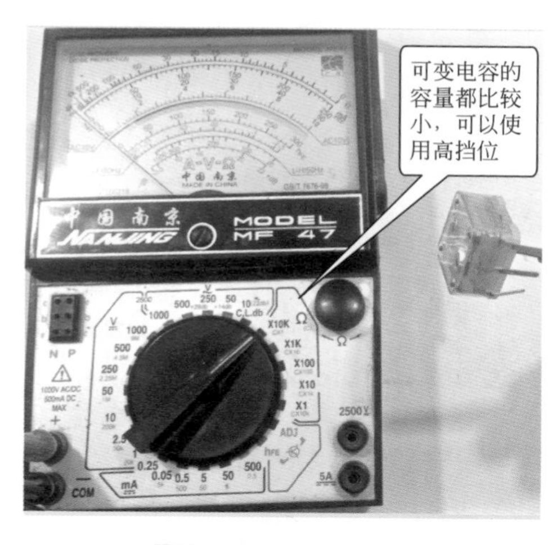

图5-38 选高挡位测量

（1）第一步测量漏电 将一个表笔接中间脚或者中心转轴，另一个表笔分别测量两个边脚，表针不需要摆动，如摆动说明有漏电和断路现象，不能使用。如图 5-39 所示。

测量辅助可变电容是否有短路漏电现象，分别用两个表笔接触两只辅助电容的两端，表针不应摆动，否则击穿或漏电。如图 5-40 所示。

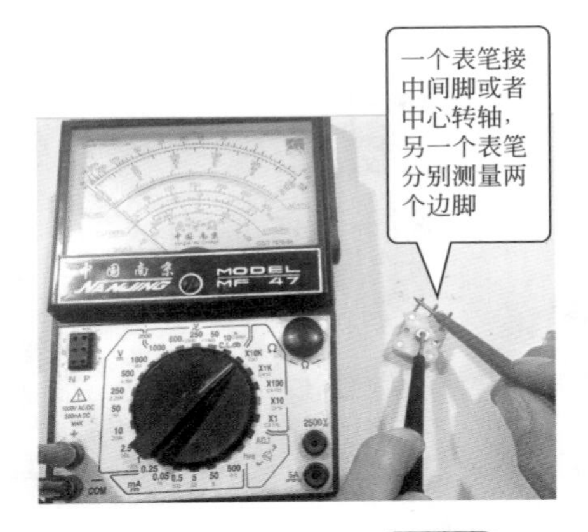

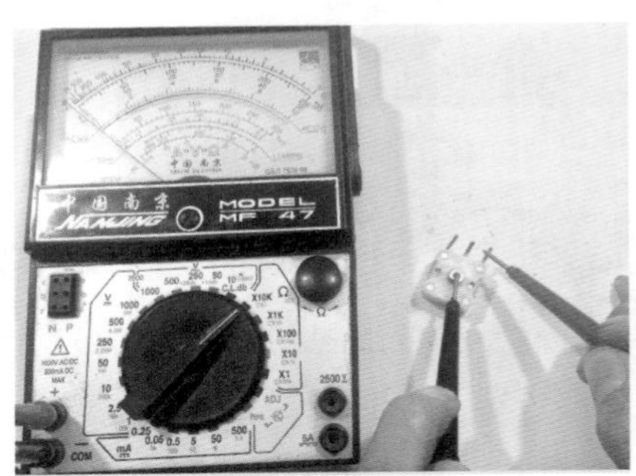

图5-39 测量中间脚与两边脚

图5-40 测量辅助电容

（2）第二步检查动片与静片之间旋转后有无漏电现象 将万用表调到 R×10k 挡，其中一只手将两个表笔分别接到可变电容定片和动片的引出端，另一只手将转轴缓缓旋动，万用表指针始终应趋于无穷大。若在旋动转轴的过程中。指针有时出现指向零的情况，证明动片和定片之间存在短路点；如果旋转到某一位置时，万用表读数不是无穷大而是出现一定阻值，说明可变电容器动片与定片之间已经发生漏电。图 5-41、图 5-42 所示。

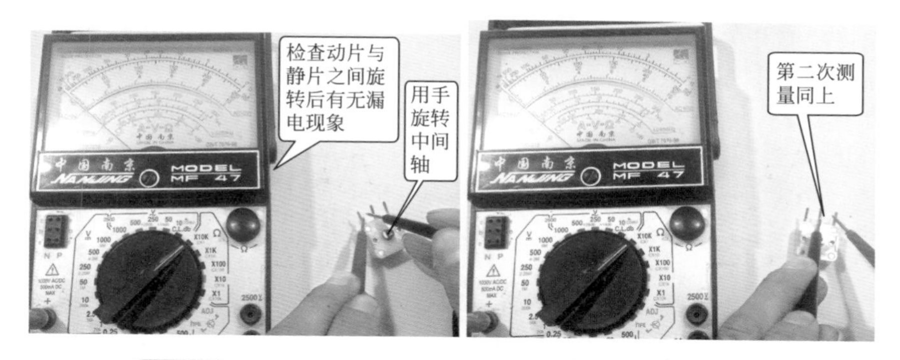

图5-41 查动静片一　　图5-42 查动静片二

5.6.5 指针万用表检测电路中的电容器的好坏

由于电路中有许多电器元件并联，因此在路测量不能直接判断电容容量，一般不为零即可，要想准确判断出电容的好坏，还是要从电路中取下电容判断。如图 5-43 所示。

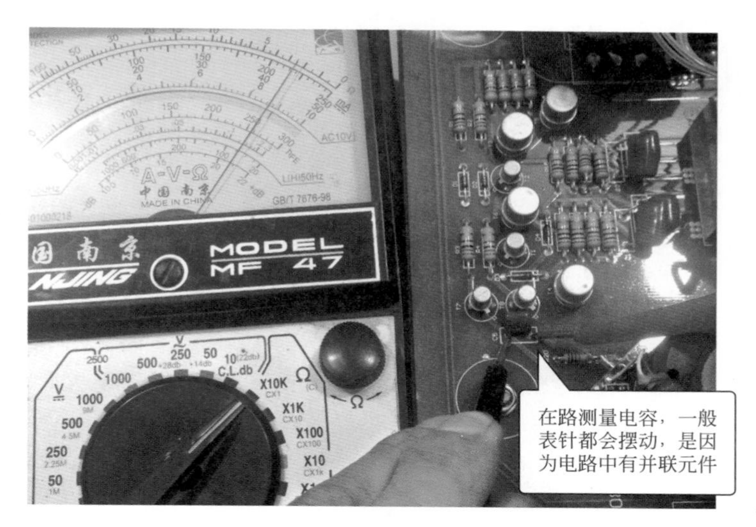

图5-43 直接在路测量电容

5.7 用数字万用表检测电容器

用数字型万用表测量电容器的方法比较简单，首先将功能开关置于电容量程“C（F）”，再将电容器插入测试座中，显示屏就可以显示电容器的容量。若数值小于标称值，说明电容器容量减小；若数值大于标称值，说明电容器漏电。

如图5-44所示，若待测电解电容器的容量为1μF，将万用表置于“2μ”电容挡，再将该电容器插入电容测试座中，显示屏显示为“1.01”，说明该电容器的容量值为1μF。

测量电容器时，一是注意将电容器插入专用的电容测试座中，而不要插入表笔插孔内；二是注意每次切换量程时都需要一定的复零时间，待复零结束后再插入待测电容器；三是注意测量大电容器时，显示屏显示稳定的数值需要一定的时间。

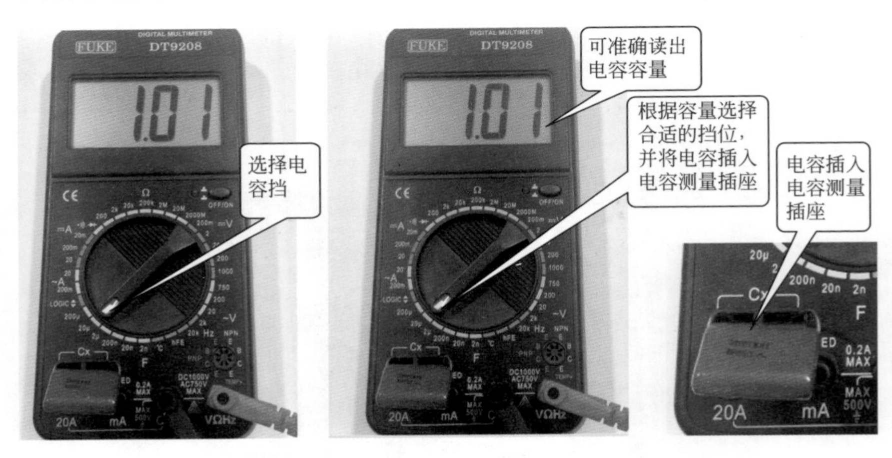

图5-44 用数字万用表电容挡测量电容器示意图

数字万用表在电路中测量电容与5.6.5节同，如图5-45所示。

新型数字万用表测量电容器的容量时，无需将电容器插入插孔内，而直接用表笔接电容器的引脚就可以测量，使测量电容和测量电阻一样简单。

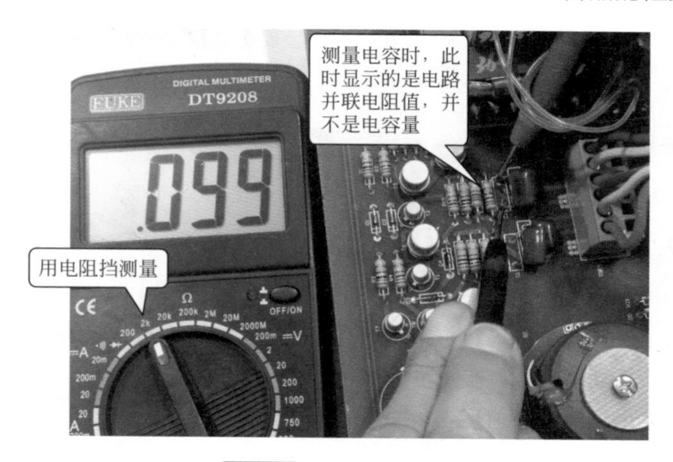

图5-45 在电路中测量

5.8 用电容表测量电容器

用电容表测量电容器如图 5-46 和图 5-47 所示。电容无法插入插孔时，直接用表笔接电容的引脚就可以测量，使测量电容和测量电阻一样简单。如图 5-47 所示。

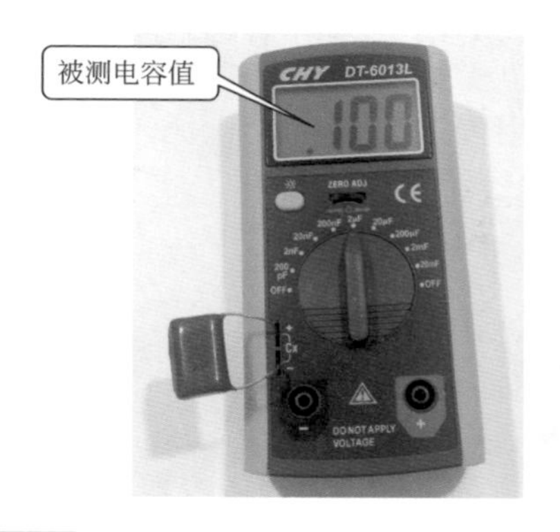

图5-46 选择合适的挡位、插入电容并读数

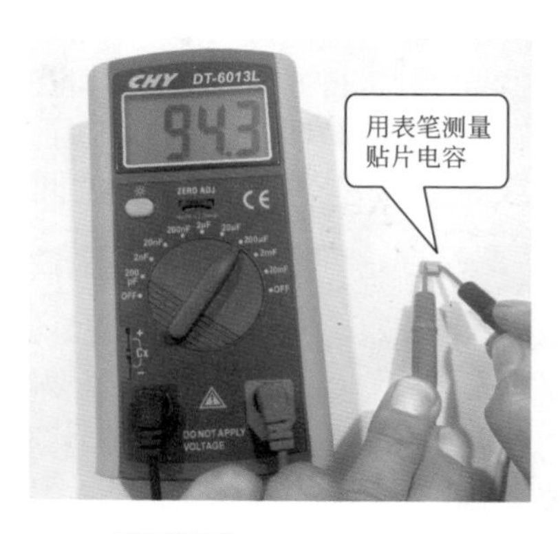

图5-47 测量贴片电容

5.9 电容器的代换

电容器损坏形式多种多样，如击穿、漏液、烧焦、引脚折断等。

大多数情况下，电容器损坏后都不能修复，只有电容器引脚折断可以通过重新焊接继续使用。电容器配件相当丰富，选配也比较方便，原则上应使用与其类型相同、主要参数相同、外形尺寸相近的电容器来更换。若找不到原配件或同类型电容器，也可用其他类型的电容器进行代换。

5.9.1 普通电容器的代换

普通电容器在选用与代换时其标称容量、允许偏差、额定工作电压、绝缘电阻、外形尺寸等都要符合应用电路的要求。玻璃釉电容器与云母电容器一般用于高频电路和超高频电路；涤纶电容器一般用于中低频电路；聚苯乙烯电容器一般用于音响电路和高压脉冲电路；聚丙烯电容器一般用于直流电路、高频脉冲电路；Ⅱ类瓷介电容器常用于中低频电路，而Ⅲ类瓷介电容器只能用于低频电路。

5.9.2 电解电容器的代换

电解电容器中的非固体钽电解电容器一般用于通信设备及高精密电子设备电路；铝电解电容器一般用于电源电路、中频电路、低频电路；无极性电解电容器一般用于音箱分频电路、电视机的帧校正电路、电动机启动电路。对于一般电解电容器，可以用耐压值较高的电容器代换容量相同但耐压值低的电容器。用于信号耦合、旁路的铝电解电容器损坏后，可用与其主要参数相同的钽性能更优的钽电解电容器代换。电源滤波电容器和退耦电容器损坏后，可以用较其容量略大、耐压值与其相同（或高于原电容器耐压值）的同类型电容器更换。

5.9.3 电容器代换时的注意事项

电容器代换时的注意事项如下：

① 起定时作用的电容器要尽量用原值代替。

② 不能用有极性电容器代替无极性电容器。

③ 代用电容器在耐压和温度系数方面不能低于原电容器。

④ 各种电容器都有各自的个性，在使用中一般情况下只要容量和耐压等符合要求，它们之间就可以进行代换。但是有些情况代换效果会不太好，例如用低频电容器代替高频电容器后高频损耗会比较大。严重时电容器将涌起到相应的功能，但是高频电容器可以代替低频电容器。

⑤ 操作时一般首先取下原损坏电容，然后接上新的电容器。容量比较小的电容器一般不分极性，但是对于极性电容器一定不要接反。

5.9.4　电解电容器使用时的注意事项

① 电解电容器由于有正负极性，因此在电路中使用时不能颠倒连接。当电源电路中的滤波电容器极性接反时，因电容器的滤波作用大大降低，一方面引起电源输出电压波动，另一方面因反向通电使此时相当于一个电阻的电解电容发热。当反向电压超过某值时，电容器的反向漏电电阻将变得很小，这样通电工作不久，即可使电容器因过热而炸裂损坏。

② 加在电解电容器两端的电压不能超过其允许工作电压，在设计实际电路时应根据具体情况留有一定的余量。如果交流电源电压为220V，变压器二次侧的整流后电压为22V，此时选择耐压为25V的电解电容器一般可以满足要求。但是，假如交流电源电压波动很大且有可能上升到250V以上，最好选择1.5倍或以上的耐压值。

③ 电解电容器在电路中不应靠近大功率发热元件，以防因受热而使电解液加速干涸。

④ 对于有正负极性信号的滤波，可采取两只电解电容器同极性串联的方法，当作一个无极性电容器。

5.10 电容器应用电路

5.10.1　固定电容器的应用

① LC谐振电路。图5-48（a）所示为并联谐振电路，并联谐振电路主要用于选频电路；图5-48（b）所示为串联谐振电路，串联谐振可用于吸收电路，其频率为f_0，即$f_0=2\pi\sqrt{1/LC}$。

② 耦合与旁路电路。如图5-48（c）所示，电容器C1、C3、C5利用隔直通交特性，可将前后级直流隔断，将前级交流信号传递到后级（注：电解电容器在耦合应用中，是正入负出还是负入正出取决于前后级电位，即哪级电位高则正极接哪级），C2、C4为旁路电容器，利用隔直流通交流的特性，可使交流信号C直接通过，则R对交流无负反馈作用，使其对交流放大量增大。

③ 滤波电路。如图5-48（d）所示，利用充放电特性或通交隔直特性，滤除交流成分得到直流。

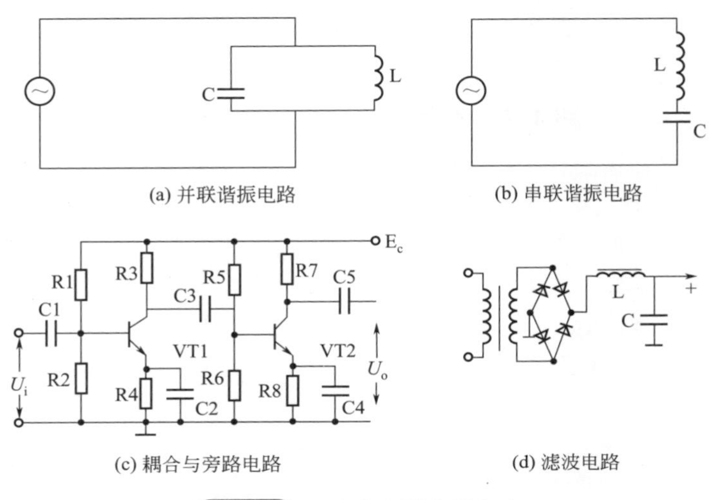

图5-48 固定电容器应用电路

5.10.2 可变电容器的应用

图 5-49 中 C1 为双联可变电容器，C1a 为输入联，改变其容量可改变频率，从而达到选台的目的。C1b 为本振联，调整 C1b 可使本振频率与 C1a 输入频率相差一个固定中级频率。利用此电路可完成选频及变频作用。

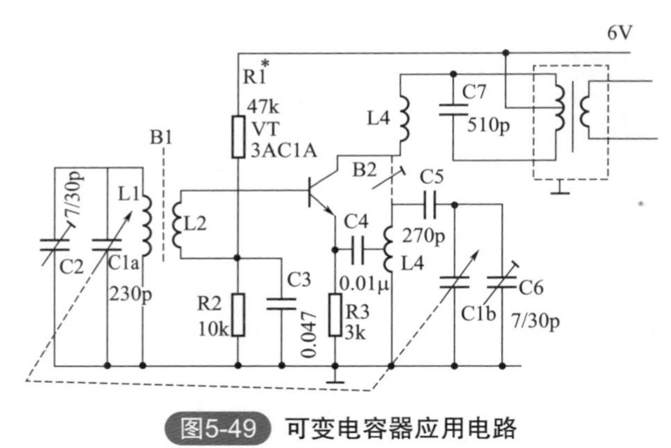

图5-49 可变电容器应用电路

图 5-49 中 B1 的 L1L2 为天线线圈；B2 为本振线圈；B3 为选频中周；C2、C6 为微调电容器，可微调谐振电路的频率。

第6章

电感器的检测与应用

6.1 认识电感器

6.1.1 电感器的作用

电感器（简称电感），是一种电抗元件，在电路中用字母“L”表示。电感器是一种能够把电能转化为磁能并储存起来的元器件，其主要功能是阻止电流的变化。当电流从小到大变化时，电感器阻止电流的增大。当电流从大到小变化时，电感器阻止电流减小；它在电路中的主要作用是扼流、滤波、调谐、延时、耦合、补偿等。

电感器的结构类似于变压器，但只有一个绕组。电感器又称扼流器、电抗器或动态电抗器。如图 6-1 所示为电路中常见电感器的外形及图形符号。

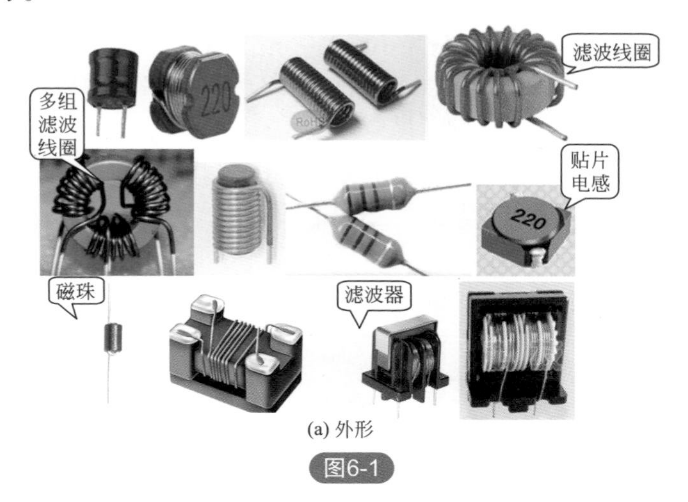

(a) 外形

图6-1

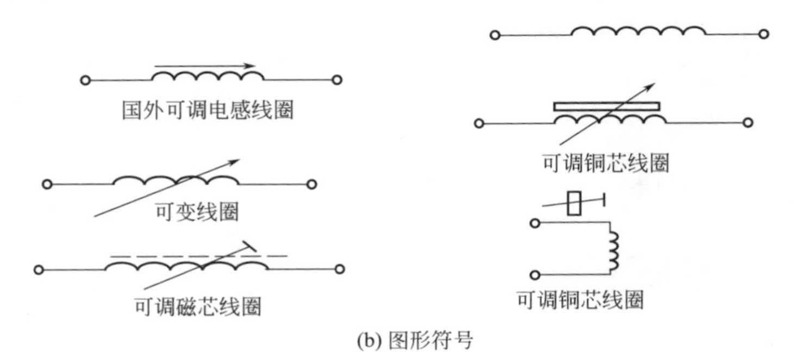

(b) 图形符号

图6-1 电路中常见电感器的外形及图形符号

6.1.2 电感器的型号命名

国产电感器型号命名一般由三个部分构成，依次为名称、电感量和电感器允许偏差，如图 6-2 所示。

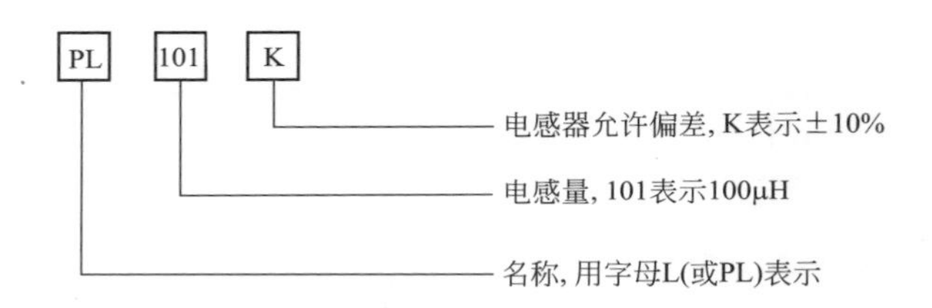

图6-2 电感器的型号命名

PL101K 表示标称电感量为 100μH、允许偏差为 ±10% 的电感器。

为了方便读者查阅通过表 6-1 和表 6-2 分别列出电感量符号含义对照表和电感器允许误差范围字母含义对照表。

表6-1 电感器电感量符号含义对照表

数字与字母符号	数字符号	含 义
2R2	2.2	2.2μH
100	10	10μH
101	100	100μH
102	1000	1mH
103	10000	10mH

表6-2 电感器误差范围字母含义对照表

字母	含义
J	± 5%
K	± 10%
M	± 20%

6.1.3 电感器的分类

电感线圈通常由骨架、绕组、屏蔽罩、磁芯等组成。电感器种类繁多，分类方式不一。

按照外形，电感器可分为空心电感器（空心线圈）与实心电感器（实心线圈）。

按照工作性质，电感器可分为高频电感器（各种天线线圈、振荡线圈）和低频电感器（各种扼流圈、滤波线圈等）。

按照封装形式，电感器可分为普通电感器、色环电感器、环氧树脂电感器、贴片电感器等。

按照电感量，电感器可分为固定电感器和可调电感器。

按用途可分为天线线圈、振荡线圈、低频扼流线圈和高频扼流线圈。

按耦合方式可分为自感应线圈和互感应线圈。

按结构可分为单层线圈、多层线圈和蜂房式线圈等，如图 6-3 所示。

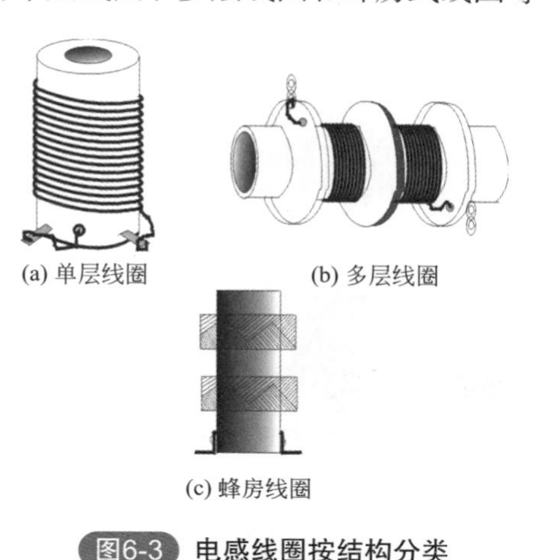

(a) 单层线圈　(b) 多层线圈　(c) 蜂房线圈

图6-3 电感线圈按结构分类

① 空心电感器。空心电感器中间没有磁芯，如图 6-4 所示。通常电感量与线圈的匝数成正比，即线圈匝数越多，电感量越大；线圈匝数越少，电感量越小。在需要微调空心线圈的电感量时，可以通过调整线圈之间的间隙得到所需要的数值。但此处需要注意的是通常对空心线圈进行调整后要用石蜡加以密封固定，这样不仅可以使电感器的电感量更加稳定，而且可以防止潮损。

空心电感器的电感量小，无记忆，很难达到磁饱和，所以得到了广泛的应用。

提示：所谓磁饱和就是周围磁场达到一定饱和度后磁力不再增加，也就不能工作在线性区域了。

(a) 外形　　(b) 图形符号

图6-4 空心电感器的外形及图形符号

② 铁氧体电感器。铁氧体不是纯铁，是铁的氧化物，主要由四氧化三铁（Fe_3O_4）、三氧化二铁（Fe_2O_3）和其他一些材料构成，是一种磁导体。而铁氧体电感器就是在铁氧体的上面或外面绕线制成的。这种电感器的优点是电感量大、频率高、体积小、效率高，但存在容易磁饱和的缺点。常见的铁氧体线圈的外形及图形符号如图 6-5 所示。

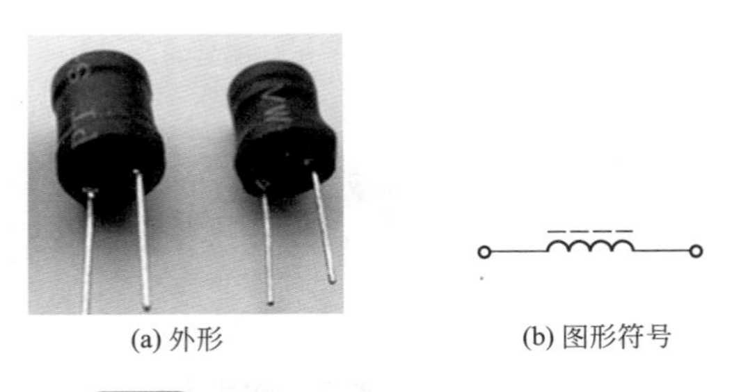

(a) 外形　　(b) 图形符号

图6-5 铁氧体线圈的外形及图形符号

大屏幕彩色、彩显行输出电路用的行线性校正线圈和枕形失真校正线圈谅是铁氧体线圈。同样，黑白电视机、彩电、彩显采用的偏转线圈也是铁氧体电感器。

③ 贴片电感器。贴片电感器又称为功率电感器、大电流电感器，一般是在陶瓷或液晶玻璃基片上深沉淀金属导片而制成的。贴片电感具有小型化、高品质因数、高能量储存和低电阻的特性，图 6-6 所示为电路板中常见的贴片电感器。

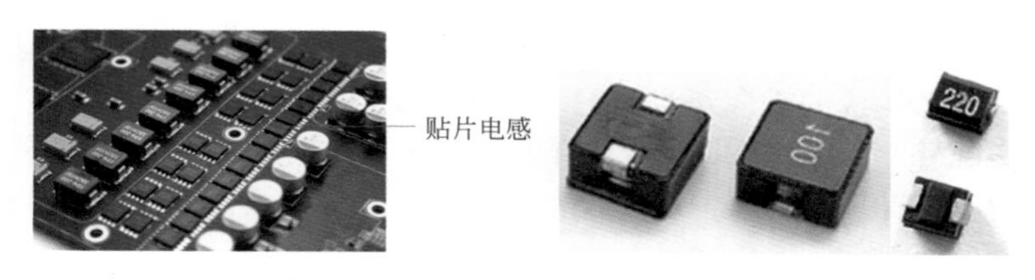

图6-6 电路板中常见的贴片电感器

④ 磁棒电感器。磁棒电感器的基本结构是在线圈中安插一个磁棒制成的，磁棒可以在线圈内移动，用以调整电感的大小。通常将线圈作好调整后要用石蜡固封在磁棒上，以防止磁棒的滑动而影响电感量。磁棒电感的结构如图 6-7 所示。

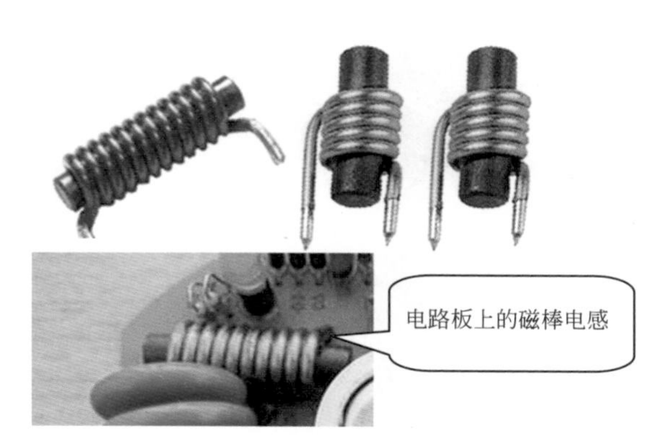

图6-7 磁棒电感器的结构

⑤ 色环电感器。色环电感器的外形和普通电阻器基本相同，它的电感量标注方法与色环电阻器一样，用色环来标记。色环电感器的外形如图 6-8 所示，它的图形符号和空心线圈或铁氧体线圈的图形符号相同。

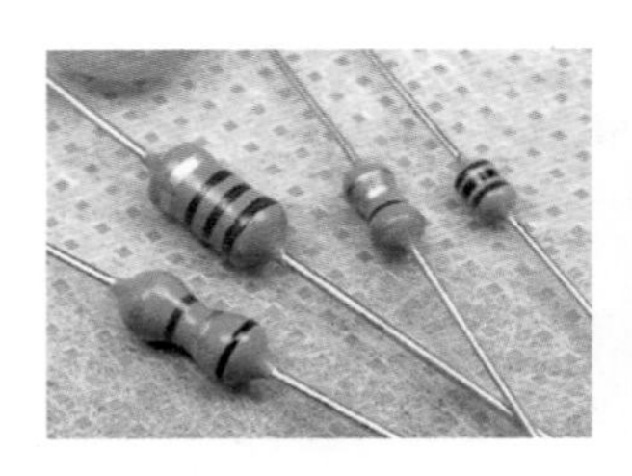
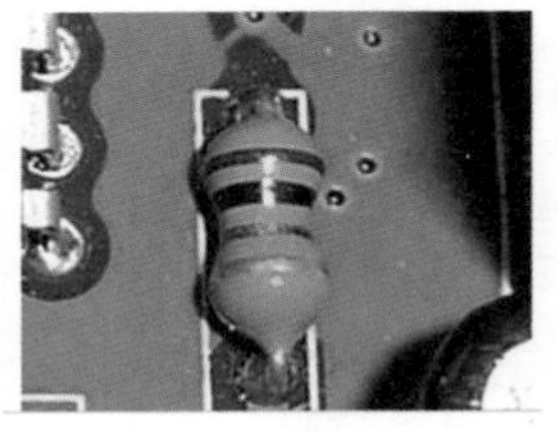

图6-8 色环电感器的外形

⑥ 互感滤波器。互感滤波器又称电磁干扰电源滤波器，是由电感器、电容器构成的无源双向多端口网络滤波设备。互感滤波器的主要作用是消除外交流电中的高频干扰信号进入开关电源电路，同时也防止开关电源的脉冲信号对其他电子设备造成干扰。互感滤波器由 4 组线圈对称绕制而成，如图 6-9 所示。

图6-9 互感滤波器

6.2 电感器的主要参数及标注

6.2.1 主要参数

① 电感量。电感量也称自感系数，是表示电感器产生自感应能力的一个物理量。电感器电感量的大小，主要取决于线圈的圈数（匝数）、绕制方式、有无磁芯及磁芯材料等。通常，线圈圈数越多，绕制的线圈越密集，电感量就越大。有磁芯的线圈比无磁芯的线圈电感量大；磁芯

磁导率越大的线圈，电感量也越大。

电感量 L 是线圈本身的固有特性，电感量的基本单位是亨利（简称亨），用字母“H”表示。常用的单位还有毫亨（mH）和微亨（μH），它们之间的关系是：1H=10^3mH，1MH=$10^3\mu$H。

② 允许偏差。允许偏差是指电感器上的标称电感量与实际电感量的允许误差值。

一般用于振荡电路或滤波电路中的电感器精度要求比较高，允许偏差为 ±0.2%~±0.5%；而用于耦合电路或高频阻流电路的电感量精度要求不是太高，允许偏差在 ±10%~15%。

③ 品质因数。品质因数表示电感线圈品质的参数，亦称作 Q 值或优值。线圈在一定频率的交流电压下工作时，其感抗 X_L 和等效损耗电阻之比即为 Q 值。

由表达式 $Q=2\pi L/R$ 可见，线圈的感抗越大，损耗电阻越小，其 Q 值就越高。

提示：损耗电阻在频率 f 较低时可视作基本上以线圈直流电阻为主；当 f 较高时，因线圈骨架及浸渍物的介质损耗、铁芯及屏蔽罩损耗、导线高频集肤效应损耗等影响较明显，R 就应包括各种损耗在内的等效损耗电阻，不能仅计直流电阻。

④ 分布电容。分布电容是指线圈的匝与匝之间、线圈与磁芯之间、线圈与地之间以及线圈与金属之间都存在的电容。电感器的分布电容越小，其稳定性越好。分布电容能使等效耗能电阻变大，品质因数变大。减少分布电容常用丝包线或多股漆包线，有时也用蜂窝式绕线法等。

⑤ 感抗。交流电也可以通过线圈，但是线圈的电感对交流电有阻碍作用，这个阻碍称为感抗。交流电越难以通过线圈，说明电感量越大，电感的阻碍作用就越大；交流电频率高也难以通过线圈，电感的阻碍作用也大。实验证明，感抗和电感成正比，和频率也成正比。如果感抗用 X_L 表示，电感用 L 表示，频率用 f 表示，那么其计算公式为 $X_L=2\pi fL=\omega L$，感抗的单位是 Ω。知道了交流电的频率 f（Hz）和线圈的电感 L（H），就可以用上式把感抗计算出来。人们可利用电流与线圈的这种特殊性质来制成不同大小数值的电感器件，以组成不同功能的

电路系统网络。

⑥ 额定电流。额定电流是指电感器在正常工作时所允许通过的最大电流值。若工作电流超过额定电流，电感器会因发热而使性能参数发生改变，甚至还会因过电流而烧毁。

⑦ 直流电阻。直流电阻即电感线圈自身的直流电阻，可用万用表或欧姆表直接测得。

6.2.2 电感器参数的标注

① 直接标注法。电感器一般都采用直标法，就是将标称电感量用数字直接标注在电感器的外壳上，同时还用字母表示电感器的额定电流、允许误差。采用这种数字与符号直接表示其参数的，就称为小型固定电感器。

电感器的最大电流和字母之间的对应关系见表 6-3。

表6-3 电感器的最大电流和字母之间的对应关系对照表

字母	A	B	C	D	E
最大工作电流 /mA	50	150	300	700	1600

例如电感器外壳上标有 C、Ⅱ、470μH，表示电感器的电感量为 470μH，最大工作电流为 300mA，允许误差为 ±10%；电感器外壳上标有 220μH、Ⅱ、D，表示电感器的电感量为 220μH，最大工作电流为 700mA，允许误差为 ±10%。

再如 LG2-C-2μ2- Ⅰ表示为高频立式电感器，额定电流为 300mA，电感量为 2.2μH，误差值为 ±5%。

② 色标法。在电感器的外壳上，标注方法同电阻器的标注方法一样。第一个色环表示第一位有效数字，第二个色环表示第二位有效数字，第三个色环表示倍乘数，第四个色环表示允许误差。例如某电感器的色环依次为蓝、绿、红、银，表明此电感器的电感量为 6500μH，允许误差为 ±10%。

③ 文字符号法。文字符号法是将电感器的标称值和允许偏差值用数字和文字符号按一定规律组合标注在电感体上。采用这种标示方法的通常是一些小功率电感器，其单位通常为 nH 或 pH，用 N 或 R 代表小数点。

例如，4N7 表示电感量为 4.7nH，4R7 表示电感量为 4.7μH；47N 表示电感量为 47nH，6R8 表示电感量为 6.8μH。

6.3 电感器的串并联

（1）电感器的串联 一个电感器的一端接另一个电感器的一端，称为串联，如图 6-10 所示。串联后电感的总电感量为各电感器电感量之和，若电感器 L1 和 L2 串联，则串联后的电感量 $L=L_1+L_2$。例如，L1、L2 都是 2.2μH 的电感器，那么串联后的电感量 L 为 4.4μH。

图6-10 电感器的串联

（2）电感器的并联 两个电感器的两端并接，称为并联，如图 6-11 所示。并联后电感器的总电感量为各电感器的电感量倒数之和，若电感器 L1 和 L2 并联，则 $L=L_1L_2/(L_1+L_2)$。例如，L1、L2 都是 10μH 的电感器，那么并联后的电感量 L 为 5μH。

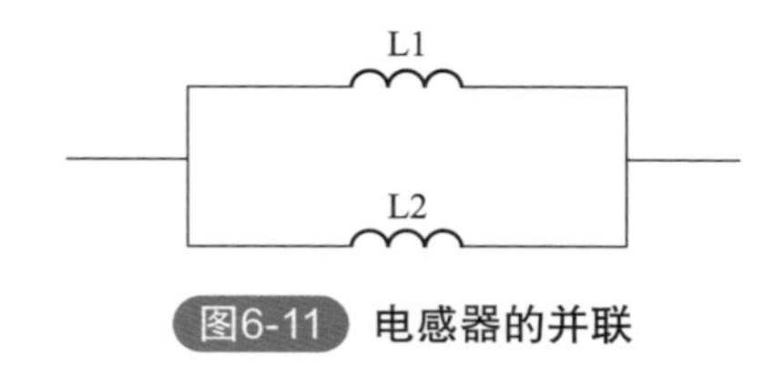

图6-11 电感器的并联

6.4 用数字万用表检测普通电感

将电感器件从线路板上焊开一脚，或直接取下，测线圈两端的阻值，如线圈用线较细或匝数较多，指针应有较明显的摆动，一般为几欧姆至十几欧姆之间；如阻值明显偏小则线圈匝间短路。如线圈线径较粗，电阻值小于 1Ω，可用数字万用表的欧姆挡小值挡位。可以较准确地测量 1Ω 左右的阻值。应注意的是：被测电感器直流电阻值的大小与绕制电感器线圈所用的漆包线径、绕制圈数有关，只要能测出电阻值，则可认为被测电感器是正常的。

（1）用电阻挡测量时，将万用表置 200Ω 低挡位红、黑表笔接触线圈的两端，显示屏应显示电阻值，如无电阻值显示，则线圈断路。如图 6-12 所示。

（2）用蜂鸣器挡（一般都是二极管挡）测试时，如果线圈是通的，应有蜂鸣声，指示灯亮，否则为断路。如图 6-13 所示。

图6-12 测量空心线圈

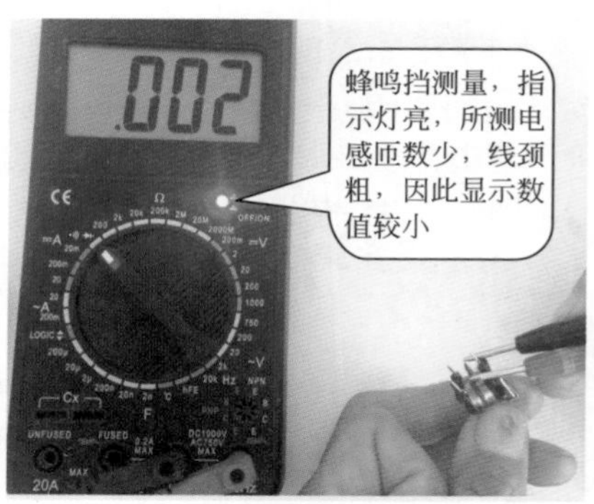

图6-13 数字表蜂鸣挡测滤波电感

6.5 用数字万用表检测滤波电感

滤波电感一般有两组以上线圈，在检测时直接选用低阻挡测量每个绕组阻值即可，阻值一般都很小，如无阻值则一般为开路。如图 6-14、图 6-15 所示。

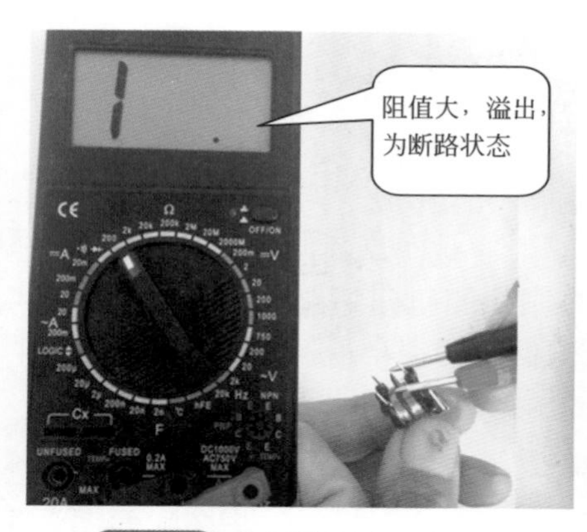

图6-14 电阻挡测滤波电感一

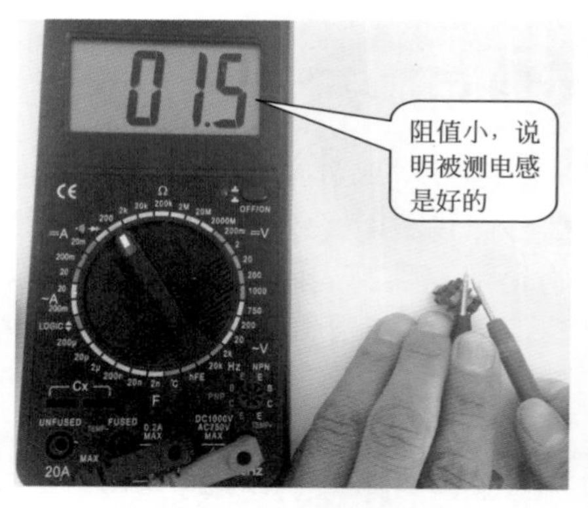

图6-15 电阻挡测滤波电感二

6.6 用数字万用表在电路中检测普通电感器

用数字型万用表检测普通电感器的方法如下：

① 首先断开电路板电源，接着对待测电感器进行观察，看待测电感器是否发生损坏，有无烧焦、虚焊等情况。如果有，则说明电感器损坏。好的电感器线圈绕线应排列有序，不松散、不变形，不应有松动。图 6-16 所示为一电路板上的普通电感器。

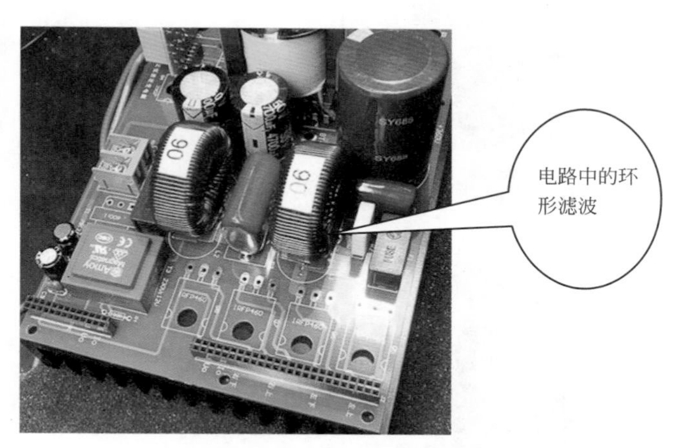

图6-16 电路板上的普通磁环电感器

② 如果待测电感器没有明显的物理损坏，用小毛刷将待测电感器的引脚、磁环线圈进行清洁。

③ 将数字型万用表的挡位调到电阻挡的“200”挡，把两表笔分别与电感器的两引脚相接（见图 6-17），此时表盘显示数值应接近于“00.0”，如果表盘数值没有任何变化，说明该电感器内部已经发生断路；如果表盘数值来回跳跃，说明该电感器内部出现接触不良。

经检测两引脚的阻值为 0.6Ω，且读数稳定不跳动，符合电感器的使用要求。

如果用蜂鸣挡测量，只要有蜂鸣声、指示灯亮即表示电感是好的。所显示数值仅供参考用，并不是电感电阻值。如图 6-18、图 6-19 所示。

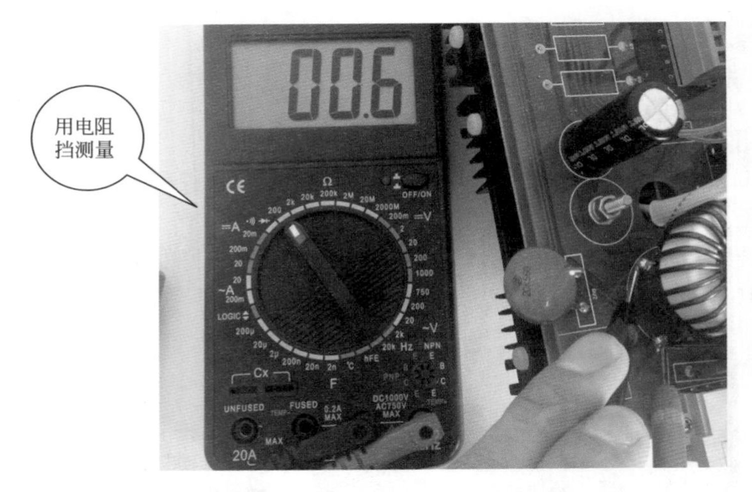

图6-17 电感器两引脚间阻值的测量

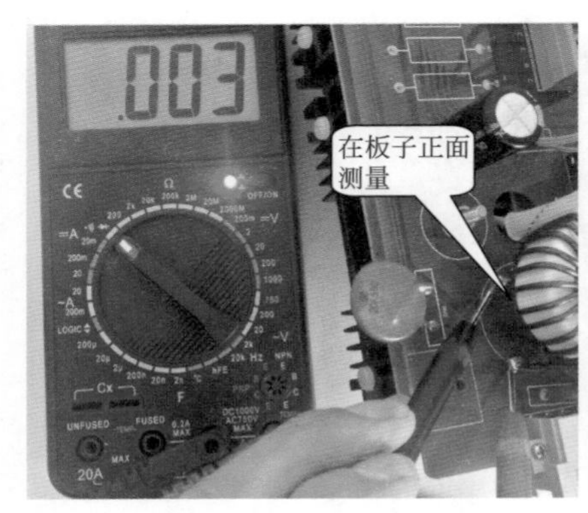

图6-18 蜂鸣挡测电感

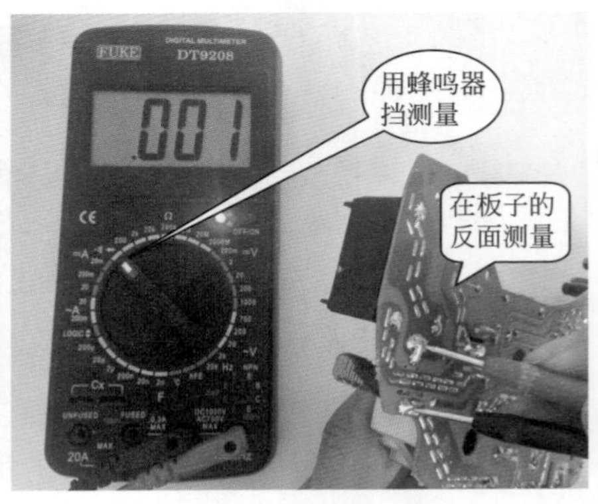

图6-19 在电路板反面测量

④ 检测电感绝缘情况，将数字型万用表的挡位调到“200M或2000M”挡，检测电感器的绝缘情况，线圈引线与线圈骨架之间的阻值应为无穷大，否则说明该电感器绝缘性差。图6-20所示为用万用表检测线圈引线与铁芯间绝缘性能的方法。

经检测该电感器绝缘性能良好，因此该电感器功能良好，可以继续使用。

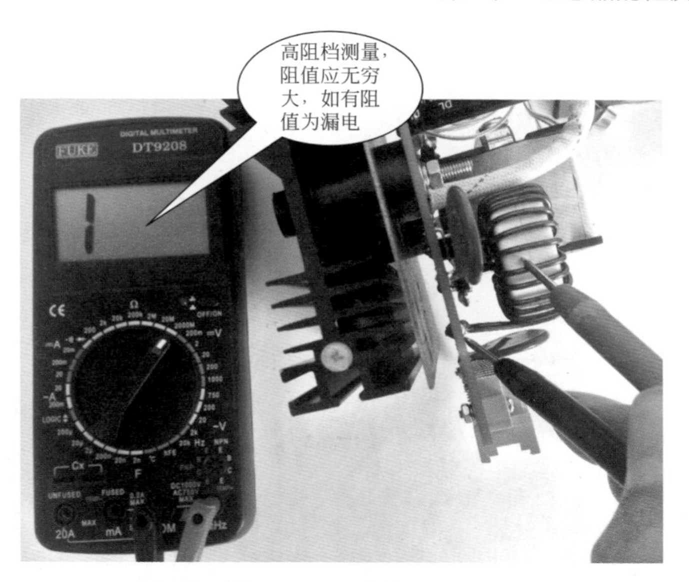

图6-20 电感器绝缘电阻的测量

6.7 用数字万用表检测贴片电感器

用数字型万用表检测贴片电感器的方法如下：

① 首先断开电路板电源，接着对待测电感器进行观察，看待测贴片电感器是否发生损坏，有无烧焦、虚焊等情况。如果有，则说明电感器发生损坏。图 6-21 所示为电路板上的贴片电感器。

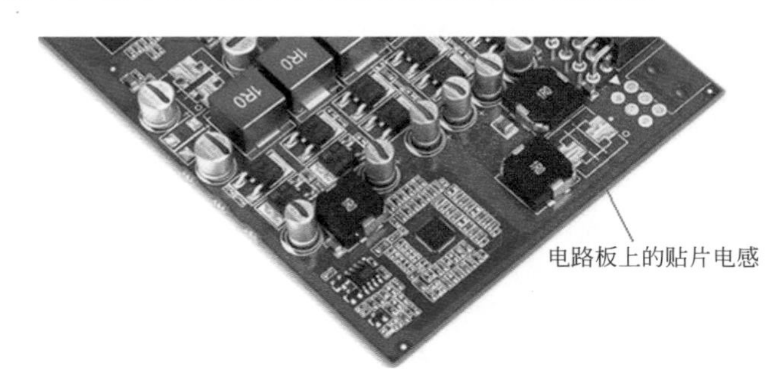

图6-21 电路板上的贴片电感器

② 如果待测电感器没有明显的物理损坏，用小毛刷将待测贴片电感的四周进行清洁。

③ 将数字型万用表的挡位调到电阻挡的200挡，把两表笔分别与贴片电感器的两引脚相接，如图6-22所示。表盘显示数值应接近于"00.0"，如果表盘数值没有任何变化，说明该电感器内部已经发生断路；如果表盘数值来回摆动，说明该电感器内部出现接触不良。

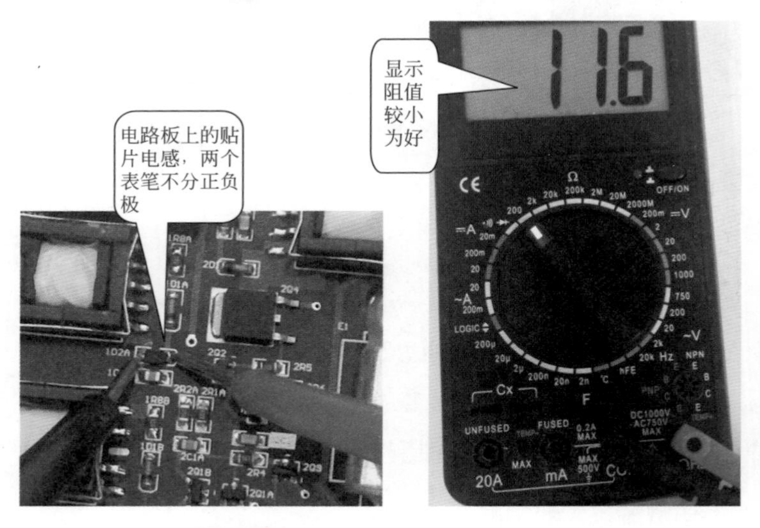

图6-22 电感器两引脚间阻值的测量

经检测两引脚的阻值为11.6Ω，且读数稳定不跳动，符合电感器的使用要求。

6.8 用指针万用表检测普通电感器

用指针型万用表检测普通电感器的方法如下：

① 断开电路板电源，接着对待测电感器进行观察，看待测电感器是否发生损坏，有无烧焦、虚焊等情况。如果有，则说明电感器损坏，好的电感器线圈绕线应排列有序，不松散、不变形，不应有松动。

② 如果待测电感没有明显的物理损坏，用小毛刷将待测电感器的引脚、磁环线圈进行清洁。

③ 将指针型万用表的挡位调整到R×1挡，并调零。接着把两表笔

分别与电感器的两引脚相接，如图 6-23 所示。表盘的指针应指在“0Ω”刻度线左右，如果万用表指针没有任何变化，说明该电感器内部已经发生断路，如果指针来回摆动，说明该电感器内部已出现接触不良。

经检测两引脚间的阻值非常接近于 0Ω，且指针停滞后非常稳定，符合使用要求。

④ 检测电感绝缘情况。将指针型万用表的挡位调到 R×10k 挡（并进行调零），检测电感器的绝缘情况，线圈引线与线圈骨架之间的阻值应为无穷大，否则说明该电感器绝缘性差。图 6-24 所示为用万用表检测线圈引线与铁芯间绝缘性能的方法。

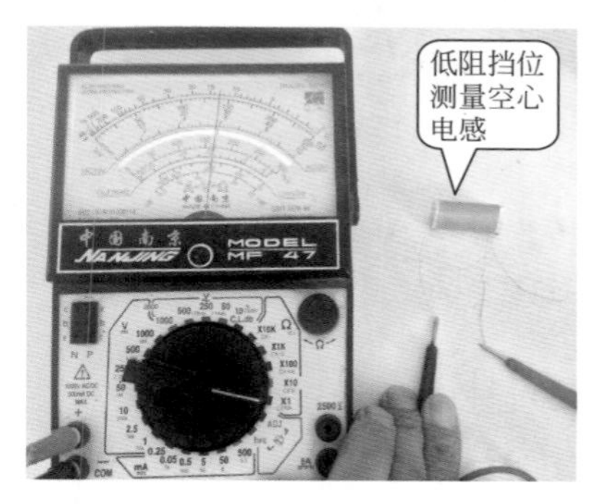

图6-23　电感器两引脚间阻值的测量

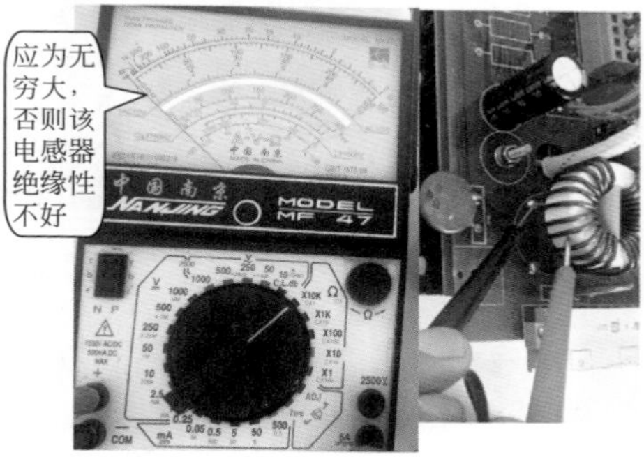

图6-24　电感器绝缘电阻的测量

经检测该电感器绝缘性良好，因此该电感器功能良好，可以继续使用。

6.9 用指针万用表检测贴片电感器

用指针型万用表检测贴片电感器的方法如下：

① 首先断开电路板电源，接着对待测电感器进行观察，看待测贴片电感器是否发生损坏，有无烧焦、虚焊等情况。如果有，则说明电感器发生损坏。

② 如果待测电感器没有明显的物理损坏，用小毛刷将待测贴片电感器的四周进行清洁。

③ 将指针型万用表的挡位调到 R×1 挡（并进行调零），接着把两表笔分别与贴片电感器的两引脚相接（见图 6-25），表盘的指针应指在“0Ω”刻度线左右，如果表盘指针没有任何变化，说明该电感器内部已

经发生断路；如果表盘指针来回摆动，说明该电感器内部出现接触不良。

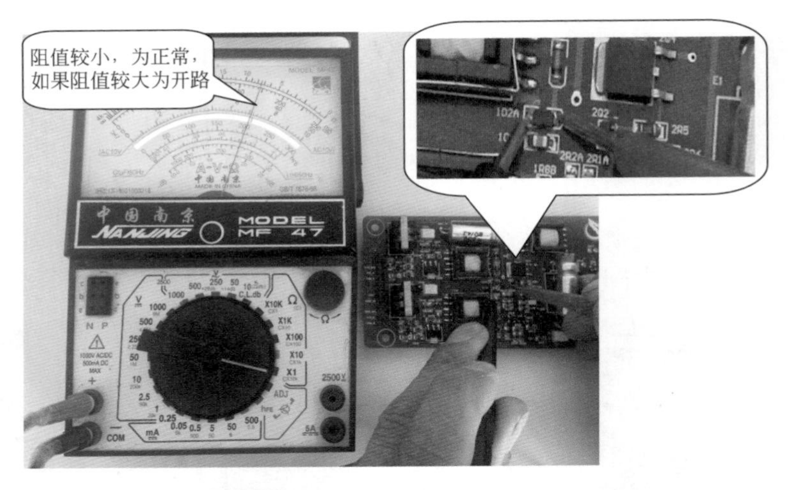

图6-25 电感器两引脚间阻值的测量

经检测电感器两引脚的阻值为 11.6Ω，且指针稳定不摆动，符合电感器的使用要求。

6.10 用指针万用表检测滤波电感

滤波电感一般有两组以上线圈，在检测时直接选用低阻挡测量每个绕组阻值即可，阻值一般都很小，如无阻值则一般为开路。如图 6-26 所示。

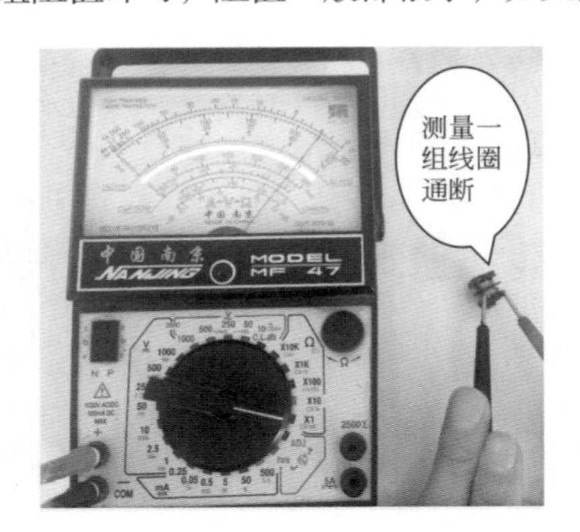

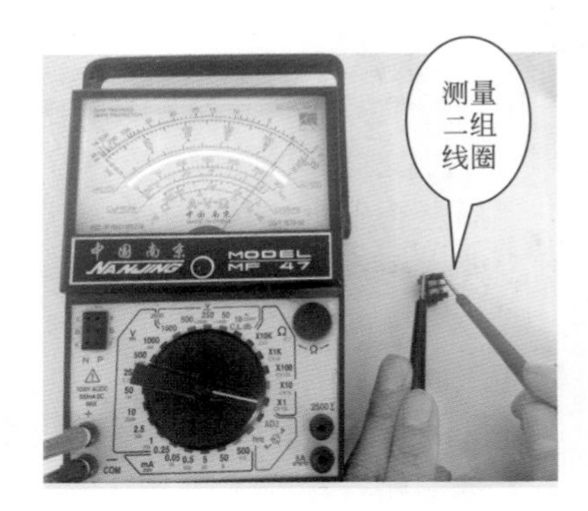

图6-26 指针表检测滤波器

6.11 用指针万用表在电路中检测普通电感器

通断检测 用指针万用表检测普通电感器的方法如下：

① 首先断开电路板的电源，接着对待测电感器进行观察，看待测电感器是否发生损坏，有无烧焦、虚焊等情况。如果有，则电感器损坏。好的电感器线圈绕线应排列有序，不松散、不会变形，不应有松动，如图 6-27 所示为一电路板上的普通电感器。

② 如果待测电感没有明是的物理损坏，用小毛刷将待测电感的引脚、磁环线圈进行清洁。

③ 将指针万用表的挡位调到电阻挡的“R×1”挡，把两表笔分别与电感器的两引脚相接，如果 6-27 所示，表盘显示数值应接近于“0”，如果表盘数值没有任何变化，说明该电感器内部已经发生断路，如果表盘数值来回跳跃，说明电感器内部出现接触不良。

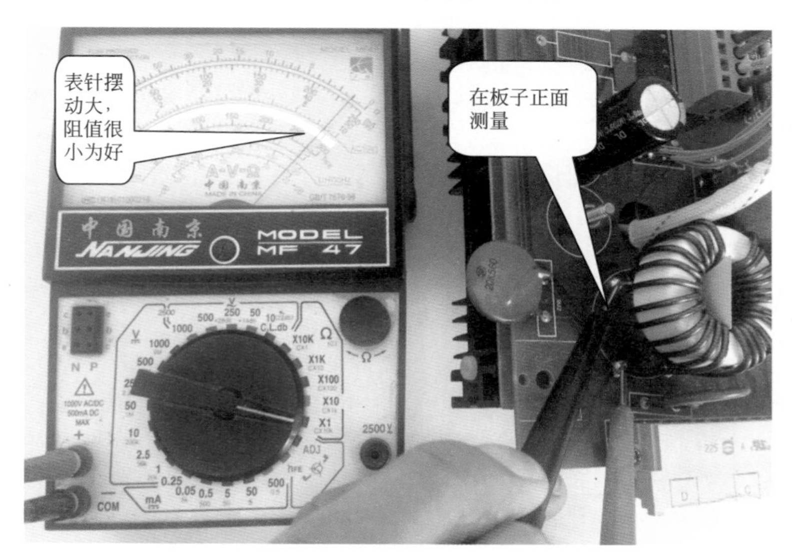

图6-27 电感器两引脚间阻值的测量

经检测两引脚的阻值为 0.Ω，且读数稳定不跳动符合电感器的使用要求。如果正面没法测量，则可将板子反过来在背面测量电感。如图 6-28 所示。

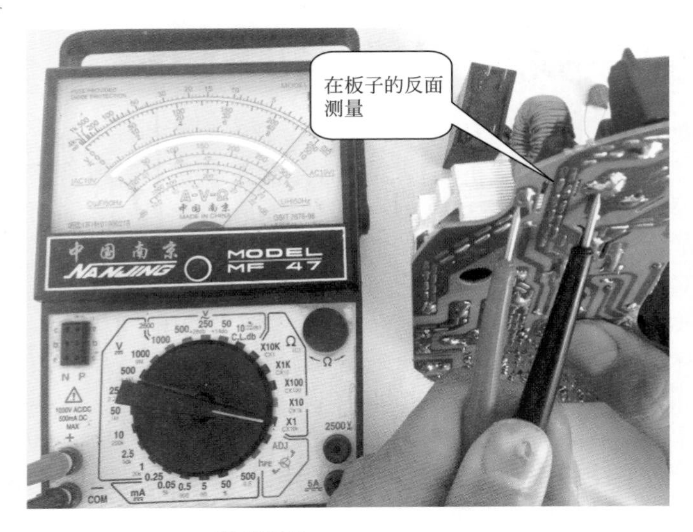

图6-28 在板子反面测量

6.12 电感器的选配和代换

电感器损坏严重时，需要更换新品。更换时最好选用原类型、同型号、同参数的电感器，还应注意电感器的形状必须与电路板间的配合。如果实在找不到原型号、同参数的电感器，又急需使用时，可用与原参数和型号相电感器进行代换，代换电感器额定电流的大小一般不要小于原电感器额定电流的大小，外形尺寸和阻值范围应同原电感器相近。

在电感器的选配时，主要考虑其性能参数（如电感量、品质因数、额定电流等）及外形尺寸。只要满足这些要求，基本上可以进行代换。

通常小型的固定电感器与色码电感器、固定电感器与色环电感器之间，只要外形尺寸相近且电感量、额定电流相同时，便可以直接代换。

半导体收音机中的振荡线圈，只要其电感量、品质因数及频率范围相同，即使型号不同，也可以相互代换。例如，振荡线圈 LTF-1-1 可以与 LTF-3 或 LTG-4 之间直接代换。

为了不影响其他装及电路的工作状态，电视机中的行振荡线圈的选择应尽可能为同型号、同规格的产品。

偏转线圈通常与显像管及行、场扫描电路进行配套使用。但如果其规格、性能参数相近，即使型号不同，也可以相互代换。

维修方法：电感线圈故障主要是短路、开放，如果找到故障点，可将短路点拨开，开路时用烙铁焊接即可。

6.13 电感线圈的应用

① 电感线圈用于振荡电路，如图 6-29（a）所示。接通电源后，三极管导通形成各级电流，电感线圈中产生感生电动势，并形成正反馈，形成振荡。其中 L 和 C 构成选频电路，可输出需要的固定电路信号。

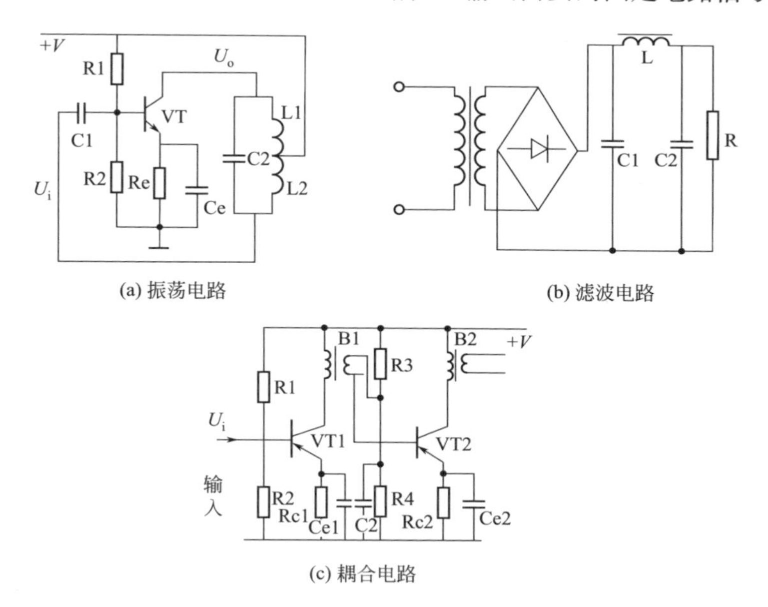

(a) 振荡电路

(b) 滤波电路

(c) 耦合电路

图6-29 电感线圈应用电路

② 电感线圈用于滤波电路，如图 6-29（b）所示。L 与 C1、C2 组成 π 形 LC 滤波器。由于 L 具有通直流阻交流的功能，因此整流输出的脉动直流电 U_i 中的直流成分可以通过 L，而交流成分绝大部分不能通过 L，被 C1、C2 旁路到地，输出端 U_o 便是纯净的直流电了。用作滤波时，L 电感量越大，C 的电容量越大，滤波效果越好（此电路多用于高频电路中）。

③ 电感线圈用于耦合电路，如图 6-29（c）所示，B1、B2 即为耦合元件，利用线圈的磁耦合原理，可将前级信号耦合给后级。

第7章

变压器检测与维修

7.1 认识变压器

7.1.1 变压器的作用与符号

变压器是转换交流电压、电流和阻抗的器件，当一次绕组中通有交流电流时，铁芯（或磁芯）中便产生交流磁通，使二次绕组中感应出电压（或电流）。变压器由铁芯（或磁芯）和绕组组成，绕组有两个或两个以上的线圈，其中接电源的绕组称为一次绕组，其余的绕组称为二次绕组。

变压器利用电磁感应原理，从一个电路向另一个电路传递电能或传输信号。输送的电能的多少由用电器的功率决定。

变压器在电路图中用字母“T”表示，常见的几种变压器的外形及图形符号如图 7-1 所示。

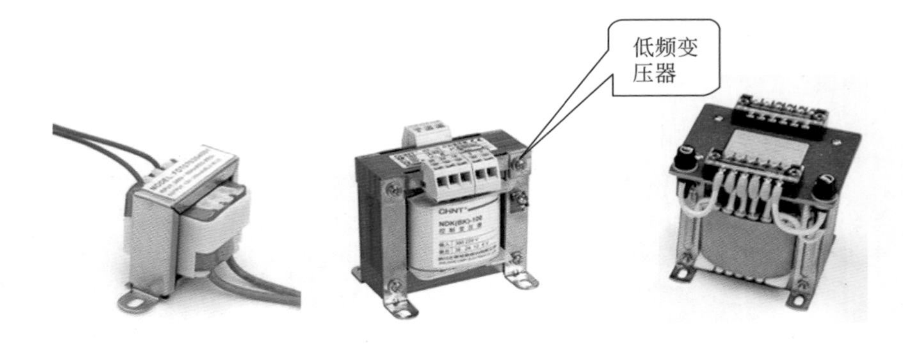

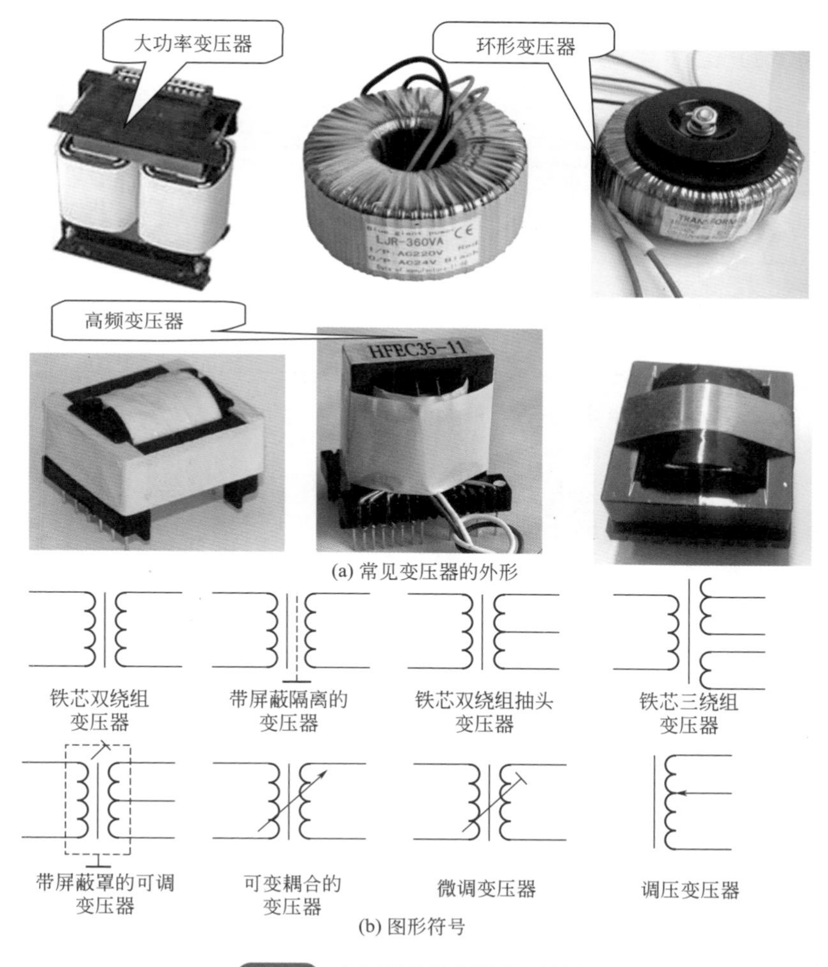

(a) 常见变压器的外形

(b) 图形符号

图7-1 变压器的外形及图形符号

7.1.2　变压器的型号命名

（1）低频变压器的型号命名　低频变压器的型号命名由下列三部分组成：

第一部分：主称，用字母表示。

第二部分：功率，用数字表示，单位是W。

第三部分：序号，用数字表示，用来区别不同的产品。

表 7-1 列出了低频变压器型号主称字母含义。

表7-1 低频变压器型号主称字母及含义对照表

主称字母	含 义	主称字母	含 义
DB	电源变压器	HB	灯丝变压器
CB	音频输出变压器	SB 或 ZB	音频（定阻式）输送变压器
RB	音频输入变压器	SB 或 EB	音频（定压式或自耦式）输送变压器
GB	高压变压器		

（2）调幅收音机中频变压器的型号命名 调幅收音机中频变压器型号命名由下列三部分组成：

第一部分：主称，由字母的组合表示名称、用途及特征。

第二部分：外形尺寸，由数字表示。

第三部分：序号，用数字表示，代表级数。例如，1 表示第一级中频变压器，2 表示第二级中频变压器，3 表示第三级中频变压器。

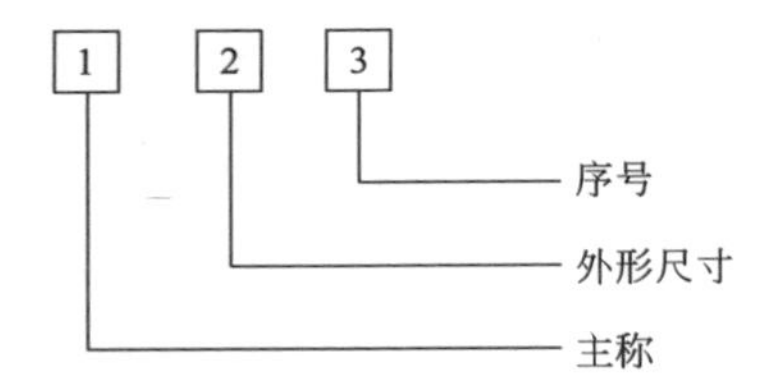

表 7-2 列出了调幅收音机中频变压器主称代号及外形尺寸数字代号的含义。

表7-2 调幅收音机中频变压器主称代号及外形尺寸

主 称		尺 寸	
字母	名称、特征、用途	数字	外形尺寸 /mm × mm × mm
T	中频变压器	1	7 × 7 × 12
L	线圈或振荡线圈	2	10 × 10 × 14
T	磁性瓷芯式	3	12 × 12 × 14
F	调幅收音机用	4	20 × 25 × 36
S	短波段		

例如，TTF-2-2 表示调幅式收音机用的磁芯式中频变压器，其外形尺寸为 10mm × 10mm × 14mm。

（3）电视机中频变压器的型号命名 电视机中频变压器的型号命名由下列四部分组成：

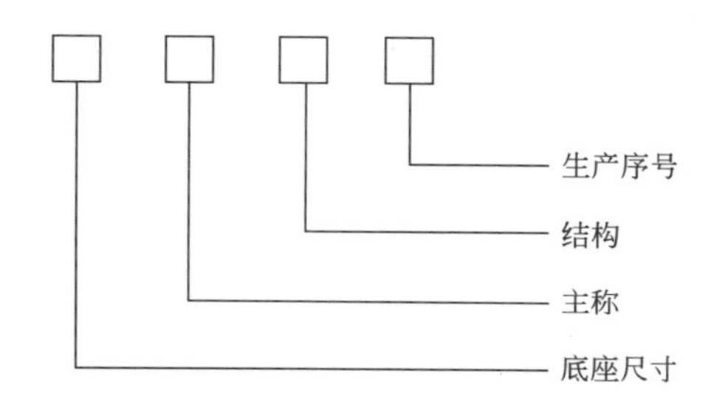

第一部分：用数字表示底座尺寸，如 10 表示 10 × 10（mm）。

第二部分：主称，用字母表示名称及用途，见表 7-3。

第三部分：用数字表示结构，2 为调磁帽式，3 为调螺杆式。

第四部分：用数字表示生产序号。

表7-3 电视机中频变压器主称代号含义

主称字母	含　义	主称字母	含　义
T	中频变压器	V	图像回路
L	线圈	S	伴音回路

例如，10TS2221 表示为磁帽调节式伴音中频变压器，底座尺寸为 10mm × 10mm，产品区别序号为 221。

7.1.3 变压器的分类

变压器种类很多，分类方式也不一样。变压器一般可以按冷却方式、绕组数、防潮方式、电源相数或用途进行划分。

按冷却方式划分，变压器可以分为油浸（自冷）变压器、干式（自冷）变压器和氟化物（蒸发冷却）变压器；按绕组数划分，变压器可以分为双绕组变压器、三绕组变压器、多绕组变压器以及自耦变压器等；按防潮方式划分，变压器可以分为开放式变压器、密封式变压器和灌封式变压器等；按铁芯或线圈结构划分，变压器可以分为壳压变压器、心式变压器、环形变压器、金属箔变压器；按电源相数划分，变压器可以分为单相变压器、三相变压器、多相变压器；按用途划分，变压器可以分为电源变压器、调压变压器、高频变压器、中频变压器、音频变压器和脉冲变压器。

（1）电源变压器 电源变压器的主要功能是功率传送、电压转换和绝缘隔离，作为一种主要的软磁电磁元件，在电源技术和电力电子技术中应用广泛。电源变压器的种类很多，但基本结构大体一致，主要由铁芯、线圈、线框、固定零件和屏蔽层构成。图 7-2 所示为电源变压器的外形。

（2）音频变压器 音频变压器又称低频变压器，是一种工作在音频范围内的变压器，常用于信号的耦合以及阻抗的匹配。在一些纯供放电路中，对变压器的品质要求比较高。音频变压器主要分为输入变压器和输出变压器。通常它们分别用在功率放大器输出级的输入端和输出端。图 7-3 所示为音频变压器的外形。

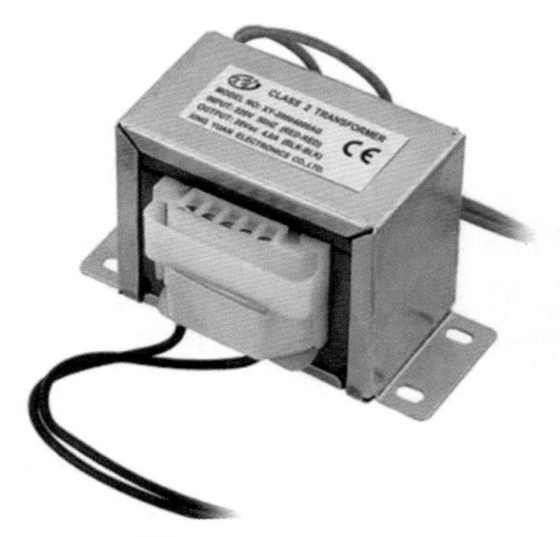

图7-2 电源变压器的外形

图7-3 音频变压器的外形

（3）中频变压器 中频变压器又被称为“中周”，是超外差式收音机特有的一种器件。整个结构都装在金属屏蔽罩中，下有引出脚，上有调节孔。中频变压器不仅具有普通变压器转换电压、电流及阻抗的特性，还具有谐振某一特定频率的特性。图 7-4 所示为中频变压器的外形。

（4）高频变压器 高频变压器（又称为开关变压器）通常是指工作于射频范围的变压器，主要应用于开关电源中。通常情况下高频变压器的体积都很小，高频变压器的磁芯虽然小，最大磁通量也不大，但是其工作在高频状态下，磁通量改变迅速，所以能够在磁芯小、线圈匝数少的情况下，产生足够电动势。图 7-5 所示为高频变压器的外形。

图7-4 中频变压器的外形

图7-5 高频变压器的外形

7.2 变压器的主要参数

（1）电压比 变压器两组绕组圈数分别为 N_1 和 N_2，N1 为一次侧，N2 为二次侧。在一次绕组上加一交流电压，在二次绕组两端就会产生感应电动势。当 $N_2>N_1$ 时，其感应电动势要比一次侧所加的电压还要高，这种变压器称为升压变压器：当 $N_2<N_1$ 时，其感应电动势低于一次电压，这种变压器称为降压变压器。一、二次电压和线圈圈数间具有下列关系：

$$n=U_1/U_2=N_1/N_2$$

式中，n 称为电压比（圈数比）。当 $n>1$ 时，$N_1>N_2$，$U_1>U_2$，该变压器为降压变压器；反之，则为升压变压器。

另有电流比 $I_1/I_2=N_2/N_1$，电功率 $P_1=P_2$。

提示：上面公式只在理想变压器只有一个二次绕组时成立。当有两个二次绕组时，$P_1=P_2+P_3$，$U_1/N_1=U_2/N_2=U_3/N_3$，电流则必须利用电功率的关系式去求，有多个时依此类推。

（2）额定功率 额定功率是指变压器长期安全稳定工作所允许负载的最大功率，二次绕组的额定电压与额定电流的乘积称为变压器的容量，即为变压器的额定功率，一般用 P 表示。变压器的额定功率为一定值，由变压器的铁芯大小、导线的横截面积这两个因素决定。铁芯越大，导线的横截面积越大，变压器的功率也就越大。

（3）工作频率 变压器铁芯损耗与频率关系很大，故应根据使用频率来设计和使用，这种频率称为工作频率。

（4）绝缘电阻 绝缘电阻表示变压器各绕组之间、各绕组与铁芯之间的绝缘性能。绝缘电阻的阻值与所使用绝缘材料的性能、温度高低和温湿程度有关。变压器的绝缘电阻越大，性能越稳定。绝缘电阻计算公式为

$$绝缘电阻 = 施加电压 / 漏电流$$

（5）空载电压调整率 电源变压器的电压调整率是表示变压器负载电压与空载电压差别的参数。电压调整率越小，表明电压器线圈的内阻越小，电压稳定性越好。电压调整率计算公式为

$$电压调整率 =（空载电压 - 负载电压）/ 空载电压$$

（6）效率 在额定功率时，变压器的输出功率和输入功率的比值，称为变压器的效率，即

$$\eta=(P_2 \div P_1)\times 100\%$$

式中，η 为变压器的效率；P_1 为输入功率，P_2 为输出功率。当变压器的输出功率 P_2 等于输入功率 P_1 时，效率 η 等于 100%，变压器将不产生任何损耗。但实际上这种变压器是没有的。变压器传输电能时总要产生损耗，这种损耗主要有铜损和铁损。

变压器的铜损是指变压器绕组电阻所引起的损耗。当电流通过绕组电阻发热时，一部分电能就转变为热能而损耗。由于绕组一般都由带绝

缘的铜线缠绕而成，因此称为铜损。

变压器的铁损包括两个方面：一是磁滞损耗，当交流电流通过变压器时，通过变压器硅钢片的磁力线的方向和大小随之变化，使得硅钢片内部分子相互摩擦放出热能，从而损耗了一部分电能，这便是磁滞损耗。另一个是涡流损耗，当变压器工作时，铁芯中有磁力线穿过，在与磁力线垂直的平面上就会产生感应电流，由于此电流自成闭合回路形成环流，且呈旋涡状，故称为涡流。涡流的存在使铁芯发热，消耗能量，这种损耗称为涡流损耗。

变压器的效率与变压器的功率等级有密切关系。通常功率越大，损耗与输出功率就越小，效率也就越高；反之，功率越小，效率也就越低。

（7）温升 温升主要是指绕组的温度，即当变压器通电工作后，其温度上升到稳定值时比周围环境温度升高的数值。

（8）空载电流 变压器二次侧开路时，一次侧仍有一定的电流，这部分电流称为空载电流。空载电流由磁化电流（产生磁通）和铁损电流（由铁芯损耗引起）组成。

（9）频率响应 频率响应用来衡量变压器传输不同频率信号的能力。

在高频段和低频段，由于二次绕组的电感、漏电等造成变压器传输信号的能力下降，使频率响应变差。

（10）变压器的参数标注 变压器一般都采用直接标注法，将额定电压、额定功率、额定频率等用字母和数字直接标注在变压器上，下面通过例子加以说明：

a. 某音频输出变压器的二次绕组引脚处标有 10Ω 的字样，说明该变压器的二次绕组负载阻抗为 10Ω，只能接阻抗为 10Ω 的负载。

b. 某电源变压器的上标出 DB-60-4。DB 表示电源变压器，60 表示额定功率为 60V · A，4 表示产品的序号。

c. 有的电源变压器还会在外壳上标出变压器各绕组的结构，然后在各绕组符号上标出电压数值，说明各绕组的输出电压。

7.3 用指针万用表检测变压器

7.3.1 变压器的识别与检测

在电路原理图中，变压器通常用字母 T 表示。如“T1”表示编号为 1 的变压器。

检测变压器时首先可以通过观察变压器的外貌来检查其是否有明显的异常。如线圈引线是否断裂、脱焊，绝缘材料是否有烧焦痕迹，铁芯紧固螺钉是否有松动，硅钢片有无锈蚀，绕组线圈是否有外露等。

（1）绝缘性能的检测 用兆欧表（若无兆欧表则可用指针式万用表的 R×10K 挡）分别测量变压器铁芯与初级、初级与各次级、铁芯与各次级、静电屏蔽层与初次级、次级各绕组间的电阻值。应大于 100MΩ 或表针指在无穷大处不动。否则，说明变压器绝缘性能不良。如图 7-6~图 7-8 所示。

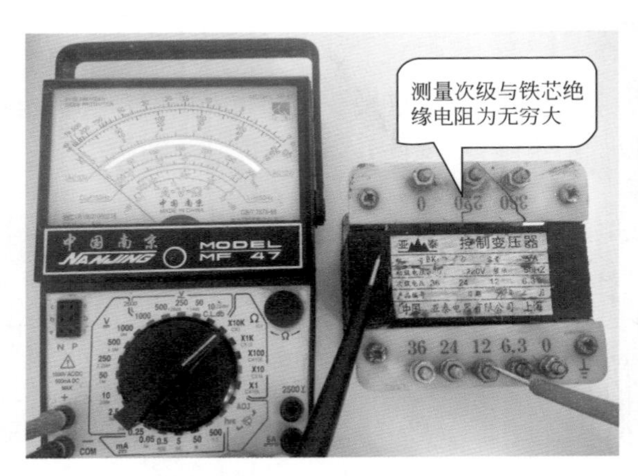

图7-6 测量绝缘电阻（一）

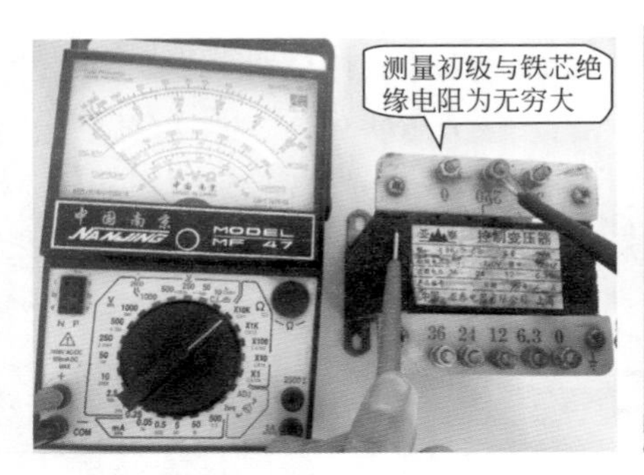

图7-7 测量绝缘电阻（二）

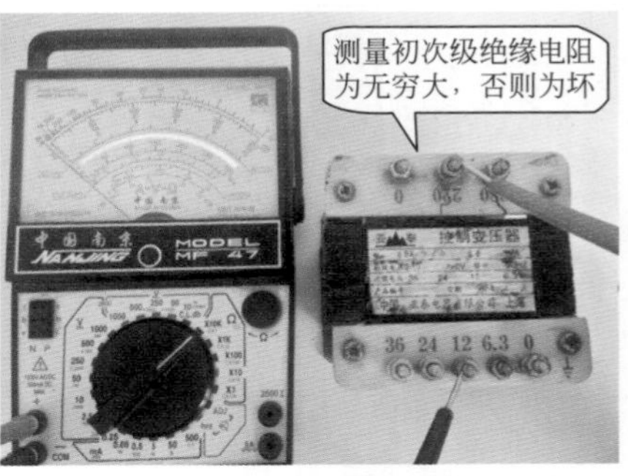

图7-8 测量绝缘电阻（三）

（2）线圈通断的检测 将万用表置于 R×1 挡检测线圈绕组两个接线端子之间的电阻值，若某个绕组的电阻值为无穷大，则说明该绕组有断路性故障。如阻值很小为短路性故障。此时不能测量空载电流。如图 7-9~ 图 7-11 所示。

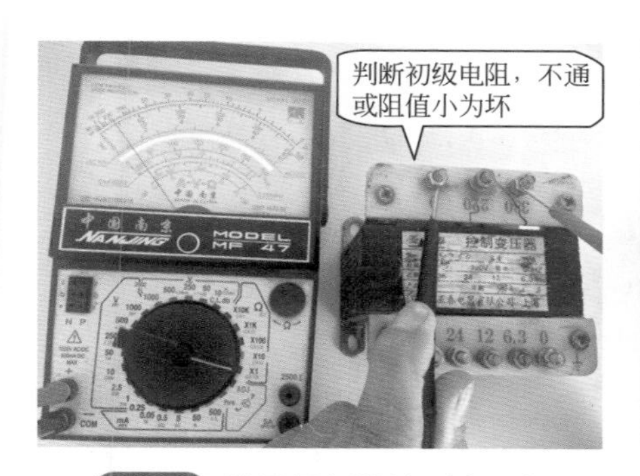

图7-9 线圈通断的检测（一）

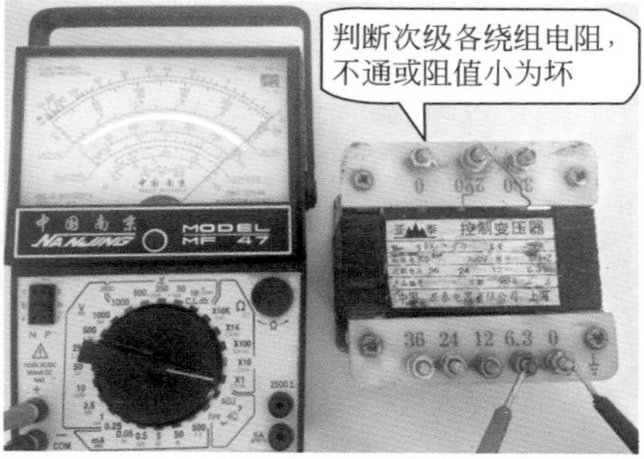

图7-10 线圈通断的检测（二）

（3）初、次级绕组的判别 电源变压器初级绕组引脚和次级绕组引脚通常是分别从两侧引出的，并且初级绕组多标有 220V 字样，次级绕组则标出额定电压值，如 15V、24V、35V 等。对于输出变压器，初级绕组电阻值通常大于次级绕组电阻值（初级绕组漆包线比次级绕组细）。如图 7-12、图 7-13 所示。

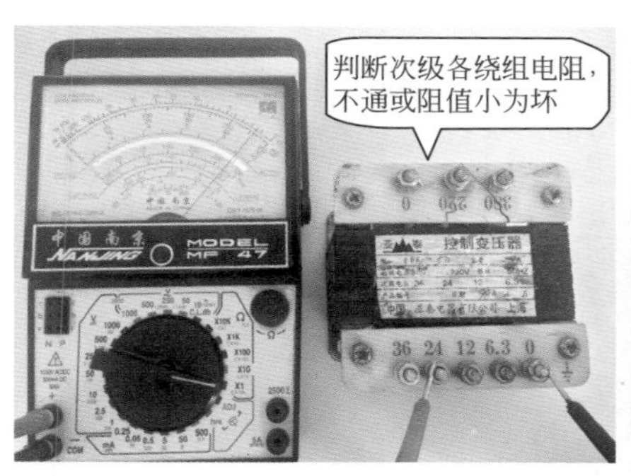

图7-11 线圈通断的检测（三）

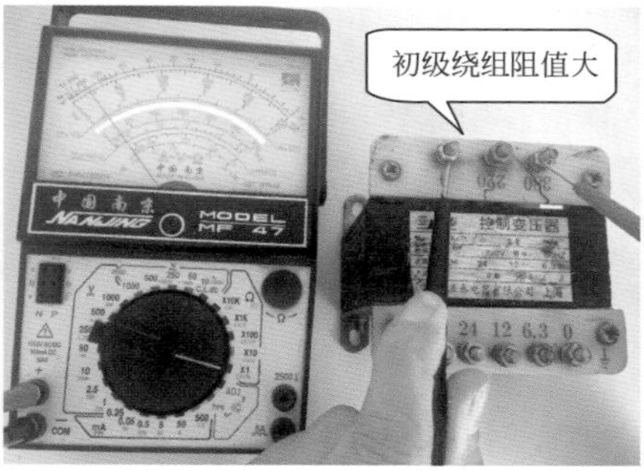

图7-12 初、次级绕组的判别（一）

（4）空载电流的检测（一般不测此项）

① 将次级绕组全部开路，把万用表置于交流电流挡（通常 500mA

挡即可），并串入初级绕组中。当初级绕组的插头插入 220V 交流市电时，万用表显示的电流值便是空载电流值。此值不应大于变压器满载电流的 10%~20%，如果超出太多，说明变压器有短路性故障。

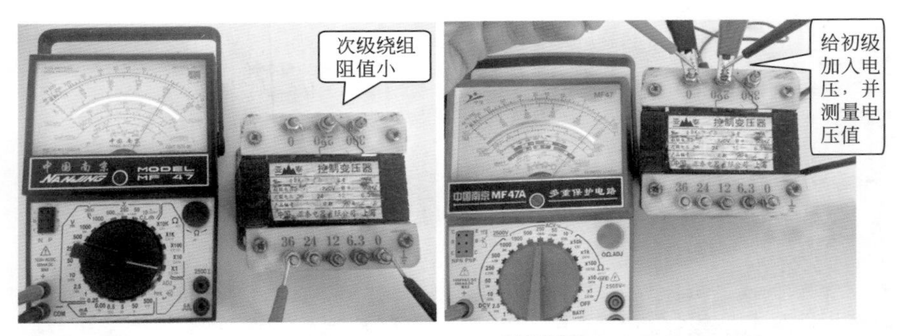

图7-13 初、次级绕组的判别（二）　　图7-14 空载电压的检测（一）

② 间接测量法。在变压器的初级绕组中串联一个 10Ω/5W 的电阻，次级仍全部空载。把万用表拨至交流电压挡。加电后，用两表笔测出电阻 R 两端的电压降 U，然后用欧姆定律算出空载电流 $I_{空}$，即 $I_{空}=U/R$。

（5）空载电压的检测　将电源变压器的初级接 220V 市电，用万用表交流电压接依次测出各绕组的空载电压值应符合要求值，允许误差范围一般为：高压绕组≤ ±10%，低压绕组≤ ±5%，带中芯抽头的两组对称绕组的电压差应为≤ ±2%。如图 7-14~ 图 7-16 所示。

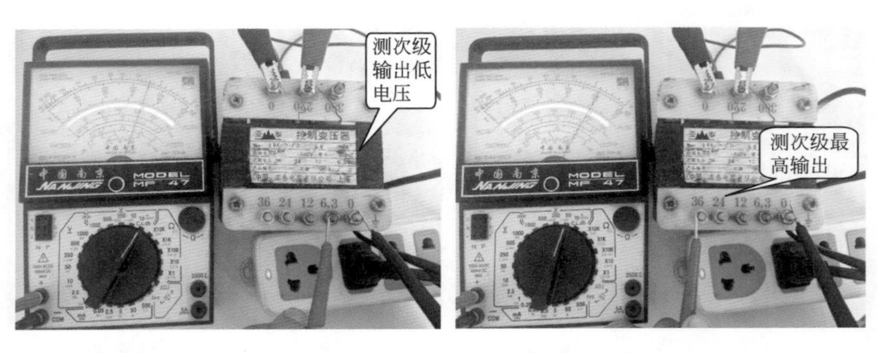

图7-15 空载电压的检测（二）　　图7-16 空载电压的检测（三）

（6）同名端的判别　在使用电源变压器时，有时为了得到所需的次级电压，可将两个或多个次级绕组串联起来使用。采用串联法使用电源变压器时，进行串联的各绕组的同名端必须正确连接，不能搞错，否则，变压器将烧毁或者不能正常工作。判别同名端方法如下：在变压器任意一组绕组上连接一个 1.5V 的干电池，然后将其余各绕组线圈抽头分别接在直流毫伏表或直流毫安表的正负端。无多只表时，可用万用表依次测量各绕组。接通 1.5V 电源的瞬间，表的指针会很快摆动一下，如果指针向正方向偏转，则接电池正极的线头与电表正接线柱的线头为同名端；如果指针反向偏转，则接电池正极的线头与接电表负接线柱的线头为同名端。如图 7-17、图 7-18 所示。

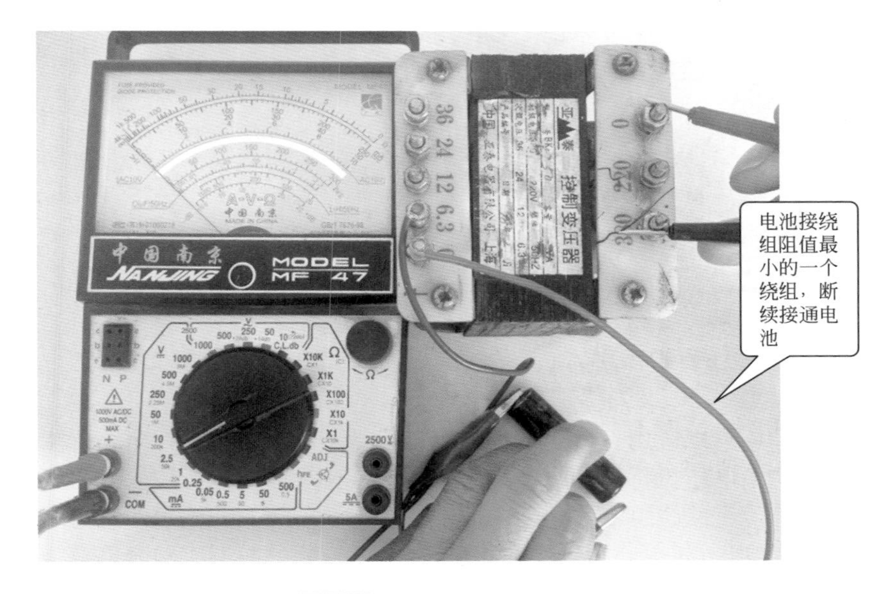

图7-17 同名端的判别（一）

另外，在测试时还应注意以下两点：

① 若电池接在变压器的升压绕组（既匝数较多的绕组），电表应选用小的量程，使指针摆动幅度较大，以利于观察；若变压器的降压绕组（即匝数较少的绕组）接电池，电表应选用较大量程，以免损坏电表。

② 接通电源的瞬间，指针会向某一个方向偏转，但断开电源时，由于自感作用，指针将向相反方向倒转。如果接通和断开电源的间隔时间太短，很可能只看到断开时指针的偏转方向，而把测量结果搞错。所

以接通电源后要等几秒钟后再断开电源，也可以多测几次，以保证测量结果的准确。

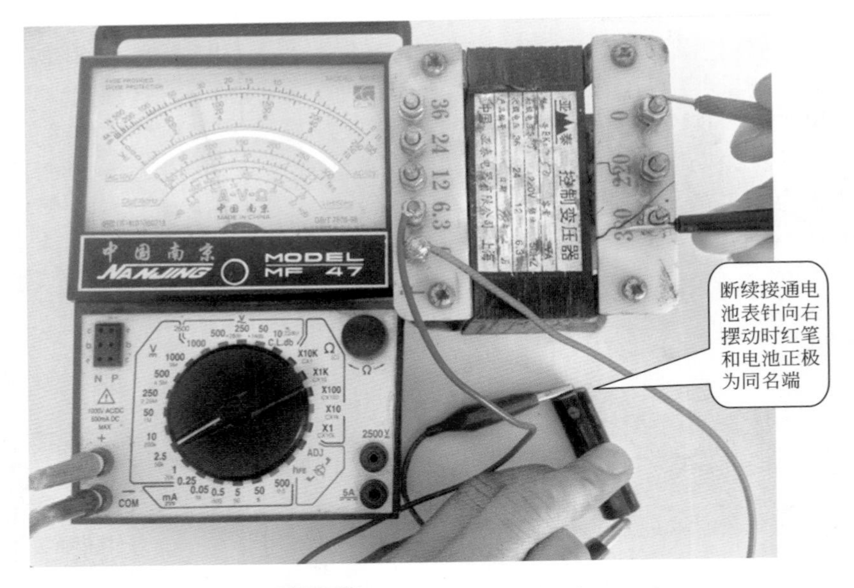

图7-18 同名端的判别（二）

另外还可以应用直接通电判别法，即将变压器初级接入电路，测出次级各绕组电压，将任意两绕组的任意端接在一起，用万用表测另两端电压，如等于两绕组之和，则接在一起的为异名端，如低于两绕组之和（若两绕组电压相等，则可能为0V）则接在一起的两端或两表笔端为同名端。其他依此类推。

提示：测量中不能将同一绕组两端接在一起，否则会短路，烧坏变压器。

7.3.2 在路中的变压器检测

变压器在电路中可以测其线圈导通状态，一般阻值较小，若较大多为变压器开路。如图7-19、图7-20所示。

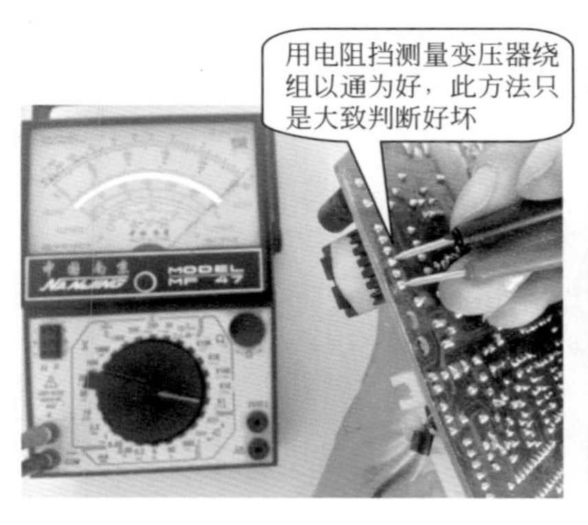

图7-19 在路中的变压器检测（一）

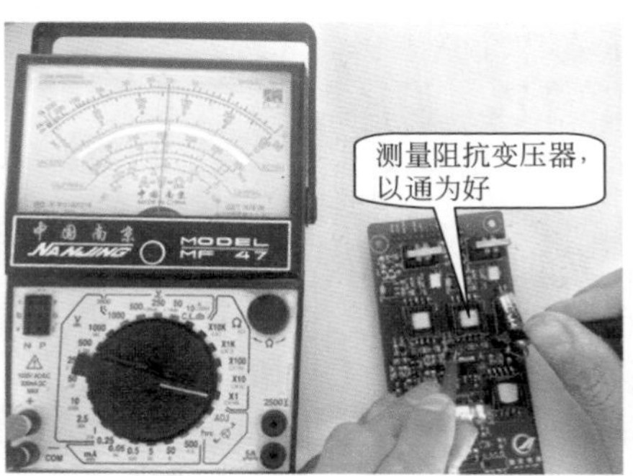

图7-20 在路中的变压器检测（二）

7.4 用数字万用表检测变压器

7.4.1 绝缘性能的检测

将万用表置于 20M 挡，分别测量一次绕组与各二次绕组、铁芯、静电屏幕间电阻的阻值，阻值都应为无穷大，若阻值过小，说明有漏电现象，导致变压器的绝缘性能变差（图 7-21 和图 7-22）。

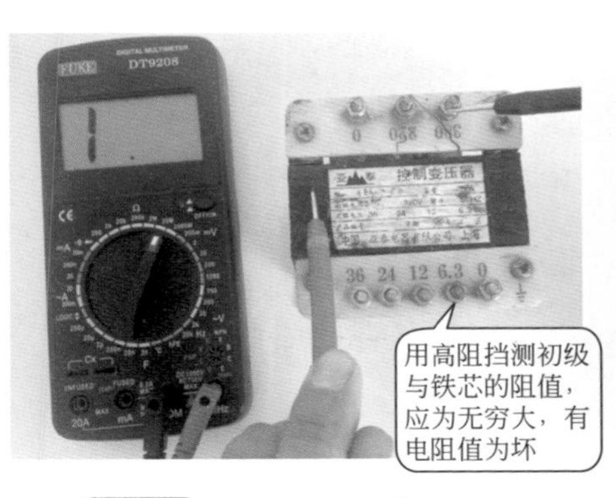

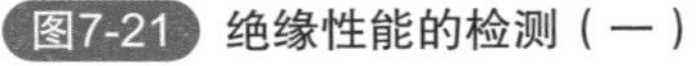
图7-21 绝缘性能的检测（一）

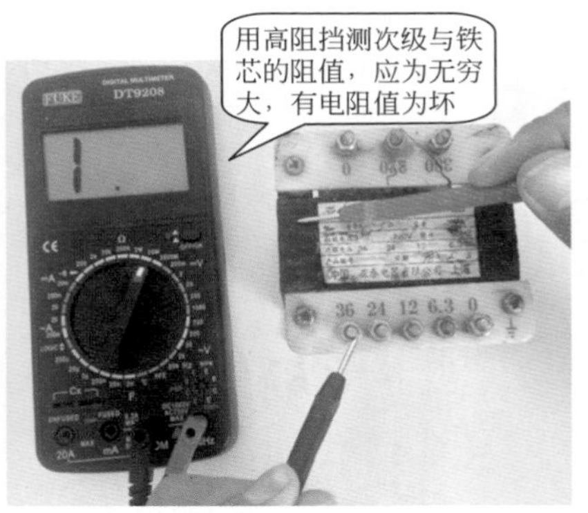

图7-22 绝缘性能的检测（二）

7.4.2 判别一、二次绕组及好坏的检测

工频变压器一次绕组和二次绕组的引脚一般都是从变压器两侧引出

的，并且一次绕组上多标有“220V”字样，二次绕组则标有额定输出电压值（如 6V、9V、12V、15V、24V 等）。通过这些标记就可以识别出绕组的功能。但有的变压器没有标记或标记不清晰，则需要通过万用表的检测来判断变压器的一、二次绕组。因为工频变压器多为降压型变压器，所以它的一次绕组输入电压高，电流小，漆包线的匝数多且线径细，使得它的直流电阻较大。而二次绕组虽输出电压低，但电流大，所以二次绕组漆包线的线径较粗且匝数少，使得阻值较小。这样通过测量各个绕组的阻值就能够识别出不同的绕组。典型变压器测量如图 7-23~ 图 7-25 所示，若输出电压值和功率值相同的变压器，阻值差别较大，则说明变压器损坏。不过，该方法通常用于判断一、二次绕组以及它们是否开路，而怀疑绕组短路时多采用外观检查法、温度法和电压检测法进行判断。

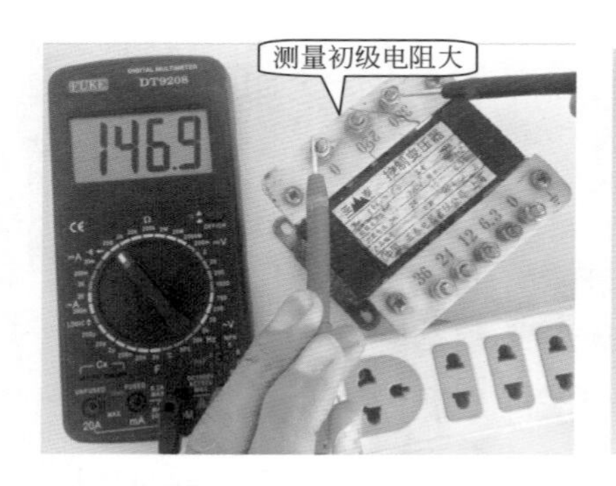

图7-23 判别一、二次绕组（一）

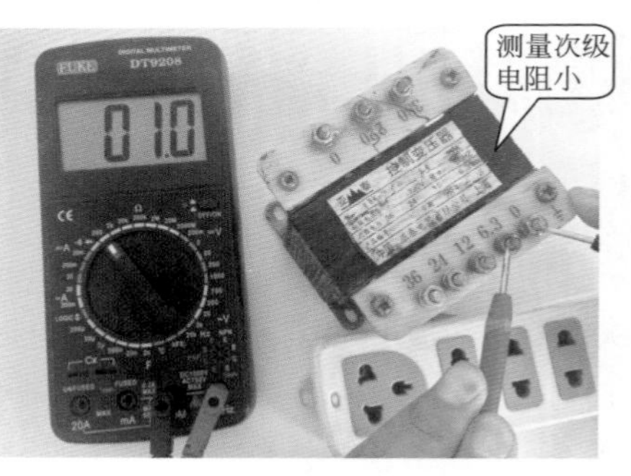

图7-24 判别一、二次绕组（二）

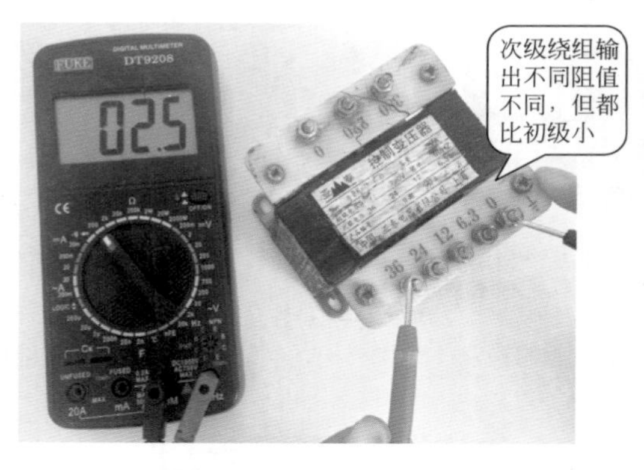

图7-25 判别一、二次绕组（三）

提示：许多低频工频变压器的一次绕组与接线端子之间安装了温度熔断器，一旦市电电压升高或负载过电流引起变压器过热，该熔断器会过熔断，产生一次绕组开路的故障。此时小心地拆开一次绕组，就可以现该熔断器，将其更换后就可修复变压器，应急修理时也可用导线短接。

绕组短路会导致市电输入回路的熔断器过电流熔断或产生变压器一次绕组烧断、绕组烧焦等异常现象。

7.4.3 空载电压的检测

为工频变压器的一次绕组提供220V市电电压，用万用表交流电压挡就可以测出变压器二次绕组输出的空载电压值，如图7-26~图7-28所示。

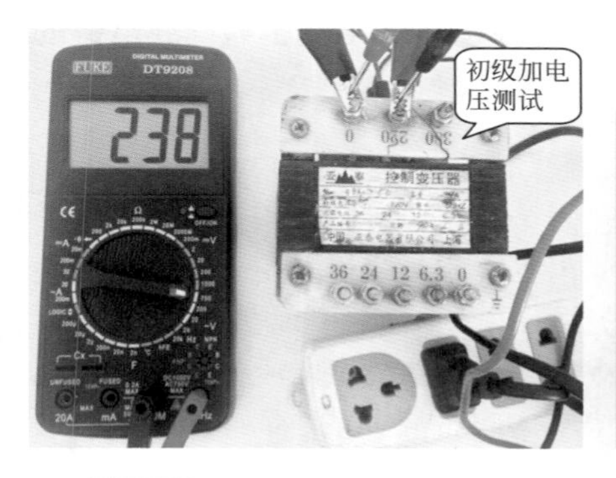

图7-26 空载电压的检测（一）

图7-27 空载电压的检测（二）

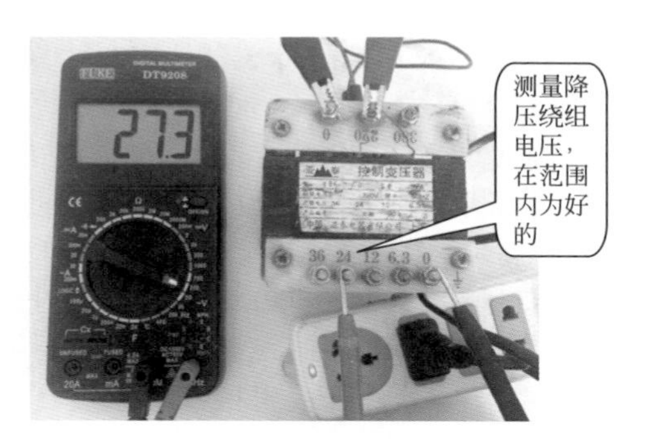

图7-28 空载电压的检测（三）

空载电压与标称值的允许误差范围一般为：高压绕组不超出±10%，低压绕组不超出±5%，带中心抽头的两组对称绕组的电压差应不超出±2%。

7.4.4 温度的检测

接好变压器的所有二次绕组，为一次绕组输入220V市电电压，一般小功率工频变压器允许温升为40~50℃，如果所用绝缘材料质量较好，允许温升还要高一些。若通电不久，变压器的温度就快速升高，则说明绕组或负载短路。

7.4.5 空载电流的检测

断开变压器的所有二次绕组，将万用表置于交流“500mA”电流挡，并将表笔串入一次绕组回路中，再为一次绕组输入220V市电电压，万用表所测出的数值就是空载电流值。该值应低于变压器满载电流的10%~20%。如果超出太多，说明变压器有短路性故障。

7.4.6 同名端的判别

数字万用表一般无法判别变压器同名端，但可以应用直接通电法判别，即将变压器一次侧接入电路，测出二次侧各绕组电压，将任意两绕组的任意端接在一起，用万用表测另两端电压，如等于两绕组之和，则接在一起的为异名端；如低于两绕组之和（若两绕组电压相等，则可能为0V），则接在一起的两端或两表笔端为同名端。其他依此类推（测量中应注意，不能将同一绕组两端接在一起，否则会短路，烧坏变压器）。

7.4.7 开关变压器的检测

用万用表200Ω挡或二极管挡测开关变压器每个绕组的阻值，正常时阻值较小。若阻值过大或为无穷大，说明绕组开路；若阻值时大时小，说明绕组接触不良（图7-29和图7-30）。

开关变压器的故障率较低，但有时也会出现绕组匝间短路或绕组引脚根部漆包线开路的现象。

由于用万用表很难确认绕组匝间短路，所以最好采用同型号的高频变压器代换检查；当引脚根部的铜线开路时，多导致开关电源没有一种电压输出，在这种情况下可直接更换或拆开变压器后接好开路的部位。

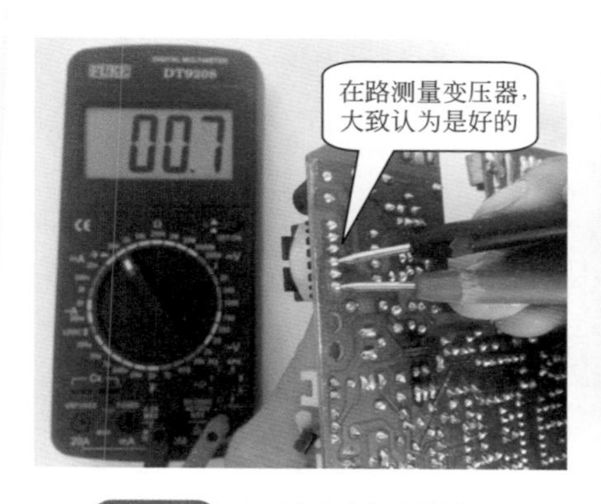

图7-29 在路检测变压器绕组

图7-30 蜂鸣挡关变压器的检测示意图

7.5 变压器的选配与代换

7.5.1 电源变压器的选配与代换

在对电源变压器进行代换时，只要其铁芯材料、输出功率和输出电压相同通常是能够直接进行代换的。选择使用电源变压器时，要做到与负载电路相匹配，电源变压器应留有功率余量（输出功率应大于负载电路的最大余量）。输出电压应与负载电路供电部分交流输入电压相同。常见电源电路可选择使用E形铁芯电源变压器。对于高保真音频功率放大器电源电路，最好使用C形变压器或环形变压器。

7.5.2 电视机行输出变压器的选配与代换

一般电视机行输出变压器损坏后，应尽量选择使用原机型号同参数的行输出变压器。不同规格资料，不同型号参数的行输出变压器，其构造、引脚及二次电压值均会有所差异。

对行输出变压器进行选择时，应直观检查其磁芯是否断裂或松动，变压器外观是否有密封不严之处。还应将新的行输出变压器及原机行输出变压器对比测量使用，看引脚及内部绕组是否完全一致。

假如没有同型号参数的行输出变压器进行更换，也可以选择使用磁芯及各绕组输出电压相同，但引脚号位置不同的行输出变压器来变通代换。

7.5.3 中频变压器的选配与代换

在对中频变压器进行选择使用时，最好选择使用同型号参数、同规格资料的中频变压器，否则很难正常工作。

通常中频变压器有固有的谐振频率，调幅收音机中频变压器及调频收音机中频变压器，电视机中频变压器之间也不能互换运用，电视机中伴音中频变压器及图像中频变压器之间也不能互换运用。

在选择时，还应对其绕组进行检验，看是否有断线或短路、绕组及屏蔽罩间相碰。

收音机中某中频变压器损坏后，若无同型号参数中频变压器可以更换，也可以用其他型号参数成套中频变压器（多数为三只）代换该机整套中频变压器。代换安装时，中频变压器顺序不能装错，也不能随意调换。

7.6 变压器的维修

变压器常见的故障为 初级线圈烧断（开路）或短路；静电屏蔽层与初级或次级线圈间短路；次级线圈匝间短路；初、次级线圈对地短路。

当变压器损坏后可直接用同型号代用，代用时应注意功率和输入、输出电压。有些专用变压器还应注意阻抗。

如无同行号可采用下述方法维修

（1）绕制 当变压器损坏后，也可以拆开自己绕制。绕制变压器方法为：首先给变压器加热，拆出铁芯，再拆出线圈（尽可能保留原骨架）。记住初、次线圈的匝数及线径，找到相同规格的漆包线，用绕线机绕制，并按原接线方式接线，再插入硅钢片加热，浸上绝缘染，烘干即可。

线圈快速估算法：由于小型变压器初级匝数较多，计数困难，可采用天平称重法估算匝数。即拆线圈时，先拆除次级线圈，将骨架与初级线圈在天平上称出重量（如为 80g），再拆除线圈，（也可拆除线圈后，直接称出初、次级线圈重量）当重新绕制时，用天平称重，到 80g 时，即为原线圈匝数（经此法绕制的变压器，一般不会影响其性能）。

（2）绕组短路的修理 绕组与静电隔层或铁芯短路时，可将电源变压器与地隔离，电视机即可恢复正常工作。

① 电源变压器的绕组与静电隔离层短路，只要将静电隔离层与地的接头断开即可。

② 电源变压器的绕组与铁芯短路，可用一块绝缘板将变压器与地隔离开。

用上述应急的方法可不必重绕变压器。但由于静电隔离层不起作用，有时会出现杂波干扰的现象。此时可在电源变压器的初级或次级并联一个 0.47μF/600V 的固定电容器解决，或在电源电路上增设 RC 或 LC 滤波网络解决。

（3）其他处理方法 有些电源变压器初级绕组一端串有一只片状保险电阻，该电阻极易烧断开路，从而造成电源变压器初级开路不能工作，通常可取一根导线将其两端短接焊牢即可。

7.7 变压器的应用

（1）用作耦合、阻抗变换 音频变压器工作于音频范围，具有信号电压传输、分配和阻抗匹配的作用。图 7-31 所示为推挽功率放大器电路，输入变压器将信号电压传输、分配给三极管 VT1 和 VT2（送给 VT2 的信号倒相），使 VT1 和 VT2 交替放大正、负半周信号，然后再由输出变压器将信号合成输出。输出变压器同时还将扬声器的 8Ω 低阻变换为数百欧的高阻，与放大器的输出阻抗相匹配，使得放大器输出的音频功率最大而失真最小。

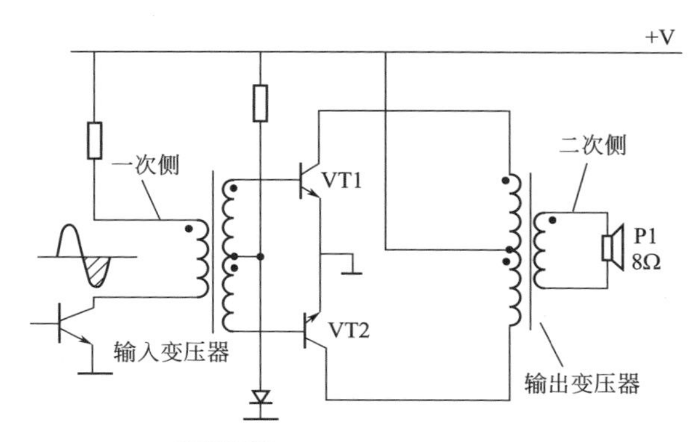

图7-31 推挽功率放大器电路

（2）用作电源降压 如图 7-32 所示，电视机电源电路利用电源变压器将市电电压降为低电压，再经整流、滤波后得到直流电压，供其他电路工作。

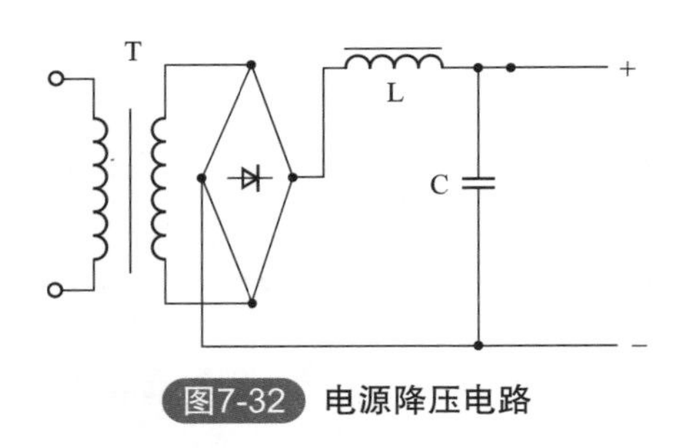

图7-32 电源降压电路

(3)开关变压器的应用 如图 7-33 所示，220V 交流电压经 VD1 整流、C1 滤波后输出约 280V 的直流电压，一路经 T 的一次绕组加到开关管 VT 的集电极；另一路经启动电阻 R2 给 VT 的基极提供偏流，使 VT 迅速导通，在 T 的一次绕组产生感应电压，经 T 耦合到正反馈绕组，并把感应电压反馈到 VT 的基极，使 VT 处于饱和导通状态。

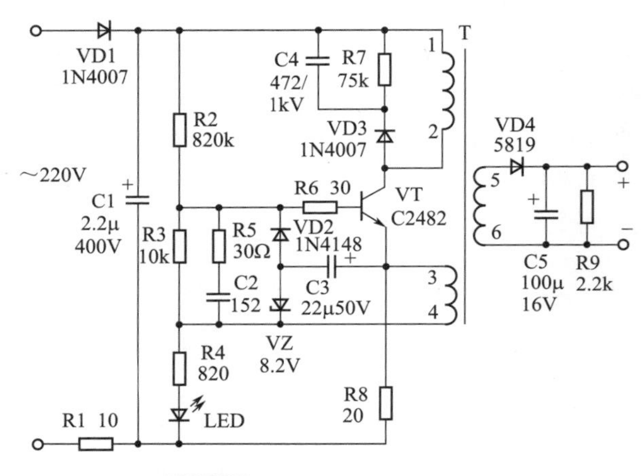

图7-33 开关变压器应用电路

当 VT 饱和时，由于集电极电流保持不变，T 的一次绕组上的电压消失，VT 退出饱和，集电极电流减小，反馈绕组产生反向电压，使 VT 反偏截止。如此反复饱和、截止形成自激振荡。LED 用来指示工作状态。

接在 T 一次绕组上的 VD3、R7、C4 为浪涌电压吸收回路，可避免 VT 被高压击穿。

T 的二次侧产生高频脉冲电压经 VD4 整流、C5 滤波（R9 为负载电阻）后输出直流电压为电池充电。

（4）高频变压器的应用　彩色电视机行输出变压器的应用如图 7-34 所示。

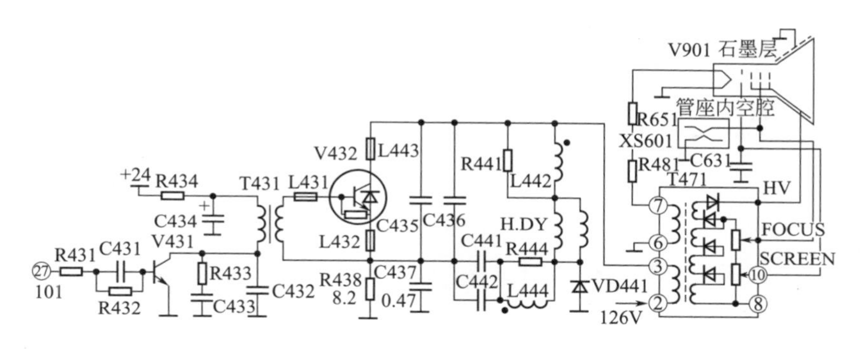

图7-34　行输出变压器应用电路

工作过程：行振荡产生的方波脉冲，经行激励管 V431 控制 T431 形成感生电动势的极性，从而控制 V432 工作在开关状态，行输出变压器中产生交变行脉冲，再经生压整流电路，就可得到各电路所需的高中直流电压和所需要的交流脉冲。

第8章 二极管的检测与维修

8.1 二极管的分类、结构与特性参数

8.1.1 二极管的分类

二极管的种类很多，具体分类如图 8-1 所示。

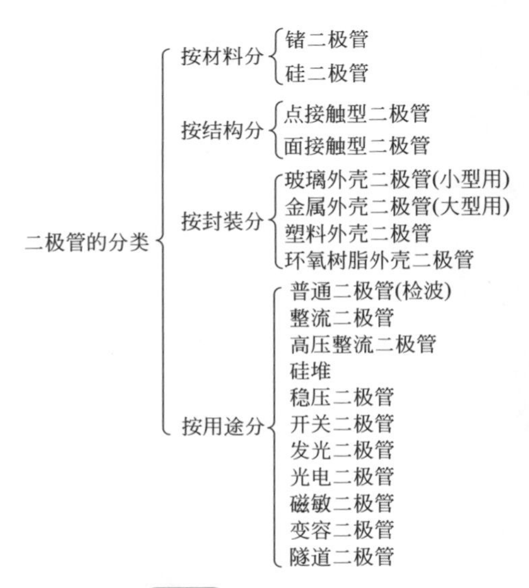

图8-1 二极管的分类

8.1.2 二极管的结构特性及主要参数

（1）二极管的结构特性

① 二极管的外形及结构。二极管的文字符号为“VD”，常用二极

管的外形、结构及图形符号如图 8-2（a）、（b）所示。

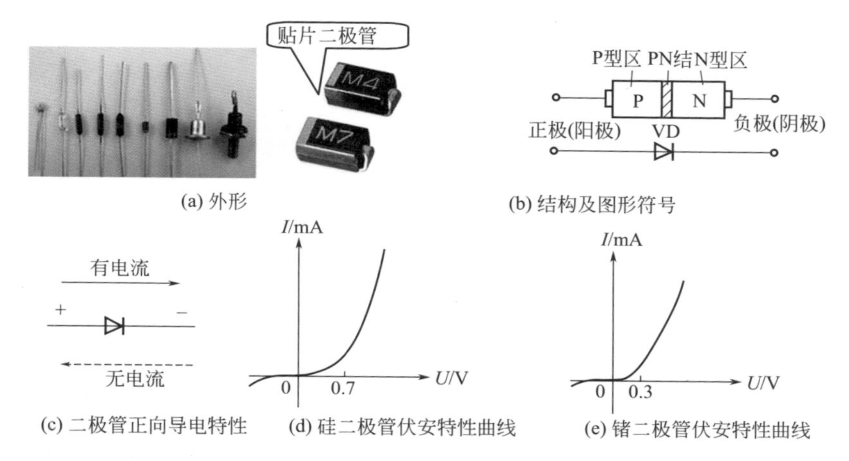

图8-2　二极管的外形、结构、图形符号、导电特性及伏安特性曲线

② 二极管的特性。二极管具有单向导电特性，只允许电流从正极流向负极，而不允许电流从负极流向正极，如图 8-2（c）所示。

锗二极管和硅二极管在正向导通时具有不同的正向管压降。由图 8-2（d）、（e）可知，当硅锗二极管所加正向电压大于正向管压降时，二极管导通。锗二极管的正向管压约为 0.3V。

硅二极管正向电压大于 0.7V 时，硅二极管导通。另外，在相同的温度下，硅二极管的反向漏电流比锗二极管小得多。从以上伏安特性曲线可见，二极管的电压与电流为非线性关系，因此二极管是非线性半导体器件。

（2）二极管的主要参数

① 最大整流电流 I_{FM}：指允许正向通过 PN 结的最大平均电流。使用中实际工作电流应小于 I_{FM}，否则将损坏二极管。

② 最大反向电压 U_{RM}：指加在二极管两端而不致引起 PN 结击穿的最大反向电压。使用中应选用 U_{RM} 大于实际工作电压 2 倍以上的二极管。

③ 反向电流 I_{CO}：指加在二极管上规定的反向电压下，通过二极管的电流。硅管为 1μA 或更小，锗管为几百微安。使用中反向电流越小越好。

④ 最高工作频率 f_M：指保证二极管良好工作特性的最高频率。至少应 2 倍于电路实际工作频率。

8.2 用万用表检测普通二极管

普通二极管的主要作用是在电路中用作整流、检波、开关等。

8.2.1 用指针万用表检测

（1）极性识别（见图8-3）

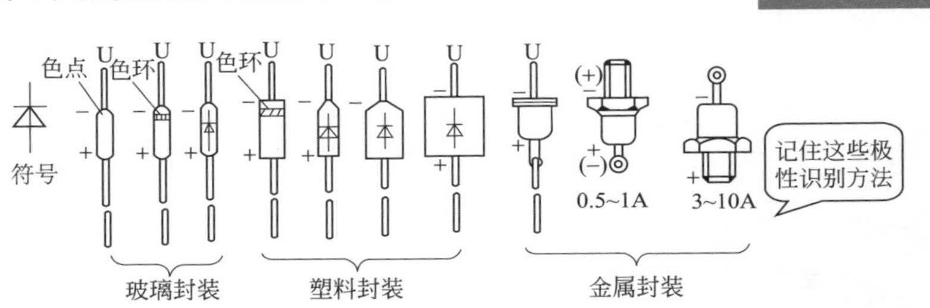

图8-3 从封装识别极性

a. 直观判断。有的将电路符号印在二极管上标示出极性；有的在二极管负极一端印上一道色环作为负极标记；有的二极管两端形状不同，平头为正极、圆头为负极。使用中应注意识别，带有符号接符号识别。可用万用表进行晶体二极管的引脚识别和检测。

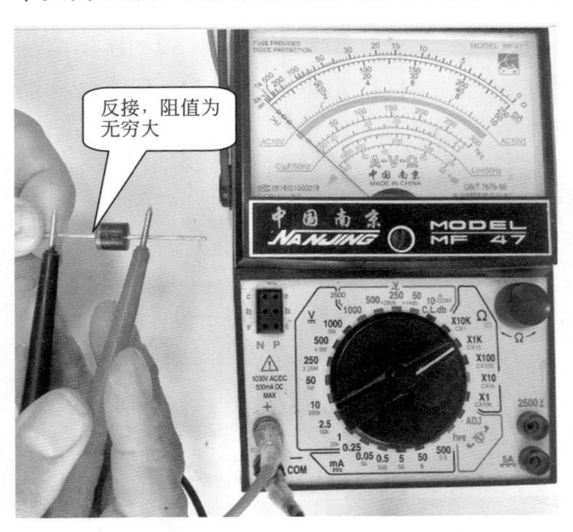

图8-4 测量二极管反向电阻

万用表置于R×1k挡，两表笔分别接到二极管的两端，如果测得的电阻值较小，则为二极管的正向电阻。这时与黑表笔（即表内电池正极）相连的是二极管正极，与红表笔（即表内电池负极）相连的是二极管负极（图8-4和图8-5）。

b. 好坏判断。如果

测得的电阻值很大，则为二极管的反向电阻，这时与黑表笔相接的是二极管负极，与红表笔相接的是二极管正极。二极管的正、反向电阻应相差很大，且反向电阻接近于无穷大。如果某二极管正、反向电阻均为无穷大，说明该二极管内部断路损坏；如果正、反向电阻均为0，说明该二极管已被击穿短路；如果正、反向电阻相差不大，说明该二极管质量太差，不宜使用。

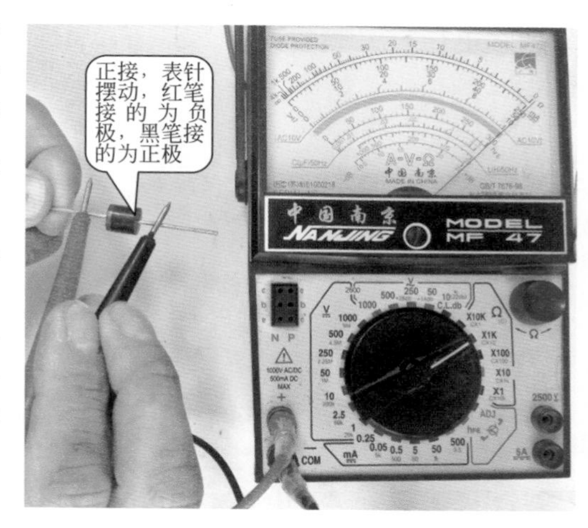

图8-5 测二极管的正向电阻

（2）硅、锗管判断　由于锗二极管和硅二极管的正向管压降不同，因此可以用测量二极管正向电阻的方法来区分。如果正向电阻小于1kΩ，则为锗二极管；如果正向电阻为1~5kΩ，则为硅二极管（图8-6和图8-7）。

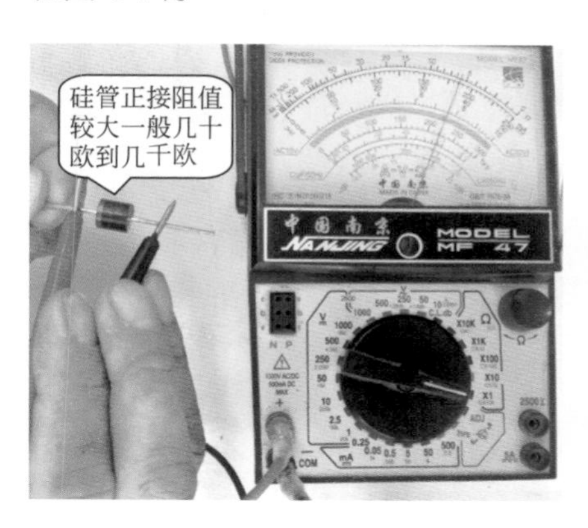

图8-6 判断硅管内阻

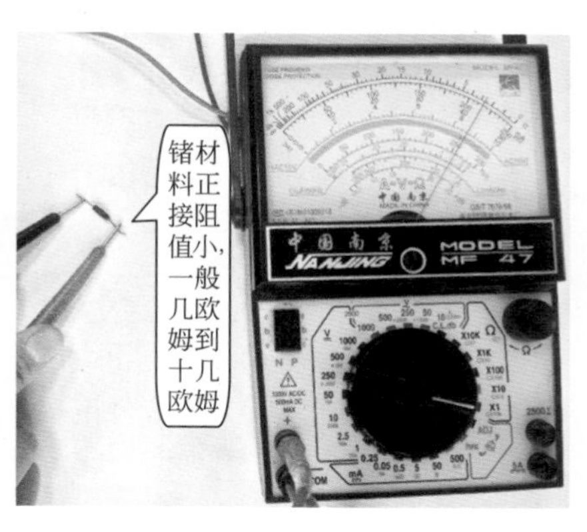

图8-7 判断锗管内阻

（3）反向电压测量　一般低压电路中二极管无法测电压，如需测量可用一高压电源按图8-8所示电路连接。调 E_C 值，当电流表A指针摆动时，电压表 V 指示的即为二极管反向电压（实际应用中，一般无需测试此值）。

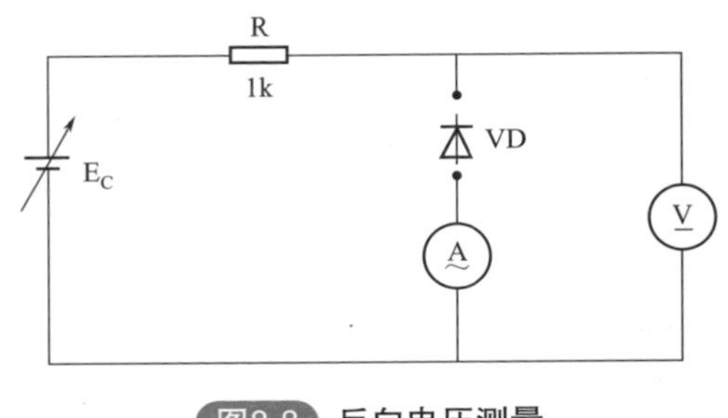

图8-8 反向电压测量

（4）在路测量二极管 用 R×1 挡进行测量，如图 8-9、图 8-10 所示。

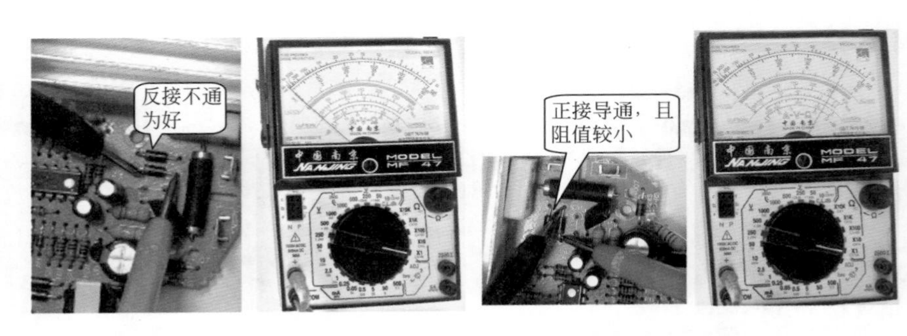

图8-9 在路测量反向电阻　　图8-10 在路测量正向电阻

8.2.2 用数字万用表检测二极管

采用数字型万用表测量二极管时，先应采用二极管挡，将红表笔接二极管的正极，黑表笔接二极管的负极，所测的数值为它的正向导通压降；调换表笔后就可以测量二极管的反向导通压降，一般为无穷大。采用数字型万用表检测二极管也有非在路检测和在路检测两种方法，但无论采用哪种检测方法，都应将万用表置于二极管挡。

非在路检测普通二极管时，将数字型万用表置于二极管挡，红表笔接二极管的正极，黑表笔接二极管的负极，此时屏幕显示的导通压降值为“0.5~0.7”，如图 8-11 所示；调换表笔后，导通压降值为无穷大（大部数字型万用表显示“1.”，少部分显示“OL”），若测试时数值相差较大，则说明被测二极管损坏。

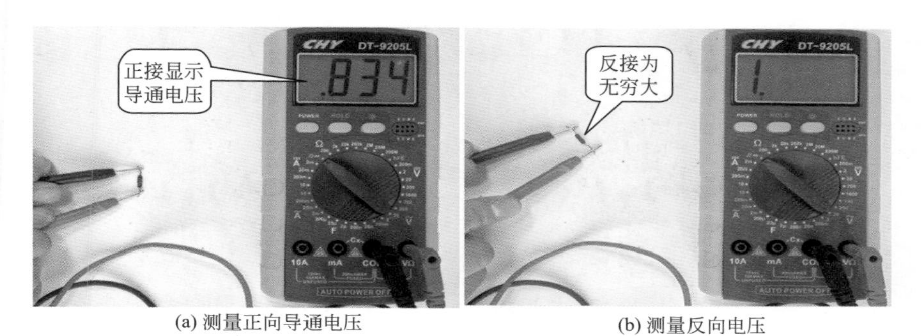

(a) 测量正向导通电压　　　　(b) 测量反向电压

图8-11　用数字型万用表检测普通二极管示意图

（1）硅、锗管判断　由于锗二极管和硅二极管的正向管压降不同，因此可以用测量二极管正向电阻的方法来区分。用数字万用表的二极管挡测量时，可直接显示正向导通电压值。0.2~0.3V 时为锗管，0.6~0.8V 为硅管。如图 8-12、图 8-13 所示。

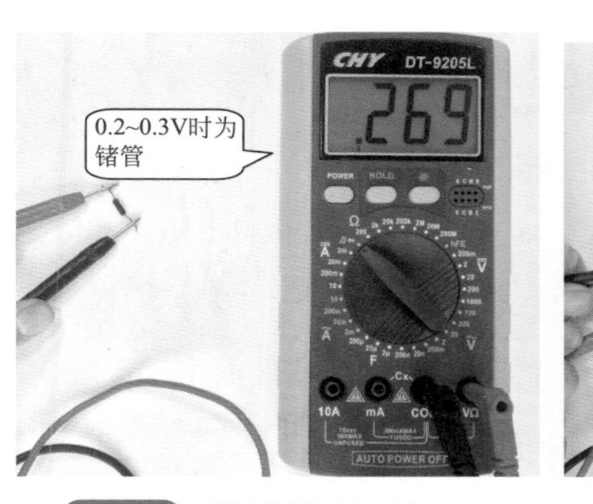

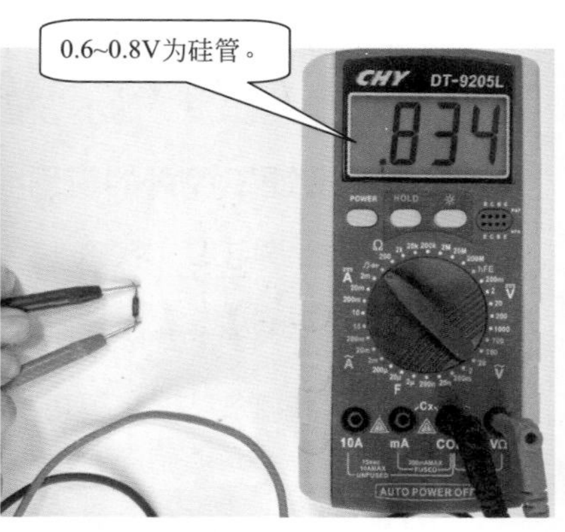

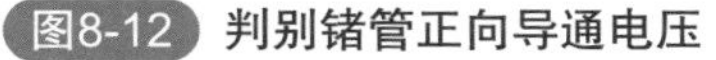
图8-12　判别锗管正向导通电压

图8-13　判别硅管正向导通电压

（2）在电路中测量二极管　在电路中测量二极管最好用数字表二极管挡测量，可以直接显示二极管导通电压。如图 8-14、图 8-15 所示。

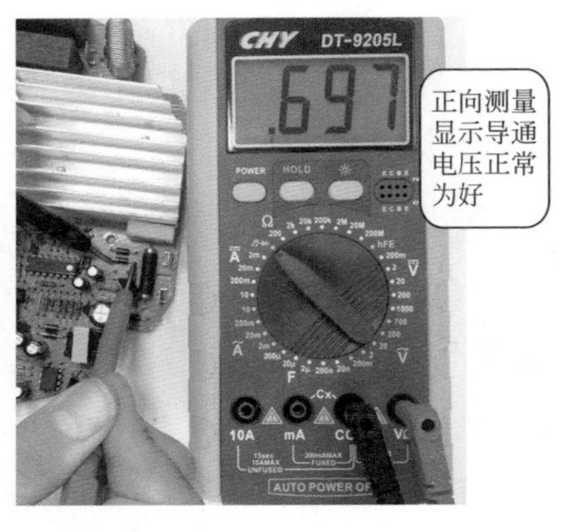

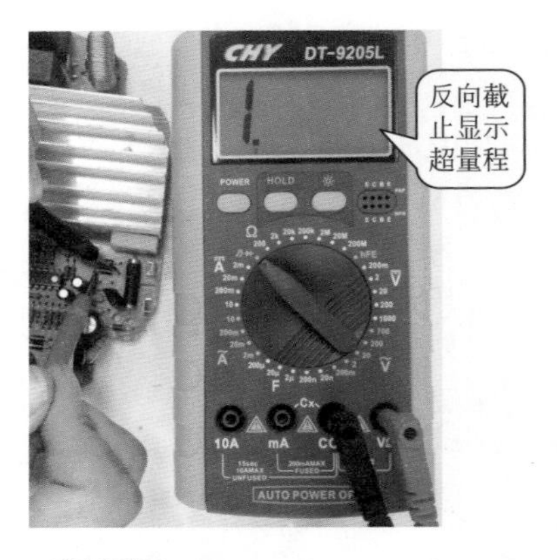

图8-14 在路测量正向导通电压　　图8-15 在路测量反向导通电压

8.2.3 二极管的检修与代换

二极管一般不好修理，损坏后只能更换。在选配二极管时应注意以下原则：

① 尽可能用同型号二极管更换。

② 无同型号时可以根据二极管所用电路的作用及主要参数要求，选用近似性能的二极管代换。

③ 对于整流管，主要考虑 I_{M} 和 U_{RM} 两项参数。

④ 不同用途的二极管的不宜互代，硅、锗管不宜互代。

8.2.4 普通二极管的应用电路

（1）用于检波电路 图 8-16 所示为超外差收音机检波电路，第二中放输出的中频调幅波加到二极管 VD 负极，其负半周通过了二极管，而正半周被截止，再由 RC 滤波器滤除其中的高频成分，输出的就是调制在载波上的音频信号，这个过程称为检波。

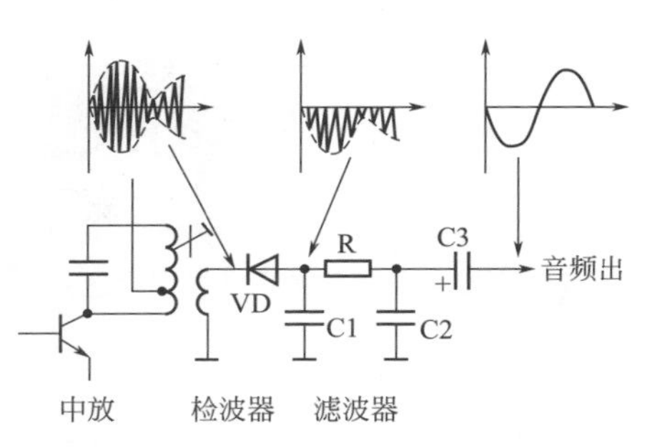

图8-16 超外差收音机检波电路

检波二极管应选用点接触型二极管。结电容小，常用为 2AP 系列。

（2）用于整流电路 它由电

源变压器 T、四只整流二极管（视为理想二极管）和负载 RL 组成，如图 8-17（a）所示。由于四只二极管接成电桥形式，故将此电路称为桥式整流电路。

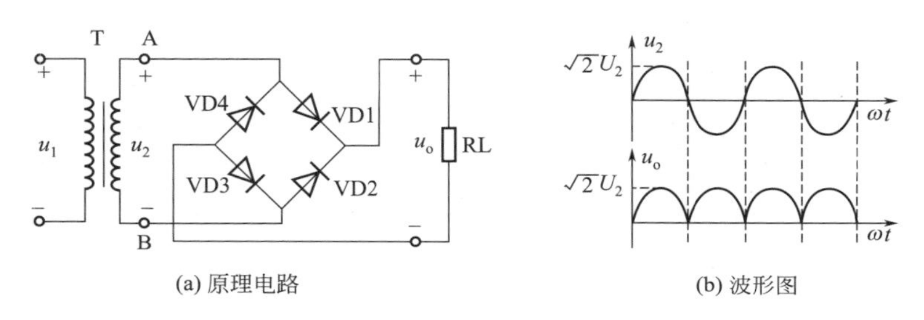

(a) 原理电路　　(b) 波形图

图8-17 整流电路与波形图

当 u_2 为正半周时，VD1、VD3 导通，VD2、VD4 截止。电流流通的路径为：A → VD1 → RL（电流方向由上至下）→ VD3 → B → A；

当 u_2 为负半周时，VD2、VD4 导通，VD1、VD3 截止。电流流通的路径为：B → V_2 → RL（电流方向由上至下）→ VD4 → A → B。

这样，在 u_2 变化的一个周期内，负载 RL 上得到了一个单方向全波脉动直流电压 u_o，其波形如图 8-17（b）所示。

8.3 整流二极管检测与应用

8.3.1 半桥组件

（1）半桥组件的性能特点　半桥组件是将两只整流二极管按规律连接起来并封装在一起的整流器件。功能与整流二极管相同，使用起来比较方便，常用型号为 2CQ 系列。图 8-18 所示为几种常见半桥组件的外形和内部结构。

（2）半桥组件的检测　独立式半桥测量和普通二极管相同，共阳式、共阴式及串联式半桥的测量方法为：用万用表 R × 1 或 R × 100 挡，红、黑表笔分别任意测两个引脚的正、反向阻值。在测量中如有两个脚正、反均不通，则为共阴极或共阳极结构，不通的两脚为边脚，另一个则为共电极。然后用红表笔接共电极，黑表笔测量两边脚，如阻值较小，则为共阴极；如果黑表笔接共电极，红表笔测两边脚，测得阻值较小，则为共阴极组合。如在测量中各引脚之间均有一次通，并且有一次阻值非常大（约相当于两只管的正向电阻值），说明此时表笔所接为串联式半桥，且黑表笔为正极，红表笔为负极，剩下的一个为中间脚。找到各电极后，再按测普通二极管方法检测各二极管的正、反向阻值，如不符合单向导电特性则说明半桥已损坏。

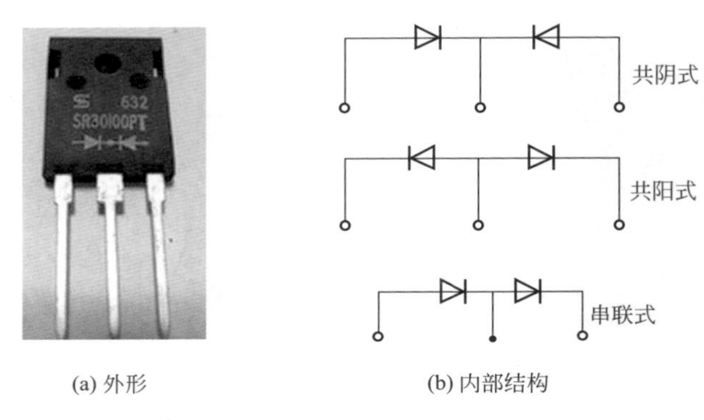

(a) 外形　　(b) 内部结构

图8-18 常见半桥组件的外形和内部结构

（3）半桥应用 共阴极、共阳极组合可单独用于全波整流电路又可两个组合为全桥用于整流电路，如图 8-19（a）所示。串联式半桥不可单独应用，需两只同型号组合才能应用于整流电路，如图 8-19（b）所示。

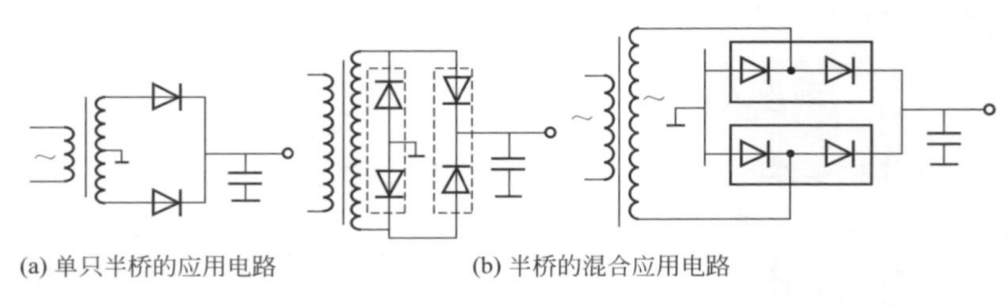

(a) 单只半桥的应用电路　　(b) 半桥的混合应用电路

图8-19 半桥的应用电路

8.3.2 全桥组件

（1）全桥的结构、特点 全桥是四只整流二极管按一定规律连接的组合器件，具有 2 个交流输入端（~）和直流正（+）、负（–）极输出端，有多种外形及多种电压、电流、功率等规格。全桥的结构、图形符号和应用电路如图 8-20 所示。全桥整流堆的文字符号为“UR”。

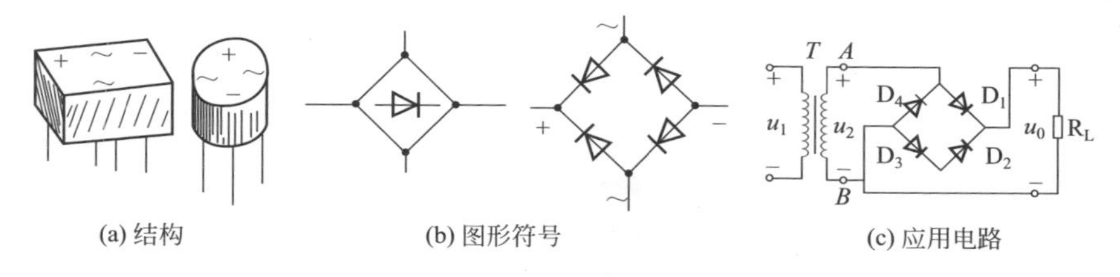

(a) 结构　　(b) 图形符号　　(c) 应用电路

图8-20　全桥的结构、图形符号

（2）用指针表检测整流全桥组件

① 极性判别。将万用表置于 R×1k 挡，红、黑表笔分别测两个引脚正、反向电阻。当有两个引脚正、反不通时，则此两个引脚为交流输入脚③、④，另两个脚即为直流输出脚。测两输出脚正反向电阻，指针摆动的一次（阻值较大），黑表笔接的为直流输出负极①脚，红表笔为直流输出正极②脚。

将万用表置于 R×1k 挡，黑表笔任意接全桥组件的某个引脚，用红表笔分别测量其余三个引脚，如果测得的阻值都为无穷大，则此时黑表笔所接的引脚为全桥组件的直流输出正极（②脚）；如果测得的阻值都为 4~10kΩ，则此时黑表笔所接的引脚为全桥组件的直流输出负极（①脚），剩下的两个引脚就是全桥组件的交流输入脚③和④（图 8-21~ 图 8-23）。

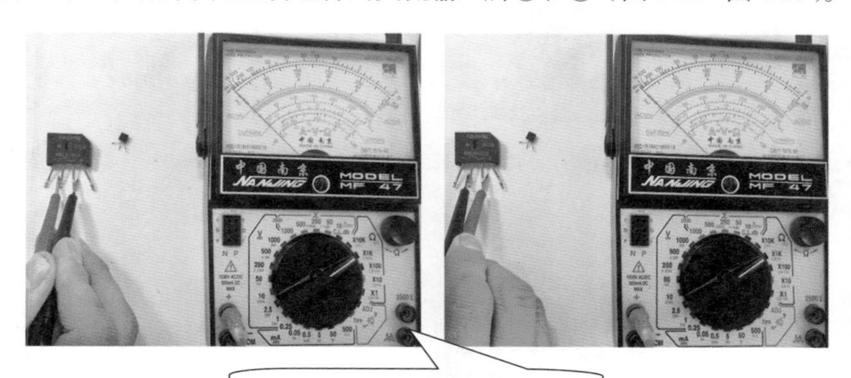

图8-21　判别交流输入脚

② 好坏判定。当按上述方法找出电极后，再用测普通二极管的方法判别每只二极管的正、反向电阻。如正向阻值小，反向阻值无穷大，则为正常，否则是坏的（图 8-24~ 图 8-27）。

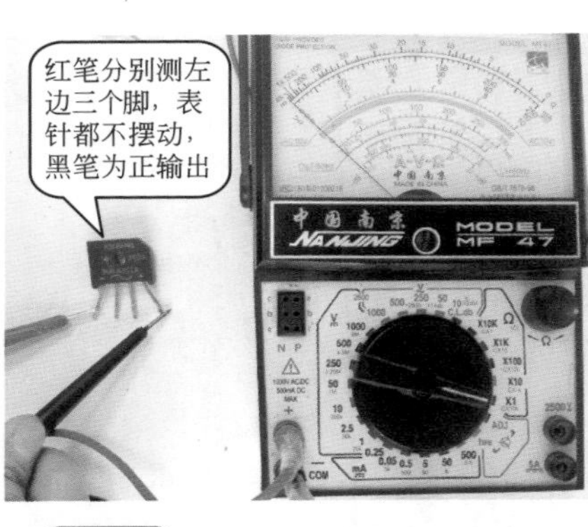

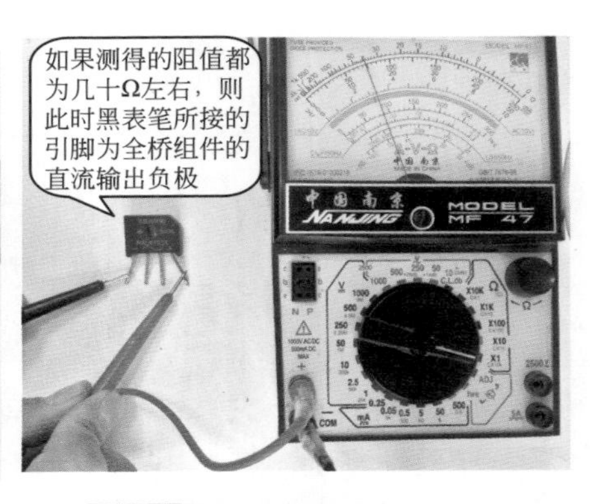

图8-22 测量直流输出脚反向电阻

图8-23 测量直流输出正向电阻（判别极性）

图8-24 判别内部二极管正反电阻（一）

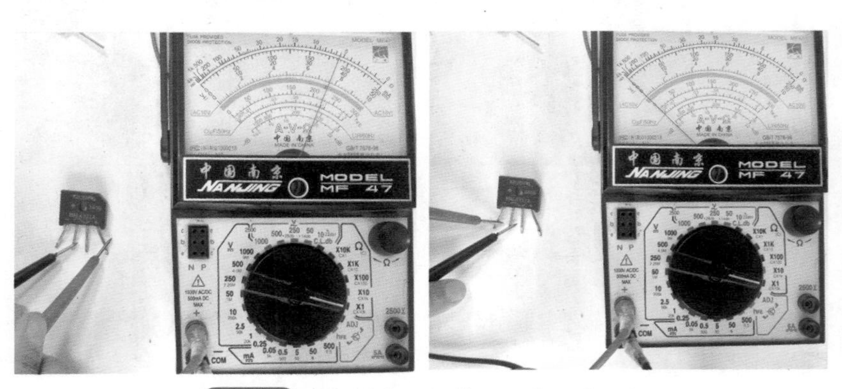

图8-25 判别内部二极管正反电阻（二）

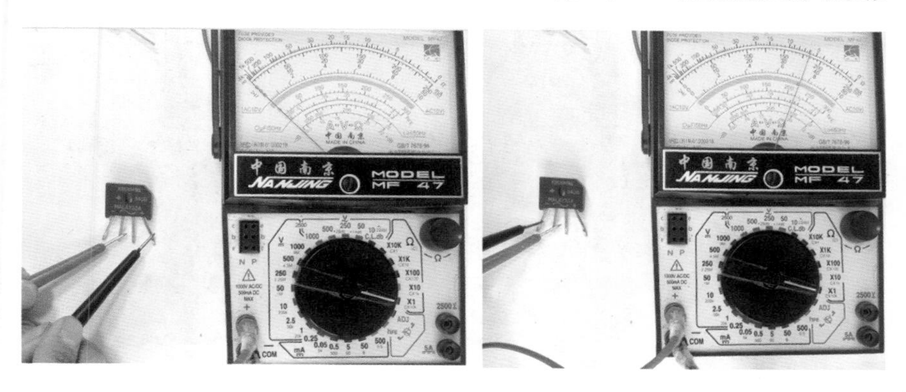

图8-26 判别内部二极管好坏（一）

图8-27 判别内部二极管好坏（二）

提示：对于二极管直流输出正为二极管负极，直流输出负为二极管正极。

（3）用数字表检测整流全桥组件 只要检测内部四只二极管的正向导通电压即可，反向均为无穷大，如图 8-28 和图 8-29 所示测量中，某次无导通电压，为二极管损坏。

若测量直流输出端电压为 1V 以上，显示为两只管串联电压，反向为无穷大。如图 8-30 所示。

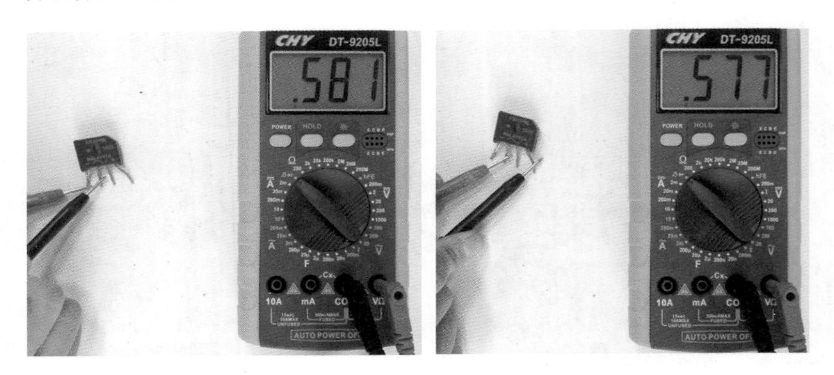

图8-28 测量交流输入脚1与直流输出导通电压

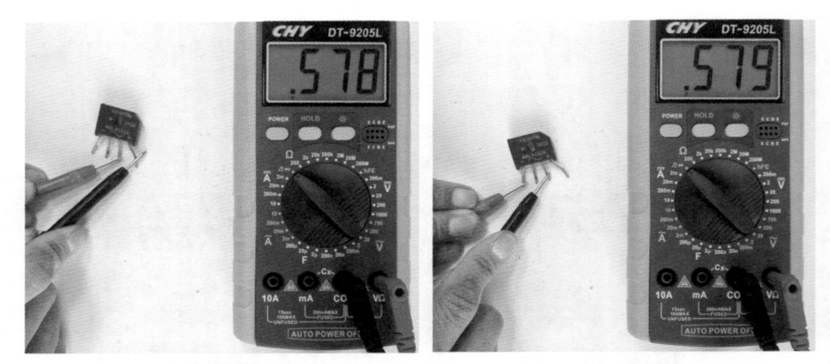

图8-29 测量交流输入脚2与直流输出导通电压

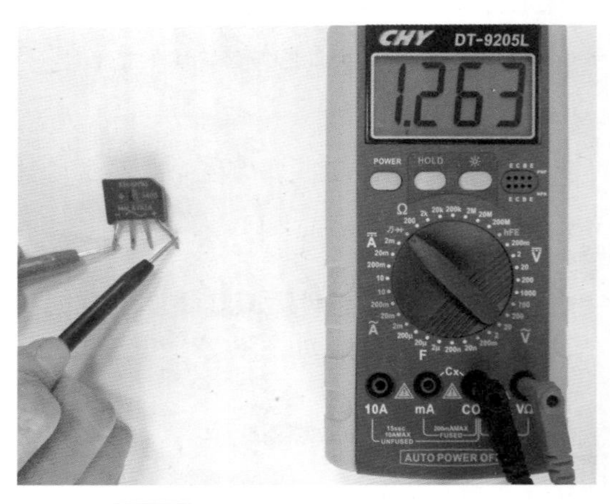

图8-30 判别直流输出端导通电压

8.3.3 全桥、半桥组件的维修

经过检测，如果确认全桥、半桥组件中某只二极管的PN结烧断损坏，可采用下述方法检测。

① 外接二极管法。全桥、半桥组件中的二极管断路损坏，可在全桥、半桥组件的外部脚间跨接一只二极管将其修复。要求所接二极管的耐压、最大整流电流与全桥组件的耐压、整流电流要相一致，且正、反向电阻值尽可能与全桥组件其余几只完好的二极管一样，同时注意极性不能接反，如图8-31所示。

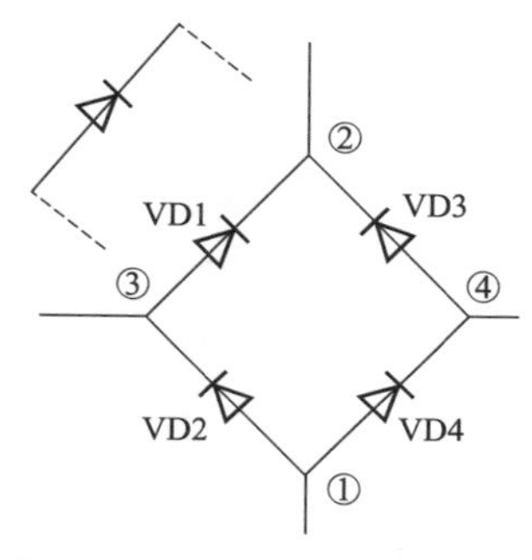

图8-31 损坏的全、半桥组件的修复

② 电路利用法。如果全桥组件中一组串联组完好，可用于半桥式全波整流电路中。

8.3.4 高压硅堆检测与维修

(a) 结构

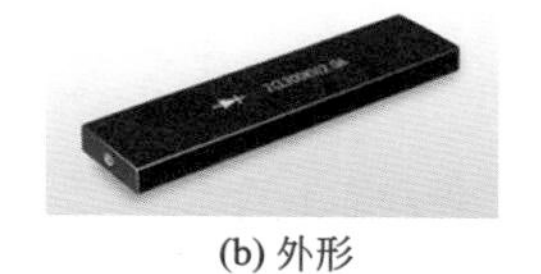

(b) 外形

图8-32 高压硅堆的外形及结构

（1）高压硅堆的结构与作用 高压硅堆是由若干个硅高频高压二极管管芯串联组成的，如图8-32所示。用高频陶瓷封装，反向峰值取决于串联管芯的个数与每个管芯的反向峰值电压。高压硅堆可以用作高压整流，如电视机行输出高压整流电路。

（2）高压硅堆的检测

① 用万用表检测。可采用万用表R×10挡检测，（表内电池应为15V）。若测得正向电阻为几百千欧，反向电阻为无穷大，说明硅堆正常。若测得的两次阻值（正、反向）均为无穷大，说明硅堆开路。若两次阻值均很小，说明硅堆击穿（图8-33）。

② 检修。高压硅堆损坏后，可用烧热的电烙铁焊开硅柱帽与硅柱内引线之间的焊点，并取下金属帽，然后把另一端的金属帽从瓷筒中退出，硅粒子也随之抽出。用万用表电阻挡检测出未损坏的硅粒子备用。再用另外一只损坏的硅堆，测量各管子，找一个完好的硅粒子或找到一

只高反压二极管也可以。将两个完好的硅粒子顺向串联焊接好后重新装入瓷筒内。为了防止硅粒子在瓷筒内打火，可将一些凡士林填进瓷筒内。最后按与拆卸时相反的顺序重新将引线与金属帽安装焊接牢靠，即可上机使用。

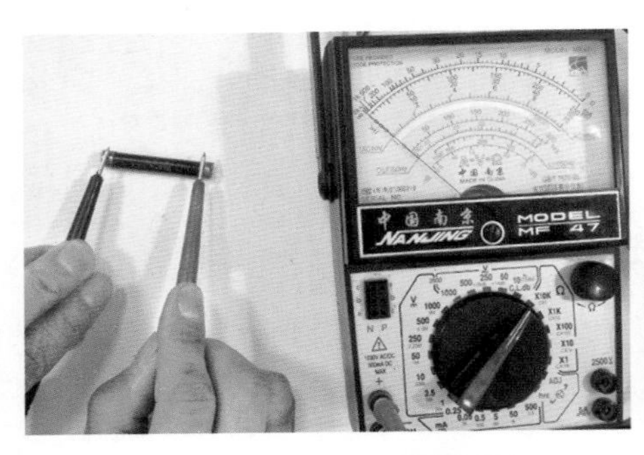

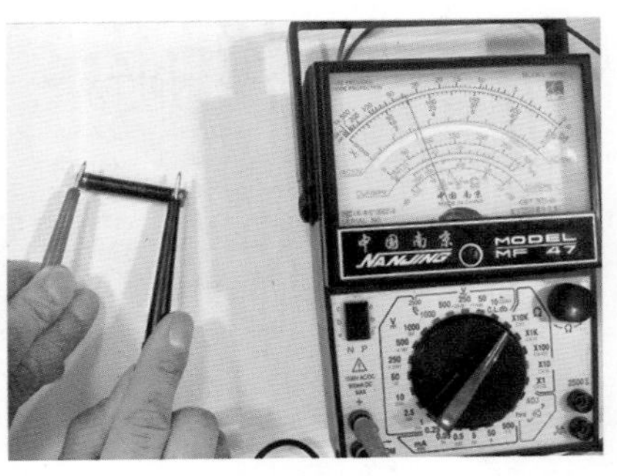

图8-33 判别硅柱的正反电阻

③ 硅柱的代换。代换高压硅堆时，要注意的是反向电压。应用同规格或高耐压代换。

8.4 稳压二极管

8.4.1 认识稳压二极管

稳压二极管实质上是一种特殊二极管，利用反向击穿特性实现稳压，所以又称为齐纳二极管。

图 8-34 所示是常用稳压二极管的外形及图形符号。

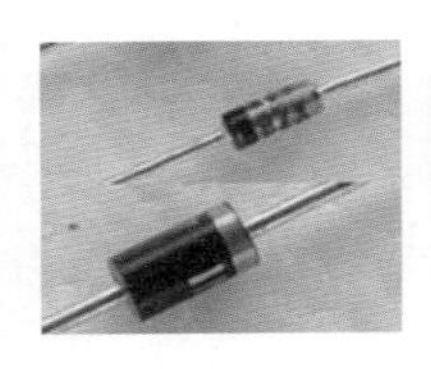

(a) 外形 (b) 图形符号

图8-34 常用稳压二极管的外形及图形符号

由图 8-35 的伏安特性曲线可知，稳压二极管是利用 PN 结反向击穿后，其端电压在一定范围内基本保持不变的原理实现稳压的。只要使反向电流不超过其最大工作电流 I_{ZM}，则不会损坏。

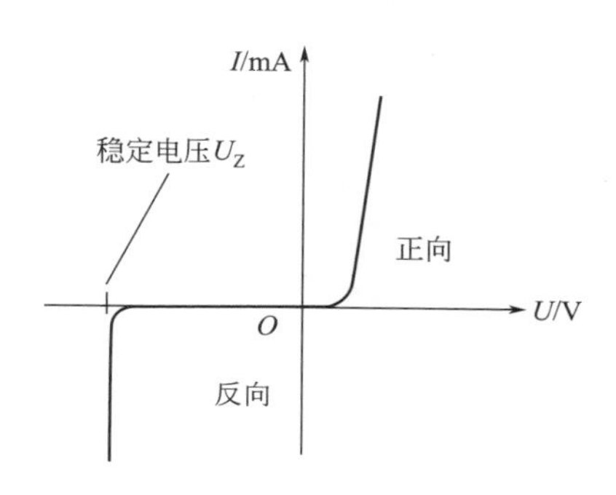

图8-35 稳压二极管的伏安特性曲线

8.4.2 稳压二极管的主要参数

① 稳定电压 U_Z：指正常工作时，两端保持不变的电压值。不同型号有不同稳压值。

② 稳定电流 I_Z：指稳压范围内的正常工作电流。

③ 最大稳定电流 I_M：指允许长期通过的最大电流。实际工作电流应小于 I_M 值，否则易烧坏稳压二极管。

④ 最大允许耗散功率 P_M：指反向电流通过稳压二极管时，管子本身消耗功率最大允许值。

8.4.3 用指针表检测稳压二极管

（1）判别电极　与判别普通二极管电极的方法基本相同。即用万用表 R×1k 或 R×10k 挡，先将红、黑表笔任接稳压二极管的两端测出一个电阻值，然后交换表笔再测出一个阻值，两次测得的阻值应该是一大一小，阻值较小的一次即为正向接法，此时黑表笔所接一端为稳压二极管的正极，红表笔所接的一端为稳压二极管的负极（图 8-36 和图 8-37）。

（2）稳压值判断

① 直接识读稳压值。在一些小型稳压二极管中，一般上面所标的数字就是稳压值，单位为伏［特］(V)。例如 7V5，表示稳压值为 7.5V。但是多数稳压二极管不能用此法，如型号为 2CW55 表示稳压值为 8V

左右，此类管需要查晶体管参数手册才能知道。

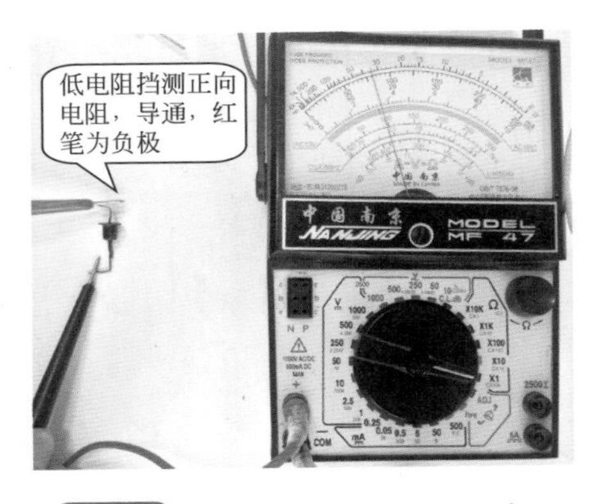

图8-36 低阻挡判别稳压管正向电阻

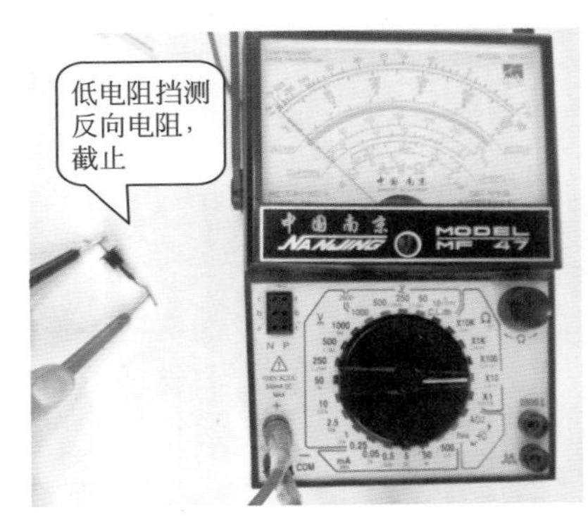

图8-37 低阻挡判别稳压管反向电阻

② 用万用表测量稳压值。稳压值在 15V 以下的稳压二极管，可以用万用表 R×10k 挡（内含 15V 高压电池）测量其稳压值。读数时刻度线最左端为 15V，最右端为 0。也可用万用表 50V（某些表可用 10V）挡刻度来读数，并代入以下公式求出：稳压值为（50−X）/50×15V，式中 X 为 50V 挡刻度线上的读数。该方法可以准确判断 15V 以下稳压二极管的稳压值（图 8-38）。

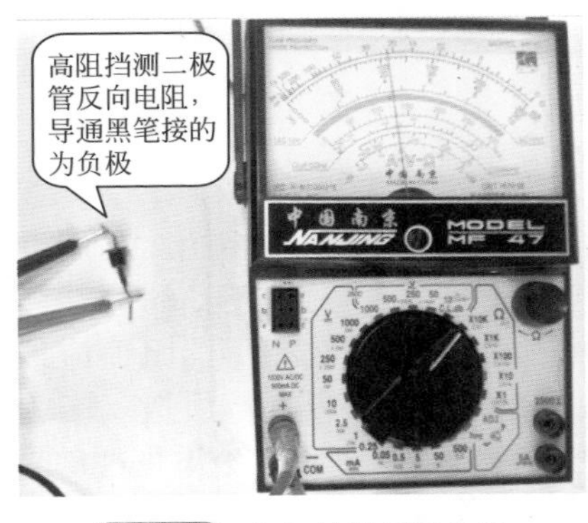

图8-38 高阻挡估测稳压值

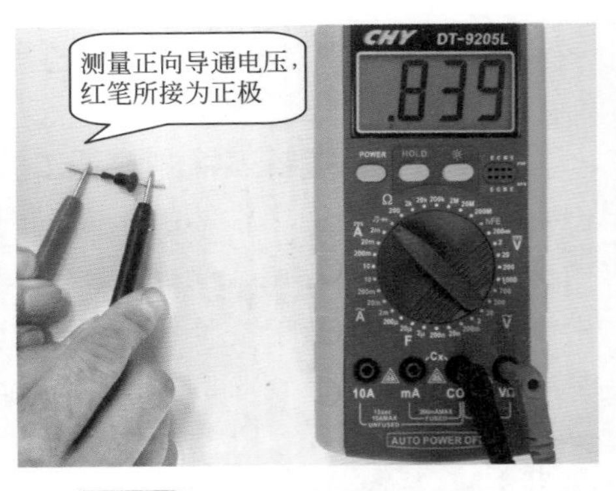

图8-39 测量稳压管正向导通电压

8.4.4 用数字万用表测量稳压二极管

用数字表只能测出稳压二极管的正向导通电压，不能测出稳压值。

如图 8-39 所示。

8.4.5 利用外加电压法判别稳压值

如图 8-40 所示，改变 RP 中点位置，开始时有变化，当 V 无变化时，指示的电压值即为稳压二极管稳压值。由于 R1、R2 串联在交流电路中，不会有电击危险，电源也可以用“MΩ”表代用。

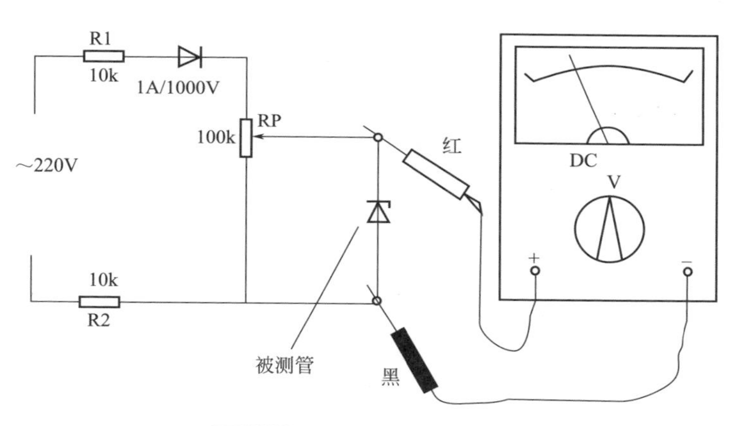

图8-40 外加电压判断稳压值

8.4.6 稳压二极管的代换

稳压二极管损坏后很难修理，只能代换。用同型号或稳压值相同的其他型号代换，也可用普通二极管串联正向导通电压方法代用。

8.4.7 稳压二极管的应用电路

稳压二极管的作用是稳压。图 8-41 为稳压电路，当输入电压变化时，由于稳压二极管的存在，流过电阻 R 的电流大小变化，稳压二极管 VZ 上的电压不变，输出不变，达到稳压的目的。

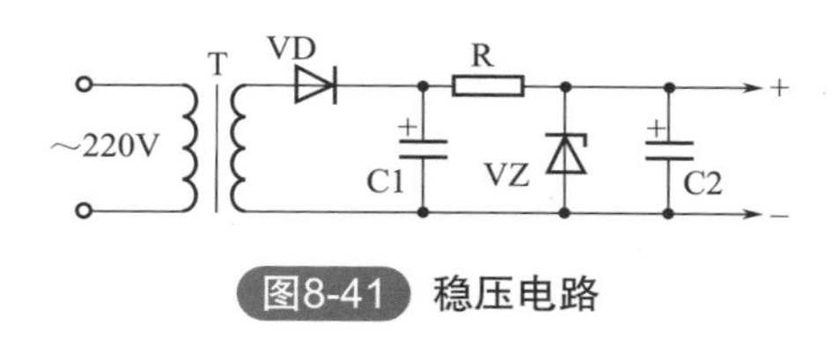

图8-41 稳压电路

8.5 发光二极管

常见的发光二极管有塑封 LED、金属外壳 LED、圆形 LED、方形 LED、异形 LED、变色 LED 以及 LED 数码管等，如图 8-42 所示。

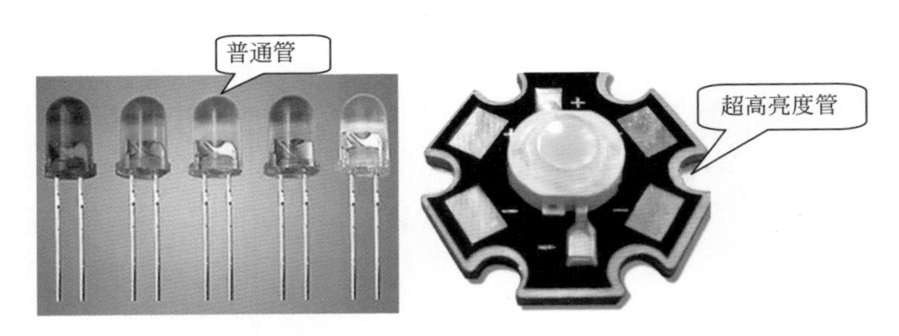

图8-42 常见的发光二极管的外形

8.5.1 普通发光管

① 单色发光二极管的结构、性能。单色发光二极管（LED）是一种电致发光的半导体器件，其内部结构和图形符号如图 8-43 所示。它与普通二极管一样具有单向导电特性，即将发光二极管正向接入电路时才导通发光，而反向接入电路时则截止不发光。发光二极管与普通二极管的根本区别是，前者能将电能转换成光能，且管压降比普通二极管要大。

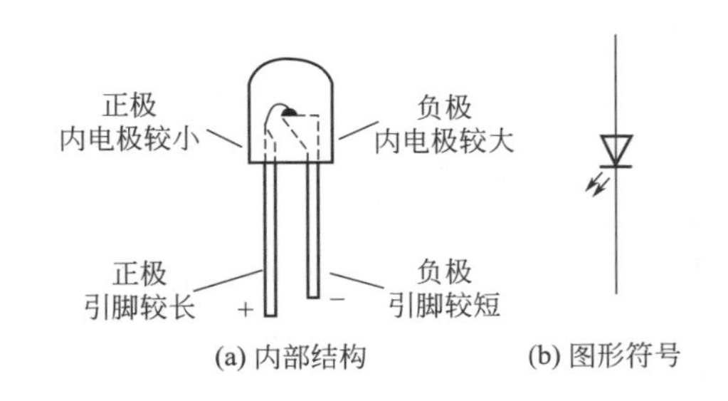

图8-43 单色发光二极管的内部结构和图形符号

单色发光二极管的材料不同，可产生不同颜色的光。表 8-1 列出了波长与颜色的对应关系。

表8-1　波长与颜色的关系

发光波长 /A	发光颜色
3300~4300	紫
4300~4600	蓝
4600~4900	青
4900~5700	绿
5700~5900	黄
5900~6500	橙
6500~7600	红

② 单色发光二极管的主要参数与特点。单色发光二极管的主要参数有最大电流 I_{FM} 和最大反向电压 U_{RM}。使用中不得超过该两项数值，否则会使发光二极管损坏。

单色发光二极管的特点如下：

a. 能在低电压下工作，适用于低压小型化电路。例如，常用的红色发光二极管的正向工作电压 U_F 的典型值为 2V，绿色发光二极管的正向工作电压 U_F 的典型值为 2.3V。

b. 有较小的电流即可得到高亮度，随着电流的增大亮度趋于增强。且亮度可根据工作电流大小在较大范围内变化，但发光波长几乎不变。

c. 所需驱功显示电路简单，用集成电路或三极管均可直接驱动。

d. 发光响应速度快，约为“10^{-7} 或 10^{-8}s”。

e. 体积小，可靠性高，功耗低，耐振动和冲击性能好。

③ 使用时的注意事项如下：首先应防止过电流使用，为防止电源电压波动引起过电流而损坏管子，使用时应在电路中串接保护电阻 R。发光二极管的工作电流 I_F 决定着它的发光亮度，一般当 I_F=1mA 时发光，随着 I_F 的增加亮度不断增大，发光二极管的极限 I_{FM} 一般为 20~30mA，超过此值将导致管子烧毁，所以，工作电流 I_F 应该选在 5~20mA 范围内较为合适。一般选 10mA 左右，限流电阻值选择为 $R=(V_{CC}-U_F)/I_F$—U_F 为发光二极管起始电压，一般为 2V，I_F 为工作电流，一般选 10mA。其次焊接速度要快，温度不能过高。焊接点要远离管子的树脂根部，且勿使管子受力。

8.5.2 新型超高亮度发光二极管

普通的LED发光强度从几毫坎到几十毫坎；高亮度LED发展到几百毫坎到上千毫坎（亮度）甚至可达上万毫坎。超高亮度LED可用于内部或外部的照明、制作户外大型显示屏（车站广场或运动场）、仪器面板指示灯、汽车高置刹车灯（由于亮度大，可视距离远，可增加行车安全性）、交通信号灯及交通标志（如红绿灯、高速公路交通标志等）、广告牌及指示牌、公交车站报站牌等。

新型超高亮度发光二极管常用的型号为TLC-58系列，封装尺寸与一般 $\phi 5$ LED基本相同，长引脚为阳极，短引脚为阴极。该系列有四种发光颜色，分别为红、黄、纯绿和蓝，其型号依次为TLCR58，TLCY58、TLCTG58及TLCB58。该系列是 $\phi 5$、无漫射透明树脂封装。关键技术是在GaAs上加入AlInGaP（红色及黄色LED）及在SiC上加入InGaN（纯绿色及蓝色LED）。非常小的发射角 ±4° 提供了超高的亮度。另外，它能抗静电放电：材料AlInGaP为2kV，材料InGaN为1kV。

TLCR58及TLCY58的主要极限参数：反向电压 U_R=5V；正向电流 I_F=50mA（$T_{amb} \leqslant 85$℃）；正向浪涌电流 I_{FSM}=1A（$t_P \leqslant 10$μs）；功耗 P_V=135mW（$T_{amb} \leqslant 85$℃）；结温为125℃；工作温度范围为–40~+100℃。

TLCTG58及TLCB58的主要极限参数：反向电压 U_R=5V；正向电流 I_F=30mA（$T_{amb} \leqslant 60$℃）；正向浪涌电流 I_{FSM}=0.1A（$t_P \leqslant 10$μs）；功耗 P_V=135mW（$T_{amb} \leqslant 60$℃）；结温为100℃；工作温度范围为–40~+100℃。

LED的允许最大功耗 P_V 与环境温度有关，LED的允许正向电流 I_F 也与环境温度有关。例如，红色LED在 $T \leqslant 85$℃时允许的最大功耗为135mW，而在100℃时则减小到80mW；在 $T \leqslant 85$℃时其正向电流可达50mA，但在100℃时减为30mA。

需要注意的是，一般LED的工作电流为2/3最大工作电流，即红色、黄色LED的工作电流在15~35mA之间，而纯绿色、蓝色LED的工作电流在15~20mA之间。

为了安全工作，在LED电路中必须串联限流电阻R，限流电阻同样可按 $R=(V_{CC}-U_F \times n)/I_F$ 计算。式中，V_{CC} 为电源电压；U_F 为LED的正向电压（对红、黄色LED，U_F 取2.1V；对纯绿、蓝色LED，U_F 取3.9V）；n 为串联的LED数；I_F 为LED的正向电流，一般取10~20mA。

例如，V_{CC}=12V，串联5只红色LED，I_F=15mA，限流电阻R为R=（12V−2.1V×5）/15mA=100Ω，可取R=100Ω。计算时如有小数应取整数或近似值。

8.5.3 发光二极管的检测

（1）判定正、负极及其好坏　直接观察法。发光二极管的管体一般都是用透明塑料制成的，从侧面仔细观察两条引出线在管体内的形状，较小的便是正极，较大的一端则是负极。

（2）用指针万用表测量　必须使用R×10k挡。因为普通发光二极管的管压降为2V左右，高亮度管高达6~7V，而万用表R×1k挡及其以下各电阻挡表内电池仅为1.5V，低于管压降，不管正、反向接入，发光二极管都不可能导通，也就无法检测。R×10k挡时表内接有15V（有些万用表为9V）高压电池压降，所以可以用来检测发光二极管。

检测时，万用表黑表笔（表内电池正极）接发光二极管正极，红表笔（表内电池负极）接发光二极管负极，测其正向电阻。指针应偏转过半，同时发光二极管中有一发亮光点，对调两表笔后测其反向电阻，应为无穷大，发光二极管不发光。如果正向接入或反向接入，指针都偏到头或不动，则说明该发光二极管已损坏（图8-44）。

（3）用数字万用表测量　检测时，万用表红表笔（表内电池正极）接LED正极，黑表笔（表内电池负极）接LED负极，同时LED中有一发亮光点，对调两表笔后测其反向电阻，应为∞，LED不发光。如果正向接入或是反向接入，都不发光，则该发光二极管已损坏。如图8-45所示。

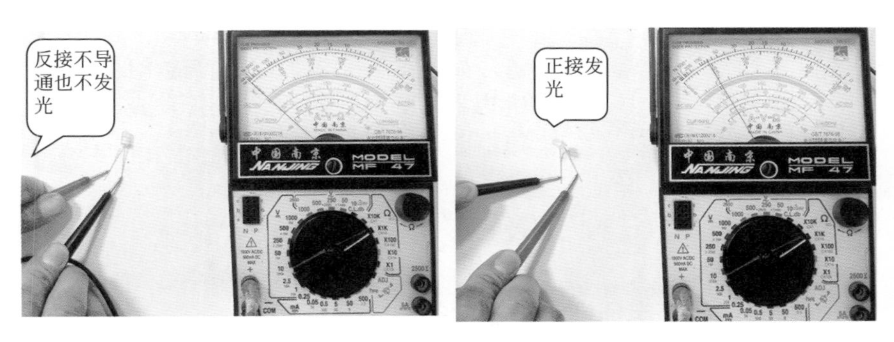

图8-44　测量发光二极管正反电阻

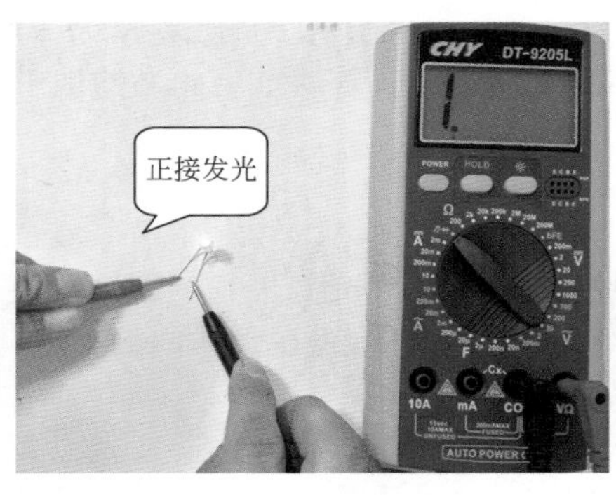

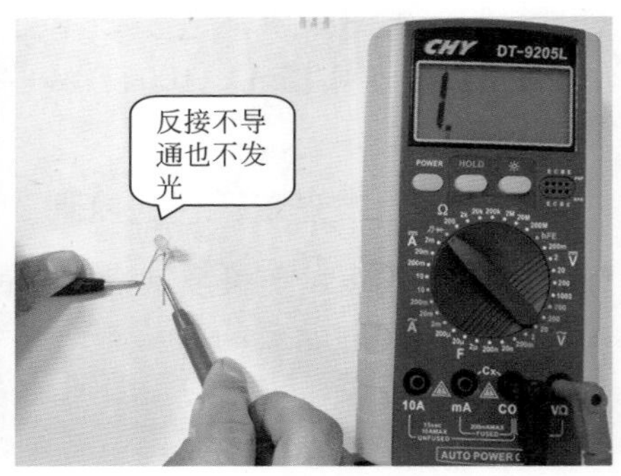

图8-45 二极管挡检测发光二极管

（4）发光二极管的维修 实践证明，有些发光二极管损坏后是可以修复的。具体方法是：用导线通过限流电阻将待修的无光或光暗的发光二极管接到电源上，左手持尖嘴钳夹住发光二极管正极引脚的中部，右手持烧热的电烙铁在发光二极管正极引脚的根部加热，待引脚根部的塑料开始软化时，右手稍用力把引脚往内压，并注意观察效果：对于不亮的发光二极管，可以看到开始发光；适当控制电烙铁加热时间及对发光二极管引脚所施加力，可以使发光二极管的发光强度恢复到接近同类正品管的水平。如仍不能发光，则说明发光二极管损坏。

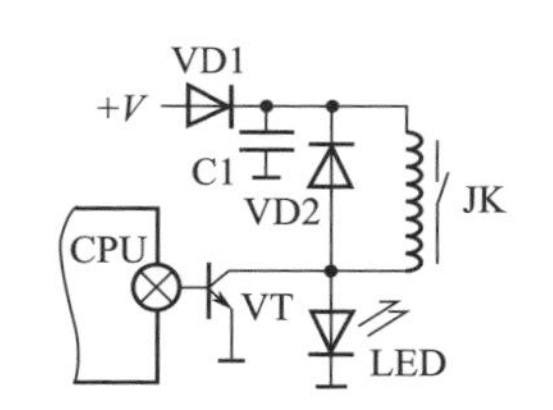

图8-46 发光二极管应用电路

（5）发光二极管的应用电路 发光二极管可用于多种电路指示。图 8-46 所示为继电器工作状态指示电路，当系统控制电路输出高电平时，继电器工作，发光二极管不发光；当系统控制电路输出低电平时，继电器不工作，发光二极管发光，指示继电器断开状态。

8.6 瞬态电压抑制二极管（TVS）

8.6.1 瞬态电压抑制二极管的性能特点

瞬态电压抑制二极管（TVS）主要由芯片、引线电极、管体三部分组成，如图 8-47（b）所示。芯片是器件的核心，它是由半导体硅材料扩散而成的，有单极型和双极型两种结构。单极型只有一个 PN 结，广泛应用于各种仪器仪表、家用电器、自动控制系统及防雷装置的过电压保护电路中。

单极型瞬态电压抑制二极管的符号及特性曲线如图 8-48（a）所示。双极型有两个 PN 结，其图形符号及特性曲线如图 8-48（b）所示。瞬态电压抑制二极管是利用 PN 结的齐纳击穿特性而工作的，每一个 PN 结都有其自身的反向击穿电压 U_B，在额定电压内电流不导通，而当施加电压高于额定电压时，PN 结则迅速进入击穿状态，有大电流流过 PN 结，电压则被限制到额定电压。双极型的芯片从结构上看并不是简单地由两个背对背的单极型芯片串联而成，而是在同一硅片上的正反两个面上制作两个背对背的 PN 结而成，它可用于双向过电压保护。

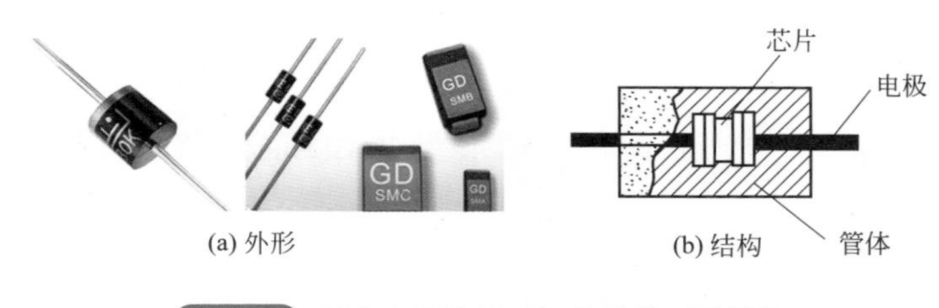

图8-47 瞬态电压抑制二极管的外形及结构

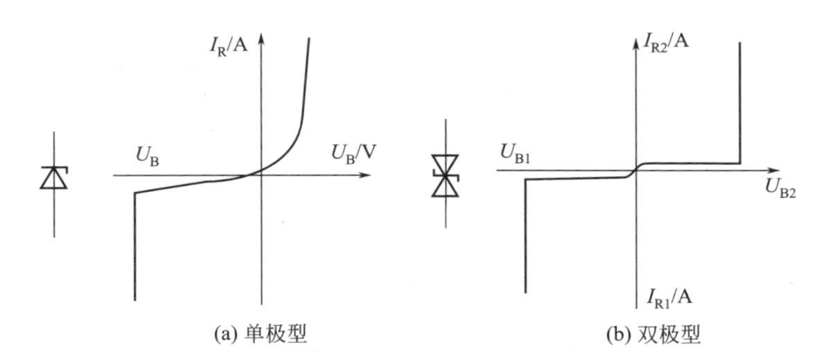

图8-48 单极型和双极型瞬态电压抑制二极管的图形符号及特性曲线

8.6.2 瞬态电压抑制二极管的检测

（1）用万用表 R×10k 挡 对于单极型 TVS，按照测量普通二极管的方法，可测出其正、反向电阻，一般正向电阻为几千欧左右，反向电阻为无穷大，若测得的正、反向电阻均为零或均为无穷大，则表明管子已经损坏。

对于双极型 TVS，任意调换红、黑表笔测量其两引脚间的电阻值均应为无穷大。否则，说明管子性能不良或已经损坏。需注意的是，用这种方法对于管子内部断极或开路性故障是无法判断的（图 8-49）。

（2）测量反向击穿电压 U_B 和最大反向漏电流 I_R 测试电路如图 8-50 所示。测试的可调电压由兆欧表提供。电压表为直流 500V 电压挡，电流表为直流 mA 电流挡。测试时摇动兆欧表，观察表的读数，V 表指示的即为反向击穿电压 U_B，A 表指示的即为反向漏电流 I_R（A/V 表可用万用表代用）。

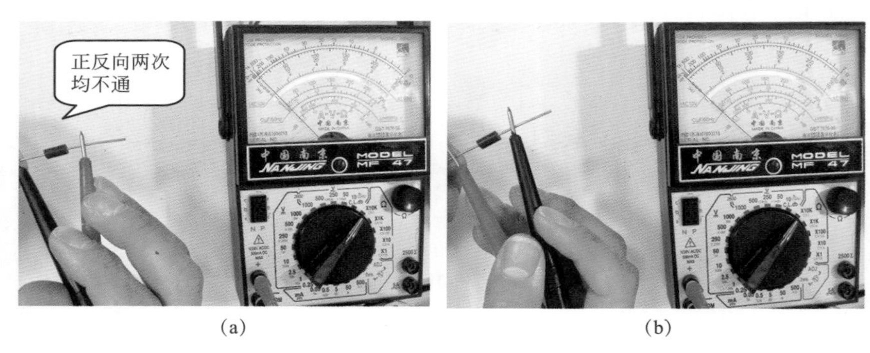

(a) (b)

图8-49 测量瞬态电压抑制二极管正反电阻

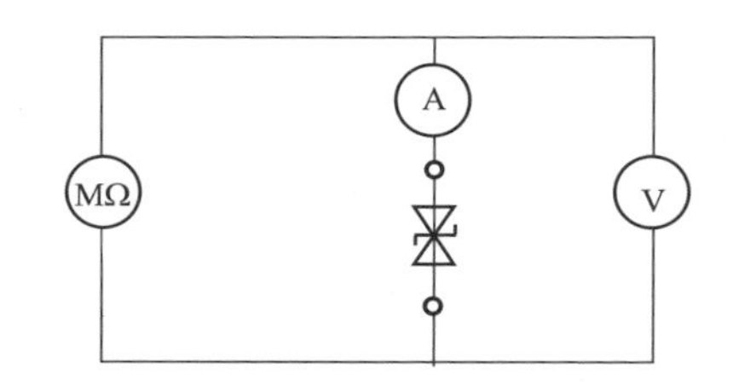

图8-50 瞬态电压抑制二极管测试电路

8.6.3 瞬态电压抑制二极管的应用

图 8-51 所示为彩电整流电路。当市电中有浪涌电压时，TVS 快速击穿，将电压钳位于规定值，如过电压时间较长，则 TVS 击穿，FU 熔

断可保护电路。选用时，应注意 TVS 的峰值电压。

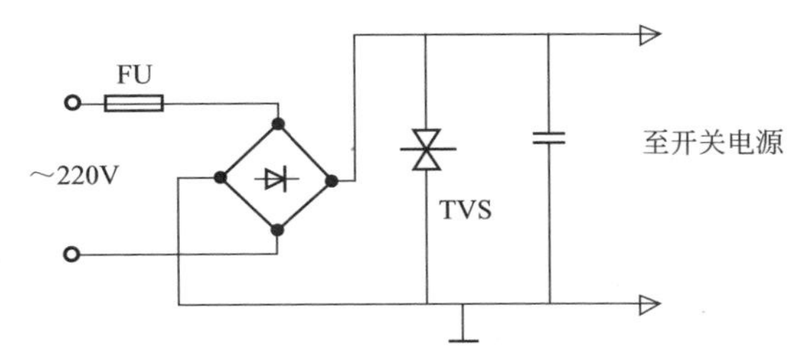

图8-51 瞬态电压抑制二极管的应用电路

8.7 双基极二极管（单结晶体管）

8.7.1 认识双基极二极管

双基极二极管又称单结晶体管（UJT），是一种只有一个 PN 结的三端半导体器件。双基极二极管的外形内部结构、图形符号及等效电路如图 8-52 所示。

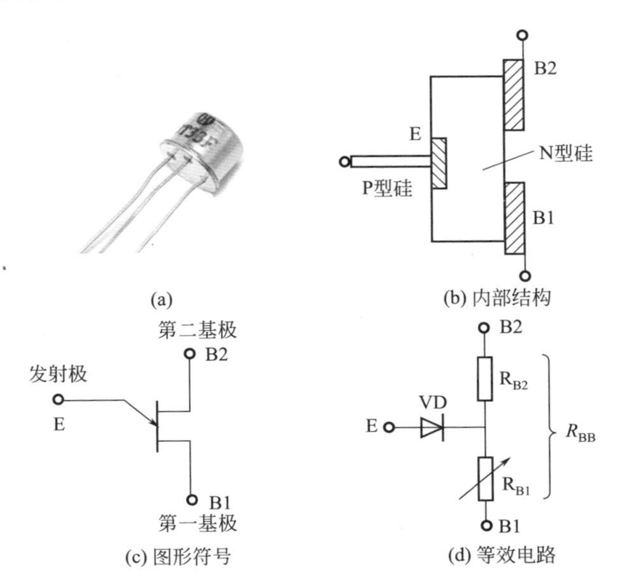

图8-52 双基极二极管的结构、图形符号及等效电路

在一块高电阻率的N型硅片两端，制作两个欧姆接触电极（接触电阻非常小的、纯电阻接触电极），分别称为第一基极B1和第二基极B2，硅片的另一侧靠近第二基极B2处制作了一个PN结，在P型半导体上引出的电极称为发射极E。为了便于分析双基极二极管的工作特性，通常把两个基极B1和B2之间的N型区域等效为一个纯电阻R_{BB}，称为基区电阻，它是双基极二极管的一个重要参数，国产双基极二极管的R_{BB}在2~10kΩ范围内。R_{BB}又可看成是由两个电阻串联组成的，其中R_{B1}为基极B1与发射极E之间的电阻，R_{B2}为基极B_2与发射极E之间的电阻。在正常工作时，R_{B1}的阻值是随发射极电流I_E而变化的，可等效为一个可变电阻。PN结相当于一只二极管VD。

8.7.2 双基极二极管的主要参数

双基极二极管的最重要两个参数为基极电阻R_{BB}和分压比η。

R_{BB}是指在发射极开路状态下两个基极之间的电阻，即$R_{B1}+R_{B2}$，通常R_{BB}在3~10kΩ之间。

η是指发射极E到基极B1之间的电压和基极B2到B1之间的电压之比，通常η在0.3~0.85之间。

8.7.3 用指针表检测双基极二极管

常见双基极二极管的电极排列如图8-53所示。

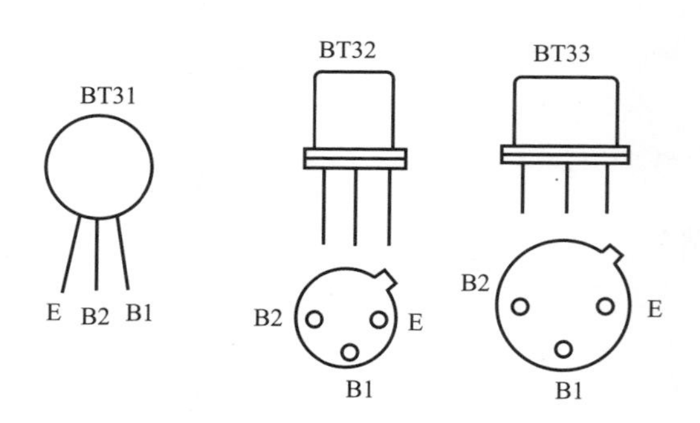

图8-53 双基极二极管的外形及电极排列

（1）判别基极

a. 判别发射极E。将万用表置于R×1k挡，用两表笔测得任意两个电极间的正、反向电阻值均相等（2~10kΩ）时，这两个电极即为B1

和 B2，余下的一个电极则为 E 极（图 8-54）。

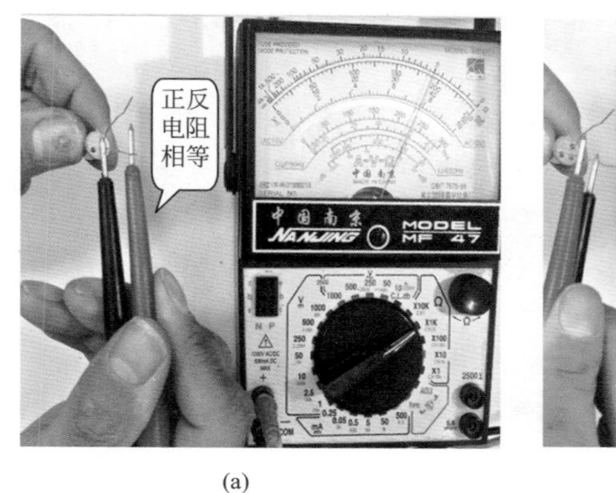

(a)

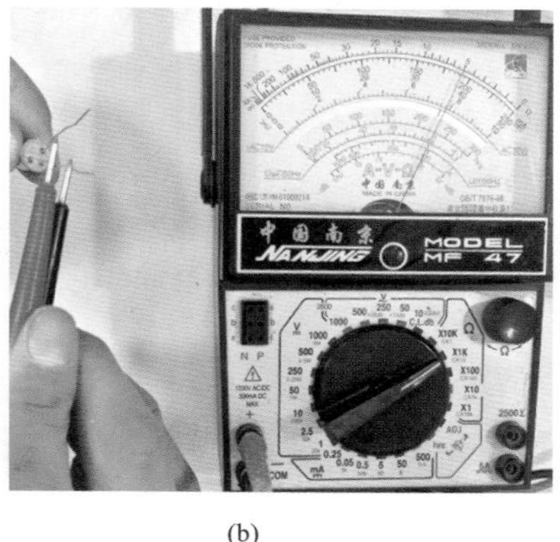

(b)

图8-54 判别发射极

b. 判别基极 B1 和基极 B2。将黑表笔接 E 极，用红表笔依次去接触另外两个电极，分别测得两个正向电阻值。在制造工程中，第二基极 B2 靠近 PN 结，所以 E 极与 B1 极间的正向电阻值小。两者相差几千欧到十几千欧。因此，当按上述接法测得的阻值较小时，其红表笔所接的电极即为 B2；测得阻值较大时，红表笔所接的电极则为 B1（图 8-55 和图 8-56）。

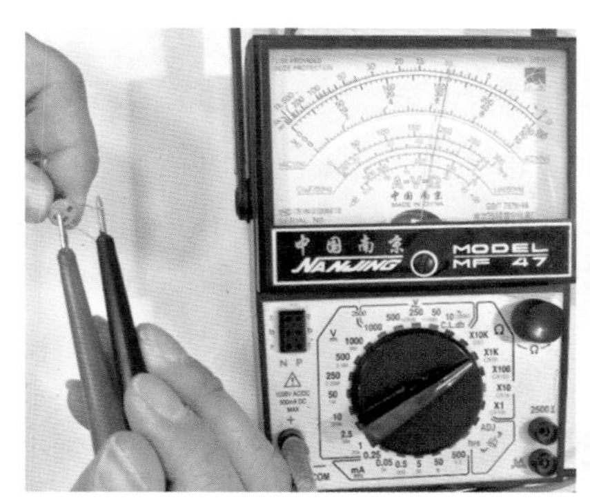

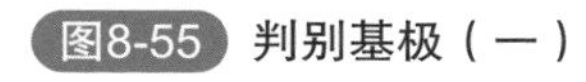

图8-55 判别基极（一）

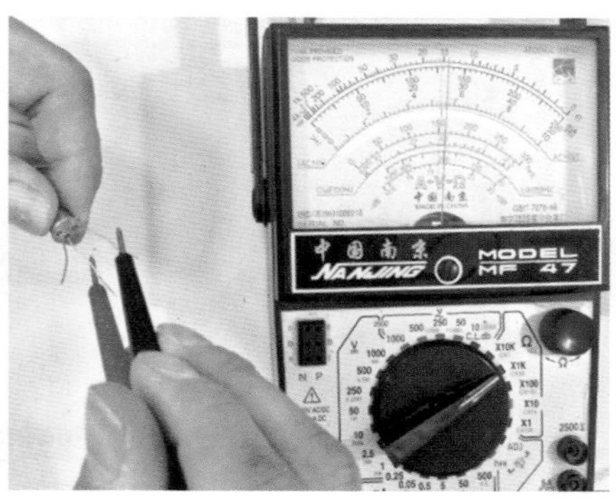

图8-56 判别基极（二）

提示：上述判别基极 B1 与 B2 的方法，不是对所有双基极二极管都适合。有个别管子的 E 与 B1 间的正向电阻值和 E 与 B2 间的正向电阻值相差不大，不能准确地判别双基极二极管的两个基极。在实际使用中哪个是 B1，哪个是 B2，并不十分重要。即使 B1、B2 用颠倒了，也不会损坏管子，只影响输出的脉冲幅度。当发现输出的脉冲较小时，可将原已认定的 B1 和 B2 两电极对调一下试试，以实际使用效果来判定 B1 和 B2 的正确接法。

（2）管子好坏的判断 万用表置于 R×100 或 R×1k 挡，将黑表笔接 E、红表笔接 B1 或 B2 时所测得的为双基极二极管 PN 结的正向电阻值，正常时应为几千欧至十几千欧，比普通二极管的正向电阻值略大一些；将红表笔接 E、黑表笔分别接 B1 或 B2 时测得的为双基极二极管 PN 结的反向电阻值，正常时应为无穷大（图 8-57、图 8-58）。

将红、黑表笔分别接 B1 和 B2，测量双基极二极管 B1、B2 间的电阻值应在 2~10kΩ 范围内。阻值过大或过小，则不能使用。

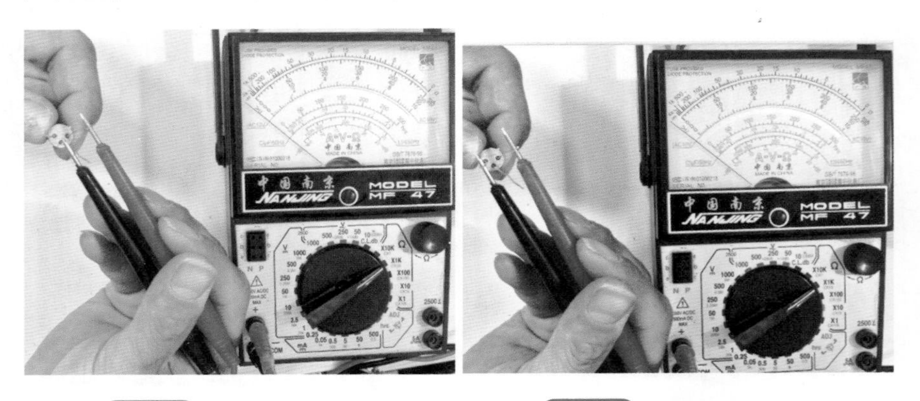

图8-57 判别好坏（一） 图8-58 判别好坏（二）

8.7.4 用数字万用表判别双机及二极管

（1）判别基极

① 判别发射极 E：将万用表置于 R×20k 挡，用两表笔测得任意两个电极间的正、反向电阻值均相等（约 2~10kΩ）时，这两个电

极即为 B1 和 B2。余下的一个电极则为发射极 E。如图 8-59、图 8-60 所示。

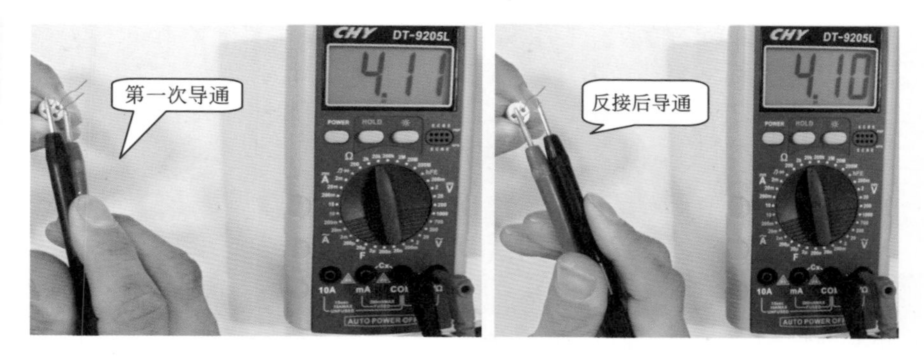

图8-59 判别发射极（一）

图8-60 判别发射极（二）

② 判别基极 B1 和基极 B2：将万用表置于 R×20k 挡，将黑表笔接 E，用红表笔依次去接触另外两个电极，分别测得两个正向电阻值。制造工程中，第二基极 B2 靠近 PN 结，所以发射极 E 与 B1 间的正向电阻值小。两者相差几到十几千欧。因此，当按上述接法测得的阻值较小时，其红表笔所接的电极即为 B2，测得阻值较大时，红表笔所接的电极则为 B1。如图 8-61、图 8-62 所示。

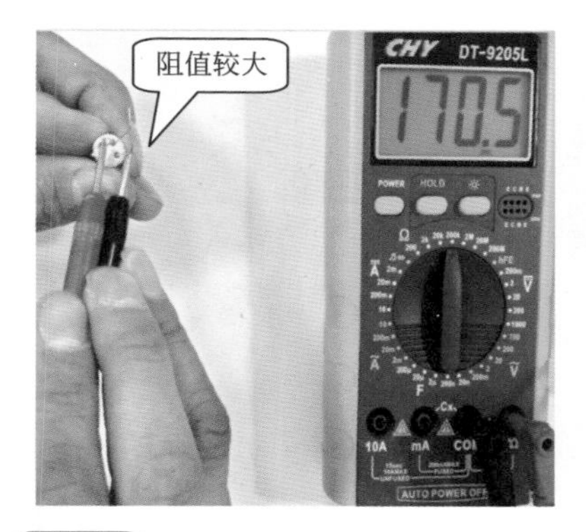

图8-61 判别基极B1和基极B2（一）

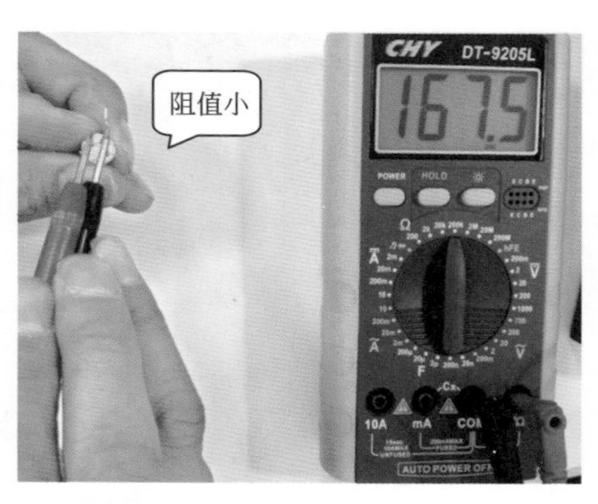

图8-62 判别基极B1和基极B2（二）

提示：上述判别基极B1与B2的方法，不是对所有双基极二极管都适合。有个别管子的E与B1间的正向电阻值和E与B2间的正向电阻值相差不大；不能准确地判别双基极二极管的两个基极，在实际使用中哪个是B1，哪个 是B2，并不十分重要。即使B1、B2用颠倒了，也不会损坏管子，只影响输出的脉冲幅度。当发现输出的脉冲较小时，可将原已认定的B1和B2两电极对调一下试试，以实际使用效果来判定B1和B2的正确接法。

（2）好坏的判断 万用表置于R×200k挡。将黑表笔接发射极E，红表笔接B1或B2时，所测得的为双基极二极管PN结的正向电阻值。正常时应为几至十几kΩ，比普通二极管的正向电阻值略大一些；将红表笔接在发射极E，用黑表笔分别接B1或B2，此时测得的为双基极二极管PN结的反向电阻值，正常时应为无穷大。如图8-63、图8-64所示。

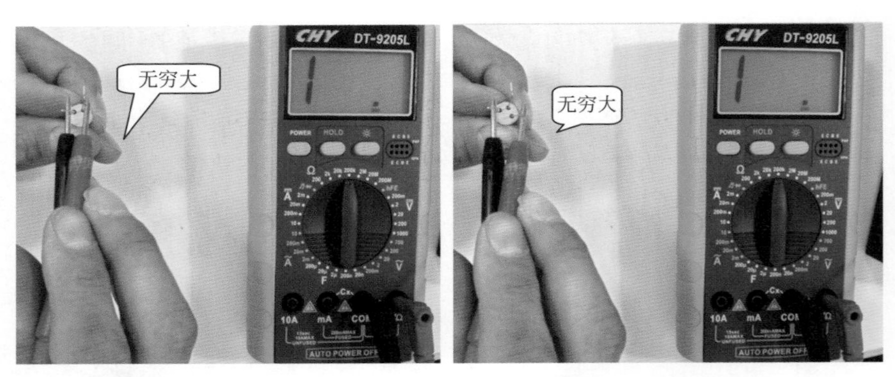

图8-63 好坏的判断（一）　　图8-64 好坏的判断（二）

将红、黑表笔分别接B1和B2，测量双基极二极管B1、B2间的电阻值应在2~10kΩ范围内。阻值过大或过小，则不能使用。

8.7.5 测量负阻特性

在B1和B2之间外接10V直流电源。万用表置于R×100或R×1k挡，红表笔接B1，黑表笔接E，这相当于在E-B1之间加有1.5V正向电压。正常时，万用表指针应停在无穷大位置不动，表明管子处于截止状态，因为此时管子处于峰点 P 以下区段，还远未达到负阻区，I_E 仍为微安级电流。若指针向右偏转，则表明管子无负阻特性，它相当于一个普通 PN 结的伏安特性。这样的管子是不宜使用的。

8.7.6 测量分压比 η

根据双基极二极管的内部结构推导出的分压比表达式为

$$\eta=0.5+（R_{EB1}-R_{EB2}）/2R_{BB}$$

式中，R_{EB1} 为双基极二极管的 E 和 B1 两电极间的正向电阻值，即黑表笔接 E、红表笔接 B1 测得的阻值；R_{EB2} 为双基极二极管的 E 和 B2 两电极间的正向电阻值，即黑表笔接 E、红表笔接 B2 测得的阻值；R_{BB} 为双基极二极管的 B1 与 B2 两电极间的电阻值，即万用表红、黑表笔分别任意接 B1 和 B2 测得的阻值。

检测时，用万用表的 R×100 或 R×1k 挡测量出双基极二极管的 R_{EB1}、R_{EB2} 和 R_{BB} 值，代入上式即可计算出分压比 η 值。

8.7.7 双基极二极管与应用

① 双基极二极管损坏后不能修复，可用同型号管代用。常用双基极二极管的主要参数见表 8-2。

② 双基极二极管的应用。在图 8-65 所示电路中，单结晶体管 BT33 及外围元件部分构成振荡触发电路供电（可在各种电路中用作振荡电路）。图 8-65 是利用其产生的触发信号控制晶闸管的导通与截止，完成调光作用。

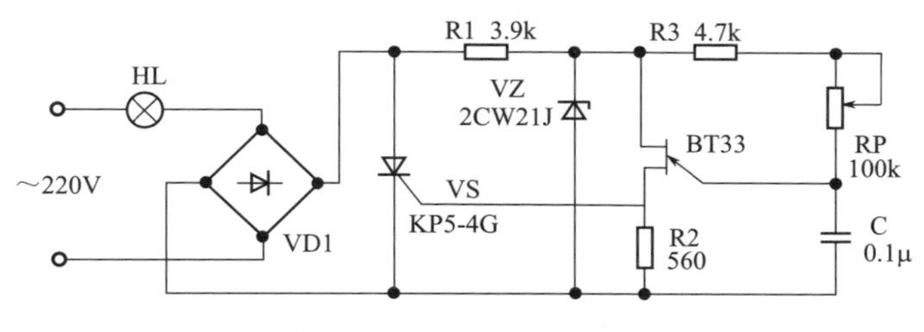

图8-65 双基极二极管应用电路

表8-2 双基极二极管的主要参数

参数名称 / 型号	分压比	基极向电阻	发射极与第一基极反向电流	饱和压降	峰点电流	谷点电流	谷点电压	调制电流	总耗散功率
	H_V	R_{BB}/kΩ	I_{EB10}/μA	U_{ES}/V	I_P/μA	I_V/mA	U_V/V	I_{B2}/mA	P/mW
BT31A BT31B BT31C BT31D	0.3~0.55 0.3~0.55 0.46~0.75 0.46~0.75	3~6 6~12 3~6 6~12	≤ 1	≤ 4	≤ 2	≥ 1.5	≤ 3.5	6~20	100
BT31A-F 测试条件	U_{BR}=15V	U_{BB}=15V I_E=0	U_{EB10}=60V	I_E=50mA V_{BB}=15V	U_{BB}=15V	U_{BB}=15V	U_{BB}=15V	U_{BB}=15V I_E=50mA	I=10mA
BT32A BT32B BT32C	0.3~0.55 0.3~0.55 0.46~0.75	3~6 6~12 3~6	≤ 1	≤ 4.5	≤ 2	≥ 1.5	≤ 3.5	8~35	250
BT32A-F 测试条件	U_{BR}=20V	U_{BB}=20 I_E=0V	U_{EB10}=60V	I_E=50mA U_{BB}=20V	U_{BB}=20V	U_{BB}=20V	U_{BB}=20V	U_{BB}=20V I_E=50mA	I_E=20mA
BT33A BT33B BT33C	0.3~0.55 0.3~0.55 0.46~0.75	3~6 6~12 3~6	≤ 1	≤ 5	≤ 2	≥ 1.5	≤ 2	8~40	400
BT33A-F 测试条件	U_{BR}=20V	U_{BB}=20V I_E=0	U_{EB10}=60V	I_E=50mA U_{BB}=20V	U_{BB}=20V	U_{BB}=20V	U_{BB}=20V	U_{BB}=20V I_E=50mA	I_E=50mA

工作过程：在第一个半周期内，电容 C 上的充电电压达到 BT33 的峰点电压时，BT33 导通，C 放电，R2 上输出的脉冲电压触发 VS 使其导通，于是就有电流流过 HL 和 VS，在 VS 正向电压较小时，其自动关断。待下一个周期开始后，C 又充电，重复上述过程。调节 RP 改变电容 C 充放电速度，从而改变 VS 的导通角，改变负载电压，改变灯的亮暗。将灯换成电机，即为调速电路。

三极管的检测与维修电路

9.1 认识三极管

9.1.1 三极管的结构与命名

三极管简称三极管或晶体管。三极管具有三个电极，在电路中三极管主要起电流放大作用，此外三极管还具有振荡或开关等作用。图 9-1 所示为电路中的三极管。

图9-1 三极管的外形

（1）三极管的基本结构 三极管顾名思义具有三个电极。二极管是由一个 PN 结构成的，而三极管是由两个 PN 结构成的，共用的一个电极称为三极管的基极（用字母 B 表示），其他两个电极称为集电极（用字母 C 表示）和发射极（用字母 E 表示）。

由于不同的组合方式，三极管有 NPN 型三极管和 PNP 型三极管两类。图 9-2 所示为三极管结构示意图。

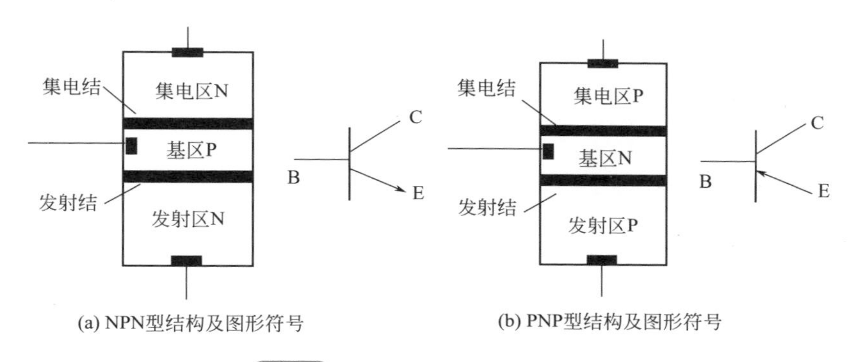

图9-2 三极管的结构及图形符号

（2）三极管的图形符号 三极管是电子电路中最常用的电子元件之一，一般用字母“Q”、“V”、“VT”或“BG”表示。三极管在电路中图形符号如图 9-3 所示。

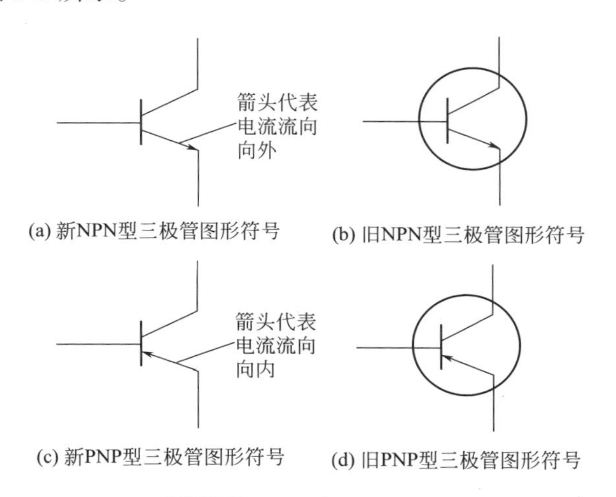

图9-3 三极管的图形符号

（3）三极管的型号命名 日本和美国的三极管命名规则见二极管命名部分，下面介绍国产三极管的命名规则。

国产三极管型号命名一般由五个部分构成，分别为名称、材料与极性、类别、序号和规格号，如图 9-4 所示。

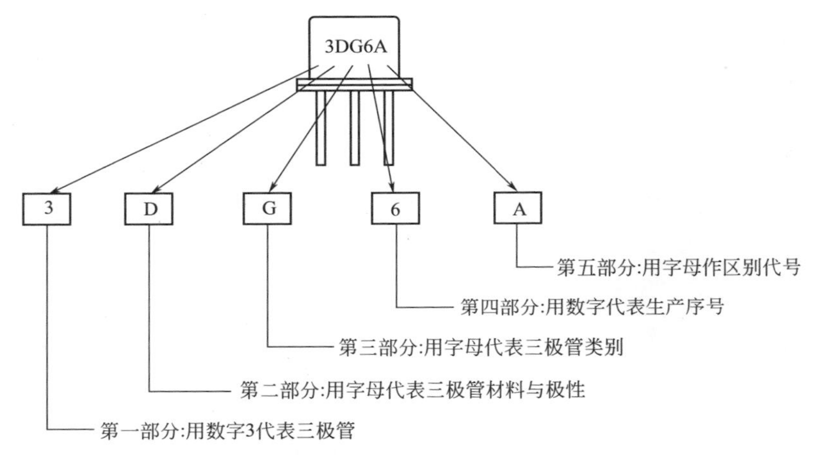

图9-4 三极管的型号命名

为了方便读者查阅，表 9-1、表 9-2 分别列出了三极管材料符号含义对照表和三极管类别代号含义对照表。

表9-1 三极管材料符号含义对照表

符号	材料	符号	材料
A	锗材料 PNP 型	D	硅材料 NPN 型
B	锗材料 NPN 型	E	化合物材料
C	硅材料 PNP 型	—	—

表9-2 三极管类别代号含义对照表

符号	含义	符号	含义
X	低频小功率管	K	开关管
G	高频小功率管	V	微波管
D	低频大功率管	B	雪崩管
A	高频大功率管	J	阶跃恢复管
T	闸流管	U	光敏管

【例】某三极管的标号为3CX701A，其含义是PNP型低频小功率硅三极管，如图9-5所示。

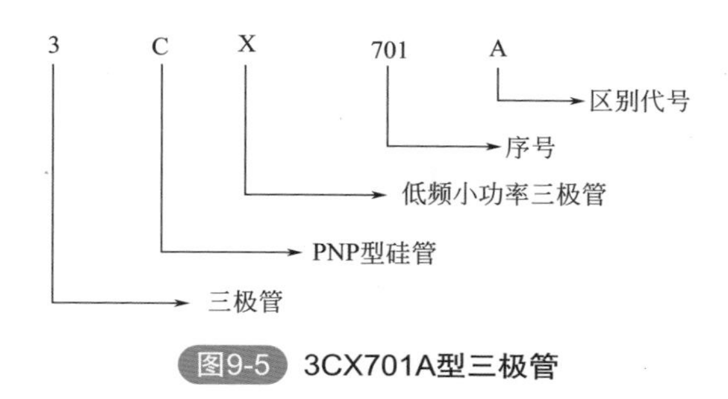

图9-5 3CX701A型三极管

9.1.2 三极管的封装与识别

三极管的三个引脚分布有一定规律（即封装形式），根据这一规律可以非常方便地进行三个引脚的识别。在修理和检测中，需要了解三极管的各引脚。不同封装的三极管，其引脚分布的规律不同。

① 常见塑料封装三极管如图9-6所示。

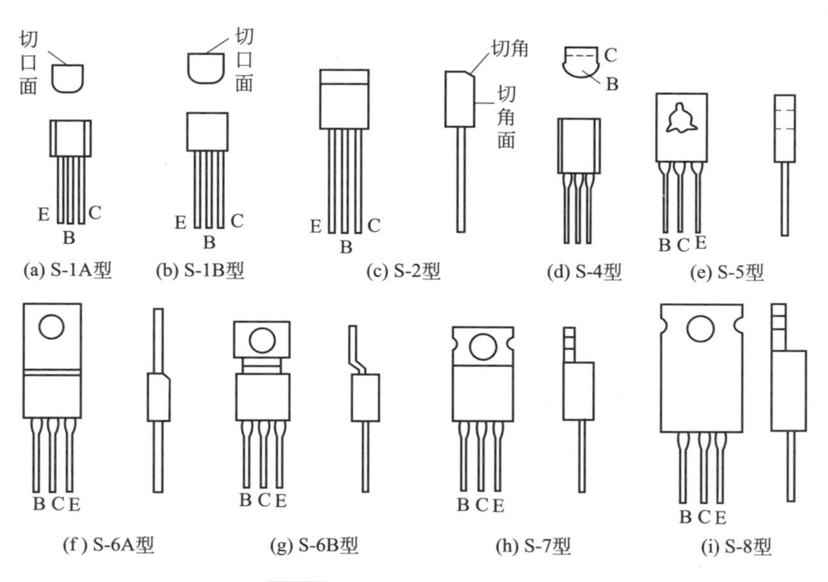

(a) S-1A型 (b) S-1B型 (c) S-2型 (d) S-4型 (e) S-5型
(f) S-6A型 (g) S-6B型 (h) S-7型 (i) S-8型

图9-6 常见塑料封装三极管

② 常见金属封装如图 9-7 所示。

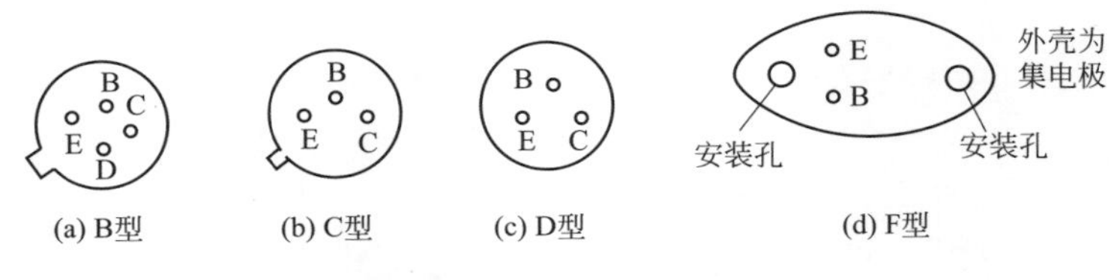

图9-7 常见金属封装三极管

9.1.3 三极管的分类

三极管的种类很多，具体分类方法如图 9-8 所示。

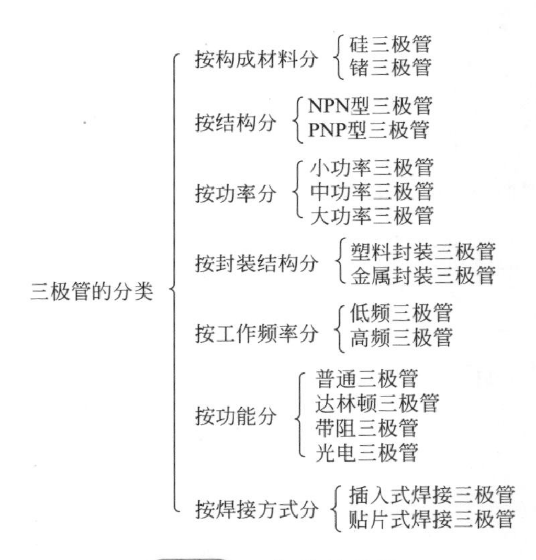

图9-8 三极管的分类

9.1.4 三极管的主要参数

三极管的主要参数包括直流电流放大倍数、发射极开路集电极 - 基极反向截止电流、基极开路集电极 - 发射极反向截止电流、集电极最大电流、集电极最大允许功耗和反向击穿电压等。

① 直流电流放大倍数 h_{FE}。在共发射极电路中，三极管基极输入信号不变化的情况下，三极管集电极电流 I_C 与基极电流 I_B 的比值就是直

流电流放大倍数 h_{FE}，也就是 $h_{FE}=I_C/I_B$。直流放大倍数是衡量三极管直流放大能力最重要的参数之一。

② 交流放大倍数 β。在共发射极电路中，三极管基极输入交流信号的情况下，三极管变化的集电极电流 ΔI_C 与基极电流 I_B 的比值就是交流放大倍数 β，也就是 $\beta=\Delta I_C/\Delta I_B$。

虽然交流放大倍数 β 与直流放大倍数 h_{FE} 的含义不同，但是大部分三极管的 β 与 h_{FE} 值相近，所以在应用时也就不再对它们进行严格区分。

③ 发射极开路时集电极 - 基极反向截止 I_{CBO}。在发射极开路的情况下，为三极管的集电极输入规定的反向偏置电压时，产生的集电极电流就是集电极 - 基极反向截止电流 I_{CBO}。下标中的“O”表示三极管的发射极开路。

在一定温度范围内，如果集电结处于反向偏置状态，即使再增大反向偏置电压，I_{CBO} 也不再增大，所以 I_{CBO} 也被称为反向饱和电流。一般小功率锗三极管的 I_{CBO} 从几微安到几十微安，而硅三极管的 I_{CBO} 通常为纳安数量级。NPN 和 PNP 型三极管的集电极 - 基极反向截止电流 I_{CBO} 的方向不同，如图 9-9 所示。

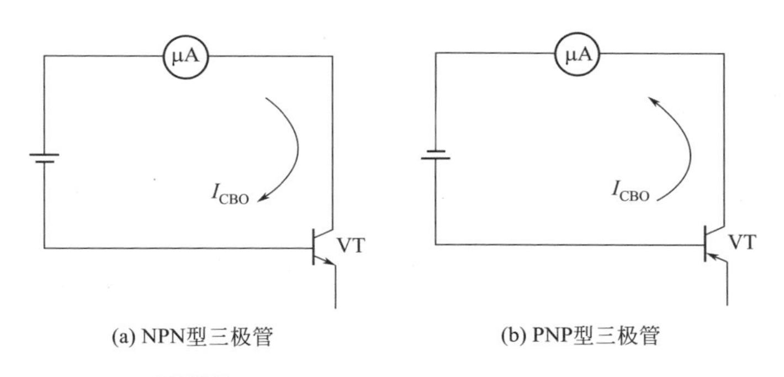

图9-9 NPN、PNP型三极管的 I_{CBO} 示意图

④ 基极开路时集电极 - 发射极反向截止电流 I_{CEO}。在基极开路的情况下，为三极管的发射极加正向偏置电压、为集电极加反向偏置电压时产生的集电极电流就是集电极 - 发射极反向截止电流 I_{CEO}，俗称穿透电流。下标中的“O”表示三极管的基极开路。

NPN 和 PNP 型三极管的集电极 - 发射极反向截止电流 I_{CEO} 的方向是不同的，如图 9-10 所示。

提示：I_{CEO} 约是 I_{CBO} 的 h_{FE} 倍，即 $I_{CEO}/I_{CBO}=h_{FE}+1$。I_{CEO}、I_{CBO} 反映了三极管的热稳定性，它们越小，说明三极管的热稳定性越好。在实际应用中，I_{CEO}、I_{CBO} 会随温度的升高而增大，尤其锗三极管更明显。

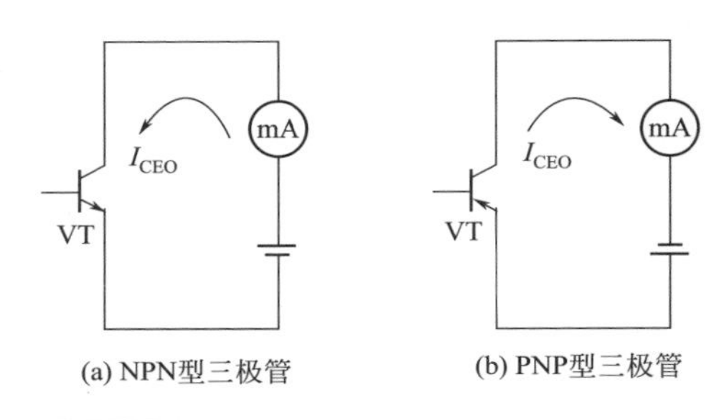

(a) NPN型三极管　(b) PNP型三极管

图9-10 NPN、PNP型三极管的I_{CEO}示意图

⑤ 集电极最大电流 I_{CM}。当基极电流增大使集电极电流 I_C 增大到一定值后，会导致三极管的 β 值下降。β 值下降到正常值的 2/3 时的集电极电流就是集电极允许的最大电流 I_{CM}。实际应用中，若三极管的 I_C 越过 I_{CM} 后，就容易过电流损坏。

⑥ 集电极最大功耗 P_{CM}。当三极管工作时，集电极电流 I_C 在它的发射极 - 集电极电阻上产生的压降为 U_{CE}，而 I_C 与 U_{CE} 相乘就是集电极功耗 P_C，也就是 $P_C=I_CU_{CE}$。因为 P_C 将转换为热能使三极管的温度升高，所以当 P_C 值超过规定的功率值后，三极管 PN 结的温度会急剧升高，三极管就容易击穿损坏，这个功率值就是三极管集电极最大功耗 P_{CM}。

实际应用中，大功率三极管通常需要加装散热片进行散热，以降低三极管的工作温度，提高它的 P_{CM}。

⑦ 最大反向击穿电压 $U_{(BR)}$。当三极管的 PN 结承受较高的电压时，PN 结就会反向击穿，结电阻的阻值急剧减小，结电流急剧增大，使三极管过电流损坏。三极管击穿电压的高低不仅仅取决于三极管自身的特性，还受外电路工作方式的影响。

三极管的击穿电压包括集电极 - 发射极反向击穿电压 $U_{(BR)CEO}$ 和集电极 - 基极反向击穿电压 $U_{(BR)CBO}$ 两种。

a. 集电极 - 发射极反向击穿电压 $U_{(BR)CEO}$。$U_{(BR)CEO}$ 是指三极管在基极开路时，允许加在集电极和发射极之间的最高电压。下标中的“O”

表示三极管的基极开路。

b. 集电极 - 基极反向击穿电压 $U_{(BR)CBO}$。$U_{(BR)CBO}$ 是指三极管在发射极开路时，允许加在集电极和基极之间的最高电压。下标中的“O”表示三极管的发射极开路。

提示：应用时，三极管的集电极、发射极间电压不能超过 $U_{(BR)CBO}$，同样集电极、基极间电压也不能超过 $U_{(BR)CBO}$，否则会引起三极管损坏。

⑧ 频率参数。当三极管工作在高频状态时，就要考虑它的频率参数，三极管的频率参数主要包括截止频率 f_a 与 f_β、特征频率 f_T 以及最高频率 f_m。在这些频率参数里最重要的是特征频率 f_T，下面对其进行简单介绍。

三极管工作频率超过一定值时，β 值开始下降。当 β 下降到 1 时，所对应的频率就是特征频率 f_T。当三极管的频率 $f=f_T$ 时，三极管就完全失去了电流放大功能。

正常时，三极管的特征频率 f_T 等于三极管的频率 f 乘以放大倍数 β，即 $f_T=f\beta$。

9.2 三极管的工作原理

（1）电流放大原理　电流放大原理如图 9-11 所示。

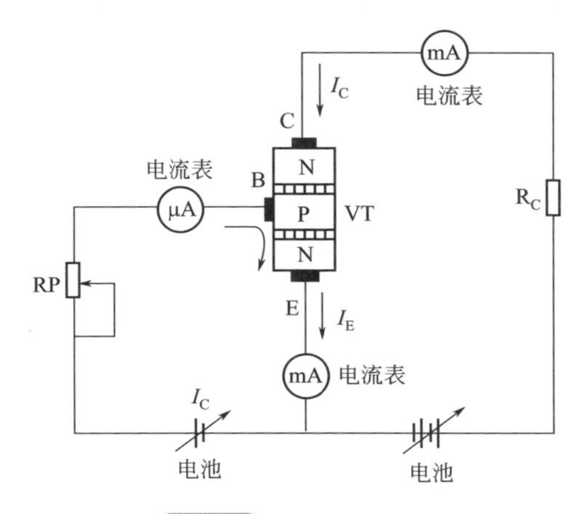

图9-11　电流放大原理

① 偏置要求。三极管要正常工作应使集电结反偏，电压值为几伏至几百伏，发射结正偏，硅管为 0.6~0.7V，锗管为 0.2~0.3V。即 NPN 型管应为 E 电极 <B 电极（硅管：0.6~0.7V，锗管：0.2~0.3V）<C 极电压时才能导通，PNP 应为 E 极电压 >B 极电压（硅管：0.6~0.7V，锗管：0.2~0.3V）>C 极电压时才能导通。

② 电流放大原理。如图 9-11 所示电路，RP 使 VT 产生基极电流 I_B，则此时便有集电极电流 I_C，I_C 由电源经 R_C 提供。当改变电源 RP 大小时，VT 的基极电流便相应改变，从而引起集电极电流的相应变化。由各表显示可知，I_B 只要有微小的变化，便会引起 I_C 很大变化。如果将 RP 变化看成是输入信号，I_C 的变化规律是由 I_B 控制的，且 $I_C>I_B$，这样 VT 通过 I_C 的变化反映了输入三极管基极电流的信号变化，可见 VT 将信号加以放大了。I_B、I_C 流向发射极，形成发射极电流 I_E。

综上所述，三极管能放大信号是因为三极管具有 I_C 受 I_B 控制的特性，而 I_C 的电流能量是由电源提供的。所以，三极管是将电源电流按输入信号电流要求转换的器件，三极管将电源的直流电流转换成流过三极管集电极的信号电流。

PNP 型管工作原理与 NPN 型管相同，但电流方向相反，即发射极电流流向基极和集电极。

（2）三极管各极电流、电压之间的关系 由上述放大原理可知，各极电流关系为 $I_E=I_C+I_B$，又由于 I_B 很小可忽略不计，则 $I_E \approx I_C$，各极电压关系为：B 极电压与 E 极电压变化相同，即 $U_B\uparrow$、$U_E\uparrow$；而 B 极电压与 C 极电压变化相反，即 $U_B\uparrow$、$U_C\downarrow$。

（3）三极管三种偏置电路 根据放大原理可知，三极管要想正常工作，就必须加偏置电路，常用偏置电路见表 9-3。

表9-3 常用偏置电路

电路名称	电路形式	电路特点
固定偏置电路	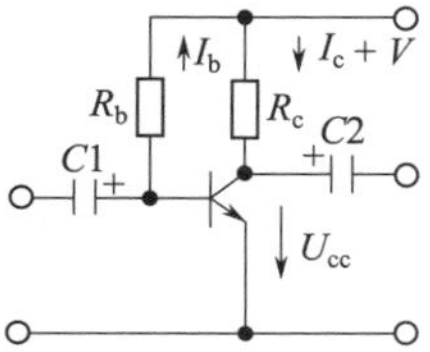 I_b I_c +V R_b R_c C2 C1 U_{cc}	电路结构简单，测试方便，但静态工作点会随管子参数和环境温度的变化而变化，只适用于要求不高和环境温度变化不大的场合

续表

电路名称	电路形式	电路特点
分压器式电流负反馈偏置电路		利用 R_{b1}，R_{b2} 组成的分压器以固定基极电位。利用 R_e 使发射极电流 I_c 基本不变。 静态工作点基本不受更换管子和环境温度改变的影响，属于工作点稳定的偏置电路
电压负反馈偏置电路		利用 I_b、U_{cc} 来达到稳定静态工作点的目的
自举偏置电路		属于射极输出器的偏置形式，故输入电阻变高。且由于 C3、R3 的作用，使输入电阻更为增高

9.3 通用三极管的检测

9.3.1 用指针万用表检测普通三极管

（1）极性检测 在现代家用电器及很多电器设备中，都常用到三极管。三极管极性辨别至关重要。如果不能正确判别三极管极性致使安装错误很可能发生危险。下面对三极管的极性判断作详细介绍。

如图 9-12 所示，为了和集电极区别，三极管的发射极上都画有小箭头，箭头的方向代表发射结在正向电压下的电流方向。箭头向外的是NPN型三极管，箭头向内的是PNP型三极管。万用表测量三极管基极和发射极PN结的正向压降时，硅管的正向压降一般为0.5~0.7V，锗管的正压降多为0.2~0.4V。

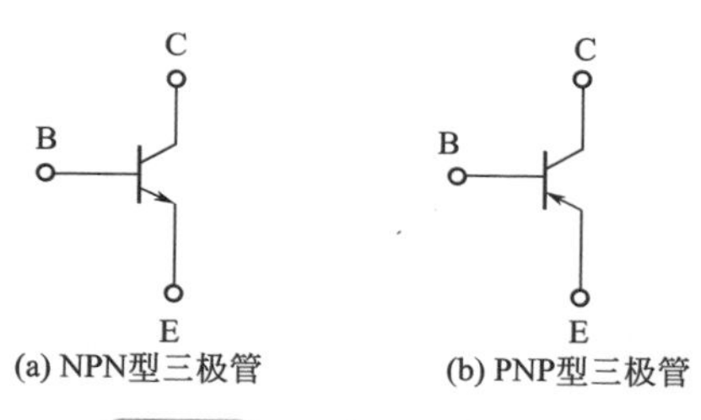

(a) NPN型三极管 (b) PNP型三极管

图9-12 两种三极管的区别

（2）NPN型三极管的测量 采用指针型万用表判别管型和基极时，首先将万用表置于R×1k挡，黑表笔接假设的基极、红表笔接另两个引脚时指针指示的阻值为10kΩ左右，则说明假设的基极正确，并且被判别的三极管是NPN型，如图9-13所示。

（3）集电极、发射极的判别（放大倍数检测）

① 如果万用户表内电池为15V以上电池，可直接将表调整到R×10K档，红黑表笔分别测除B极以外的两个电极，并对调表笔测两次，表针摆动的一次红笔所接为C极，黑笔所接为E极。如图9-14所示。

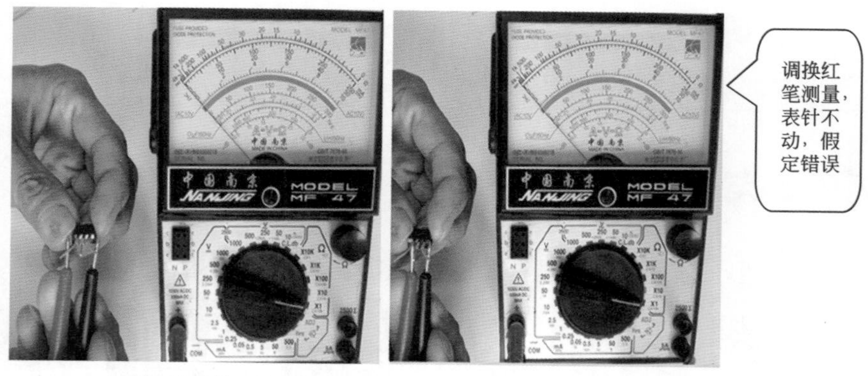

(a)第一次测量：黑表笔接假定第一个引脚基极，红笔测另外两个电极

图9-13

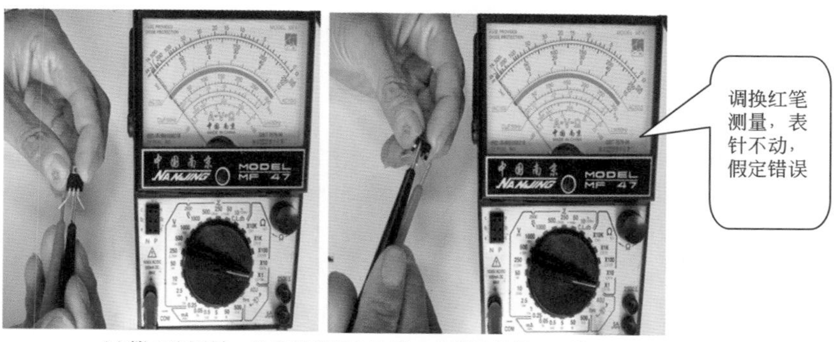

(b) 第二次测量：黑表笔接假定的第二个引脚基极，红笔测另外两个电极

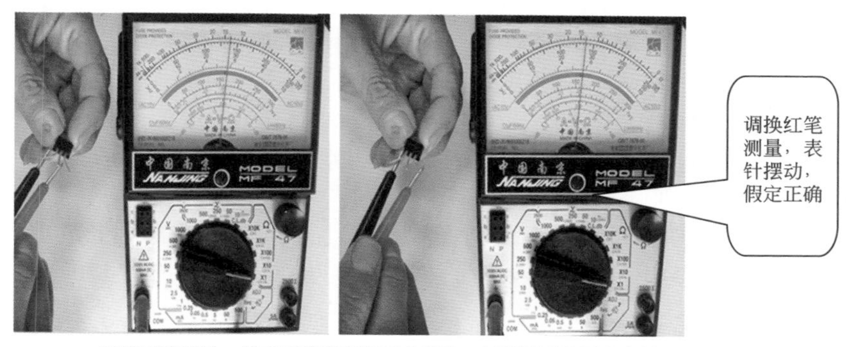

(c)第三次测量：黑表笔接假定第三个基极，红笔测另外两个电极

图9-13　用指针型万用表判别NPN型三极管基极示意图

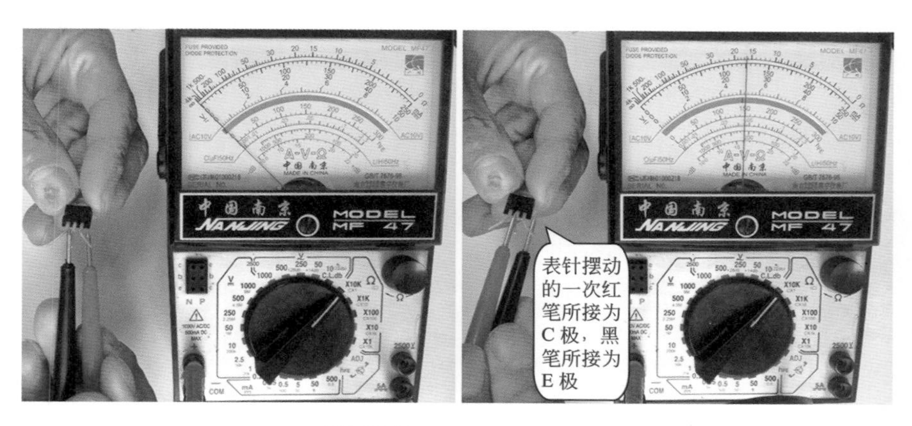

图9-14　集电极和发射极

提示：

• 此方法测量只限于硅管，且表内电池要为 15V 以上电池测量，另外，摆动的一次越大，说明管子的稳定性越差。

• 若表内电池为 9V，用此方法不能判断出 C、E 电极，可用一个 9V 电池其正极接红表笔与表内电池串联代用 15V 电池，电池正极引出线测试。

② 通过 hFE 挡判别的方法。如图 9-15 所示，万用表的面板都有 NPN、PNP 型三极管“B”、“C”、“E”引脚插孔，所以检测三极管的 h_{FE} 时，首先要确认被测三极管是 NPN 型还是 PNP 型，然后将它的基极（B）、集电极（C）、发射极（E）3 个引脚插入面板上相应的“B”、“C”、“E”插孔内，再将万用表置于 hFE 挡，通过显示屏显示的数据就可以判断出三极管的 C 极、E 极。若数据较小或为 0，可能是假设的 C、E 极反了，再将 C、E 引脚调换后插入，此时数据较大，则说明插入的引脚就是正确的 C、E 极了。

该方法不仅可以识别出三极管的引脚，而且可以确认三极管的放大倍数，如图 9-15 所示。图 9-16 所示的三极管的放大倍数约为 180 倍。

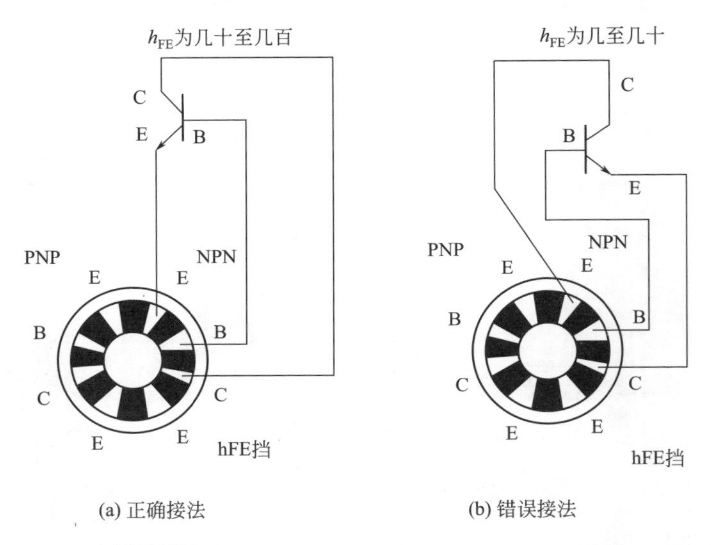

(a) 正确接法　　(b) 错误接法

图9-15 通过hFE挡判别三极管C、E极的示意图

当三极管体积较大，不能插入插座，可将基极插入管座 B，用红黑表笔接触两个引脚测量，表针摆动的一次即为正确，摆动值仍为放大值。如图 9-16 所示。

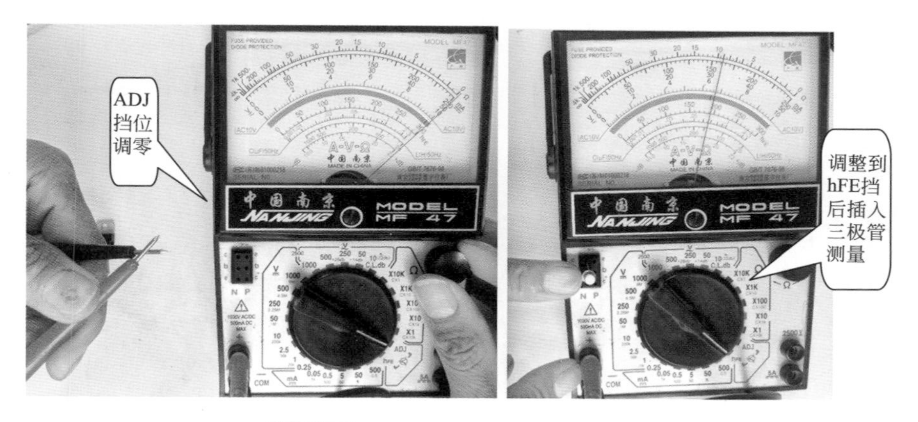

图9-16 直接插入三极管插座测试法

③ 无 hFE 插座或无法插入测量。将表调到 R × 1K 或 R × 10K 挡，用两表笔分别接除去 B 极的两个电极，用手碰触黑笔所接电极，如表针不摆动，调换表笔，表针摆动，则此次假定正确，黑笔所接为 C 极，表针摆动越大，则放大倍数越大。如图 9-17 所示。

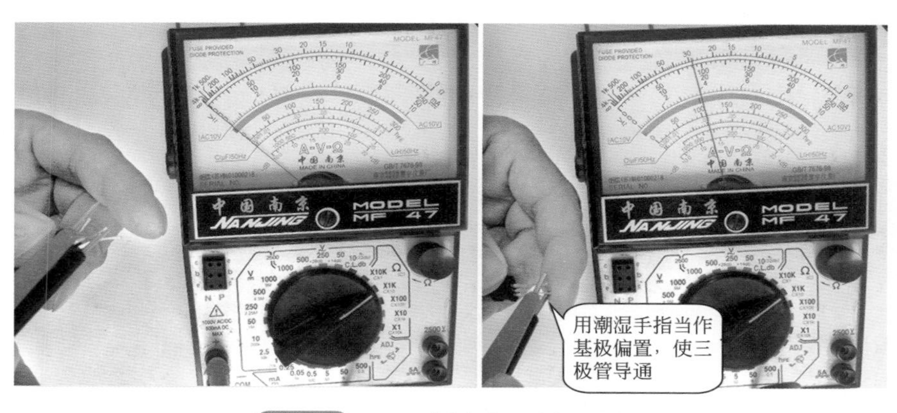

图9-17 无hFE插座或无法插入测量

（4）用指针型万用表判别 PNP 型三极管

① 采用指针型万用表电阻挡判别基极方法及导电类型。参见 NPN

管的测量方法。采用指针型万用表判别管型和基极时，首先将万用表置于“R×1”挡，红表笔接假设的基极、黑表笔接另两个引脚时表针指示的阻值为几十到几百欧姆左右，则说明红表笔接的引脚是基极，并且被测量的三极管是 PNP 型，如图 9-18 所示。

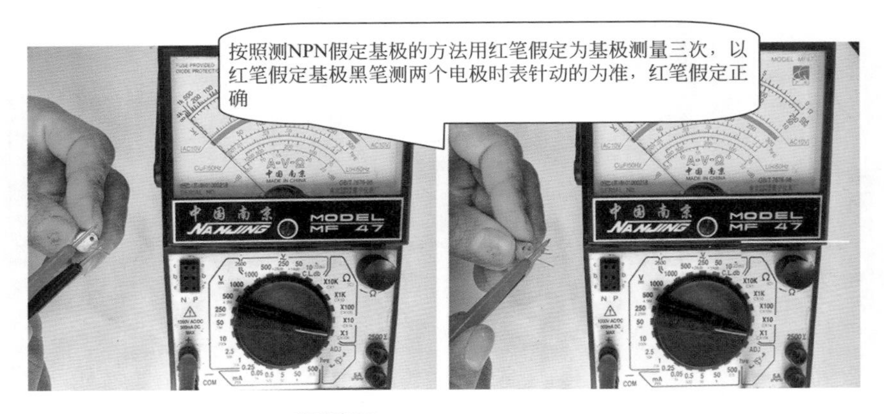

图9-18 判别PNP型三极管B

② 判别集电极和发射极

a. 如果万用表内电池为 15V 以上电池，可直接将表调整到 R×10k 挡，红黑表笔分别测除 B 极以外的两个电极，并对调表笔测两次，表针摆动的一次红笔所接为 E 极，黑笔所接为 C 极。如图 9-19 所示。

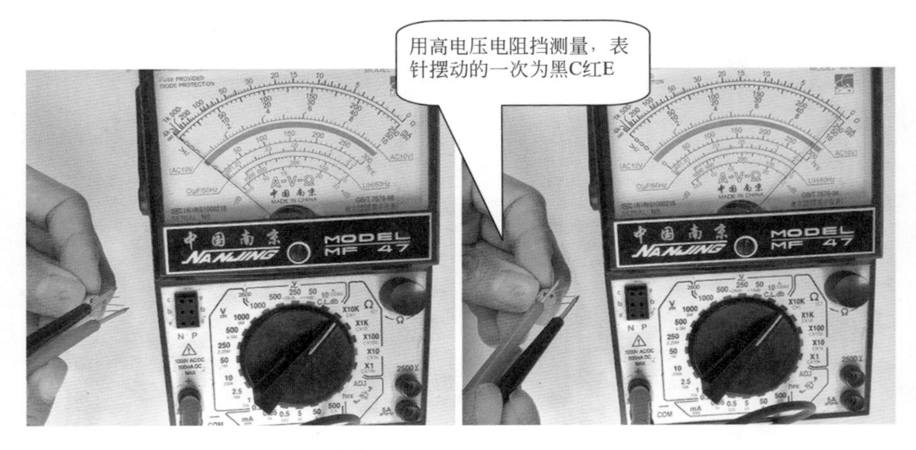

图9-19 判别PNP型三极管C、E

b. 通过 h_{FE} 判别的方法。参见 NPN 管的测量方法，如图 9-20 所示，万用表的面板都有 NPN、PNP 型三极管“b”、“c”、“e”引脚插孔，所以检测三极管的 h_{FE} 时，首先要确认被测三极管是 NPN 型还是 PNP 型，然后将它的基极（B）、集电极（C）、发射极（E）3 个引脚插入面板上相应的“b”、“c”、“e”插孔内，再将万用表置于“hFE”挡，通过显示屏显示的数据就可以判断出三极管的 C 极、E 极。若数据较小或为 0，可能是假设的 C、E 极反了，再将 C、E 引脚调换后插入，此时数据较大，则说明插入的引脚就是正确的 C、E 极了。

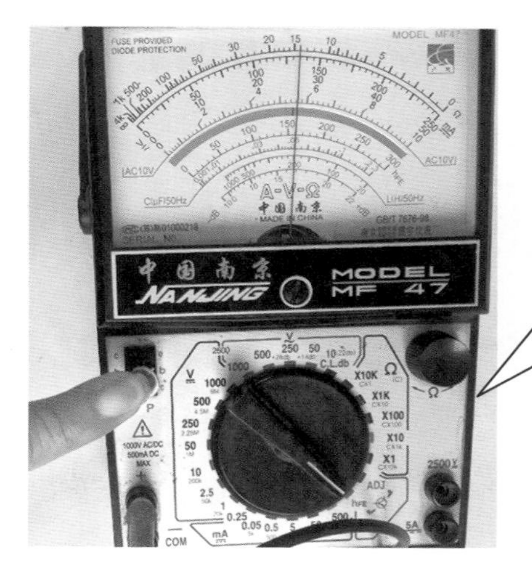

图9-20　判别PNP型三极管 h_{FE}

（5）判别硅材料管和锗材料管　找到基极，测量基极与任意一电极电阻，如果阻值在几欧或几十欧，则为硅材料管，如为几十到几百欧，则为硅材料管。如图 9-21 所示。

> 提示：在整个测量过程中，如果两个电极之间正反向两次测量阻值都很大或很小，为三极管损坏。

（6）电路中三极管好坏检测　用万用表检测三极管的好坏，可采用在路检测和非在路检测的方法进行。

将指针型万用表置于“R × 1”挡，在测量 NPN 型三极管时，黑表笔接三极管的 B 极，红表笔分别接 C 极和 E 极，所测的正向电阻都应在 20Ω 以内。用红表笔接 B 极，黑表笔接 C 极和 E 极，无论表笔怎样连接，反向电阻都应该是无穷大。而 C、E 极间的正向电阻的阻值应大于 200Ω，反向电阻的阻值为无穷大。否则，说明该三极管已坏。所有管子的在路测量只能作为参考，准确值应拆下来再测量。

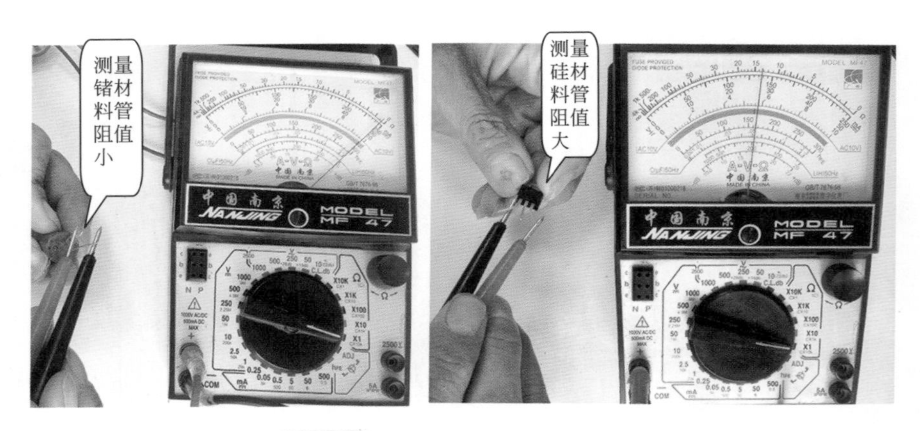

图9-21 判别硅材料管和锗材料管

PNP 型三极管的检测跟 NPN 型三极管正好相反，红表笔接在 B 极，黑表笔分别接 C 极和 E 极。如图 9-22、图 9-23 所示。

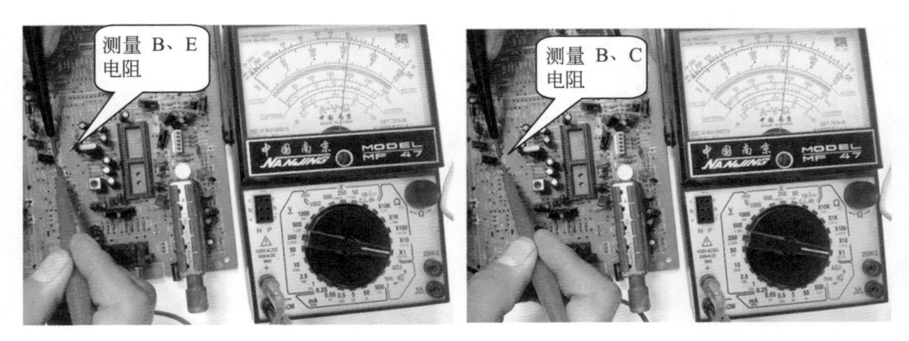

图9-22 在电路中测三极管（一）

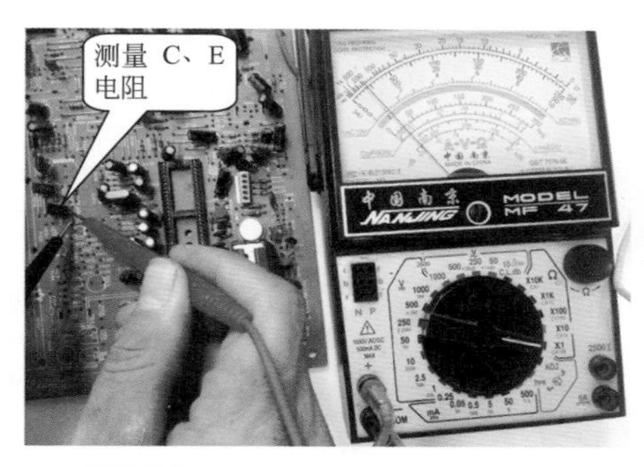

图9-23 在电路中测三极管（二）

9.3.2 用数字万用表测量通用三极管

（1）判别基极 首先用红笔假设三极管的某个引脚为基极，然后将数字型万用表置于“二极管”挡，用红表笔接三极管假设的基极，黑表笔分别接第另外两个引脚，若显示屏显示数值都为“0.5~0.8”，说明假设的脚的确是基极，并且该管为 NPN 型三极管，如图 9-24 所示。

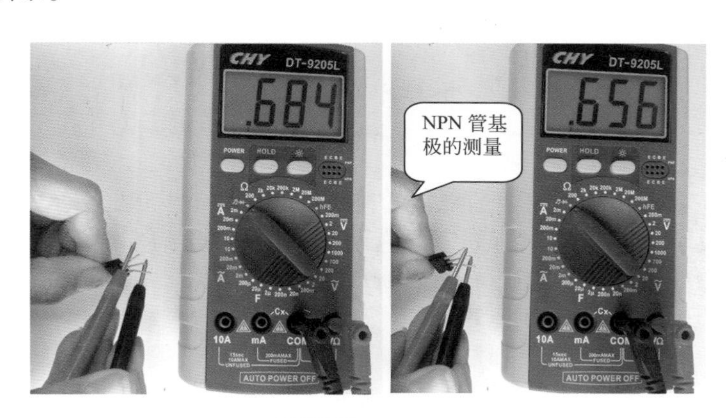

图9-24 判别基极

若红表笔接假定基极引脚、黑表笔接另一个引脚时，显示屏显示的数值为“0.5~0.7”，而黑表笔接第三个引脚时，数值为无穷大（有的数字型万用表显示“1”，有的显示“OL”），则让黑表笔重新接第 1 个引脚，用红表笔接第 3 个引脚实验，直到假定黑笔接假定脚，红笔接另两个引脚都显示 0.5~0.8 为止，假定正确。在测试中所有引脚如只有一次显示，为坏。

用黑笔假设三极管的某个引脚为基极，然后将数字型万用表置于“二极管”挡，用黑表笔接三极管假设的基极，红表笔分别接另外两个引脚，若显示屏显示数值都为“0.5~0.8”，说明假设的脚的确是基极，并且该管为 PNP 型三极管，如图 9-25 所示。

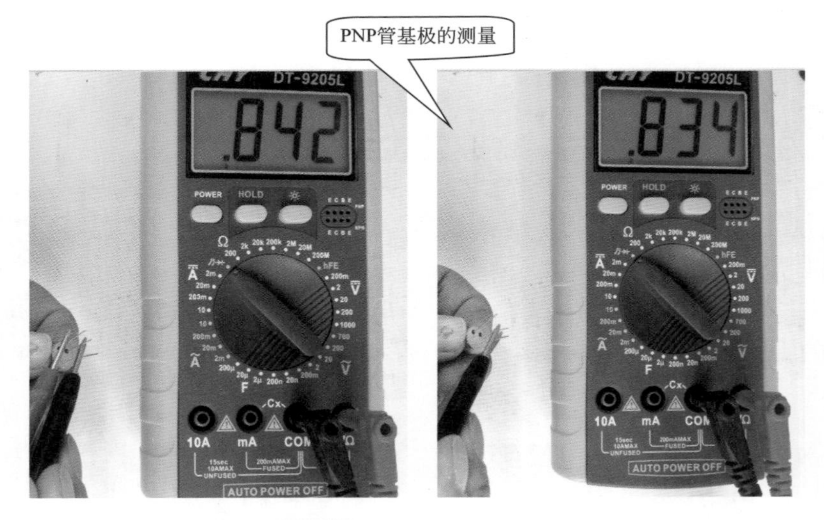

图9-25 PNP管基极的测量

（2）集电极、发射极的判别（放大倍数检测）

实际使用三极管时，还需要判断哪个引脚是集电极，哪个引脚是发射极，用万用表通过测量 PN 结和三极管放大倍数 h_{FE} 就可以判别三极管的集电极、发射极。

① 通过 PN 结阻值判别的方法。参见图 9-26，显示屏显示的数值较小时，说明黑表笔接的引脚是集电极，显示屏显示的数值较大时，说明黑表笔接的引脚是发射极。

② 通过万用表 hFE 挡判别的方法。如图 9-27 所示，万用表的面板都有 NPN、PNP 型三极管“b”、“c”、“e”引脚插孔，所以检测三极管的 h_{FE} 时，首先要确认被测三极管是 NPN 型还是 PNP 型，然后将它的基极（B）、集电极（C）、发射极（E）3 个引脚插入面板上相应的“b”、 “c”、“e”插孔内，再将万用表置于“hFE”挡，通过显示屏显示的数据就可以判断出三极管的C极、E极。若数据较小或为0，可能是假设的C、E极反了，再将C、E引脚调换后插入，此时数据较大，则说明插入的引脚就是正确的C、E极了。

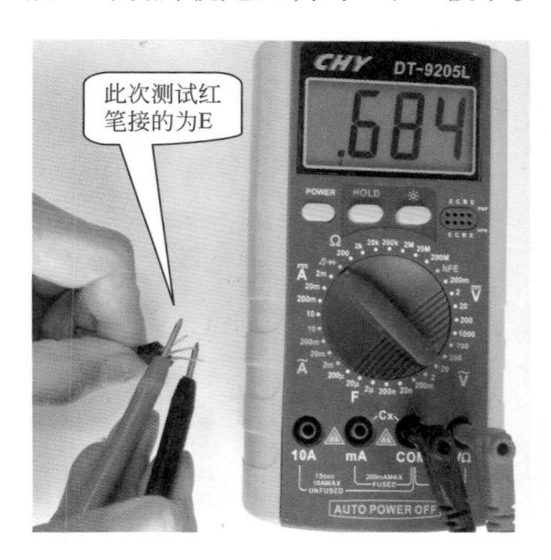

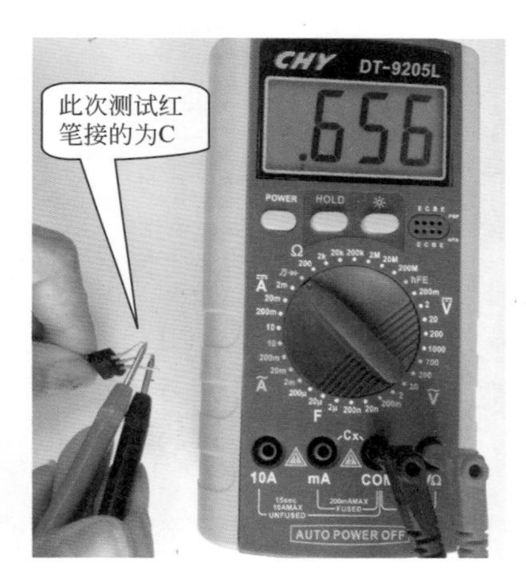

图9-26 判别C、E

该方法不仅可以识别出三极管的引脚，而且可以确认三极管的放大倍数，图9-27所示。

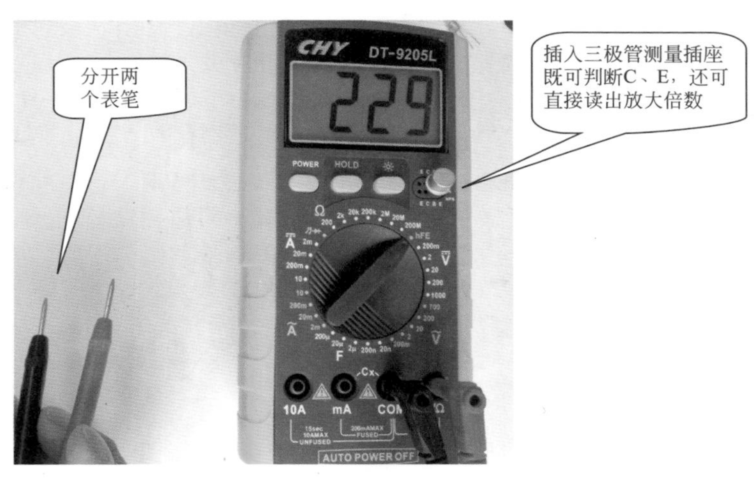

图9-27 测h_{FE}

（3）判别硅材料和锗材料 找到基极，测量基极与任意一电极，如果显示电压为 0.5~0.9V，则为硅材料管，如为 0.1~0.35V，则为硅材料管。如图 9-28 所示。

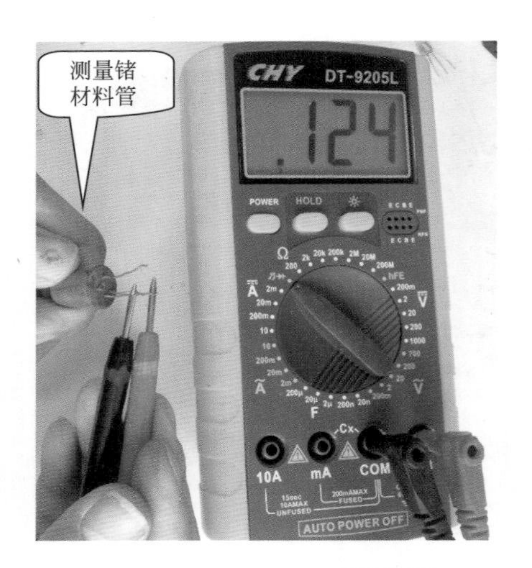

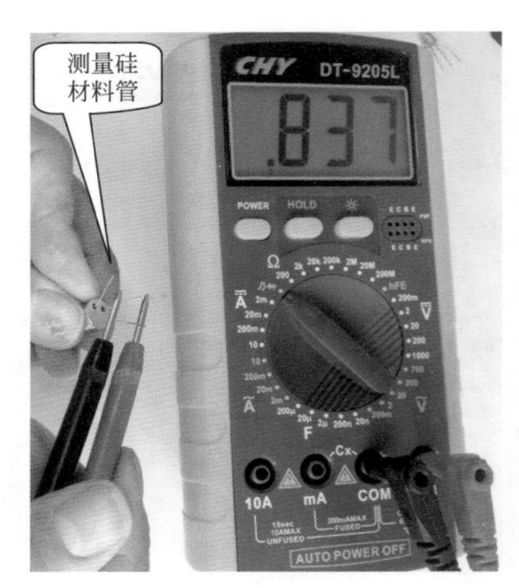

图9-28 判别硅材料和锗材料

（4）好坏检测 用万用表检测三极管的好坏，可采用在路检测和非在路检测的方法进行。在路检测方法如下。

将数字型万用表置于“二极管”挡，在测量 NPN 型三极管时，红表笔接三极管的 B 极，黑表笔分别接 C 极和 E 极，显示屏上显示的正向导通压降值为 0.5~0.7。用黑表笔接 B 极，红表笔接 C、E 极时，测它们的反向导通压降值为无穷大（显示“1”）；而 C、E 极间的正向导压降值为 1 点几，反向导通压降值为无穷大（显示“1.”）。若测得的数值偏差较大，则说明该三极管已坏或电路中有小阻值元件与它并联，需要将该三极管从电路板上取下或引脚悬空后再测量，以免误判。PNP 型三极管的检测跟 NPN 型三极管正好相反，黑表笔接在 B 极，红表笔分别接 C 极和 E 极。如图 9-29、图 9-30 所示。

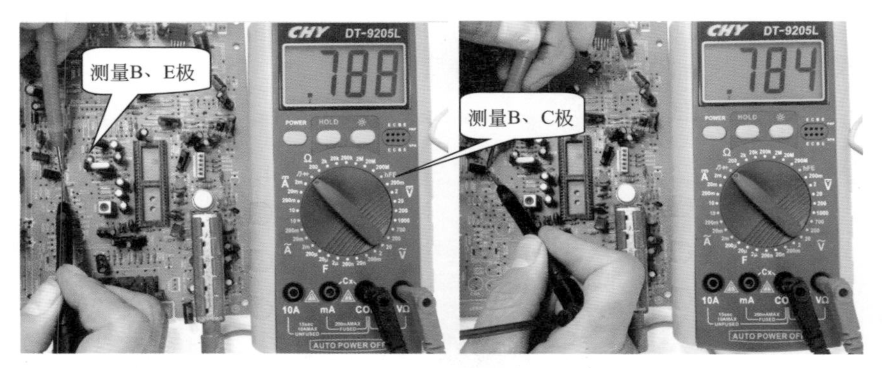

图9-29 在路测量（一）

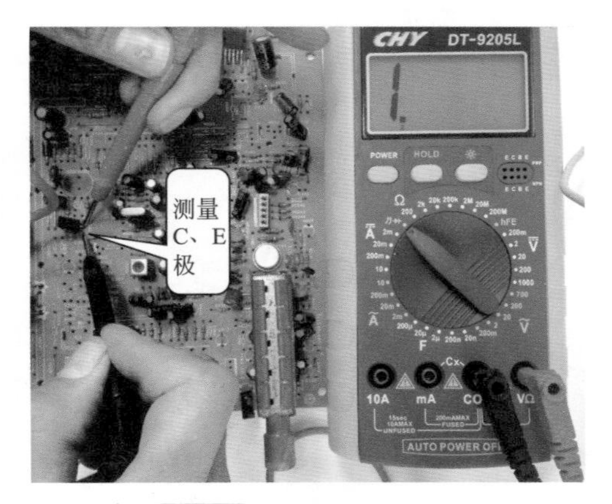

图9-30 在路测量（二）

9.3.3 穿透电流估测

利用万用表测量三极管的C、E极间电阻，可估测出该三极管穿透电流I_{CEO}的大小。

（1）PNP型三极管I_{CEO}的估测 如图9-31所示，将万用表置于R×1k挡，黑表笔接E极、红表笔接C极时所测阻值应为几十千欧到无穷大。如果阻值过小或指针缓慢向左移动，说明该管的穿透电流I_{CEO}较大。

PNP型锗三极管的穿透电流I_{CEO}比PNP型硅三极管大许多，采用R×1k挡测量C、E极电阻时都会有阻值。

（2）NPN型三极管I_{CEO}的估测 如图9-32所示，将万用表置于R×1k挡，红表笔接E极、黑表笔接C极时所测阻值应为几百千欧，调换表笔后阻值应为无穷大。如果阻值过小或指针缓慢向左移动，说明该管的穿透电流 I_{CEO} 较大。

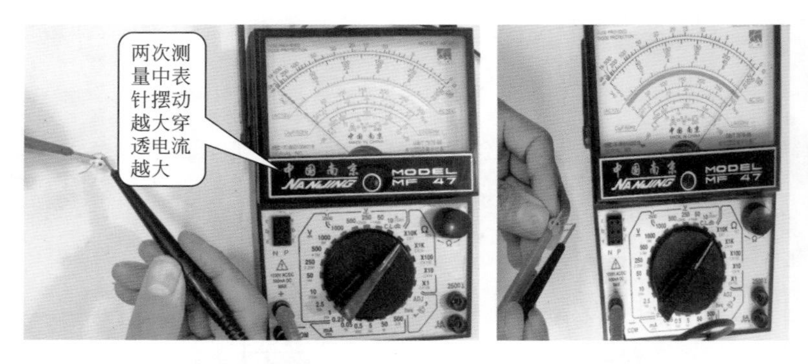

图9-31 估测PNP型三极管穿透电流的示意图

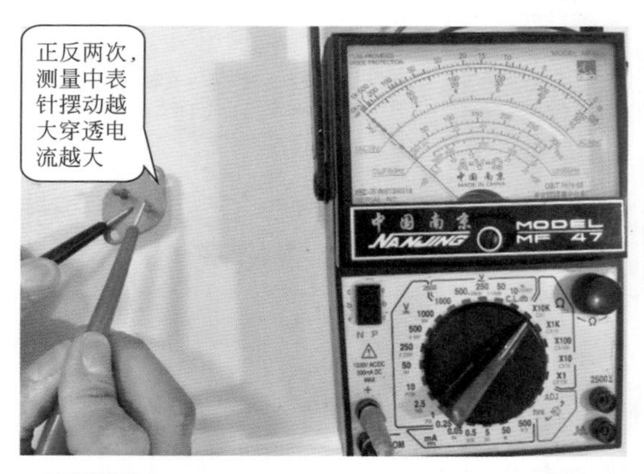

图9-32 估测NPN型三极管穿透电流的示意图

9.3.4 高频管、低频管的判断

根据三极管型号区分高频管、低频管比较方便，而对于型号模糊不清的三极管则需要通过万用表检测后进行确认。

将万用表置于 R × 1k 挡，黑表笔接 E 极、红表笔接 B 极时阻值应大于几百千欧或为无穷大。然后，将万用表置于 R × 10k 挡，若指针不变化或变化范围较小，则说明被测三极管是低频管；若指针摆动的范围较大，则说明被测三极管为高频管。

9.4 普通三极管的修理、代换与应用

9.4.1 三极管的修理

普通三极管的故障多为击穿、开路、性能不良、失效衰老和断极等。击穿、开路硬故障可用万用表电阻挡直接测出，而软故障不易测出，可用晶体管图示仪测出。管子击穿或衰老、性能不良、失效性故障是无法修复的可用代换法检修，坏后更换管子。对于断路性故障，可根据具体情况采用下述方法进行修理：

① 管子的引脚折断后，先用万用表检查一下已断引脚是否与管壳相通。若已断引脚是与管壳相连的，只需将金属管壳上部锉光一小块，重新焊上一根导线作为引脚即可。焊接时，可使用少量的焊锡膏，以使焊接操作一次成功。

② 若折断的引脚与管壳不相通，则可先用小刀将断线处绝缘物刮掉一些，使引脚外露 0.5mm 以上，并刮干净，蘸好锡。再在断脚的根部串上一块开有小孔的薄纸，以防焊接时焊锡外流造成极间短路。然后用一根 ϕ 0.15mm 左右的细铜线作引线，将铜线的一头刮净蘸锡后，在断脚蒂上缠绕一圈焊牢即可。

9.4.2 三极管的代换

① 确定三极管是否损坏。在修理各种家用电器中，初步判断三极管是否损坏，要断开电源，将认为损坏的三极管从电路中焊下，并记清该管三个极在电路板上的排列。对焊下的管子作进一步测量，以确认该管是否损坏。

② 搞清管子损坏的原因，检查是电路中其他导致管子损坏，还是管子本身自然损坏。确认是管子本身不良而损坏时，就要更换新管。换新管时极性不能接错，否则，一是电路不能正常工作，二是可能损坏管子。

③ 更换三极管时，应该选用原型号，如无原型号，也应选用主要参数相近的管子。

④ 大功率管换用时应加散热片，以保证管子散热良好，另外还应注意散热片与管子之间的绝缘垫片，如果原来有引片，换管子时未安装或安装不好，可能会烧坏管子。

⑤ 在三极管代换时应注意以下原则和方法：

a. 极限参数高的管子代替较低的管子。如高反压代替低反压，中功

率代替小功率管子。

b. 性能好的管子代替性能差的管子。例如，β值高的管子代替β值低的管子（由于管子β值过高时稳定性较差，故β值不能选得过高）；I_{CEO}小的管子代替I_{CEO}大的管子等。

c. 在其他参数满足要求时，高频管可以代替低频管。一般高频管不能代替开关管。

总之，三极管在使用中可以根据《晶体管手册》查其主要参数并在实践中总结一些实际经验，根据具体情况进行代换。

9.4.3 三极管的三种应用电路

三极管的三种基本应用电路如图 9-33 所示。

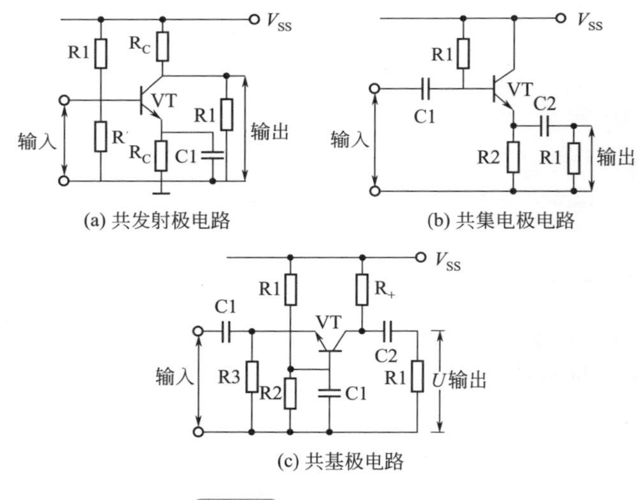

图9-33 三极管应用电路

图 9-33（a）为共发射极电路，信号经 C1 耦合送入 B 极，再经 VT 放大后由 C 极输出。此种电路特点是对电压、电流、增益、放大量均较大；缺点是前、后级不易匹配，强信号失真，输入信号与输出信号反向。

图 9-33（b）为共集电极电路，信号经 C1 耦合送入 B 极，再经 VT 放大后由 E 极输出。此种电路特点是对电流放大量大。输入阻抗高，输出阻抗低，电压放大系数小于 1，适合作前、后级匹配。

图 9-33（c）为共基极电路，信号经 C1 耦合送入 E 极，再经 VT

放大后由C极输出。此种电路特点是带宽宽，对电压、电流、增益、放大量均较大；缺点是要求输入功率较大，前、后级不易匹配，适用于高频电路。

9.5 带阻尼二极管的检测

9.5.1　带阻尼二极管的分类和特点

行输出管是彩电、彩显内行输出电路采用的一种大功率三极管。常用的行输出管从外形上分为两种：一种是金属封装，另一种是塑料封装。从内部结构上行输出管分为两种：一种是不带阻尼二极管和分流电阻的行输出管，另一种是带阻尼二极管和分流电阻的大功率管。其中，不带阻尼二极管和分流电阻的行输出管的检测和普通三极管的检测是一样的，而带阻尼二极管和分流电阻的行输出管的检测与普通三极管的检测有较大区别。带阻尼二极管和分流电阻的行输出管的外形和图形符号如图9-34所示。

(a) 外形

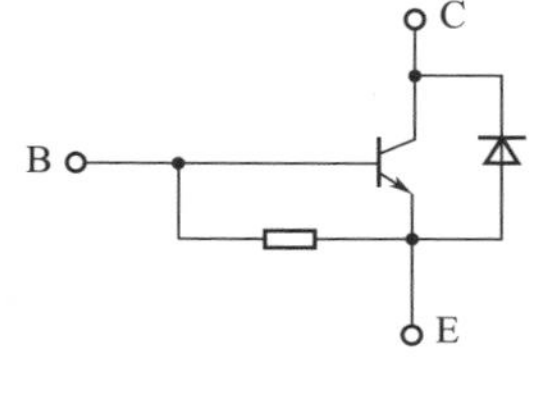

(b) 图形符号

图9-34　行输出管的外形和图形符号

9.5.2　用指针万用表检测

带阻尼二极管的三极管用万用表检测带阻尼二极管的行输出管好坏时，可采用非在路检测和在路检测的方法进行。检测时可采用数字型万用表的二极管挡，也可以采用指针型万用表的电阻挡。

（1）测量B、E极正反电阻找出基极　由于B、E结上并联了分流电阻，所以测得的B、E极间正、反电阻的阻值基本上就是分流电阻的阻值，而不同的行输出管并联的分流电阻有所不同，但阻值为20~40Ω比较常见。

测量时将万用表置于 R×1 挡，任意测量两个脚正反电阻，若发现某次测量中正反都通，且一次阻值小，一次阻值大。则摆动大的一次黑笔为 B 极，红笔为 E。如图 9-35、图 9-36 所示。

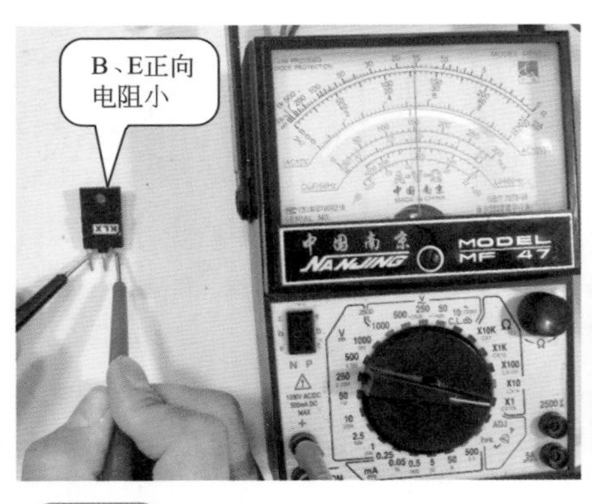

图9-35 测量B、E极正反电阻（一）

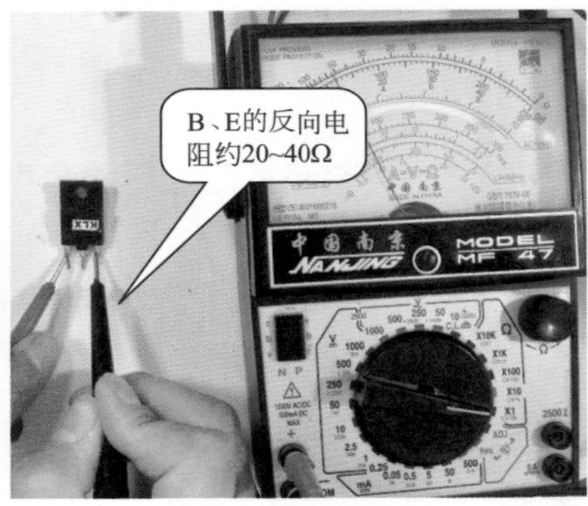

图9-36 测量B、E极正反电阻（二）

（2）测量 B、C 极正反电阻 直接测量 B、C 两个引脚，正反两次，一次阻值小，一次阻值为无穷大为好。如图 9-37 所示。

测量 B、C 正向阻值，测量中 B、C 正向阻值应在几十到几百欧姆。如图 9-38 所示。

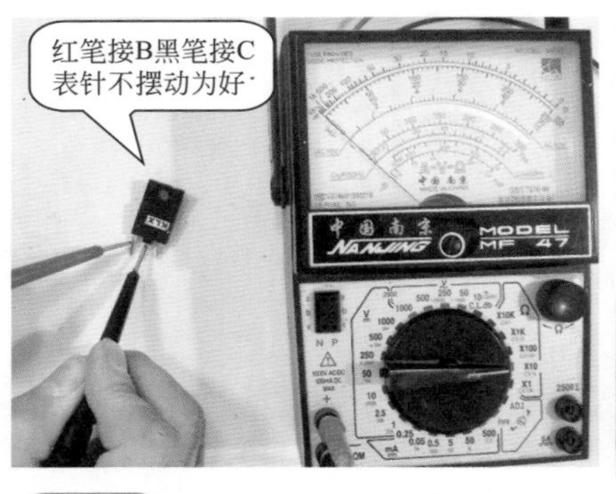

图9-37 测量B、C两个引脚反向电阻

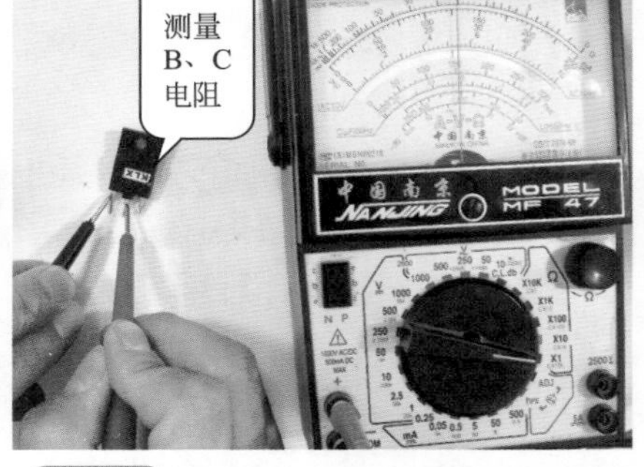

图9-38 测量B、C两个引脚正向电阻

（3）测量 C、E 正反电阻 因为 C、E 上并联了阻尼二极管，所以测得 C、E 极间正、反向导通压降值也就是阻尼二极管的导通压降值。当黑表笔接 E 红笔接 C 时表针应摆动，反接后表针不摆动。如图 9-39、

图 9-40 所示。

采用指针型万用表在路判别行输出管好坏时，首先将万用表置于 R×1 挡，黑表笔接 B 极、红表笔接 E 或 C 极时测得正向电阻阻值为几十欧；调换表笔后测 BC/BE 结反向电阻，阻值为无穷大。测得 C、E 极间的正向电阻，阻值为几十欧，反向电阻的阻值为无穷大，则说明管子是好的，否则说明该行输出管已损坏。

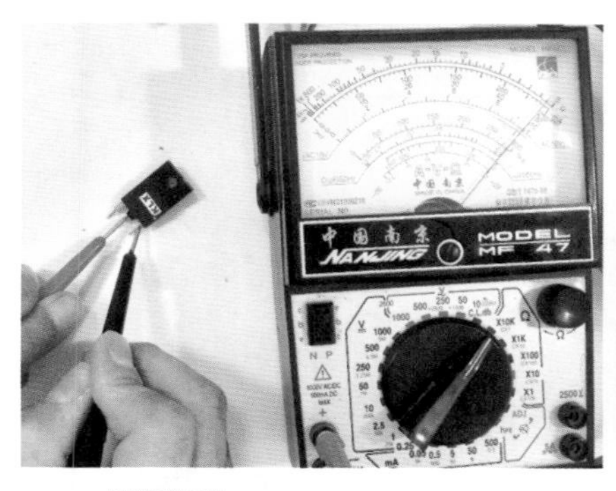

图9-39 测量C、E正向电阻

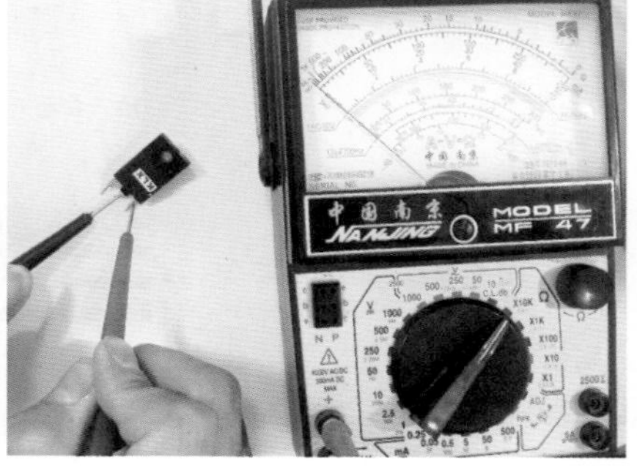

图9-40 测量C、E反向电阻

9.5.3 用数字万用表测量带阻尼二极管的三极管

（1）非在路检测 采用数字型万用表非在路检测行输出管时，应使用 200 电阻挡或二极管挡进行测量，测量步骤如图 9-41 所示。

用 200 电阻挡测量 B、E 极间的正、反向电阻的阻值，显示为“40.5”。随后，将万用表置于二极管挡，红表笔接 B 极、黑表笔接 C 极，测 B、C 极的正向导通压降时，显示屏显示的数字为“0.452”；黑表笔接 B 极、红表笔接 C 极测 B、C 极的反向导通压降时，显示的数字为“1.”，说明导通压降为无穷大。用红表笔接 E 极、黑表笔接 C 极测量 C、E 极的正向导通压降时，显示屏显示的数字为“0.478”；黑表笔接 E 极、红表笔接 C 极，所测的反向导通压降为无穷大，若数字偏差较大，则说明被测行输出管损坏。

（2）在路检测 采用数字型万用表在路检测行输出管的方法和非在路检测的方法一样，但 B、E 极的阻值应是 0，这是由于行输出管的 B、E 极与行激励变压器的二次绕组并联所致。

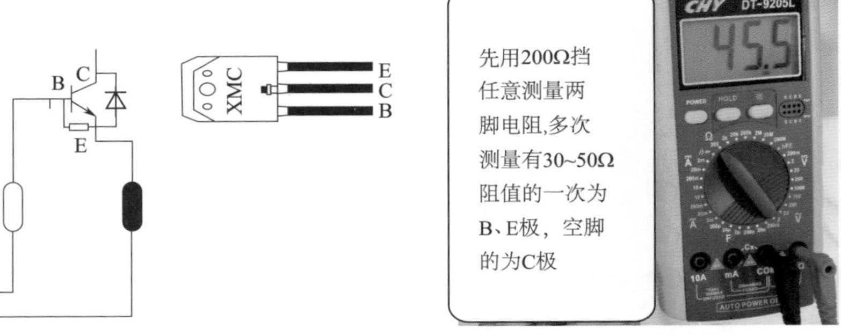

(a)B、E极正反向电阻

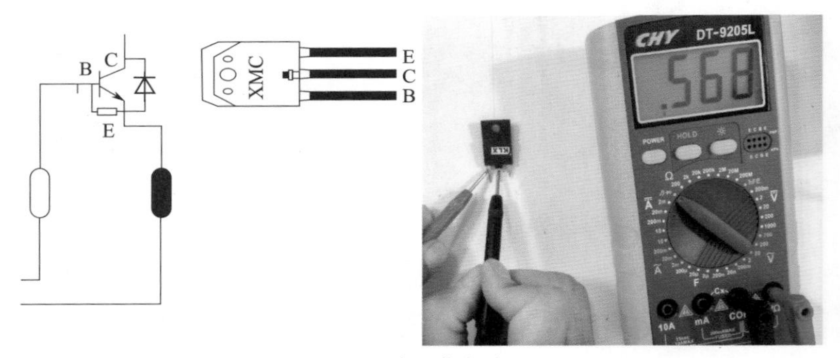

(b)B、C极正相电压

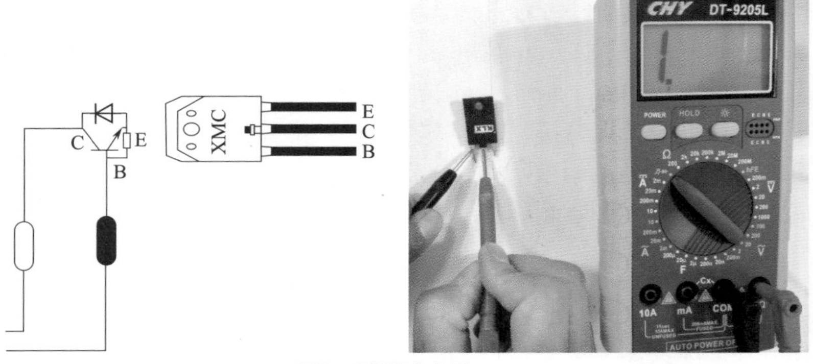

(c)B、C极反向电压

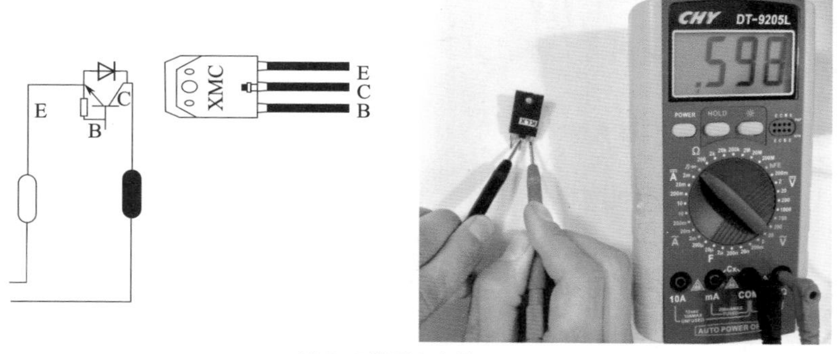

(d)C、E极正向电压

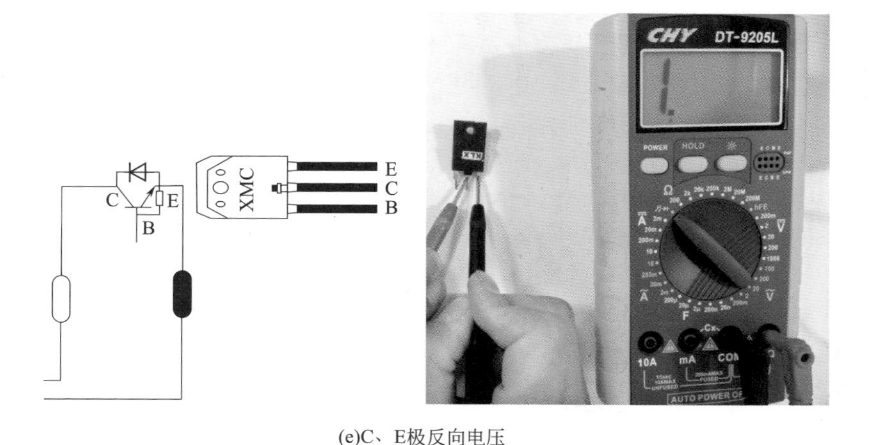

(e)C、E极反向电压

图9-41 用数字型万用表非在路检测行输出管好坏的示意图

9.5.4 带阻尼三极管的代换

未带阻尼的行输出管多可以用作彩电开关电源的开关管，而部分电源开关管因耐压低，却不能作为行输出管使用。因为彩显行输出管的关断时间极短，所以不能用彩电行输出管更换，而彩显行输出管可以代换彩电行输出管。大部分高频三极管可以代换低频三极管，但低频三极管一般不能代换高频三极管。

9.6 达林顿管

9.6.1 认识达林顿管

（1）达林顿管的构成 达林顿管是一种复合三极管，多由两只三极管构成。其中，第一只三极管的E极直接接在第二只三极管的B极上，最后引出B、C、E三个引脚。由于达林顿管的放大倍数是级联三极管放大倍数的乘积，所以可达到几百、几千，甚至更高，如2SB1020的放大倍数为6000，2SB1316的放大倍数达到15000。

（2）达林顿管的分类 按功率分类，达林顿管可分为小功率达林顿管、中功率达林顿管和大功率达林顿管三种；按封装结构分类，达林顿管可分为塑料封装达林顿管和金属封装达林顿管两种；按结构分类，达林顿管可分为NPN型达林顿管和PNP型达林顿管两种。

（3）达林顿管的特点

① 小功率达林顿管的特点。通常将功率不足1W的达林顿管称为小功率达林顿管，它仅由两只三极管构成，并且无电阻、二极管等构成的保护电路。常见的小功率达林顿管的外形及图形符号如图9-42所示。

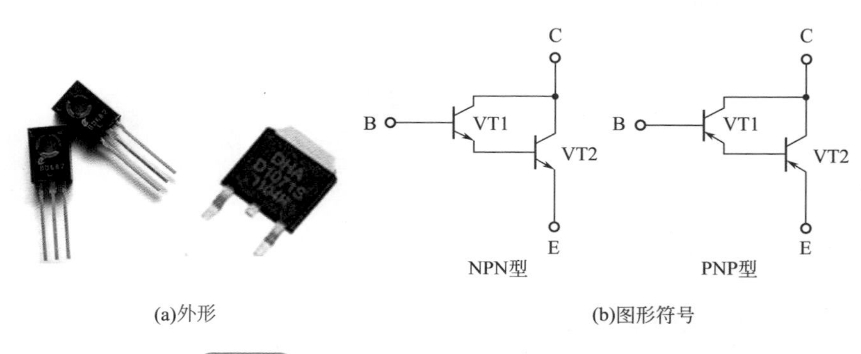

图9-42 小功率达林顿管的外形及图形符号

② 大功率达林顿管的特点。因为大功率达林顿管的电流较大，所以它内部的大功率管的温度较高，导致前级三极管的B极漏电流增大，被逐级放大后就会导致达林顿管整体的热稳定性能下降。因此，当环境温度较高且漏电流较大时，不仅容易导致大功率达林顿管误导通，而且容易导致它损坏。为了避免这种危害，大功率达林顿管的内部设

置了保护电路。常见的大功率达林顿管的外形及图形符号如图 9-43 所示。

如图 9-43（b）所示，前级三极管 VT1 和大功率管 VT2 的 B、E 极上还并联了泄放电阻 R1、R2。R1 和 R2 的作用是为漏电流提供泄放回路。因为 VT1 的 B 极漏电流较小，所以 R1 阻值可以选择为几千欧；VT2 的漏电流较小，所以 R2 阻值可以选择几十欧。另外，大功率达林顿管的 C、E 极间安装了一只续流二极管。当线圈等感性负载停止工作后，该线圈的电感特性会使它产生峰值高的反向电动势。该电动势通过续流二极管 VD 泄放到供电电源，从而避免了达林顿管内大功率管被过高的反向电压击穿，实现了过电压保护功能。

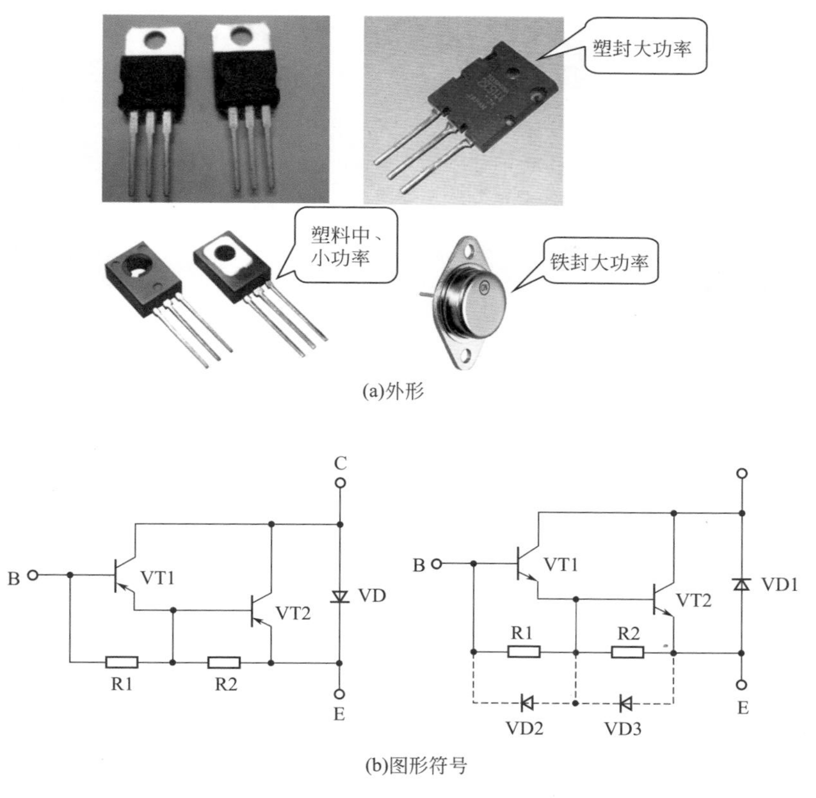

(a)外形

(b)图形符号

图9-43 大功率达林顿管的外形及图形符号

9.6.2 达林顿管的检测

9.6.2.1 引脚和管型的判别

判断达林顿管是电极与 NPN 型还是 PNP 型，基本与判断普通三极管相同。判断时可采用数字型万用表的二极管挡，也可以采用指针型万用表的电阻挡。

如图 9-44(b)所示，大功率达林顿管的 B、C 极间仅有一个 PN 结，所以 B、C 极间应为单向导电特性；而 B、E 极上有两个 PN 结，所以正向导通电阻大，通过该特点就可以很快确认引脚名称。

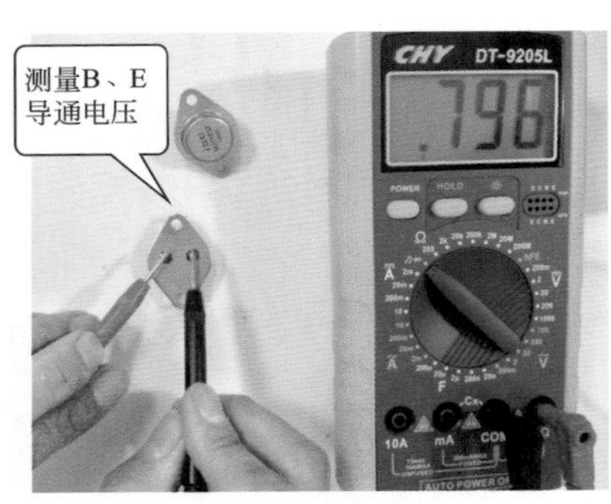

(a) B、E结正向电阻测量

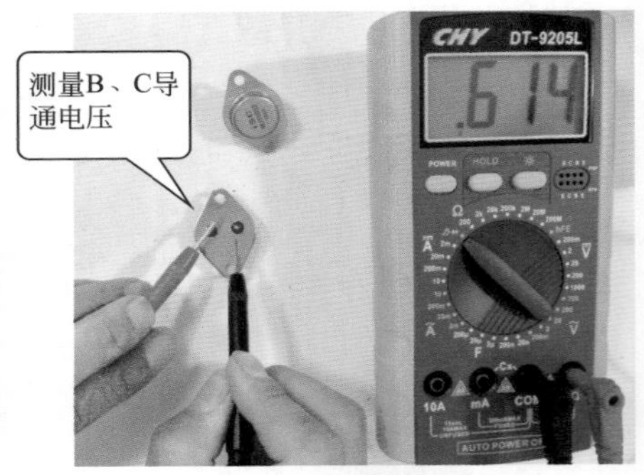

(b) B、C结正向电阻测量

图9-44 判别基极

9.6.2.2 用数字万用表判别

如图 9-45 所示，首先假设 MJ33012 的一个引脚为 B 极，然后将数字型万用表置“二极管”挡，用红表笔接在假设的 B 极上同，再用黑表笔接另外两个引脚。若显示屏显示数值分别为“0.7”、“0.6”时，说明假设的引脚就是 B 极，并且数值小时黑表笔接的引脚为 C 极，数值大时黑表笔所接的引脚为 E 极，同时还可以确认该管为 NPN 型达林顿管。测量过程中，若黑表笔接一个引脚，红表笔接中两个引脚时，显示屏显示的数据符合前面的数值，则说明黑表笔接的是 B 极，并且被测量的达林顿管是 PNP 型。

测量 C、E 极：首先将数字型万用表置“二极管”挡，用红表笔接 E 极，黑表笔接 C 极时，显示屏显示的 C、E 极正向导通压降值为 0.4~0.6Ω；调换表笔后，测 C、E 极的反向导通压降值为无穷大，如图

9-45 所示。

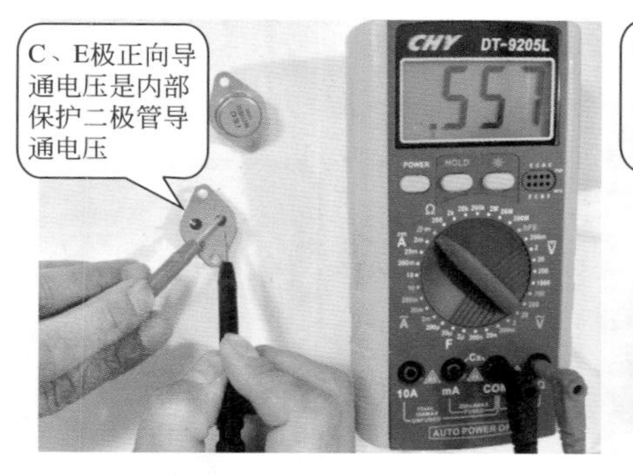

图9-45 测量C、E极（一）

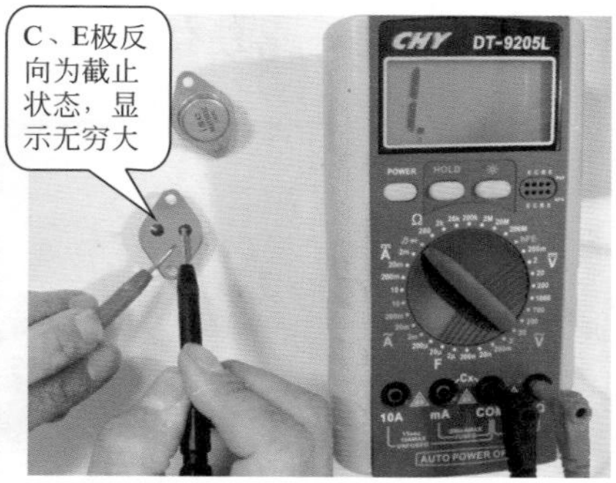

图9-46 测量C、E极（二）

另外，黑表笔接B极、红表接E极时，显示屏显示的数值为“1”，说明B、E极反向导通压值为无穷大；黑表笔接B极、红表笔接C极时，显示屏显示的数值为“1”，说明C、E极的反向导通压降也为无穷大。如图 9-46 所示。

9.6.2.3 用指针型万用表判别

采用指针型万用表判别管型和引脚时，首先将指针型万用表置“R×1k”挡，黑表笔接假设的B极，红表笔接另两个引脚时表针摆动，则说明黑表笔接的是B极，并且数值小时红表笔接的引脚为C极，数值大时红表笔所接的引脚为E极，同时还可以确认该管为NPN型达林顿管。测量过程中，若红表笔接一个脚，黑表笔接另两个引脚时表针摆动，则说明红表笔接的是B极，并且被测量的达林管是PNP型。如图 9-47 所示。

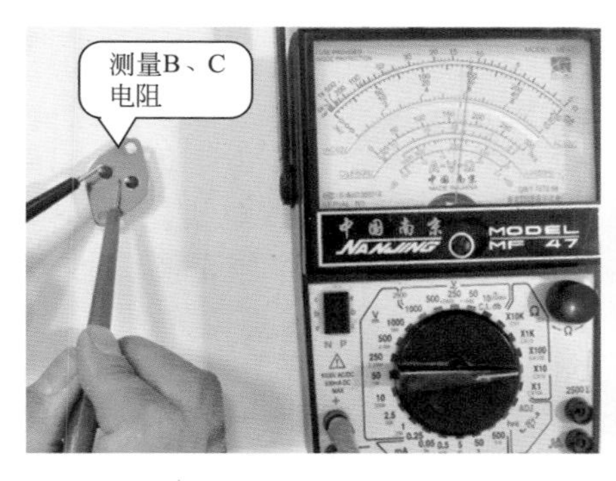

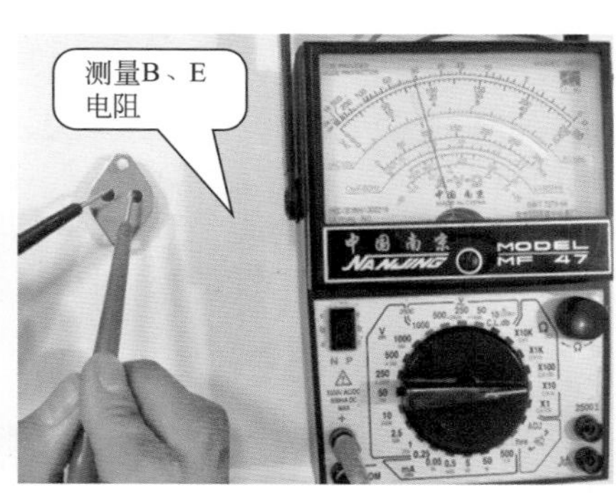

图9-47 判别基极

测量 C、E 极：首先将万用表置“R×10”挡，用黑表笔接 E 极，红表笔接 C 极时，表针正向摆动。调换表笔后，测 C、E 极的反向导通压降值为无穷大；如图 9-48、图 9-49 所示。

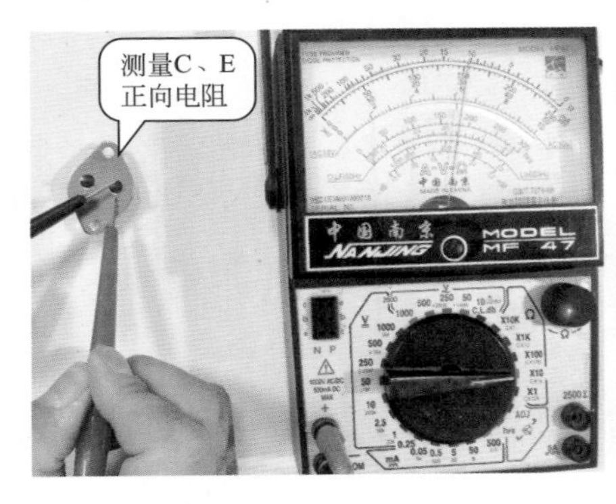

图9-48 测量C、E（一）

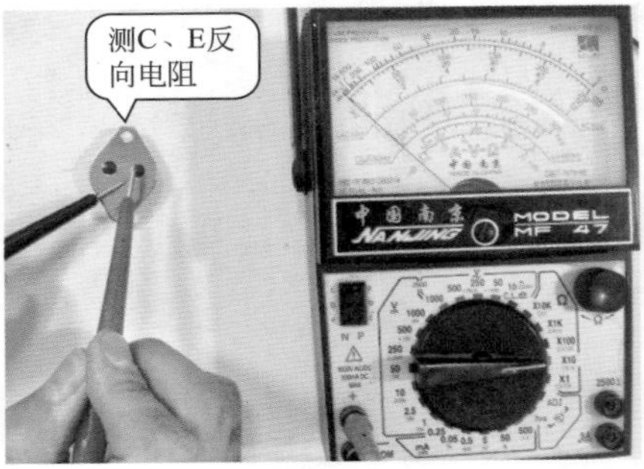

图9-49 测量C、E（二）

9.7 带阻三极管的检测

9.7.1 认识带阻三极管

带阻三极管在外观上与普通的小功率三极管几乎相同，但其内部构成不同，它是由 1 只三极管和 1~2 只电阻构成的。在家电设备中，带阻三极管多由 2 只电阻和 1 只三极管构成。图 9-50（a）所示为带阻三极管的内部构成。带阻三极管在电路中多用字母 QR 表示。不达，因为带阻三极管多应用在国外或合资的电子产品中，所以图形符号及文字符号有较大的区别，图 9-50（b）所示为几种常见的带阻三极管的图形符号。

带阻三极管通常被用作开关，当三极管饱和导通时 I_C 很大，C、E 极压降较小；当三极管截止时，C、E 极压降较大，约等于供电电压 U_{CC}。管中内置的 B 极电阻 R 越小，当三极管截止时 C、E 极压降就越低，但该电阻不能太小，否则会影响开关速度，甚至导致三极管损坏。

9.7.2 带阻三极管的检测

带阻三极管的检测方法与普通三极管基本相同，不过在测量 B、C 极的正向电阻时需要加上 R1 的阻值；而测量 B、E 极的正向电阻时需要加上 R2 的阻值，不过因为 R2 并联在 B、E 极两端，所以实际测量的 B、E 极阻值要小于 B、C 极阻值。另外，B、C 极的反向电阻阻值为无穷大，但 B、E 极的反向电阻阻值为 R2 的阻值，所以阻值不再是无穷大。

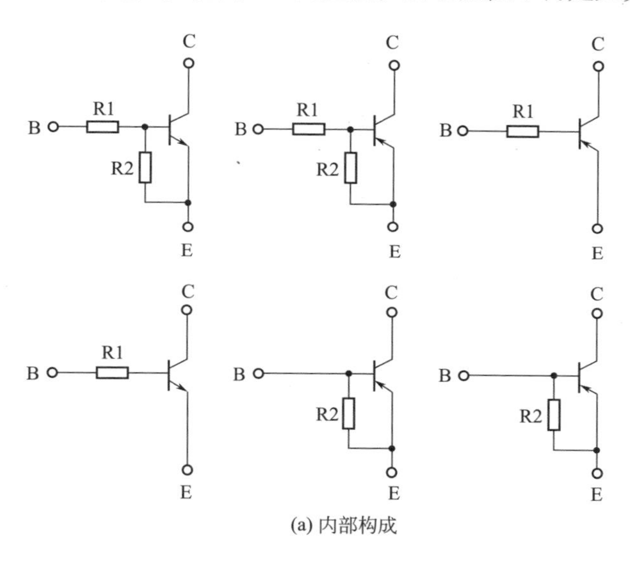

(a) 内部构成

类型＼公司	松下、东芝、蓝宝	三洋、日电、罗兰士	夏普、飞利浦	日立	富丽、珠波
PNP型	C B E	C B E	E B C	C B E	E B C
NPN型	C B E	B	B C E	C B E	B C E

(b) 几种常见的带阻三极管的图形符号

图9-50 带阻三极管

第10章

场效应晶体管的检测与应用

10.1 认识各种场效应晶体管

10.1.1 场效应管的特点及图形符号

场效应晶体管（Field Effect Transistor，FET）简称场效应管。它是一种外形与三极管相似的半导体器件，但它与三极管的控制特性截然不同。三极管是电流控制型器件，通过控制基极电流达到控制集电极电流或发射极电流的目的，即需要信号源提供一定的电流才能工作，所以它的输入阻抗较低；而场效应管则是电压控制型器件，它的输出电流取决于输入电压的大小，基本上不需要信号源提供电流，所以它的输入阻抗较高。此外，场效应管具有噪声小、功耗低、动态范围大、易于集成、没有二次击穿现象、安全工作区域宽等优点，特别适用于大规模集成电路，在高频、中频、低频、直流、开关及阻抗变换电路中应用广泛。

场效应管的品种有很多，按其结构可分为两大类，一类是结型场效应管，另一类是绝缘栅型场效应管，而且每种结构又有N沟道和P沟道两种导电沟道。

场效应管一般都有3个极，即栅极G、漏极D和源极S，为方便理解可以把它们分别对应于三极管的基极B、集电极C和发射极E。场效应管的源极S和漏极D结构是对称的，在使用中可以互换。

N沟道型场效应管对应NPN型三极管，P沟道型场效应管对应PNP型三极管。常见场效应管的外形如图10-1所示，其图形符号如图10-2所示。

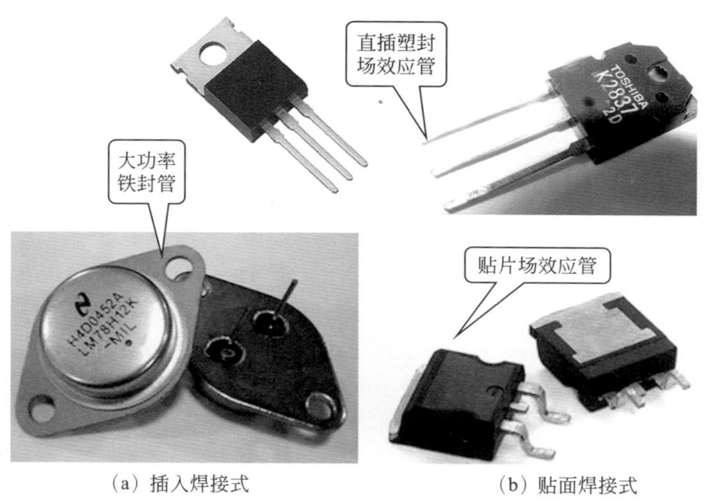

（a）插入焊接式　　（b）贴面焊接式

图10-1 场效应管的外形

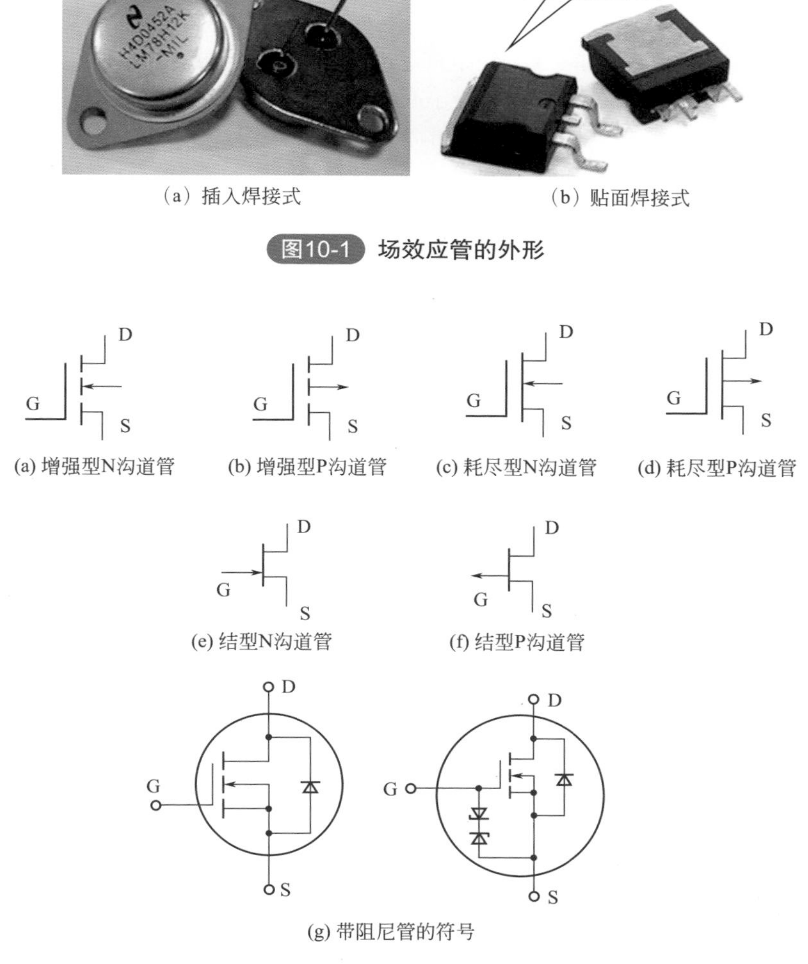

(a) 增强型N沟道管　(b) 增强型P沟道管　(c) 耗尽型N沟道管　(d) 耗尽型P沟道管

(e) 结型N沟道管　(f) 结型P沟道管

(g) 带阻尼管的符号

图10-2 场效应管的图形符号

10.1.2 场效应管的工作原理

场效应管工作原理用一句话说，就是“漏极 - 源极间流经沟道的 I_D，用以栅极与沟道间的 PN 结形成的反偏的栅极电压控制 I_D”。更正确地说，I_D 流经通路的宽度即沟道截面积，它是由 PN 结反偏的变化，产生耗尽层扩展变化控制的缘故。在 $U_{GS}=0$ 的非饱和区域，表示的过渡层的扩展不很大，根据漏极 - 源极间所加 U_{DS} 的电场，源极区域的某些电子被漏极拉去，即从漏极向源极有电流 I_D 流动。从门极向漏极扩展的过渡层将沟道的一部分构成堵塞型，I_D 饱和，将这种状态称为夹断。这意味着过渡层将沟道的一部分阻挡，并不是电流被切断。

在过渡层由于没有电子、空穴的自由移动，在理想状态下几乎具有绝缘特性，通常电流也难流动。但是此时漏极 - 源极间的电场，实际上是在两个过渡层接触漏极与门极下部附近，由于漂移电场拉去的高速电子通过过渡层。因此漂移电场的强度几乎不变产生 I_D 的饱和现象。其次，U_{GS} 向负的方向变化，让 $U_{GS}=U_{GS(off)}$，此时过渡层大致成为覆盖全区域的状态。而且 U_{DS} 的电场大部分加到过渡层上，将电子拉向漂移方向的电场，只有靠近源极的很短部分，这更使电流不能流通。

10.1.3 场效应管的分类

按结构分类，场效应管可分为结型场效应管和绝缘栅型场效应管两种，根据极性不同又分为 N 沟道和 P 沟道两种；按功率分类，可分为小功率、中功率和大功率 3 种；按封装结构分类：可分为塑料场效应管和金封场效应管两种；按焊接方法场效应管可分为插入焊接式场效应管和贴面焊接式场效应管两种；按栅极数量分类，场效应管可分为单栅极和双栅极两种。而绝缘栅极场效应管又分为耗尽型和增强型两种。

（1）结型场效应管 在一块 N 型（或 P 型）半导体棒两侧各做一个 P 型区（或 N 型区），就形成两个 PN 结，把两个 P 区（或 N 区）并联在一起引出一个电极，称为栅极（G）；在 N 型（或 P 型）半导体棒的两端各引出一个电极，分别称为源极（S）和漏极（D）。夹在两个 PN 结中间的 N 区（或 P 区）是电流的通道，称为沟道。这种结构的管子称为 N 沟道（或 P 沟道）结型场效应管，其结构如图 10-3 所示。

N 沟道管：电子电导，导电沟道为 N 型半导体。P 沟道管：空穴导电，导电沟道为 P 型半导体。

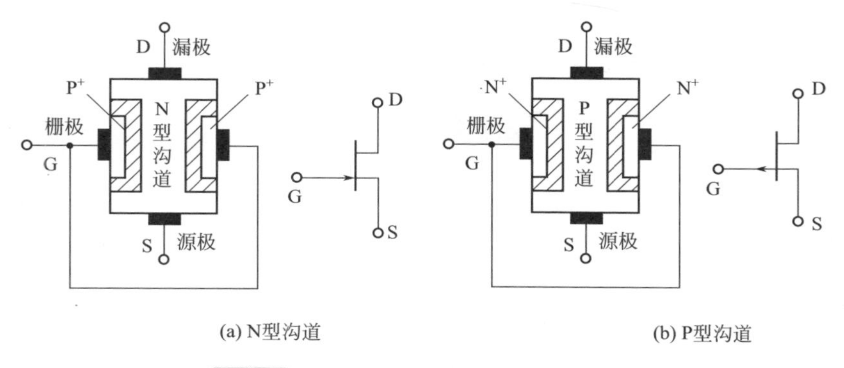

图10-3 结型场效应管的结构及图形符号

（2）绝缘栅型场效应管 以一块P型薄硅片作为衬底，在它上面做两个高杂质的N型区，分别作为源极S和漏极D。在硅片表面覆盖一层绝缘物，然后再用金属铝引出一个电极G（栅极）。在这就是绝缘栅型场效应管的基本结构，其结构如图10-4所示。

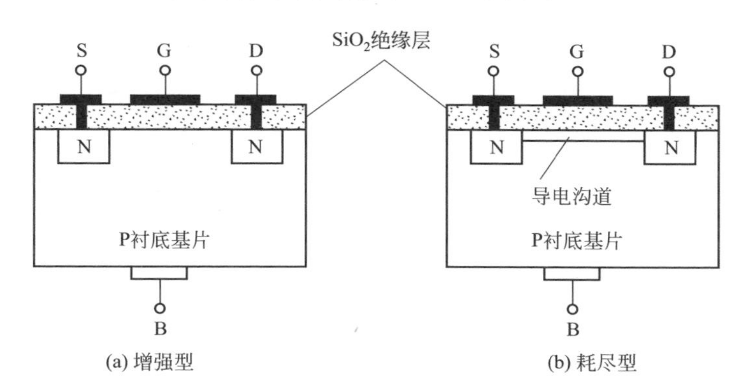

图10-4 绝缘栅型场效应管的结构示意图

10.2 场效应管的主要参数

10.2.1 结型场效应管的主要参数

① 饱和漏-源电流 I_{DSS}。将栅极、源极短路，使栅、源极间电压 U_{GS} 为0，此时在漏、源极间加规定电压后，产生的漏极电流就是饱和

漏 - 源电流 I_{DSS}。

② 夹断电压 U_P。能够使漏 - 源电流 I_{DS} 为 0 或小于规定值的源 - 栅偏置电压就是夹断电压 U_P。

③ 直流输入电阻 R_{GS}。当栅、源极间电压 U_{GS} 为规定值时，栅、源极之间的直流电阻称为直流输入电阻 R_{GS}。

④ 输出电阻 R_D。当栅、源极电压 U_{GS} 为规定值时，U_{GS} 变化与其产生的漏极电流的变化之比称为输出电阻 R_D。

⑤ 跨导 g_m。当栅、源极间电压 U_{GS} 为规定值时，漏 - 源电流的变化量与 U_{GS} 的比值称为跨导 g_m。跨导的原单位是 mA/V，新单位是毫西（mS）。跨导是衡量场效应管栅极电压对漏 - 源电流控制能力的一个参数，也是衡量场效应管放大能力的重要参数。

⑥ 漏 - 源击穿电压 U_{DSS}。使漏极电流 I_D 开始剧增的漏源电压 U_{DS} 为漏源击穿电压 U_{DSS}。

⑦ 栅 - 源击穿电压 U_{GSS}。使反向饱和电流剧增的栅 - 源电压就是栅 - 源击穿电压 U_{GSS}。

10.2.2　绝缘栅型场效应管的主要参数

绝缘栅型场效应管的直流输入电阻、输出电阻、漏 - 源击穿电压 U_{DSS}、栅源击穿电压 U_{GSS} 和结型场效应管相同，下面介绍其他参数的含义。

① 饱和漏源电流 I_{DSS}。对于耗尽型绝缘栅场效应管，将栅极、源极短路，使栅、源极间电压 U_{GS} 为 0，再使漏、源极间电压 U_{DS} 为规定值后，产生的漏 - 源电流就是饱和漏 - 源电流 I_{DSS}。

② 夹断电压 U_P。对于耗尽型绝缘栅场效应管，能够使漏 - 源电流 I_{DS} 为 0 或小于规定值的源 - 栅偏置电压就是夹断电压 U_P。

③ 开启电压 U_T。对于增强型绝缘栅场效应管，当在漏 - 源电压 U_{DS} 为规定值时，使沟道可以将漏、源极连接起来的最小电压就是开启电压 U_T。

10.3 场效应管的检测

10.3.1　用指针表检测大功率场效应管

引脚的判别：首先给场效应管引脚进行断路放电，如图 10-5 所示。

提示：在测量过程中，只要发现测量结果两次阻值很小，不要盲目地判断击穿，应短路放电后再测量一次。

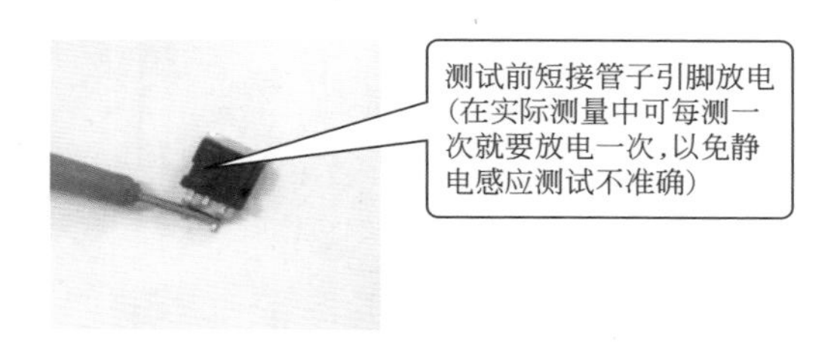

图10-5 短接管子引脚放电

由于大功率绝缘栅场效应管的漏极（D 极）、源极（S 极）间并联了一只二极管，所以测量 D、S 极间正、反向电阻，也就是该二极管的阻值，就可以确认大功率场效应管的引脚功能。下面介绍使用指针型万用表判别绝缘栅大功率 N 沟道 75n75 型场效应管引脚的方法，如图 10-6 所示。

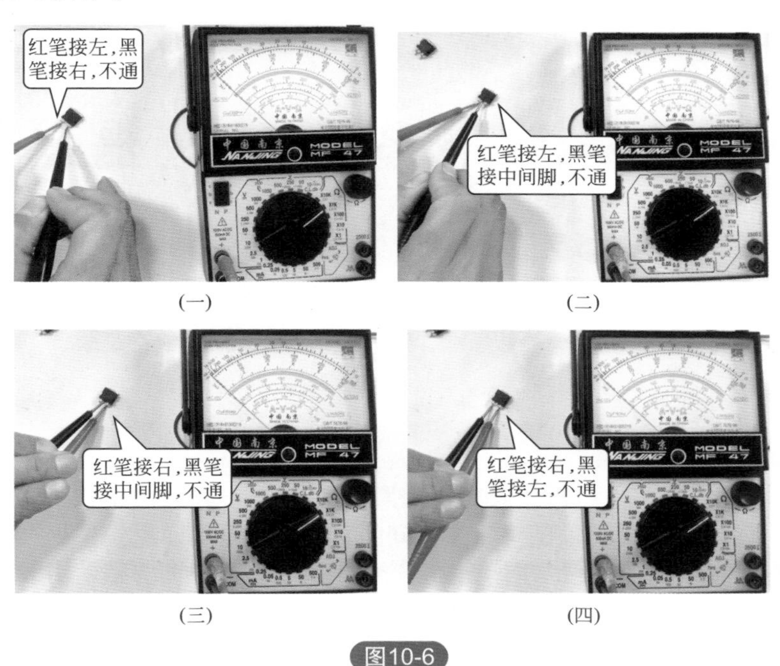

(一)　(二)　(三)　(四)

图10-6

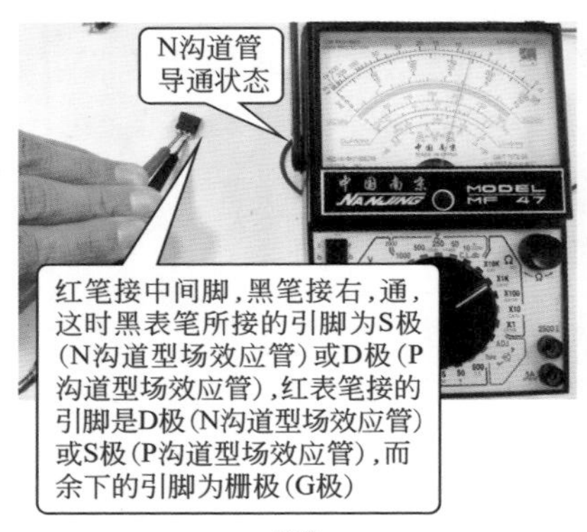

（五）

图10-6 大功率绝缘栅场效应管引脚的判别

10.3.2 用数字万用表检测大功率绝缘栅场效应管

引脚的判别：首先给场效应管引脚进行断路放电，如图 10-7 所示。

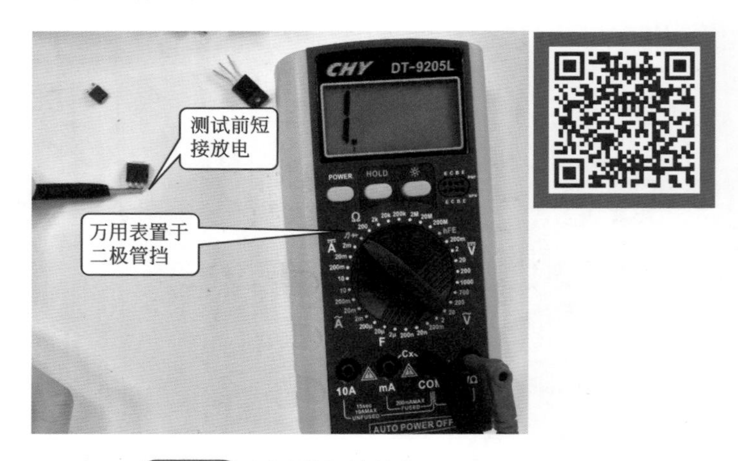

图10-7 测试前短接放电

由于大功率绝缘栅场效应管的漏极（D 极）、源极（S 极）间并联了一只二极管，所以测量 D、S 极间的正、反向电阻，也就是该二极管的阻值，就可以确认大功率场效应管的引脚功能。下面介绍使用数字型万用表判别绝缘栅大功率 N 沟道 75n75 型场效应管引脚的方法，如图 10-8 所示。

首先，将万用表置于“R×1k”挡，测量场效应管任意两引脚之间的正、反向电阻值。其中一次测量两引脚时，表针指示到“10k”的刻度，这时黑表笔所接的引脚为S极（N沟道型场效应管）或D极（P沟道型场效应管），红表笔接的引脚是D极（N沟道型场效应管）或S极（P沟道型场效应管），而余下的引脚为栅极（G极）。

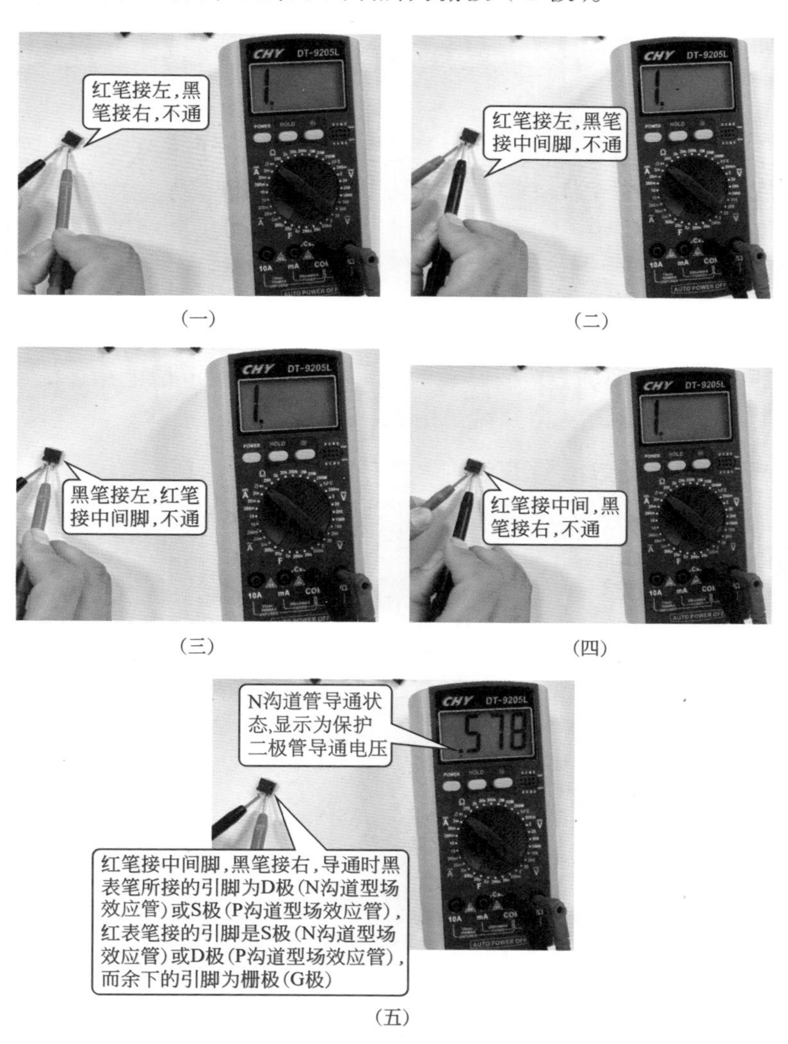

（一） （二） （三） （四） （五）

图10-8 大功率绝缘栅场效应管测试

10.4 场效应管的选配与代换及应用

10.4.1 场效应管的选配与代换

场效应管损坏后，最好用同类型、同特性、同外形的场效应管更换。如果没有同型号的场效应管，则可以采用其他型号的场效应管代换。

一般 N 沟道场效应管与 N 沟道场效应管进行代换，P 沟道场效应管与 P 沟道场效应管进行代换，大功率场效应管可以代换小功率场效应管。小功率场效应管代换时，应考虑其输入阻抗、低频跨导、夹断电压或开启电压、击穿电压等参数；大功率场效应管代换时，应考虑其击穿电压（应为功放工作电压的 2 倍以上）、耗散功率（应达到放大器输出功率的 0.5~1 倍）、漏极电流等参数。

彩色电视机的高频调谐器、半导体收音机的变频器等高频电路一般采用双栅场效应管，音频放大器的差分输入、调制、放大、阻抗变换等电路通常采用结型场效应管。音频功率放大、开关电源电路、镇流器、驻电器、电动机驱动等电路则采用 MOS 场效应管。

10.4.2 场效应管的应用

① 双栅场效应管的应用。如图 10-9 所示，V 为双栅场效应管，在电路中起放大作用。

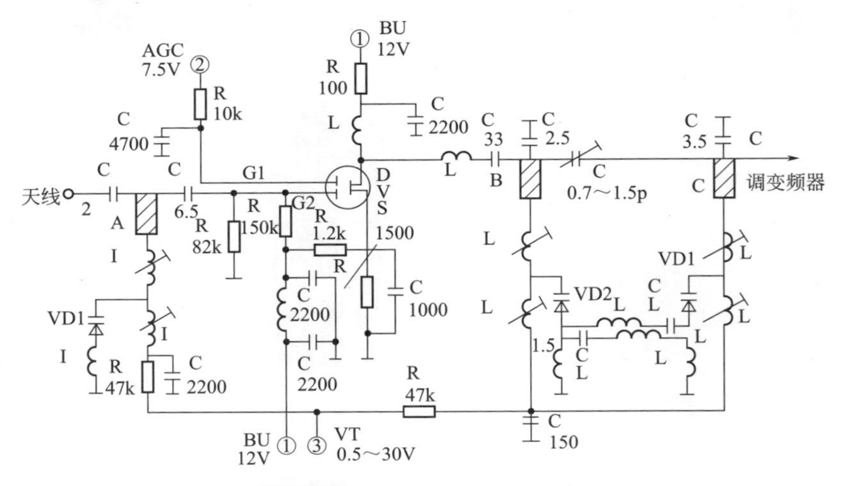

图10-9 双栅场效应管应用电路

② MOSFET 的应用。MOSFET 应用于电源电路如图 10-10 所示。该电路由 P 沟道功率 MOSFET、运算放大器、电流检测电阻 R_S 等组成。工作原理如下：运放 CA3140 组成同相端输入放大器。当恒流源输出电流经负载 R_L 及 R_S，在 R_S 上产生的电压（R_SI_D）输入同相端，经放大后直接控制 P 管的栅极 G 而组成电流反馈电路，使输出电流达到稳定。例如，如有 I_D ↓→ R_S 上的电压↓→同相端的输入电压↓→运放的输出电压↓→运放输出电压↓（R_1 的电压）↓→ U_{GS}（V_{CC}-U_{R1}）↑→ I_D ↑，这样可保持恒流的稳定性。

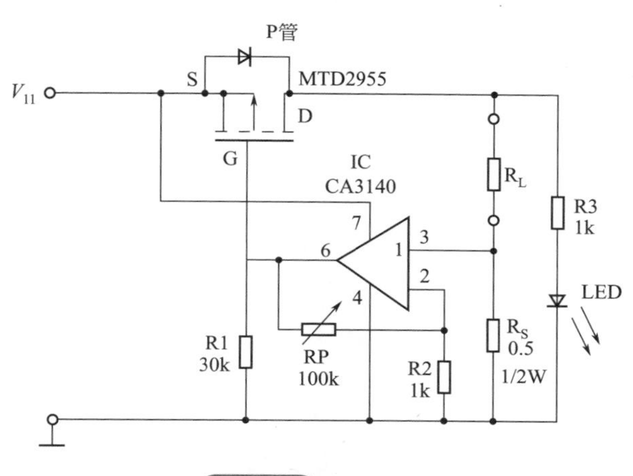

图10-10　电源电路

输出电流 I_D 的大小是通过电位器 RP 的调节而达到的。改变 RP 的大小，改变了运放的增益，改变了运放的输出电压，从而改变了 P 管的 U_{GS} 的大小，也改变了 P 管的漏极电流 I_D。例如要使 I_D 增加可减小 RP 值。RP 值↓→使运放增益 A_V ↓→运放输出电压↓→ U_{GS} ↑→ I_D ↑。

这里的 R3 及 LED 仅用作有恒流时的指示（$R_L \times I_D$>1.8V 时 LED 才会亮）。R3、LED 也可不用。

第11章

IGBT绝缘栅双极型晶体管及IGBT功率模块的检测与应用电路

11.1 认识IGBT

11.1.1 IGBT的基本结构和原理

绝缘栅双极型晶体管（Insulated Gate Bipolar Transistor，IGBT）功率场效应管与双极型（PNP或NPN）管复合后的一种新型复合型器件，它综合了场效应管开关速度快、控制电压低和双极型晶体管电流大、反压高、导通时压降小等优点，是目前颇受欢迎的电力电子器件。目前国外高压IGBT模块的电流/电压容量已达2000A/3300V，采用了易于并联的NPT工艺技术，第四代IGBT产品的饱和压降$U_{CE(sat)}$显著降低，减少了功率损耗；美国IR公司生产的WrapIGBT开关速度最快，工作频率最高可达150kHz。绝缘栅双极型晶体管IGBT已广泛应用于电动机变频调速控制、程控交换机电源、计算机系统不停电电源（UPS）、变频空调器、数控机床伺服控制等。

IGBT是由MOSFET与GTR复合而成的，其图形符号如图11-1所示。IGBT基本结构如图11-1（a）所示，是由栅极G、发射极C、集电极E组成的三端口电压控制器件，常用N沟道IGBT内部结构简化等效电路如图11-1（b）所示。IGBT的封装与普通双极型大功率三极管相同，有多种封装形式，如

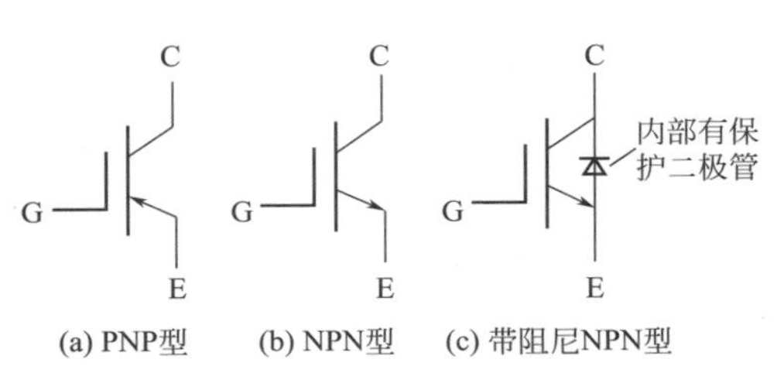

图11-1 IGBT的图形符号

图 11-2 所示。

图11-2 多种封装形式IGBT

简单来说，IGBT 等效成一只由 MOSFT 驱动的厚基区 PNP 型三极管，如图 11-3（b）所示。N 沟道 IGBT 简化等效电路中 R_N 为 PNP 管基区内的调制电阻，由 N 沟道 MOSFET 和 PNP 型三极管复合而成，导通和关断由栅极和发射极之间驱动电压 U_{GE} 决定。当栅极和发射极之间驱动电压 U_{GE} 为正且大于栅极开启电压 $U_{GE(th)}$ 时，MOSFET 内形成沟道并为 PNP 型三极管提供基极电流，进而使 IGBT 导通。此时，从 P+ 区注入 N− 的空穴对（少数载流子）对 N 区进行电导调制，减少 N− 区的电阻 R_N，使高耐压的 IGBT 也具有很小的通态压降。当栅射极间不加信号或加反向电压时，MOSFET 内的沟道消失，PNP 型三极管的基极电流被切断，IGBT 即关断。

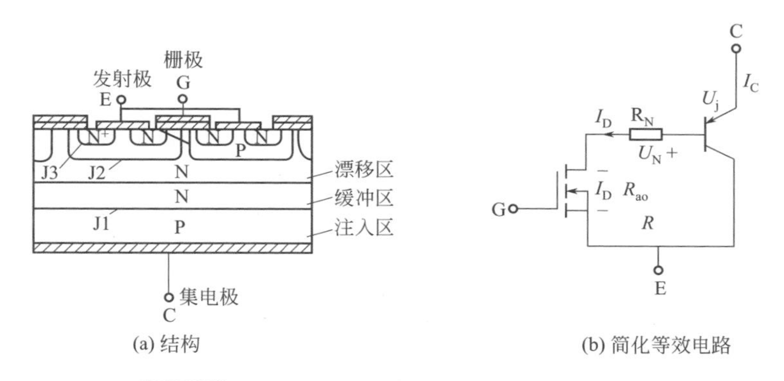

图11-3 绝缘栅型场效应管结构、简化等效电路

11.1.2 IGBT 的特性和参数

IGBT 基本特性包括静态特性和动态特性，其中静态特性由输出特

性和转移特性组成，动态特性描述 IGBT 器件开关过程。

（1）IGBT 的基本特性

① 输出特性 I_C-U_{CE}。输出特性如图 11-4 所示，反映集电极电流 I_C 与集电极 - 发射极之间电压 U_{CE} 的关系，参变量为栅极和发射极之间驱动电压 U_{GE}，由饱和区、放大区、截止区组成。

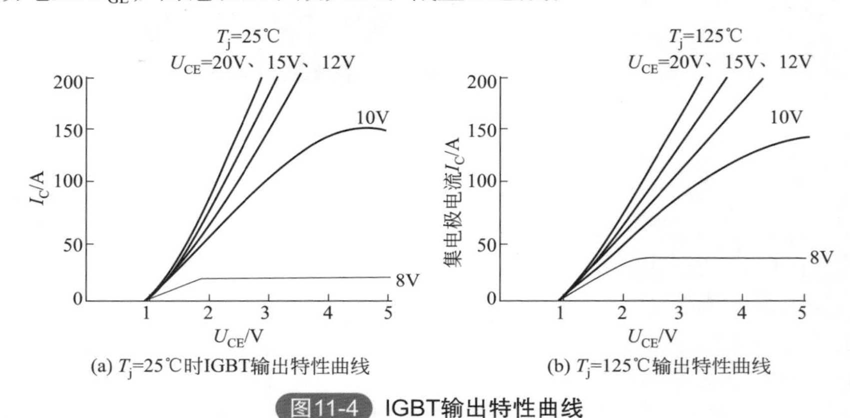

(a) T_j=25℃时IGBT输出特性曲线　(b) T_j=125℃输出特性曲线

图11-4 IGBT输出特性曲线

② 转移特性 I_C-U_{GE}。反映集电极电流 I_C 与栅极 - 发射极之间驱动电压 U_{GE} 的关系。

③ 动态特性。动态特性即开关特性，反映 IGBT 器件开关过程及开关时间参数，包括导通过程、导通、关断过程、截止四种状态。其中 U_{GE} 是栅射极驱动电压，U_{CE} 是集射极电压，I_C 是集电极电流，t_{on} 是导通时间，t_{off} 是关断时间。

（2）IGBT 的主要参数

① 最大集电极电流 I_{CM}：表征 IGBT 的电流容量，分为直流条件下的 I_C 和 1ms 脉冲条件下的 I_{CP}。

② 集电极 - 发射极最高电压 U_{CES}：表征 IGBT 集电极 - 发射极的耐压能力。目前 IGBT 耐压等级有 600V、1000V、1200V、1400V、1700V、3300V。

③ 栅极 - 发射极击穿电压 U_{GEM}：表征 IGBT 栅极 - 发射极之间能承受的最高电压，其值一般为 ±20V。

④ 栅极 - 发射极开启电压 $U_{GE(th)}$：指 IGBT 器件在一定的集电极 - 发射极电压 U_{CE} 下，流过一定的集电极电流 I_C 时的最小开栅电压。当栅源电压等于开启电压 $U_{GE(th)}$ 时，IGBT 开始导通。

⑤ 输入电容c_{IES}：指IGBT在一定的集电极-发射极电压U_{CE}和栅极-发射极电压$U_{GE}=0$下，栅极-发射极之间的电容，表征栅极驱动瞬态电流特征。

⑥ 集电极最大功耗P_{CM}：表征IGBT最大允许功能。

⑦ 开关时间：它包括导通时间t_{on}和关系时间t_{off}。导通时间t_{on}又包含导通延迟时间t_d和上升时间t_r。关断时间t_{off}又包含关断延迟时间t_d和下降时间t_f。部分IGBT的主要参数见表11-1。

提示：新型IGBT的最高工作频率f_r已超过150kHz、最高反压$U_{CBS}\geqslant 1700V$、最大电流I_{CM}已达800A、最大功率P_{CM}达3000W、导通时间$t_{on}<50ns$。

11.2 用数字万用表检测IGBT

检测之前最好用镊子短路一下G，E极，否则可能会因为干扰信号而导通，另外测量时可每一步放一次电，确保测量的准确度。

IGBT有三个电极，分别是G，C，E极，G极跟C，E极绝缘，C极跟E极绝缘。常见的IGBT管在C极和E极里面集成了一个阻尼二极管，万用表笔可以测到这个二极管。常见的IGBT管管脚排列顺序如图11-5所示，从左到右分别是G，C，E。有散热片类型的，散热片跟C极是相通的，这种类型在有的电路中需要做绝缘措施。

图11-5 IGBT的三个电极

万用表打到二极管挡，分别测G极和C极，万用表均显示过量程。如图11-6所示。

测试G极和E极，万用表显示过量程。如图11-7所示。

C极接红表笔，E极接黑表笔，显示过量程状态。如图11-8所示。

C极接黑表笔，E极接红表笔，测到里面的二极管，万用表显示二极管的导通值。如图11-9所示。

表11-1 部分IGBT的主要参数

型号	最高反压 U_{CES}/V	最大电流 I_{CM}/A	最大耗散功率 P_{CM}/W	型号	最高反压 U_{CES}/V	最大电流 I_{CM}/A	最大耗散功率 P_{CM}/W
IRGPH20M	1200	7.9	60	※GT40Q321	1500	40	300
IRGPH30K	1200	11	100	GT60M302	1000	75	300
IRGPH30M	1200	15	100	IXGH10N100AUT	1000	10	100
CT60AM-20	1000	60	250	IXGH10N100UI	1000	20	100
※CT60AM-20D	1000	60	250	HF7753	1200	50	250
IRGKIK050M12	1200	100	455	HF7757	1700	20	150
IRGNIN025M12	1200	35	355	IRG4PH30K	1200	20	100
IRGNIN050M12	1200	100	455	※IRG4PH30KD	1200	20	100
APT50GF100BN	1000	50	245	IRG4PH40/KU	1200	30	160
CT15SM-24	1200	15	250	※IRG4PH40KD/DD	1200	30	160
T60AM-18B	1000	60	200	IRG4PH50K/U	1200	45	200
IRGPH40K	1200	19	160	※IRG4PH50KD/UD	1200	45	200
IRGPH40M	1200	28	160	IRG4PH50S	1200	57	200
GT40T101	1500	40	300	※IRG4ZH50KD	1200	54	210
※GT40T301	1500	40	300	※IRG4ZH70UD	1200	78	350
※GT40150D	1500	40	300	IRGIG50F	1200	45	200

注：1. 表中最高反压 U_{CES} 是指集电极与发射极之间反向击穿电压，对于同一管子而言，它低于 U_{CBS}（集电极与基极之间反向击穿电压）；最大电流 I_{CM} 是指集电极最大输出电流；最大耗散功率 P_{CM} 是指集电极最大耗散功率。

2. 表中均为 NPN 型 IGBT，型号前面带 ※ 号者为 C、E 极间附有阻尼二极管。

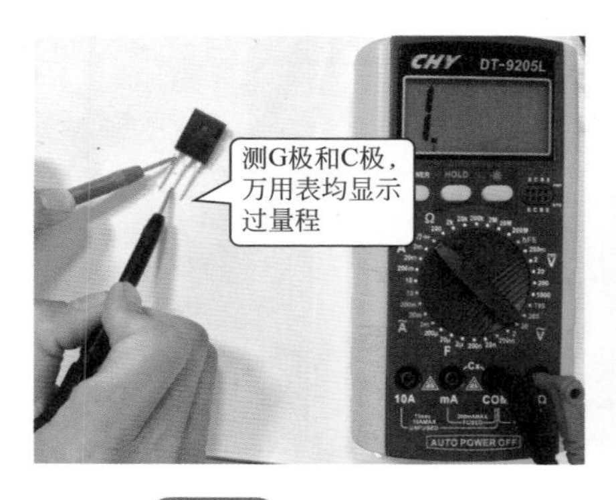

图11-6 测G极和C极

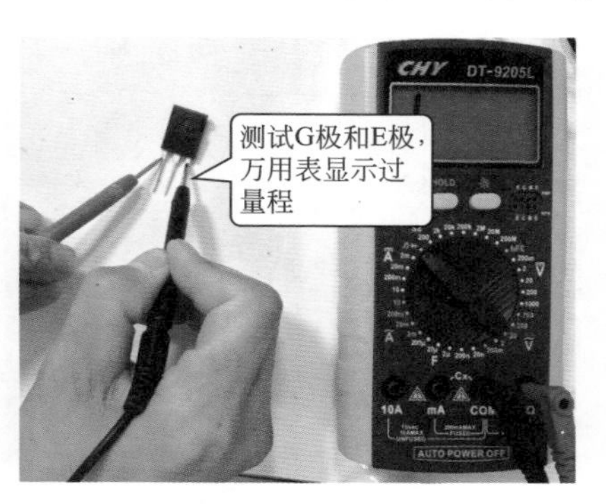

图11-7 测G极和E极

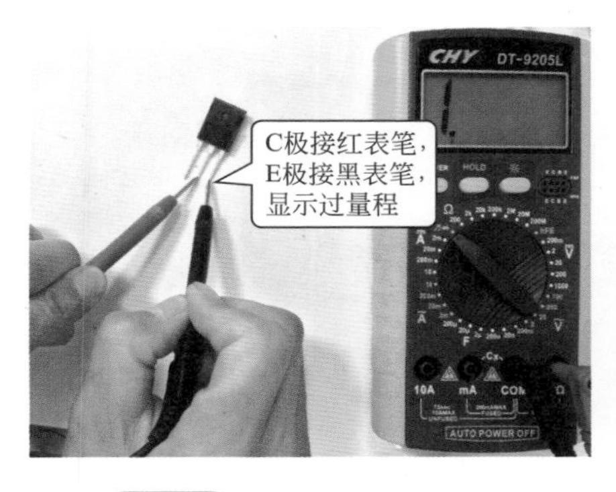

图11-8 测C极和E极（一）

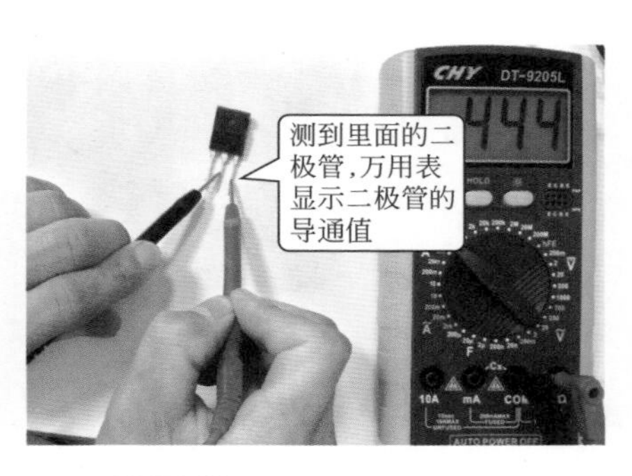

图11-9 测C极和E极（二）

11.3 用指针万用表测量大功率IGBT管

加有阻尼管的测量：用 R×10—R×100 挡测三个电极。其中有一次阻值为几百欧，另一次为几千欧，此两脚即为 C、E，且阻值小的一次，黑笔所接为 E 极，红笔为 C 极，另一脚为 B 极（G 极）。

在上述两项测试中，如 CB、CE 正、反电阻均很小或为零，则击穿，CE 阻值为无穷大，则为开路。如图 11-10~ 图 11-15 所示。

在以上测量中，如不按照上述规律，测量阻值都很小则为管子击穿，但测试过程中如管子开路则无法测出。要想测出管子是否有放大能力，可用图 11-16 所示方法在进一步测试。

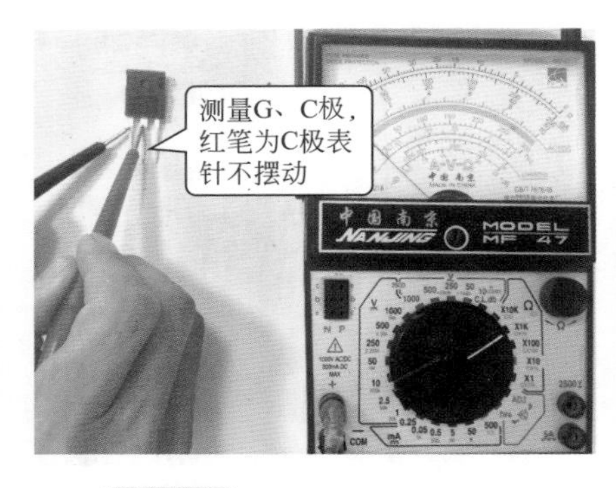

图11-10 测量G、C极（一）

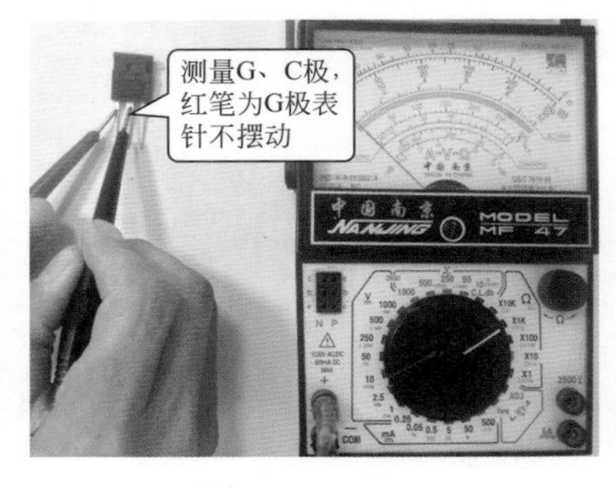

图11-11 测量G、C极（二）

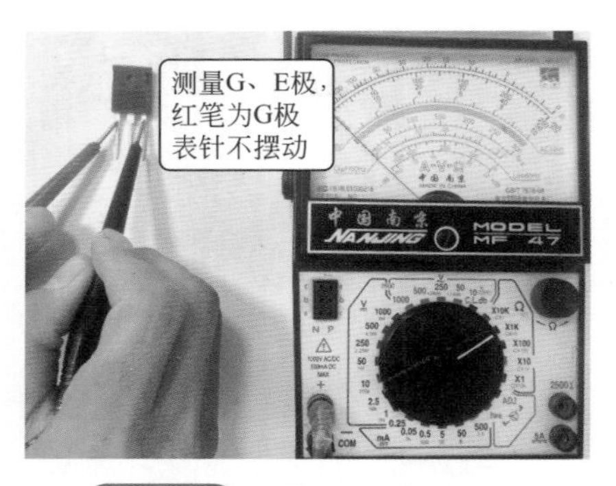

图11-12 测量G、E极（一）

图11-13 测量G、E极（二）

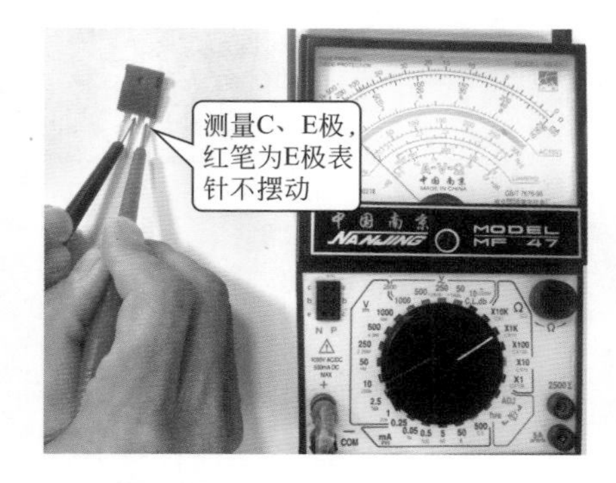

图11-14 测量C、E极（一）

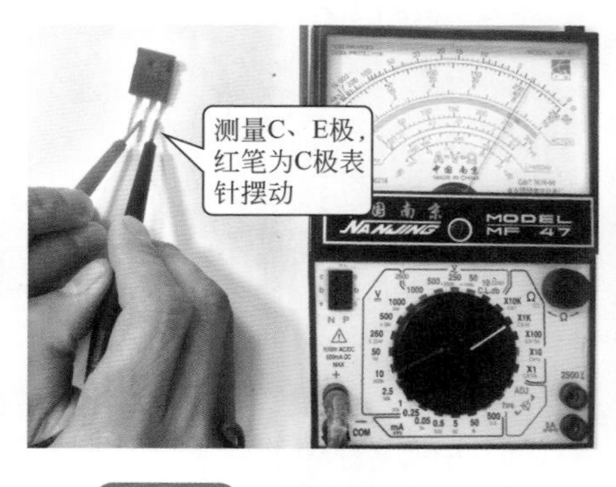

图11-15 测量C、E极（二）

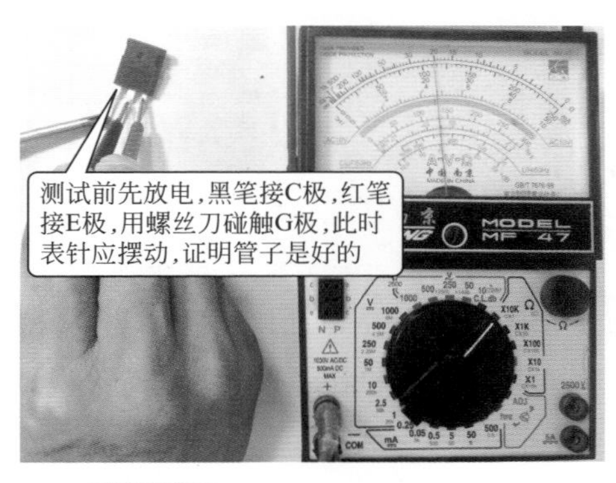

图11-16 测管子是否有放大能力

11.4 IGBT模块检测

（1）单单元的检测　测量时，利用万用表 R×10 挡测 IGBT 的 C-E、C-B 和 B-E 之间的阻值，应与带阻尼管的阻值相符。若该 IGBT 组件失效，集电极和发射极、集电极和栅极间可能存在短路现象。（注意：IGBT 正常工作时，栅极与发射极之间的电压约为 9V，发射极为基准。）

若采用在路测量法，应先断开相应引脚，以防电路中内阻影响，造成误判断。

（2）多单元的检测　检测多单元时，先找出多单元中的独立单元，再按单单元检测。

（3）IGBT 的应用电路　IGBT 应用于电磁炉电路如图 11-17 所示。图中 VT1、VT2 为 IGBT 功率管，受电路控制，工作在开关状态，使加热线盘产生电磁场，对锅进行加热。

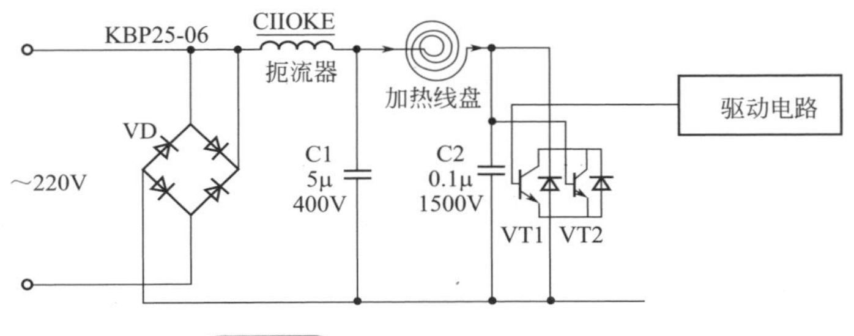

图11-17 IGBT应用于电磁炉电路

第12章

晶闸管的检测与应用

12.1 认识晶闸管

12.1.1 晶闸管的结构及图形符号

（1）结构 如图 12-1 所示，晶闸管（俗称可控硅）是由 PNPN 四层半导体结构组成的，包括阳极（用 A 表示）、阴极（用 K 表示）和控制极（用 G 表示）三个极，其内部结构如图 12-2 所示。

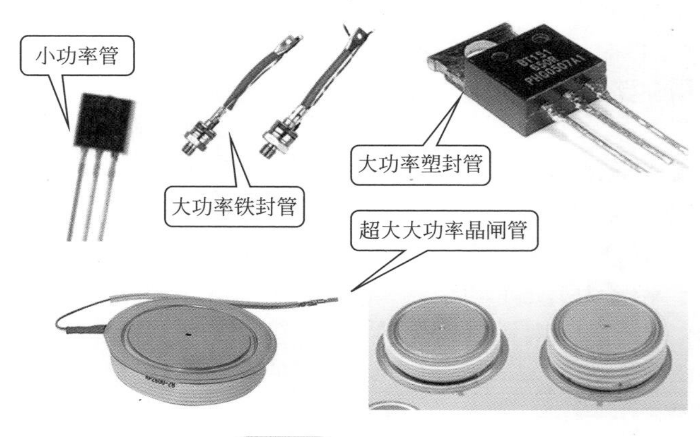

图12-1 晶闸管外形

如果仅是在阳极和阴极间加电压，无论是采取正接还是反接，晶闸管都是无法导通的。因为晶闸管中至少有一个 PN 结总是处于反向偏置状态。如果采取正接法，即在晶闸管阳极接正电压、阴极接负电压，同时在门极再加相对于阴极而言的正向电压（足以使晶闸管内部的反向偏置 PN 结导通），晶闸管就导通了（PN 结导通后就不再受极性限制）。

而且一旦导通再撤去控制极电压，晶闸管仍可保持导通的状态。如果此时想使导通的晶闸管截止，只有使其电流降到某个值以下或将阳极与阴极间的电压减小到零。

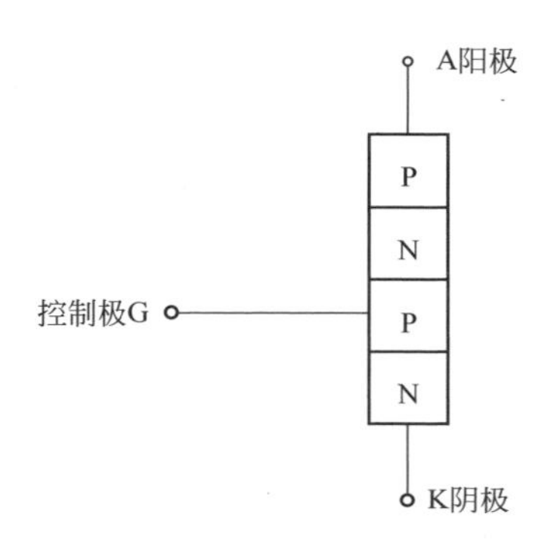

图12-2 晶闸管的内部结构示意图

由于晶闸管只有导通和关断两种工作状态，所以它具有开关特性，这种特性需要一定的条件才能转化，条件如下：

① 从关断到导通时，阳极电位高于阴极电位，门极有足够的正向电压和电流，两者缺一不可。

② 维持导通时，阳极电位高于阴极电位；阳极电流大于维持电流，两者缺一不可。

③ 从导通到关断时，阳极电位低于阴极电位；阳极电流小于维持电流，任一条件即可。

（2）晶闸管的图形符号　晶闸管是电子电路中最常用的电子元器件之一，一般用字母“K”、“VS”加数字表示。晶闸管的图形符号如图 12-3 所示。

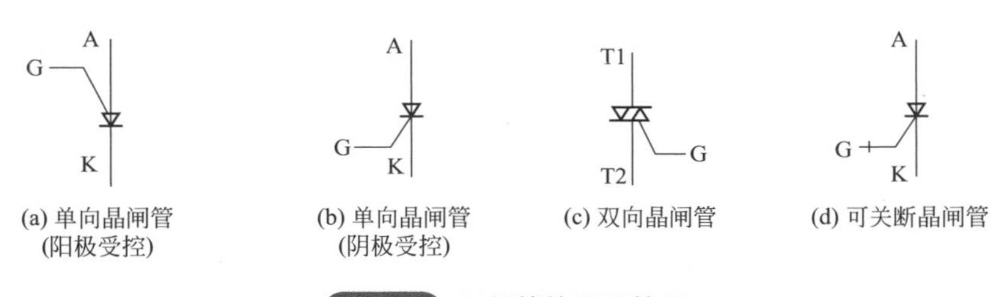

图12-3 晶闸管的图形符号

12.1.2 晶闸管的分类

晶闸管种类繁多，具体分类如图 12-4 所示。

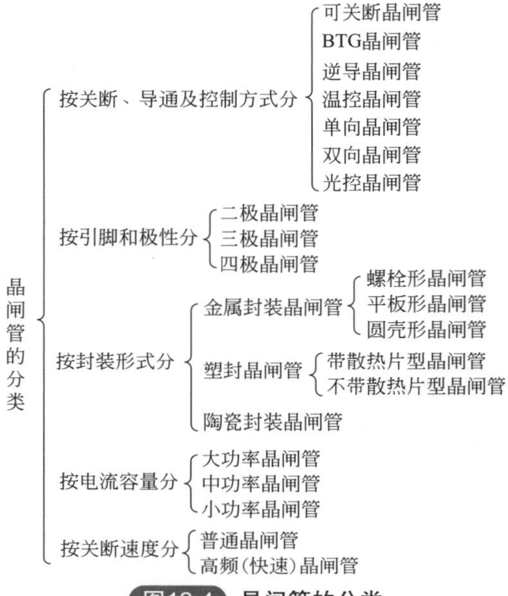

图12-4 晶闸管的分类

12.1.3 晶闸管的型号命名

国产晶闸管型号命名一般由四个部分组成，分别为名称、类别、额定电流值和重复峰值电压级数，如图 12-5 所示。

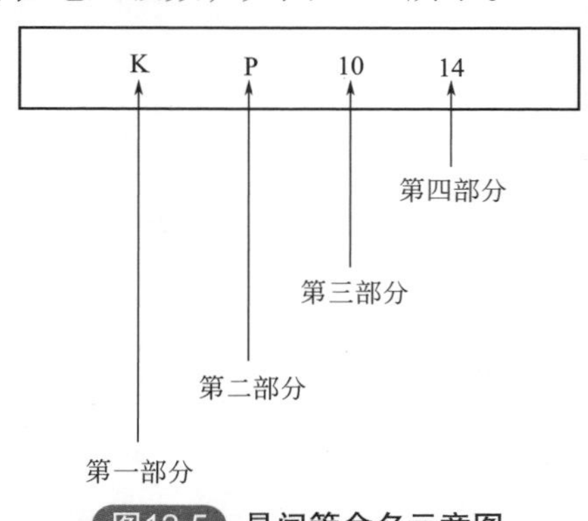

图12-5 晶闸管命名示意图

第一部分为名称，晶闸管用字母 K 表示。

第二部分为晶闸管的类别，用字母表示。P 表示普通反向阻断型。

第三部分为晶闸管的额定通态电流值，用数字表示。10 表示额定通态电流为 10A。

第四部分为晶闸管的重复峰值电压级数，用数字表示。14 表示重复峰值电压为 1400V。

KP10-14 表示通态平均电流为 10A，正、反向重复峰值电压为 1400V 的普通反向阻断型晶闸管。

为了方便读者查阅，表 12-1~ 表 12-3 分别列出了晶闸管类别代号含义对照表、晶闸管额定通态电流符号含义对照表和晶闸管重复峰值电压级数符号含义对照表。

表12-1 晶闸管类别代号含义对照表

符 号	含 义
P	普通反向阻断型
K	快速反向阻断型
S	双向型

表12-2 晶闸管额定通态电流符号含义对照表

符 号	含 义	符 号	含 义
1	1A	100	100A
5	5A	200	200A
10	10A	300	300A
20	20A	400	400A
30	30A	500	500A
50	50A		

表12-3 晶闸管重复峰值电压级数符号含义对照表

符 号	含 义	符 号	含 义
1	100V	7	700V
2	200V	8	800V
3	300V	9	900V
4	400V	10	1000V
5	500V	12	1200V
6	600V	14	1400V

12.2 晶闸管的主要参数

（1）正向转折电压 U_{BO} 正向转折电压 U_{BO} 是指晶闸管在门极开路且额定结温状态下，在阳极（A 极）与阴极（K 极）之间加正弦半波正向电压，使它由关断状态进入导通状态时所需要的峰值电压。

（2）断态重复峰值电压 U_{DRM} 断态重复峰值电压 U_{DRM} 是指晶闸管在正向阻断时，允许加在 A、K 极或 T1、T2 极间最大的峰值电压。此电压约为正向转折电压减去 100V 后的电压值。

（3）通态平均电流 I_T 通态平均电流 I_T 是指在规定的环境温度和标准散热条件下，晶闸管正常工作时 A、K 极或 T1、T2 极间所允许通过电流的平均值。

（4）反向击穿电压 U_{BR} 反向击穿电压 U_{BR} 是指晶闸管在额定结温下，为它的 A、K 极或 T1、T2 极加正弦半波正向电压，使反向漏电电流急剧增加时对应的峰值电压。

（5）反向重复峰值电压 U_{RRM} 反向重复峰值电压 U_{RRM} 是指晶闸管在门极开路时，为它的 A、K 或 T1、T2 极允许的最大反向峰值。此电压为反向击穿电压减去 100V 后的峰值电压。

（6）反向重复峰值电流 I_{RRM} 反向重复峰值电流 I_{RRM} 是指晶闸管在关断状态下的反向最大漏电电流。此电流值应该低于 10μA。

（7）正向平均电压 U_F 正向平均电压 U_F 也称通态平均电压或通态压降 U_T。它是指晶闸管在规定的环境温度和标准散热状态下，其 A、K 极或 T1、T2 极间压降的平均值。晶闸管的正向平均电压 UF 通常为 0.4~1.2V。

（8）门极触发电压 U_{GT} 门极触发电压 U_{GT} 是指晶闸管在规定的环境温度下，为它的 A、K 极加正弦半波正向电压，使它由关断状态进入导通状态所需要的最小控制极电压。

（9）门极触发电流 I_{GT} 门极触发电流 I_{GT} 是指晶闸管在规定的环境温度下，为它的 A、K 极加正弦半波正向电压，使它由关断状态进入导状态所需要最小控制极电流。

（10）门极反向电压 门极反向电压是指晶闸管门极上所加的额定电压。该电压通常不足 10V。

（11）维持电流 I_H 维持电流 I_H 是指维持晶闸管导通的最小电流。当最小电流小于维持电流 I_H 时，晶闸管会关断。

（12）**断态重复峰值电流 I_{DR}** 断态重复峰值电流 I_{DR} 是指在关断状态下的正向最大平均漏电流。此电流值一般不能大于 10μA。

12.3 单向晶闸管及检测

单向晶闸管也称单向可控硅。由于单向晶闸管具有成本低、效率高、性能可靠等优点，所以被广泛应用在可控整流、交流调压、逆变电源、开关电源等电路中。

12.3.1 单向晶闸管的构成

单向晶闸管由 PNPN4 层半导体构成，而它等效为 2 只三极管，它的 3 个引脚功能分别是：G 为门极，A 为阳极，K 为阴极。单向晶闸管的结构、等效电路及图形符号如图 12-6 所示。

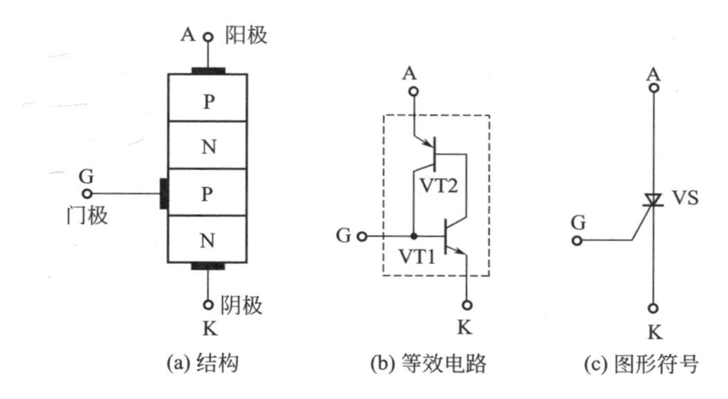

图12-6 单向晶闸管的结构、等效电路及图形符号

12.3.2 单向晶闸管的基本特性

由单向晶闸管的等效电路可知，单向晶闸管由 1 只 NPN 型三极管 VT1 和 1 只 PNP 型三极管 VT2 组成，所以单向晶闸管的 A 极和 K 极之间加上正极性电压时，它并不能导通；只有当它的 G 极有触发电压输入后，它才能导通。这是因为单向晶闸管 G 极输入电压加到 VT1 的 B 极，使 VT1 导通，VT1 的 C 极电位为低电压，致使 VT2 导通，此时 VT2 的 C 极输出电压又加到 VT1 的 B 极，维持 VT1 的导通状态。因此，单向晶闸管导后，即使 G 极不再输入导通电压，它也会维持导通状态。只有使 A 极输入的电压足够小或为 A、K 极间加反向电压，单向晶闸

管才能关断。

12.3.3 用指针万用表检测单向可控硅

（1）测试判断单向可控硅的引脚极性 如图 12-7~图 12-10 所示，可控硅的控制极与阴极之间有一个 PN 结，类似于一只二极管，具有单向导电特性，而阳极与控制极和阴极之间有多个 PN 结，因这些 PN 结是反串在一起的，正反向电阻均是很大的。根据这些特点，就可利用万用表很方便地判别出各电极来。将万用表置于 R×1k（或 R×100）挡，任意测试两个电极间的正反向电阻，如果测得其中两个电极的电阻较小（正向，几到十几千欧），而交换表笔后测得的电阻很大（反向，几十到几百千欧），那么，以阻值较小的为准，黑表笔所接的电极就是控制极，而红表笔所接电极就是阴极，剩下的电极便是阳极了。

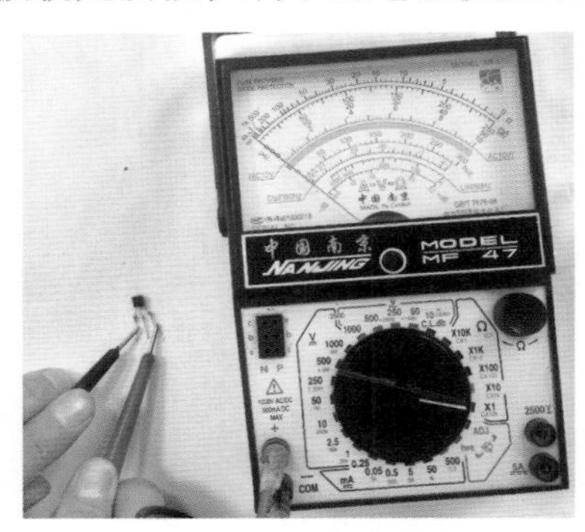

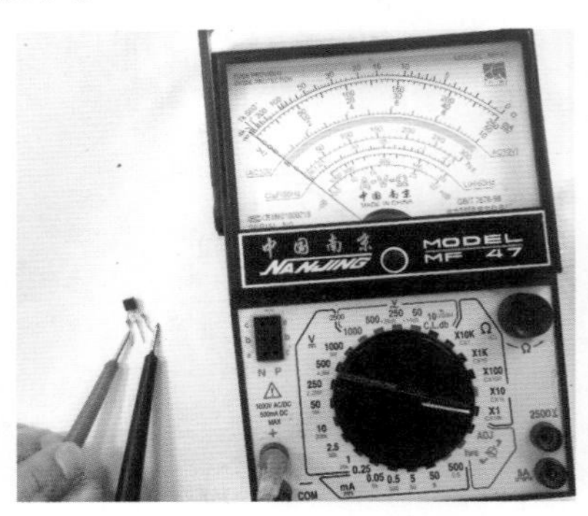

图12-7 测试判断单向可控硅（一）

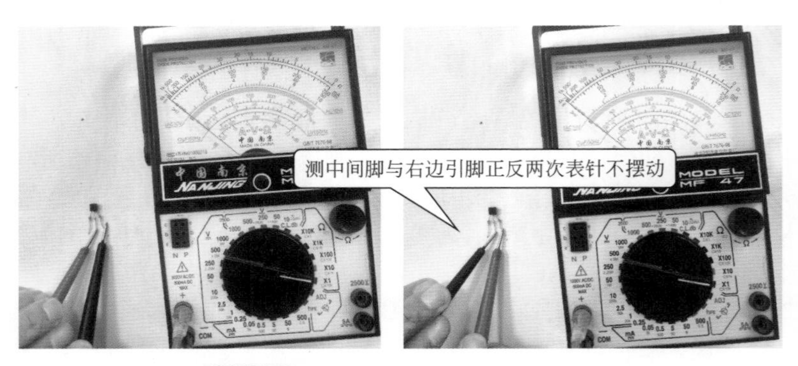

图12-8 测试判断单向可控硅（二）

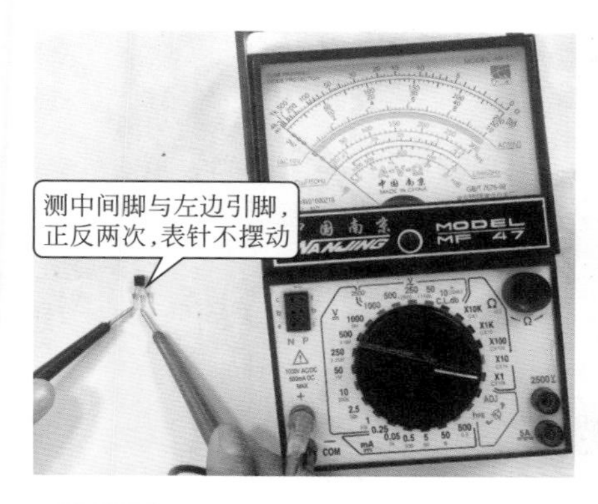

图12-9 测试判断单向可控硅（三）

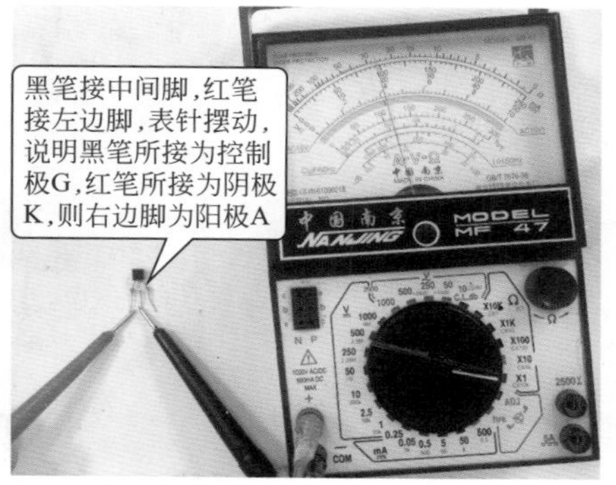

图12-10 测试判断单向可控硅（四）

（2）触发能力的测量 如图 12-11 所示，将万用表置于“R × 1”挡，黑表笔接 K 极，红表笔接 A 极，导通压降值应为无穷大。此时用红表笔瞬间短接 A、G 极，表针摆动，说明晶闸管被触发。如图 12-12 所示。断开 G 晶闸管被触发后能够维持导通状态；说明是好的。否则，说明该晶闸管已损坏。如图 12-13 所示。

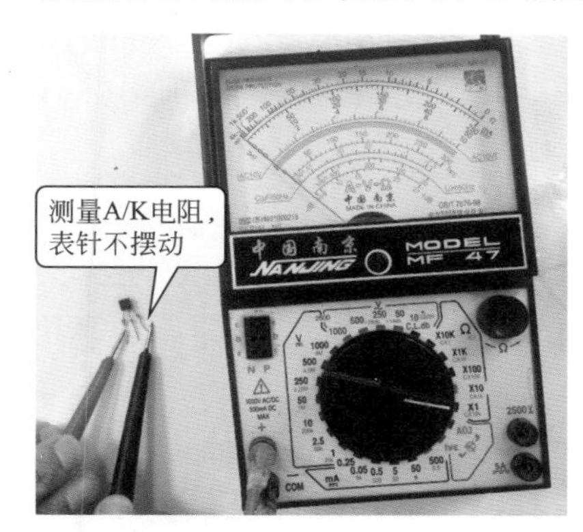

图12-11 触发能力的测量（一）

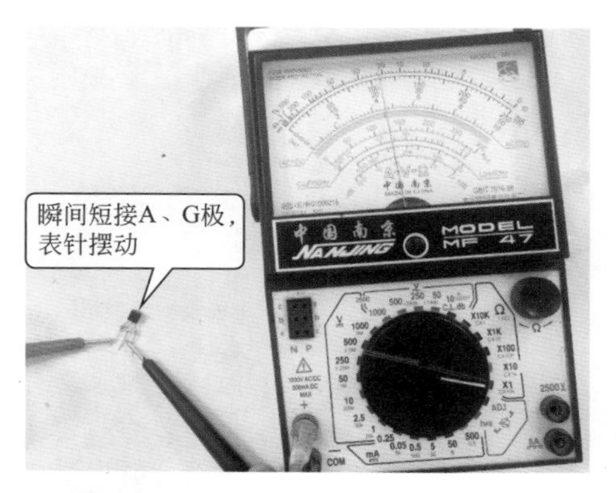

图12-12 触发能力的测量（二）

12.3.4 用数字表测试单向可控硅实战演练

（1）单向晶闸管引脚的判别 由于单向晶闸管的 G 极与 K 极之间仅有 1 个 PN 结，所以这 2 个引脚间具有单向导通特性，而其余引脚间的阻值或导通压降值应为无空大。下面介绍用数字型万用表检测的方法。

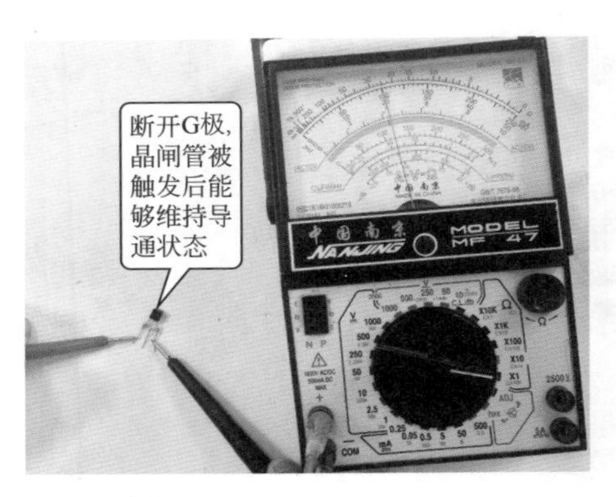

图12-13 触发能力的测量（三）

首先，将数字型万用表置于“二极管”挡，表笔任意接单向晶闸管两个引脚，测试中出现0.6~0.7左右的数值时，说明此时红表笔接的是G极，黑表笔接的是K极，剩下的引脚是A极。

（2）单向晶闸管触发导通能力的检测 如图12-14、图12-15所示，黑表笔接K极，红表笔接A极，导通压降值应为无穷大，此时用红表笔瞬间短接A、G极，随后测A、K极之间的导通压降值，若导通压降值迅速变小，说明晶闸管被触发并能够维持导通状态；否则，说明该晶闸管已损坏。

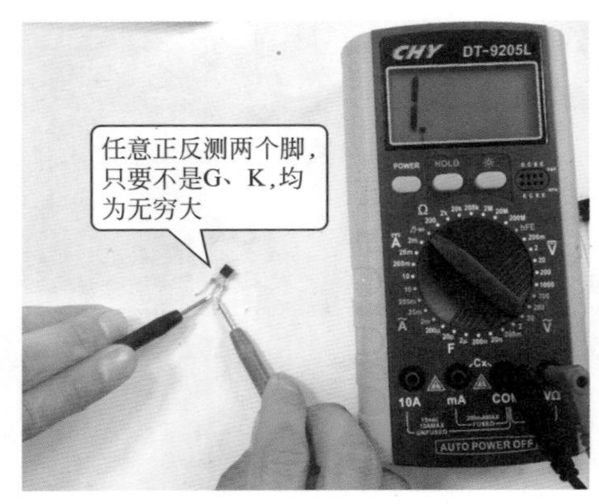

图12-14 二极管挡测可控硅（一）

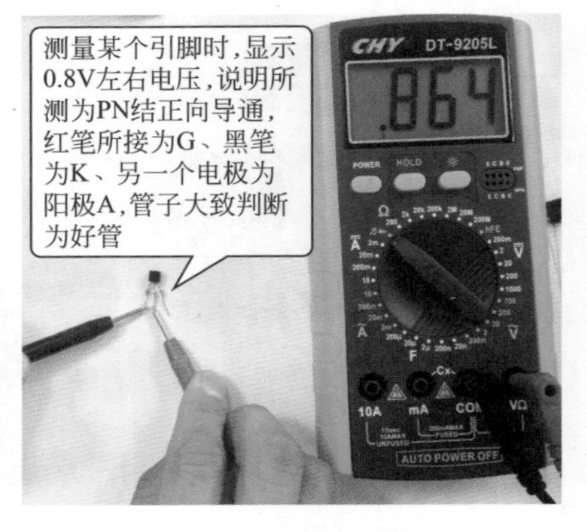

图12-15 二极管挡测可控硅（二）

如在测量过程中不显示PN结电压，或正反都为无穷大，则管子损坏。

12.4 双向晶闸管及检测

双向晶闸管也称双向可控硅。由于双向晶闸管具有成本低、效率高、性能可靠等优点，所以被广泛应用在交流调压、电机调速、灯光控制等电路中。双向晶闸管的外形和单向晶闸管基本相同。

12.4.1 双向晶闸管的构成

双向晶闸管由两个单向晶闸管反向并联组成，所以它具有双向导通性能，即只要 G 极输入触发电流后，无论 T1、T2 极间的电压方向如何，它都能够导通。双向晶闸管的等效电路及图形符号如图 12-16 所示。

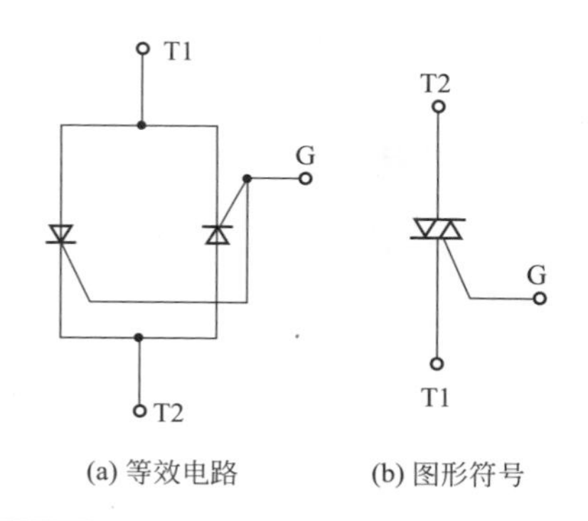

(a) 等效电路　　(b) 图形符号

图12-16 双向晶闸管的等效电路及图形符号

12.4.2 用指针万用表检测双向可控硅

引脚和触发性能的判断：如图 12-17 所示，将指针型万用表置于 R×1 挡，任意测双向晶闸管两个引脚间的电阻，当一组的阻值为几十欧时，说明这两个引脚为 G 极和 T1 极，剩下的引脚为 T2 极（图 12-17）。

假设 T1 和 G 极中的任意一脚为 T1 极，红表笔接 T2 极，此时的阻值应为无穷大（图 12-18）。

用表笔瞬间短接 T2、G 极，如果阻值由无穷大变为几十欧，说明晶闸管被触发并维持导通（图 12-19、图 12-20）。

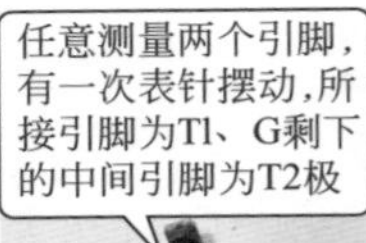

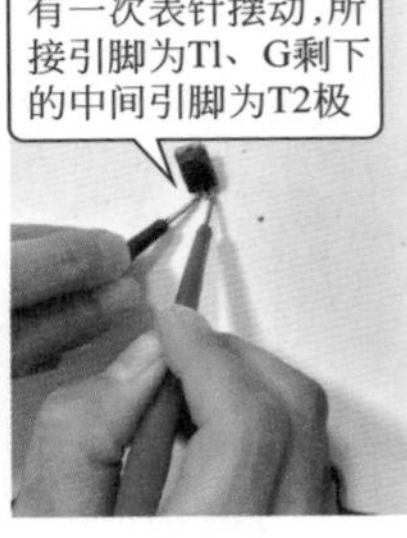

图12-17 引脚判断（一）

图12-18 引脚判断（二）

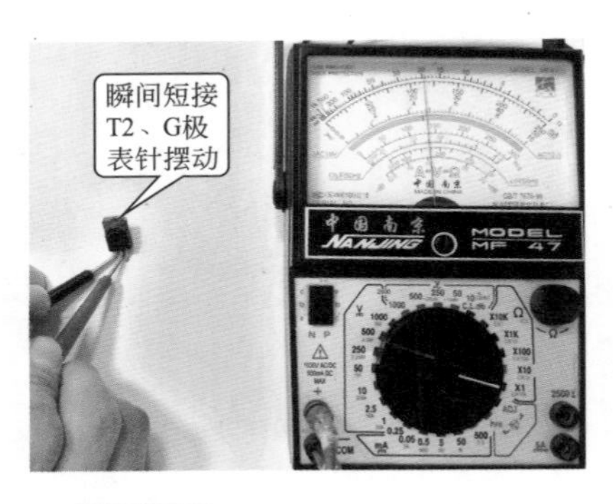

图12-19 触发能力判别（一）

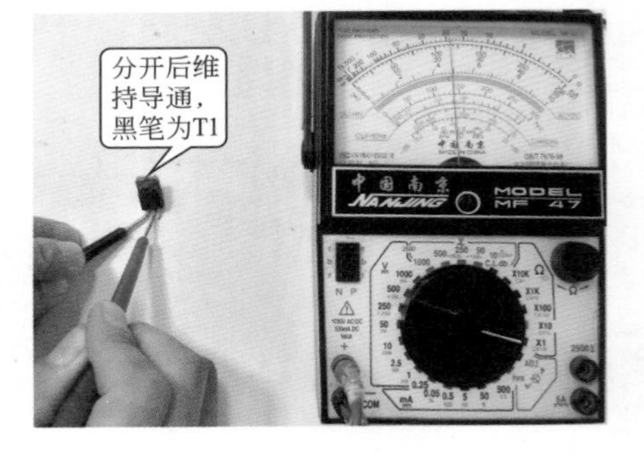

图12-20 触发能力判别（二）

假设正确调换表笔重复上述操作，黑表笔接 T2 极，红笔接 T1，如图 12-21 所示。

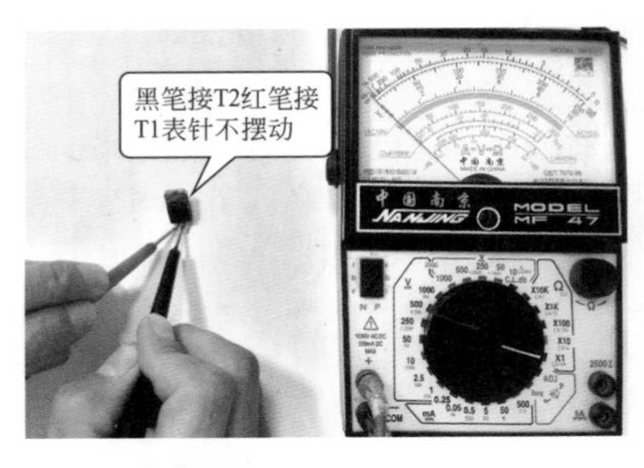

图12-21 触发能力判别（三）

用黑表笔瞬间短接 T2、G 极，如果阻值由无穷大变为几十欧，说明晶闸管被触发并维持导通正确，如图 12-22、图 12-23 所示。

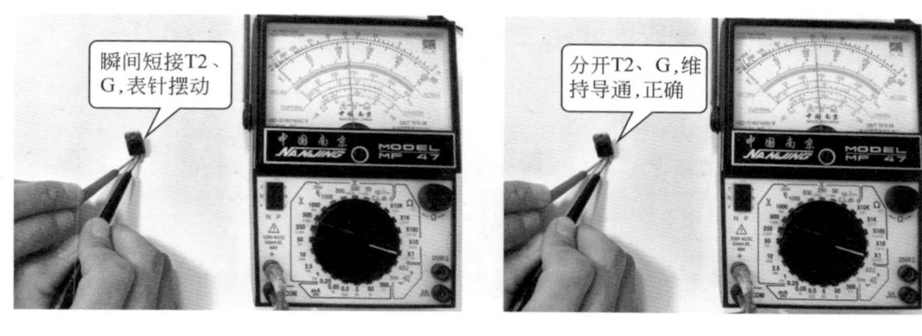

图12-22 触发能力判别（四）

图12-23 触发能力判别（五）

12.5 晶闸管的选配代换及使用注意事项

12.5.1 晶闸管的选配代换

晶闸管的种类繁多，根据使用的不同需求，通常采用不同类型的晶闸管。在对晶闸管进行代换时，主要考虑其额定峰值电压、额定电流、正向压降、门极触发电流及触发电压、开关速度等参数。最好选用同类型号、同特性、同外形的晶闸管进行代换。

① 对于逆变电源、可控整流、交直流电压控制、交流调压、开关电源保护等电路，一般使用普通晶闸管。

② 对于交流调压、交流开关、交流电动机线性调速、固态继电器、固态接触器及灯具线性调光等电路，一般使用双向晶闸管。

③ 对于超声波电路、电子镇流器、开关电源、电磁灶及超导磁能储存系统等电路，一般使用逆导晶闸管。

④ 对于光探测器、光报警器、光计数器、光电耦合器、自动生产线的运行监控及光电逻辑等电路，一般使用光控晶闸管。

⑤ 对于过电压保护器、锯齿波发生器、长时间延时器及大功率三极管触发等电路，一般使用 BTC 晶闸管。

⑥ 对于斩波器、逆变电源、电子开关及交流电动机变频调速等电路，一般使用门极关断晶闸管。

另外，代换时新晶闸管应与旧晶闸管的开关速度一致。如高速晶闸管损坏后，只能选用同类型的高速晶闸管，而不能用普通晶闸管来代换。

12.5.2 晶闸管的使用注意事项

① 选用晶闸管的额定电压时，应参考实际工作条件下峰值电压的大小，并留出一定的余量。

② 选用晶闸管的额定电流时，除了考虑通过元件的平均电流外，还应注意正常工作时导通角的大小、散热通风条件等因素。在工作中还应注意管壳温度不超过相应电流下的允许值。

③ 使用晶闸管之前，应该用万用表检查晶闸管是否良好。发现有短路或断路现象时，应立即更换。

④ 严禁用兆欧表（即摇表）检查元件的绝缘情况。

⑤ 电流在 5A 以上的晶闸管要装散热器，并且保证所规定的冷却条件。为保证散热器与晶闸管管心接触良好，它们之间应涂上一薄层有机硅油或硅脂，以利于良好散热。

⑥ 按规定对主电路中的晶闸管采用过电压及过电流保护装置。

⑦ 要防止晶闸管控制极的正向过载和反向击穿。

12.6 晶闸管的应用电路

12.6.1 单向晶闸管的应用电路

晶闸管在直流电机调速中的应用电路如图 12-24 所示。220V 市电电压经整流后，通过晶闸管 VS 加到直流电动机的电枢上，同时它还向励磁线圈 L 提供励磁电流，只要调节 RP 的值，就能改变晶闸管的导通

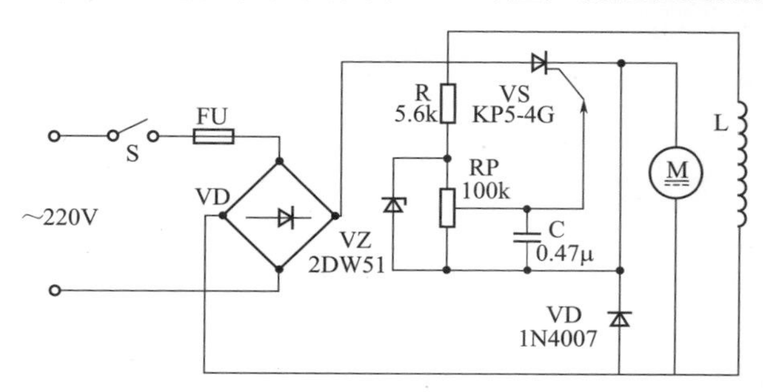

图12-24 单向晶闸管应用电路

角，从而改变输出电压的大小，实现直流电动机的调速（VD是直流电动机电枢的续流二极管）。

12.6.2 双向晶闸管的应用电路

图12-25（a）是由双向晶闸管构成的台灯调光电路。EL代表白炽灯泡。双向晶闸管VS的门极与双向触发二极管VD相连。通过调节电位器RP，可以改变双向晶闸管的导通角，进而改变流过白炽灯泡的平均电流值，实现连续调光的效果。此电路还可作为500W以下的电熨斗或电热褥的温度调节电路使用。应用时，双向晶闸管要加装合适的散热器，以免管子过热损坏。

图12-25（b）是由双向晶闸管构成的光电控制电路。接通交流电源后，有光照射到光敏电阻器RG，阴极A在交流电正半周时，门极被正向触发而导通，负半周时则负向触发导通，负载照明灯泡EL点亮。

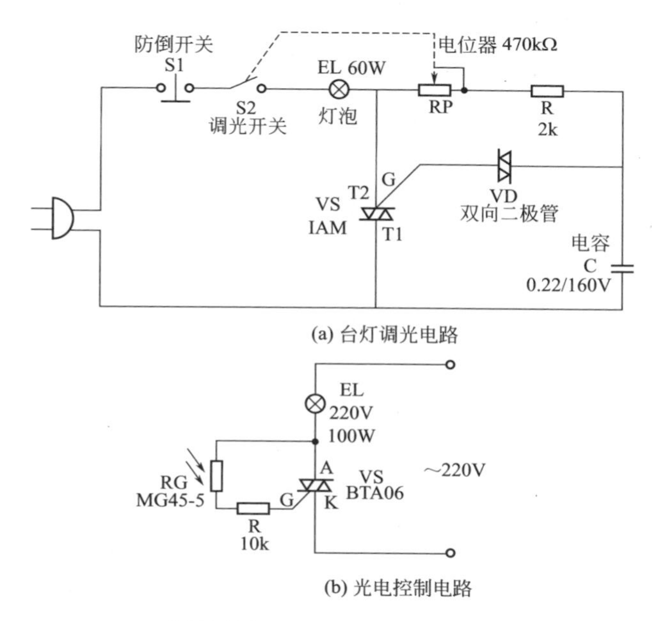

图12-25 双向晶闸管应用电路

开关与继电器的检测与应用

13.1 开关元件检修与应用

作为电气控制部件的各种开关的工作原理虽有不同，但是其结构和性能有很多相同之处。下面介绍各种开关的通用结构和要求及检查方法。

13.1.1 开关的一般结构

各种开关的外形及结构如图 13-1 所示。开关的主要工作元件是触点（又称接点），依靠触点的闭合（即接触状态）和分离来接通和断开电路。在电路要求接通时，通过手动或机械作用使触点闭合；在电路要求断开时，通过手动或机械作用使触点分离。触点或簧片都要具有良好的导电性。触点的材料为铜、铜合金、银、银合金、表面镀银、表面镀银合金。用于低电压（如直流 2V）的开关，甚至还要求触点表面镀金或金合金。簧片要求具有良好的弹性，多采用厚度为 0.35~0.50mm 的磷青铜、铍青铜材料制成。

簧片安装于绝缘体上，绝缘体的材料多为塑料制成，有些开关还要求采用阻燃材料。簧片或穿插入绝缘体的孔中，用簧片的刺定位，或直接在注塑时固定于绝缘体中。

13.1.2 开关的性能要求

① 触点能可靠的通断。为了保证触点在闭合位置时能可靠接通，主要有两点技术要求：一是要求两触点在闭合时要具有一定的接触压力，二是要求两触点接触时的接触电阻要小于某一值。

② 如作电源开关的触点（如定时器的主触点、多数开关的触点），初始接触电阻不能大于 30mΩ，经过寿命试验后接触电阻不能大于 200mΩ。接触压力不足将会产生接触不良、开关时通时断的故障，常

说的触点“抖动”现象就是接触压力不足的表现。接触电阻大将会使触点温升高，严重时会使触点熔化而黏结在一起。

图13-1 各种开关的外形

③ 要求开关安装位置固定，簧片和触点定位可靠。

④ 开关的带电部分与有接地可能的非带电金属部分及人体可能接触的非金属表面之间要保持足够的绝缘距离，绝缘电阻应在 20MΩ 以上。

13.1.3 开关的检测

常用检查方法有三种，即观察法、万用表检查法、短接检查法。

① 观察法。对于动作明显、触点直观的开关，可采用目视观察法

检查。将开关置于正常工作时应该闭合或分离的状态，观察触点是否接触或分离，同时观察触点表面是否损坏、是否积炭、是否有腐蚀性气体腐蚀生成物（如针状结晶的硫化银、氯化银）、触点表面是否变色、两触点位置是否偏移。对于不正常工作的开关，通过手动和观察，也可检查出动作是否正常及故障原因。

② 万用表检查法。对于触点隐蔽、难于观察到通断状态的开关（如自动型洗衣机上的水位开关、封闭型琴键开关），可以用万用表测电阻的方法来检查。在开关应该接通的位置，测定输入端和输出端的电阻，如阻值为无穷大，则说明开关接通；如果阻值为零或近于零，则说明开关正常；若有一定阻值，则说明接触不良（阻值越大，接触不良的现象就越严重）。如图 13-2~ 图 13-4 所示。

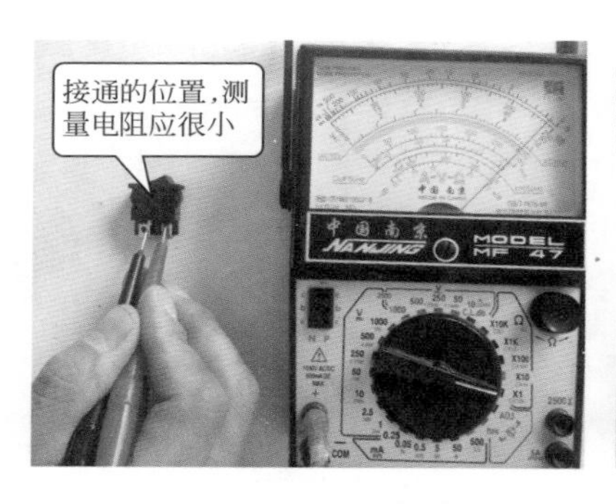

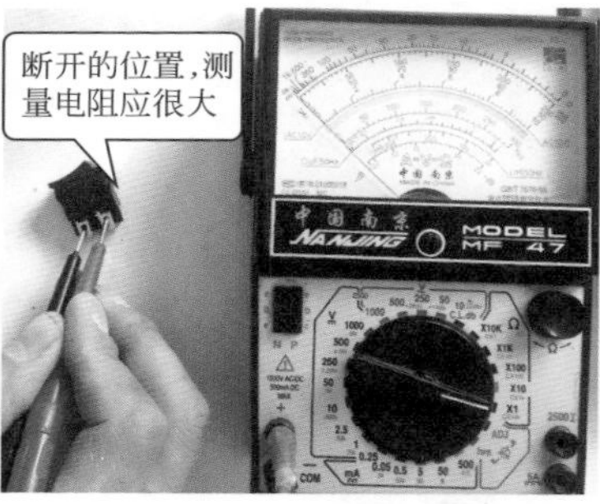

图13-2 开关通断判断（一）

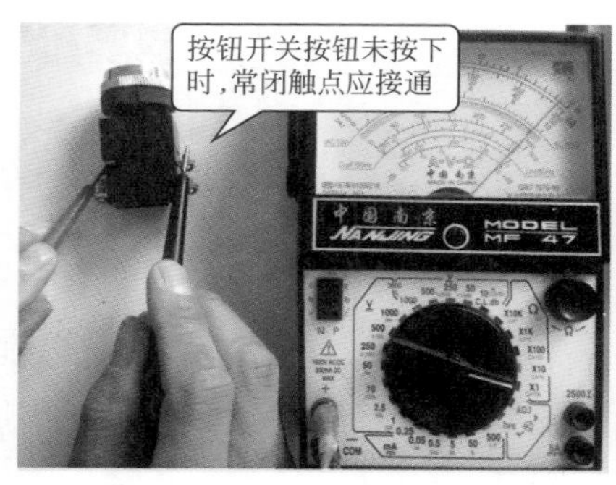

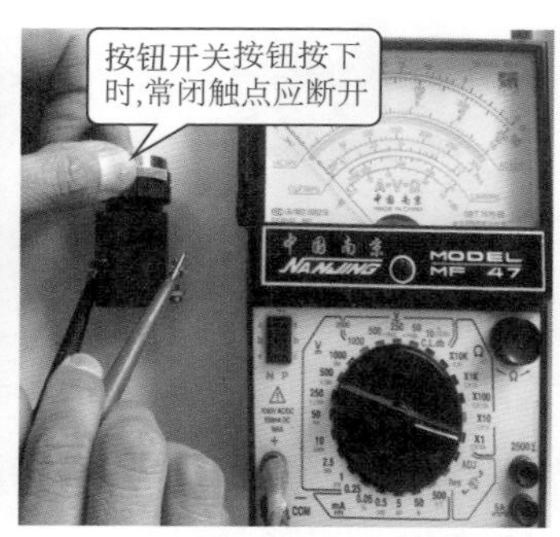

图13-3 开关通断判断（二）

③ 短接检查法。对于装配于整机上的开关，最简单的检查方法是

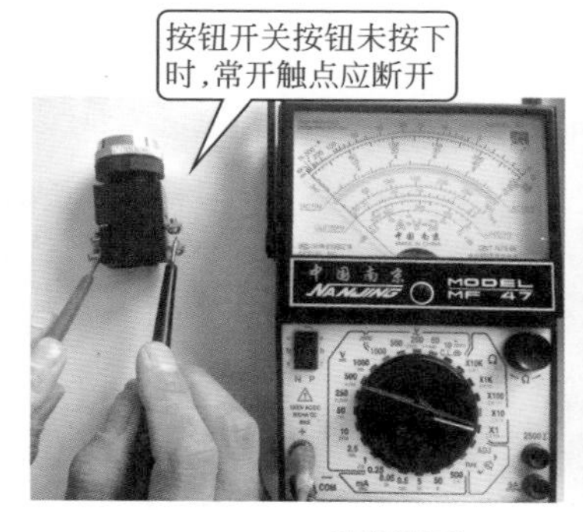

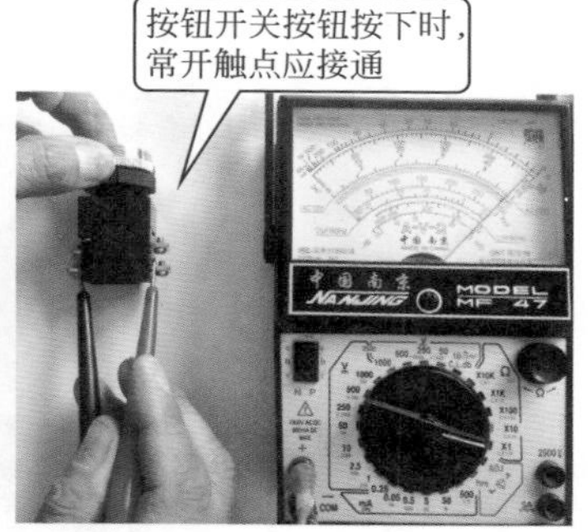

图13-4 开关通断判断（三）

短接检查法。当包含某一个开关的电路不能正常工作时，如怀疑该开关有故障，那么可以将此开关的输入端和输出端用导线连接起来，即通常所说的短接，短接后就相当于没有这个开关。如果短接后，原来的不正常状态转为正常状态了，则说明这个开关有故障。

13.2 电磁继电器

13.2.1 继电器的作用

继电器是具有隔离功能的自动开关元件，广泛应用于遥控、遥测、通信、自动控制、机电一体化及电力电子设备中，是最重要的控制元件之一。电磁继电器如图 13-5 所示。

继电器一般都有能反映一定输入变量（如电流、电压、功率、阻抗、频率、温度、压力、速度、光等）的感应机构（输入部分）；有能对被控电路实现“通”、“断”控制的执行机构（输出部分）；在继电器的输入部分和输出部分之间，还有对输入量进行耦合隔离，功能处理和对输出部分进行驱动的中间机构（驱动部分）。

作为控制元件，继电器有如下几种作用：

① 扩大控制范围。例如，多触点继电器控制信号达到某一定值时，可以按触点组的不同形式，同时换接、开断、接通多路电路。

② 放大。例如灵敏型继电器、中间继电器等，用一个很微小的控制量，可以控制很大功率的电路。

③ 综合信号。例如，当多个控制信号按规定的形式输入多绕组继

电器时，经过比较综合，达到预定的控制效果。

④ 自动、遥控、监测。例如，自动装置上的继电器与其他电器一起可以组成程序控制电路，从而实现自动化运行。

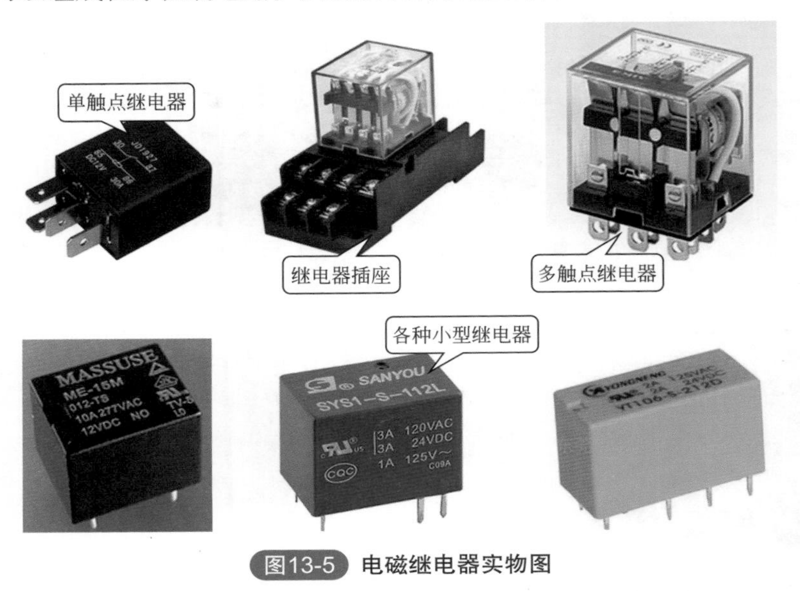

图13-5 电磁继电器实物图

13.2.2 继电器的分类

继电器的分类如图 13-6 所示。

13.2.3 电磁继电器的结构和工作原理

电磁继电器一般由铁芯、线圈、衔铁、触点簧片等组成的。只要在线圈两端加上一定的电压，线圈中就会流过一定的电流，从而产生电磁效应，衔铁就会在电磁力吸引的作用下克服返回弹簧的拉力吸向铁芯，从而带动衔铁的动触点与静触点（常开触点）吸合。当线圈断电后，电磁吸力也随之消失，衔铁就会在弹簧的反作用力作用下返回原来的位置，使动触点与静触点（常闭触点）释放。这样吸合、释放，从而达到了在电路中导通、切断的目的。对于继电器的“常开、常闭”触点，可以这样来区分：继电器线圈未通电时处于断开状态的静触点称为“常开触点”，处于接通状态的静触点称为“常闭触点”。继电器一般有两个电路，即低压控制电路和高压工作电路。电磁继电器的结构如图 13-7 所示。

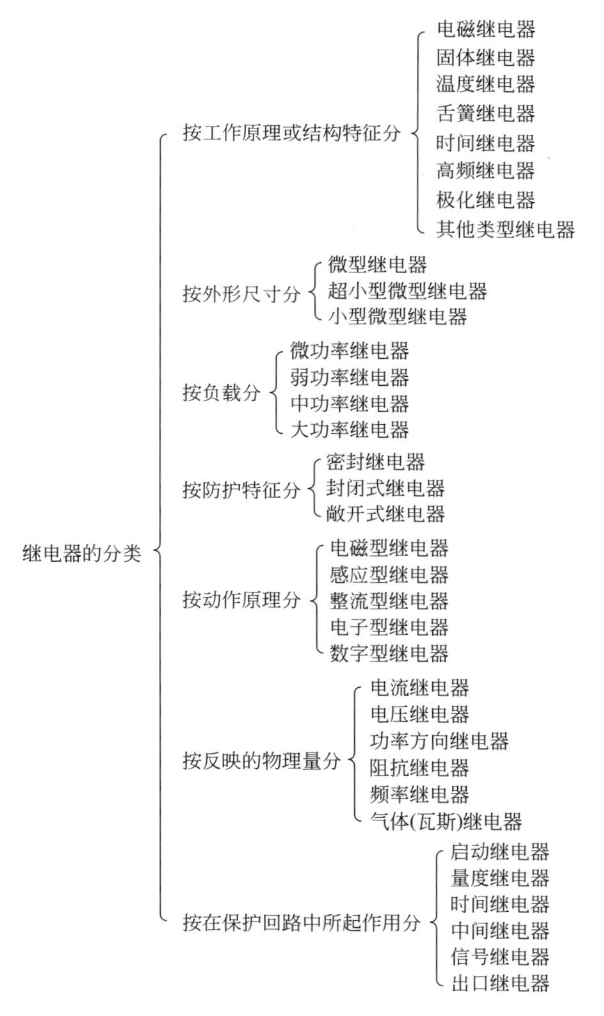

图13-6 继电器的分类

注：对于密封或封闭式继电器，外形尺寸为继电器本体三个相互垂直方向的最大尺寸，不包括安装件、引出端、压筋、压边、翻边和密封焊点的尺寸。

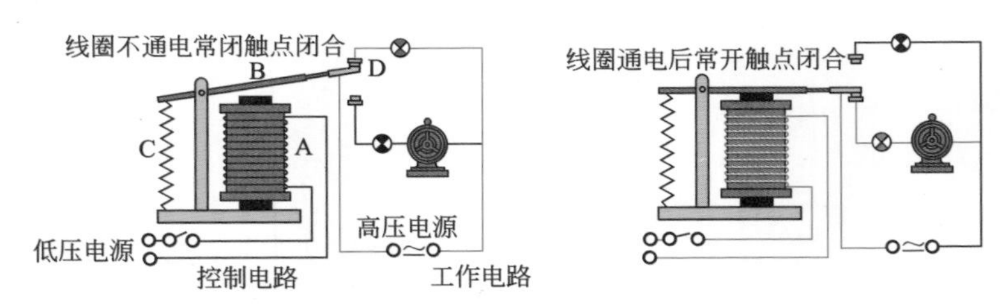

图13-7 电磁继电器的结构

A—电磁铁；B—衔铁；C—弹簧；D—触点

13.2.4 电磁继电器的主要技术参数

① 额定工作电压和额定工作电流。额定工作电压是指继电器在正常工作时线圈两端所加的电压，额定工作电流是指继电器在正常工作时线圈需要通过的电流。使用中必须满足线圈对工作电压、工作电流的要求，否则继电器不能正常工作。

② 线圈直流电阻。线圈直流电阻是指继电器线圈直流电阻的阻值。

③ 吸合电压和吸合电流。吸合电压是指使继电器能够产生吸合动作的最小电压值，吸合电流是指使继电器能够产生吸合动作的最小电流值。为了确保继电器的触点能够可靠吸合，必须给线圈加上稍大于额定电压（电流）的实际电压值，但也不能太高，一般为额定值的1.5倍，否则会导致线圈损坏。

④ 释放电压和释放电流。释放电压是指使继电器从吸合状态到释放状态所需的最大电压值，释放电流是指使继电器从吸合状态到释放状态所需的最大电流值。为保证继电器按需要可靠地释放，在继电器释放时，其线圈所加的电压必须小于释放电压。

⑤ 触点负荷。触点负荷是指继电器触点所允许通过的电流和所加的电压，也就是触点能够承受的负载大小。在使用时，为避免触点过电流损坏，不能用触点负荷小的继电器去控制负载大的电路。

⑥ 吸合时间。吸合时间是指给继电器线圈通电后，触点从释放状态到吸合状态所需要的时间。

13.2.5 电磁继电器的识别

根据线圈的供电方式，电磁继电器可以分为交流电磁继电器和直流电磁继电器两种，交流电磁继电器的外壳上标有“AC”字符，而直流电磁继电器的外壳上标有“DC”字符。根据触点的状态，电磁继电器可分为常开型继电器、常闭型继电器和转换型继电器 3 种。3 种电磁继电器的图形符号如图 13-8 所示。

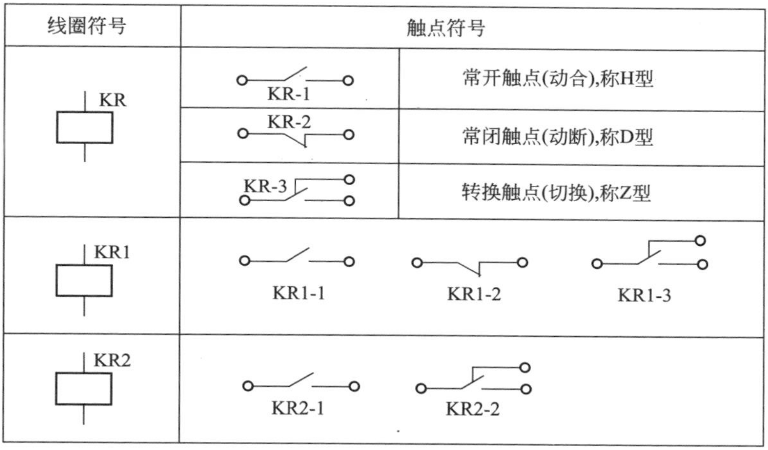

线圈符号	触点符号	
KR	KR-1	常开触点(动合),称H型
	KR-2	常闭触点(动断),称D型
	KR-3	转换触点(切换),称Z型
KR1	KR1-1　KR1-2　KR1-3	
KR2	KR2-1　KR2-2	

图13-8 电磁继电器的图形符号

常开型继电器也称动合型继电器，通常用“合”字的拼音字头“H”表示，此类继电器的线圈没有电流时，触点处于断开状态，当线圈通电后触点就闭合。

常闭型继电器也称动断型继电器，通常用“断”字的拼音字头“D”表示，此类继电器的线圈没有电流时，触点处于接通状态，当线圈通电后触点就断开。

转换型继电器用“转”字的拼音字头“Z”表示，转换型继电器有 3 个一字排开的触点，中间的触点是动触点，两侧的是静触点，此类继电器的线圈没有导通电流时，动触点与其中的一个静触点接通，而与另一个静触点断开；当线圈通电后动触点移动，与原闭合的静触点断开，与原断开的静触点接通。

电磁继电器按控制路数可分为单路继电器和双路继电器两大类。双控型电磁继电器就是设置了两组可以同时通断的触点的继电器，其结构及图形符号如图 13-9 所示。

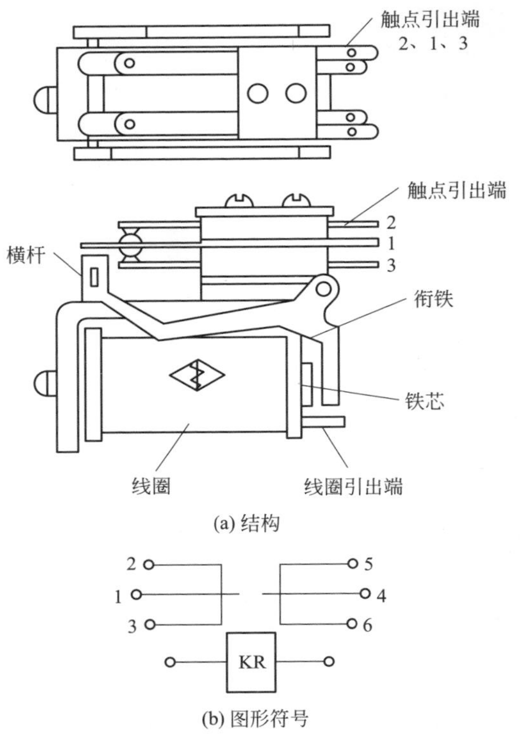

(a) 结构

(b) 图形符号

图13-9 双控型电磁继电器的结构及图形符号

13.2.6 电磁继电器的检测

（1）判别类型（交流或直流） 电磁继电器分为交流与直流两种，在使用时必须加以区分。凡是交流继电器，因为交流电不断呈正旋变化，当电流经过零值时，电磁铁的吸力为零，这时衔铁将被释放；电流过了零值，吸力恢复又将衔铁吸入，这样，伴着交流电的不断变化，衔铁将不断地被吸入和释放，势必产生剧烈的振动。为了防止这一现象的发生，在其铁芯顶端装有一个铜制的短路环。短路环的作用是，当交变的磁通穿过短路环时，在其中产生感应电流，从而阻止交流电过零时原磁场的消失，使衔铁和磁轭之间维持一定的吸力，从而消除了工作中的振动。另外，在交流继电器的线圈上常标有“AC”字样，直流电磁继电器则没有铜环。在直流继电器上标有“DC”字样。有些继电器标有AC/DC，则要按标称电压正确使用。

（2）测量线圈电阻 根据继电器标称直流电阻值，将万用表置于适当的电阻挡，可直接测出继电器线圈的电阻值。即将两表笔接到继电器线圈的两引脚，万用表指示应基本符合继电器标称直流电阻值。如果阻值无穷大，说明线圈有开路现象，可查一下线圈的引出端，看看是否线头脱落；如果阻值过小，说明线圈短路，但是通过万用表很难判断线圈的匝间短路现象；如果断头在线圈内部或看上去线包已烧焦，那么只有查阅数据，重新绕制，或换一个相同的线圈（图 13-10）。

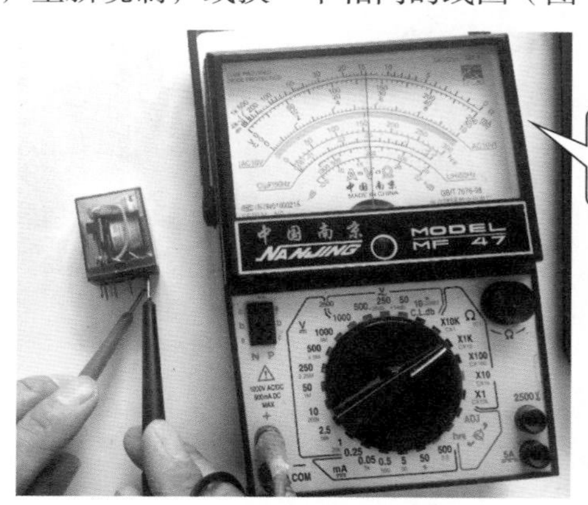

图13-10 测量线圈电阻

（3）判别触点的数量和类别 在继电器外壳上标有触点及引脚功能图，可直接判别；如无标注，可拆开继电器外壳，仔细观察继电器的触点结构，即可知道该继电器有几对触点，每对触点的类别以及哪个簧片构成一组触点，对应的是哪几个引出端（图 13-11、图 13-12）。

图13-11 测量常闭触点

图13-12 通电后测量常开触点

（4）检查衔铁工作情况 用手拨动衔铁，看衔铁活动是否灵活，有无卡滞的现象。如果衔铁活动受阻，应找出原因加以排除。另外，也可用手将衔铁按下，然后再放开，看衔铁是否能在弹簧（或簧片）的作用下返回原位。注意，返回弹簧比较容易被锈蚀，应作为重点检查部位。

（5）测量吸合电压和吸合电流 给继电器线圈输入一组电压，且在供电回路中串入电流表进行监测。慢慢调高电源电压，听到继电器吸合声时，记下该吸合电压和吸合电流。为求准确，可以多试几次而求平均值。

（6）测量释放电压和释放电流 也是像上述那样连接测试，当继电器发生吸合后，再逐渐降低供电电压，当听到继电器再次发生释放声音时，记下此时的电压和电流，亦可多试几次而取得平均的释放电压和释放电流。一般情况下，继电器的释放电压为吸合电压的10%~50%。如果释放电压太小（小于1/10的吸合电压），则不能正常使用了，这样会对电路的稳定性造成威胁，工作不可靠。

13.2.7 电磁继电器的应用电路

图13-13为电视机开关控制电路。用VT作为开关管。并联在继电器JK两端的二极管VD1作为续流（阻尼）二极管，为VT截止时线圈中电流突然中断产生的反电势提供通路，避免过高的反向电压击穿VT的集电结。当CPU为高电平输出时，VT1截止、VT2导通，JK吸合，电视机工作；而当CPU输出低电平时，VT1导通、VT2截止，JK无电能断开。

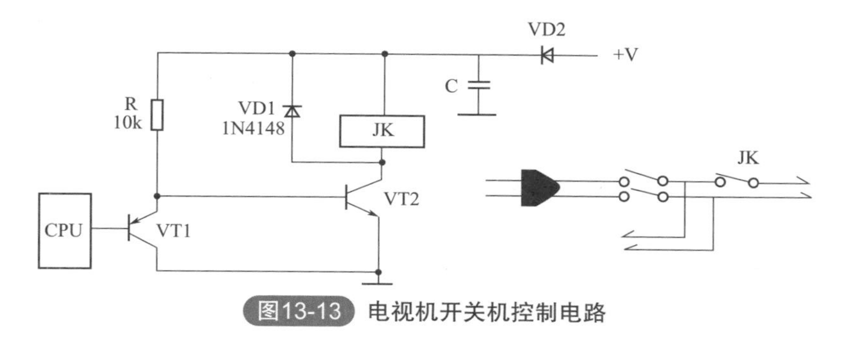

图13-13 电视机开关机控制电路

13.3 固态继电器

13.3.1 认识固态继电器

固态继电器（SSR）是一种全电子电路组合的元件，它依靠半导体器件和电子元件的电磁和光特性来完成其隔离和继电切换功能。固态继电器与传统的电磁继电器相比，是一种没有机械、不含运动零部件的继电器，但具有与电磁继电器本质上相同的功能。固态继电器的输入端用微小的控制信号直接驱动大电流负载，被广泛应用于工业自动化控制，如电炉加热系统、热控机械、遥控机械、电机、电磁阀以及信号灯、闪烁器、舞台灯光控制系统、医疗器械、复印机、洗衣机、消防保安系统等都有大量应用。固态继电器的外形如图 13-14 所示。

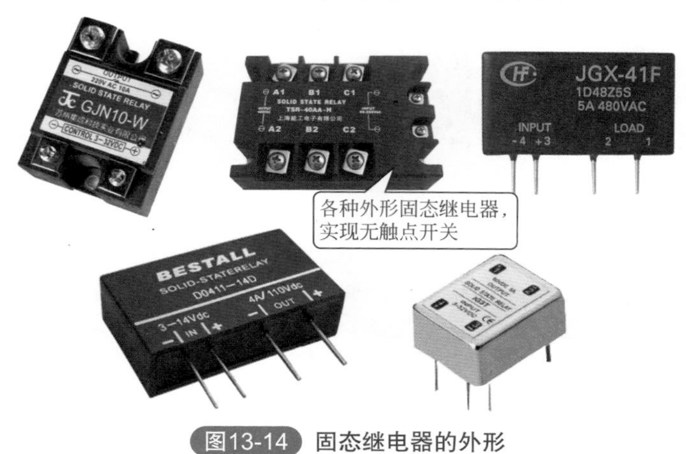

图13-14 固态继电器的外形

（1）固态继电器的特点 固态继电器的特点如下：一是输入控制电压低（3~14V），驱动电流小（3~15mA），输入控制电压与TTL、DTL、HTL电平兼容，直流或脉冲电压均能作输入控制电压；二是输出与输入之间采用光电隔离，可在以弱控强的同时，实现强电与弱电完全隔离，两部分之间的安全绝缘电压大于2kV，符合国际电气标准；三是输出无触点、无噪声、无火花、开关速度快；四是输出部分内部一般含有RC过电压吸收电路，以防止瞬间过电压而损坏固态继电器；五是过零触发型固态继电器对外界的干扰非常小；六是采用环氧树脂全灌封装，具有防尘、耐湿、寿命长等优点。因此，固态继电器已广泛应用在各个领域，不仅可以用于加热管、红外灯管、照明灯、电机、电磁阀等负载的供电控制，而且可以应用到电磁继电器无法应用的单片机控制等领域，将逐步替代电磁继电器。

（2）固态继电器的分类 交流固态继电器按开关方式分为电压过零导通型（简称过零型）和随机导通型（简称随机型），按输出开关元件分为双向晶闸管输出型（普通型）和单向晶闸管反并联型（增强型），按安装方式分为印制电路板上用的针插式（自然冷却，不必带散热器）和固定在金属底板上的装置式（靠散热器冷却）；另外输入端又有宽范围输入（DC3~32V）的恒流源型和串电阻限流型等。

固态继电器按触发形式分为零压型（Z）和调相型（P）两种。

（3）固态继电器的电路结构 固态继电器主要由输入（控制）电路、驱动电路、输出（负载控制）电路、外壳和引脚构成。

① 输入电路。输入电路是为输入控制信号提供的回路，使之成为固态继电器的触发信号源。固态继电器的输入电路多为直流输入，个别的为交流输入。直流输入又分为阻性输入和恒流输入。阻性输入电路的输入控制电流随输入电压呈线性正向变化，恒流输入电路在输入电压达到预置值后，输入控制电流不再随电压的升高而明显增大，输入电压范围较宽。

② 驱动电路。驱动电路包括隔离耦合电路、功能电路和触发电路3个部分。隔离耦合电路目前多采用光电耦合和高频变压器耦合两种电路形式。常用的光电耦合器有发光管-光敏三极管、发光管-光晶闸管、发光管-光敏二极管阵列等。高频变压器耦合是指在一定的输入电压下，形成约10MHz的自激振荡脉冲，通过变压器磁芯将高频信号传递到变压器二次侧。功能电路可包括检波整流、零点检测、放大、加速、保护等各种功能电路。触发电路的作用是给输出器件提供触发信号。

③ 输出电路。固态继电器的功率开关直接接入电源与负载端，实现对负载电源的通断切换。主要使用有大功率三极管（开关管 -Transistor）、单向晶闸管（Thyristor 或 SCR）、双向晶闸管（Triac）、功率场效应管（MOSFET）和绝缘栅型双极晶体管（IGBT）。固态继电器的输出电路也可分为直流输出电路、交流输出电路和交直流输出电路等形式。按负载类型，可分为直流固态继电器和交流固态继电器。直流输出时可使用双极性器件或功率场效应管，交流输出时通常使用两只晶闸管或一只双向晶闸管。而交流固态继电器又可分为单相交流固态继电器和三相交流固态继电器。交流固态继电器按导通与关断的时机，可分为随机型交流固态继电器和过零型交流固态继电器。

目前，直流固态继电器的输出器件主要使用大功率三极管、大功率场效应管、IGBT 等，交流固态继电器的控制器件主要使用单向晶闸管、双向晶闸管等。

按触发方式交流固态继电器又分为过零触发型和随机导通型两种。其中，过零触发型交流固态继电器是当控制信号输入后，在交流电源经过零电压附近时导通，不仅干扰小，而且导通瞬间的功耗小。随机导通型交流固态继电器则是在交流电源的任一相位上导通或关断，因此在导通瞬间要能产生较大的干扰，并且它内部的晶闸管容易因功耗大而损坏。按采用的输出器件不同，交流固态继电器分为双向晶闸管普通型和单向晶闸管反并联增强型两种。单向晶闸管具有阻断电压高和散热性能好等优点，多被用来制造高、大电流产品和用于感性、容性负载中。

13.3.2 固态继电器的工作原理

（1）过零触发型交流固态继电器的工作原理 典型的过零触发型交流固态继电器（ACSSR）的工作原理如图 13-15 所示。①、②脚是输入端，③、④脚是输出端。R9 为限流电阻；VD1 是为防止反向供电损坏光耦合器 IC 而设置的保护管；IC 将输入电路与输出电路隔离；VT1 构成倒相放大器；R4、R5、VT2 和单向晶闸管 VS1 组成过零检测电路；VD2~VD5 构成整流桥，为 VT1、VT2、VS1 和 IC 等电路供电；由 VS1 和 VD2、VD3 为双向晶闸管 VS2 提供开启的双向触发脉冲；R3、R7 为分流电阻，分别用来保护 VS1 和 VS2，R8 和 C1 组成浪涌吸收网络，以吸收电源中的尖峰电压或浪涌电流，防止给 VS2 带来冲击或干扰。

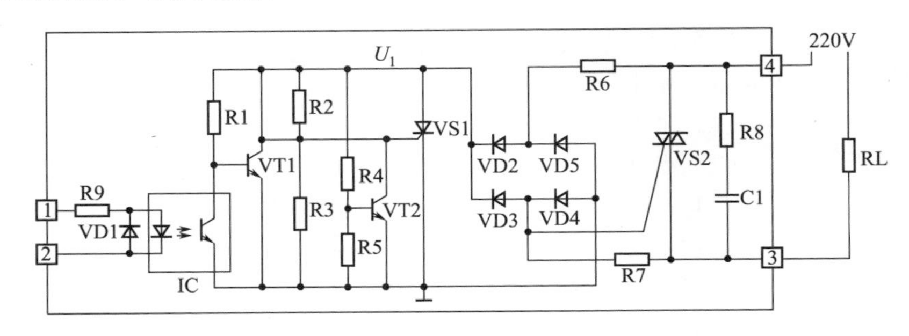

图13-15 过零触发型ACSSR的工作原理示意图

当ACSSR接入电路后，220V市电电压通过负载RL构成的回路，加到ACSSR的③、④脚上，经R6、R7限流、VD2~VD5桥式整流产生脉动电压U_1，U_1除了为IC、VT1、VT2、VS1供电外，还通过电阻采样后为VT1、VT2提供偏置电压。ACSSR的①、②脚无电压信号输入时，光电耦合器IC内的发光二极管不发光，其内部的光电三极管因无光照而截止，U_1通过R1限流使VT1导通，致使晶闸管VS1因无触发电压而截止，进而使双向晶闸管VS2因G极无触发电压而截止，ACSSR处于关闭状态。当ACSSR的①、②脚有信号输入后，通过R9使IC内的发光二极管发光，其内部的光电三极管导通，VT1因B极没电流输入而截止，VT1不再对VS1的G极电位进行控制。此时，若市电电压较高使U_1电压超过25V，通过R4、R5采样后的电压超过0.6V，VT2导通，VS1的G极仍然没有触发电压输入，VS1仍截止，从而避免市电电压高时导通，可能因功耗大而损坏。当市电电压接近过零区域，使U_1电压在10~25V的范围，经R4和R5分压产生的电压不足0.6V，VT2截止，于是U_1通过R2、R3分压产生0.7V电压使VS1触发导通。VS1导通后，220市电电压通过R6、VD2、VS1、VD4构成的回路触发VS2导通，为负载提供220V的交流供电，从而实现了过零触发控制。由于U_1电压低于10V后，VS1可能因触发电压低而截止，导致VS2也截止，所以说过零触发实际上是与220V市电电压的幅值相比可近似看作“0”而已。

当①、②脚的电压信号消失后，IC内的发光二极管和光电三极管截止，VT1导通，使VS1截止，但此时VS2仍保持导通，直到负载电流随市电电压减小到不能维持VS2导通后，VS2截止，ACSSR进入关断状态。

在 ACSSR 关断期间，虽然 220V 电压通过负载 RL、R6、R7、VD2~VD5 构成回路，但由于 RL、R6、R7 的阻值较大，只有微弱的电流流过 RL，所以 RL 不工作。

（2）直流固态继电器的工作原理。典型的触发型直流固态继电器（DCSSR）的工作原理如图 13-16 所示。①、②脚是输入端，③、④脚是输出端。R1 为限流电阻，VD1 是为防止反向供电损坏光电耦合器 IC 而设置的保护管，IC 将输入电路与输出电路隔离，VT1 构成射随放大器，VT2 是输出放大器，R2、R3 是分流电阻，VD2 是为防止 VT2 反向击穿而设置的保护管。

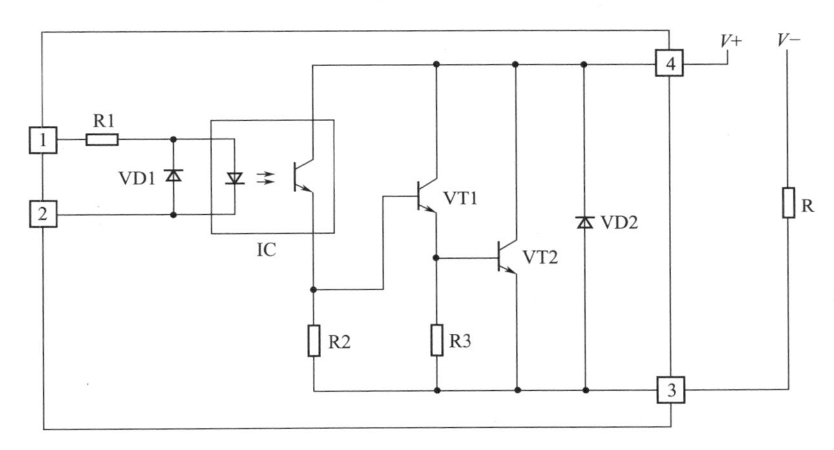

图13-16 DCSSR的工作原理示意图

当 DCSSR 的①、②脚无电压信号输入时，光电耦合器 IC 内的发光管不发光，其内部的光电三极管因无光照而截止，致使 VT1 和 VT2 相继截止，DCSSR 处于关闭状态。当 DCSSR 的①、②脚有信号输入后，通过 R1 使 IC 内的发光二极管发光，其内部的光电三极管导通，由光电三极管的 E 极输出的电压加到 VT1 的 B 极，经 VT1 射随放大后，从 VT1 的 E 极输出，再使 VT2 饱和导通，给负载提供直流电压，负载开始工作。

当①、②脚的电压信号消失后，IC 内的发光管和光敏三极管相继截止，VT1 和 VT2 因 B 极无导通电压输入而截止，DCSSR 进入关断状态。

（3）固态继电器的主要参数

① 输入电流（电压）：输入流过的电流值（产生的电压值），一般

标示全部输入电压（电流）范围内的输入电流（电压）最大值；在特殊声明的情况下，也可标示额定输入电压（电流）下的输入电流（电压）值。

② 接通电压（电流）：使固态继电器从关断状态转换到接通状态的临界输入电压（电流）值。

③ 关断电压（电流）：使固态继电器从接通状态转换到关断状态的临界输入电压（电流）值。

④ 额定输出电流：固态继电器在环境温度、额定电压、功率因数、有无散热器等条件下，所能承受的电流最大的有效值。一般生产厂家都提供热降曲线，若固态继电器长期工作在高温状态下（40~80℃），用户可根据厂家提供的最大输出电流与环境温度曲线数据，考虑降额使用来保证它的正常工作。

⑤ 最小输出电流：固态继电器可以可靠工作的最小输出电流，一般只适用于晶闸管输出的固态继电器，类似于晶闸管的最小维持电流。

⑥ 额定输出电压：固态继电器在规定条件下所能承受的稳态阻性负载的最大允许电压的有效值。

⑦ 瞬态电压：固态继电器在维持其关断的同时，能承受而不致造成损坏或失误导通的最大输出电压。超过此电压可以使固态继电器导通，若满足电流条件则是非破坏性的。瞬态持续时间一般不做规定，可以在几秒的数量级，受内部偏值网络功耗或电容器额定值的限制。

⑧ 输出电压降：固态继电器在最大输出电流下，输出两端的电压降。

⑨ 输出接通电阻：只适用于功率场效应管输出的固态继电器，由于此种固态继电器导通时输出呈现线性电阻状态，故可以用输出接电阻来替代输出电压降表示输出的接通状态，一般采用瞬态测试法测试，以减少温升带来的测试误差。

⑩ 输出漏电流：固态继电器处于关断状态，输出施加额定输出电压时流过输出端的电流。

⑪ 过零电压：只适用于交流过零型固态继电器，表征其过零接通时的输出电压。

⑫ 电压指数上升率：固态继电器输出端能够承受的不至于使其接通电压上升率。

⑬ 接通时间：从输入到达接通电压时起，到负载电压上升到 90%

的时间。

⑭ 关断时间：从输入到达关断电压时起，到负载电压下降到 10% 的时间。

⑮ 电气系统峰值：重复频率 10 次 /s、试验时间 1min、峰值电压幅度 600V、峰值电压波形为半正弦宽度 10μs，正反向各进行 1 次。

⑯ 过负载：一般为 1 次 /s、脉宽 100ms、10 次，过载幅度为额定输出电流的 3.5 倍，对于晶闸管输出的固态继电器也可按晶闸管的标示方法，单次、半周期，过载幅度为 10 倍额定输出电流。

⑰ 功耗：一般包括固态继电器所有引出端电压与电流乘积的和。对于小功率固态继电器可以分别标示输入功耗和输出功耗，而对于大功率固态继电器则可以只标示输出功耗。

⑱ 绝缘电压（输入 / 输出）：固态继电器的输入和输出之间所能承受的隔离电压的最小值。

⑲ 绝缘电压（输入、输出 / 底部基板）：固态继电器的输入、输出和底部基板之间所能承受的隔离电压的最小值。

表 13-1 和表 13-2 列出了几种 ACSSR 和 DCSSR 的主要性能参数，可供选用时参考。表中，两个重要参数为输出负载电压和输出负载电流，在选用器件时应加以注意。

表13-1 几种ACSSR的主要参数

参数 型号	输入 电压 /V	输入 电流 /mA	输出负载 电压 /V	断态漏 电流 /mA	输出负载 电流 /A	通态压降 /V
V23103-S 2192-B402	3~30	<30	24~280	4.5	2.5	1.6
G30-202P	3~28		75~250	<10	2	1.6
GTJ-1AP	3~30	<30	30~220	<5	1	1.8
GTJ-2.5AP	3~30	<30	30~220	<5	2.5	1.8
SP1110		5~10	24~140	<1	1	
SP2210		10~20	24~280	<1	2	
JGX-10F	3.2~14	20	25~250	10	10	

表13-2 几种DCSSR主要参数

型号 参数名称	#675	GTJ-0.5DP	GTJ-1DP	16045580
输入电压 /V	10~32	6~30	6~30	5~10
输入电流 /mA	12	3~30	3~30	3~8

续表

参数名称 \ 型号	#675	GTJ-0.5DP	GTJ-1DP	16045580
输出负载电压 /V	4~55	24	24	25
输出负载电流 /A	3	0.5	1	1
断态漏电流 /mA	4	10（μA）	10（μA）	
通态压降 /V	2（2A 时）	1.5（1A 时）	1.5（1A 时）	0.6
开通时间 /μs	500	200	200	
关断时间 /ms	2.5	1	1	

13.3.3 固态继电器的检测

（1）输入部分检测 检测固态继电器输入部分如图 13-17 所示。固态继电器输入部分一般为光电隔离器件，因此可用万用表检测输入两引脚的正反向电阻。测试结果应为一次有阻值，一次无穷大。如果测试结果均为无穷大，说明固态继电器输入部分已经开路损坏；如果两次测试阻值均很小或者几乎为零，说明固态继电器输入部分短路损坏。

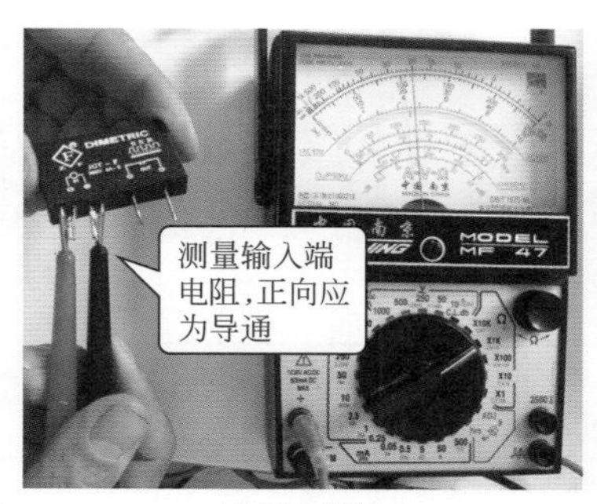

(a) 正向测量

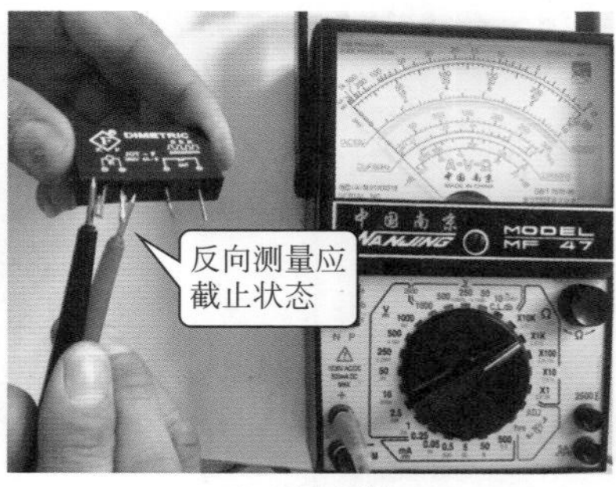

(b) 反向测量

图13-17 检测输入部分

（2）输出部分检测 检测固态继电器输出部分如图 13-18 所示。用万用表测量固态继电器输出端引脚之间的正反向电阻，均应为穷大。单向直流型固态继电器除外，因为单向直流型固体继电器输出器件为场效应管或 IGBT，这两种管在输出两脚之间会并有反向二极管，因此使用万用表测量时也会呈现出一次有阻值、一次无穷大的现象。

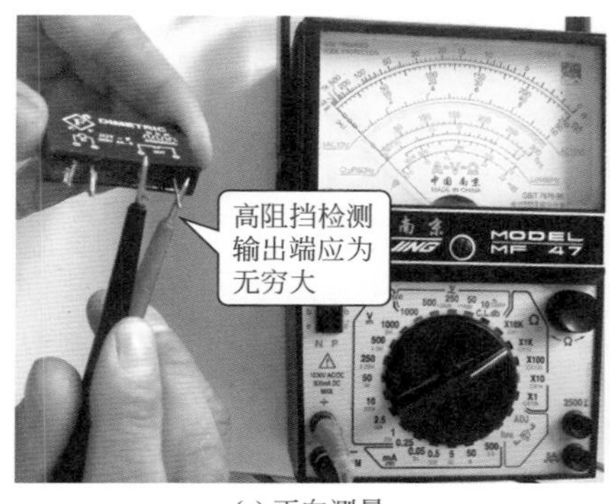

(a) 正向测量

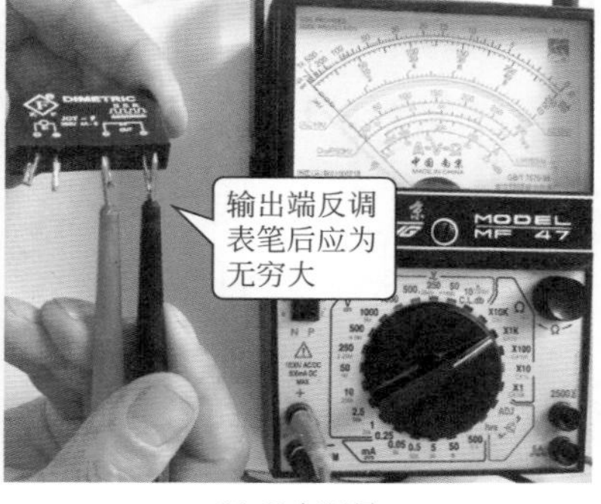

(b) 反向测量

图13-18 检测输出部分

（3）通电检测固态继电器 在上一步检测的基础上，给固态继电器输入端接入规定的工作电压，这时固态继电器输出端两引脚之间应导通，万用表指针指示阻值很小，如图 13-19 所示。断开固态继电器输入端的工作电压后，其输出端两引脚之间应截止，万用表指针指示为无穷大，如图 13-20 所示。

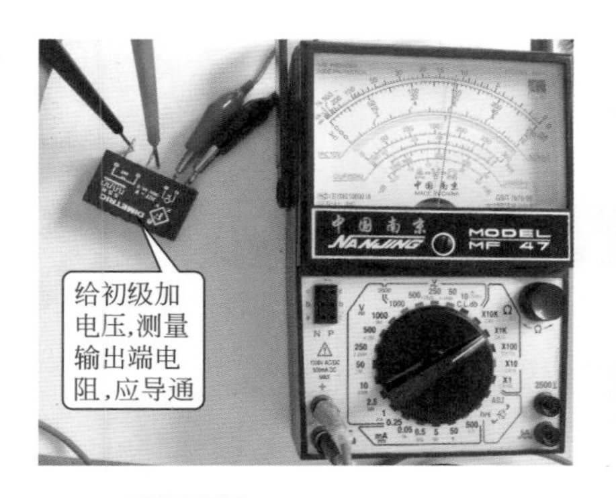

图13-19 接入工作电压时

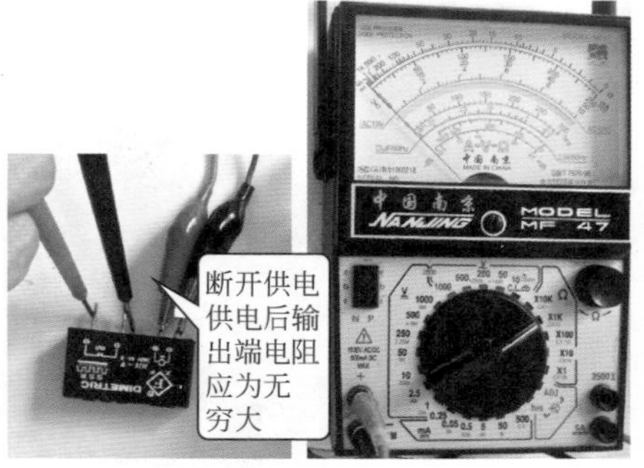

图13-20 断开工作电压时

13.3.4 固态继电器的应用

图 13-21 所示为光电式水龙头电路。当手靠近时，挡住 VD1 发光，CX20106 ⑦脚高电平，K 吸合，带动电磁阀工作，水流出；洗手完毕后，VD1 又照到 PH302，K 截止，电磁阀不工作，并关闭水阀。

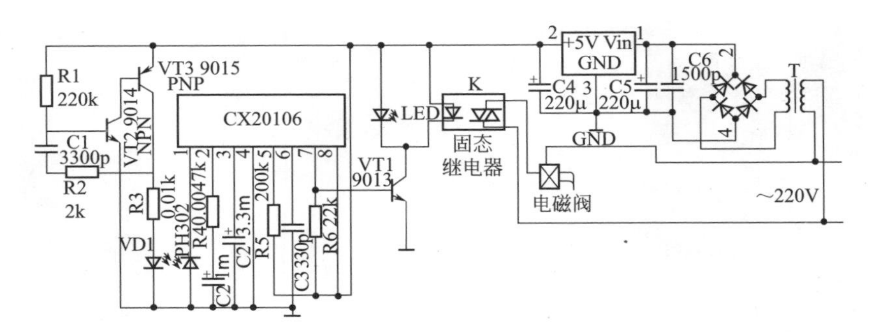

图13-21 光电式水龙头电路

13.4 干簧管继电器及检测

13.4.1 认识干簧管继电器

干簧管继电器利用线圈通过电流产生的磁场切换触点。干簧管继电器的外形、结构及图形符号如图 13-22 所示。

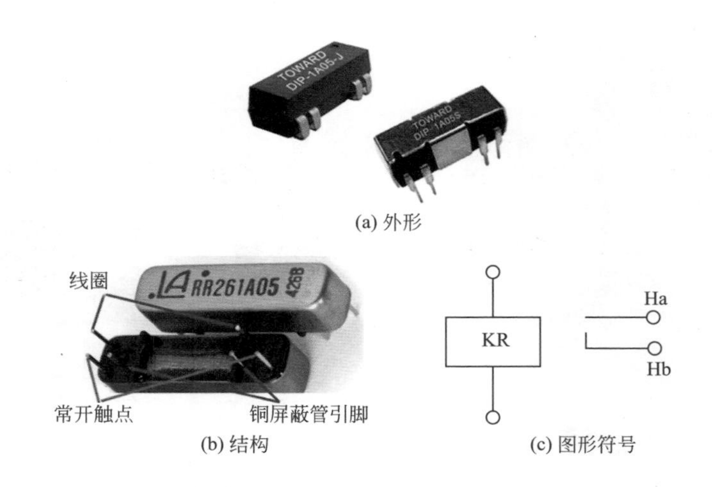

图13-22 干簧管继电器外形、结构及图形符号

将线圈及线圈中的干簧管封装在磁屏蔽盒内。干簧管继电器结构简单、灵敏度高，常用在小电流快速切换电路中。

13.4.2 干簧管继电器检测

检测方法可先用万用表电阻挡找出控制线圈端和干簧管开关端，然后直接给继电器加额定电压，应能听到触点吸合声音，测开关脚阻值应为零，这说明是好的，否则为坏的。如图 13-23~ 图 13-25 所示。

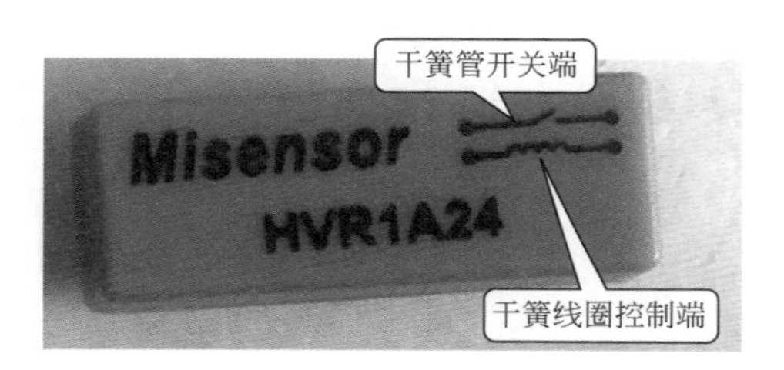

图13-23 干簧管继电器标识

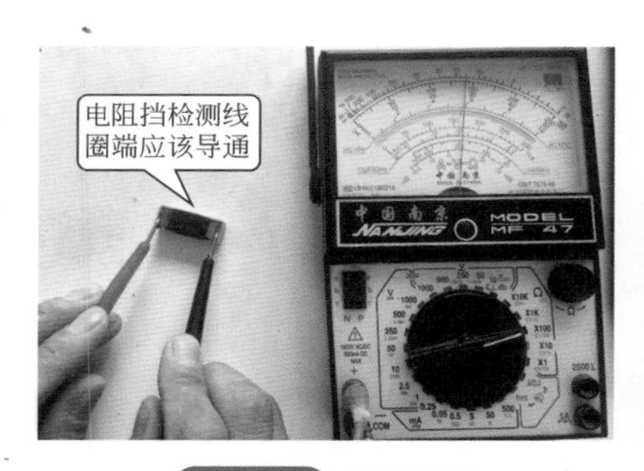

图13-24 测量线圈

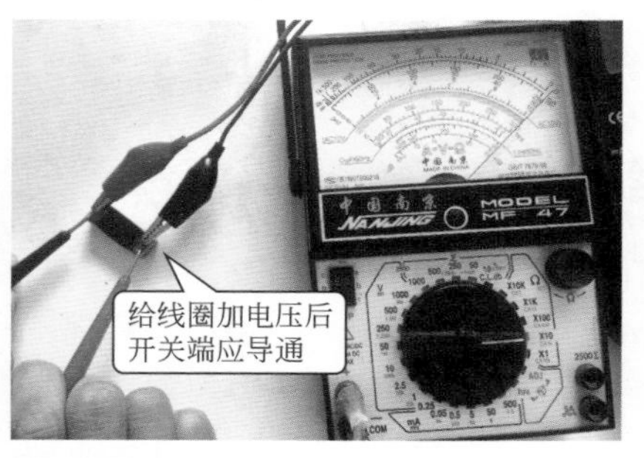

图13-25 加电测量干簧管继电器开关部分

13.4.3 干簧管继电器应电电路

图 13-26 为干簧管继电器应用电路。KR 选用线圈额定电压为 3V、标称电阻值为 700Ω 的干簧管继电器。当光敏电阻器 RG 受光照射时，线圈中电流超过吸合电流值（4mA），常开触点 Ha-Hb 吸合，接通蜂鸣器 HA 而发声。

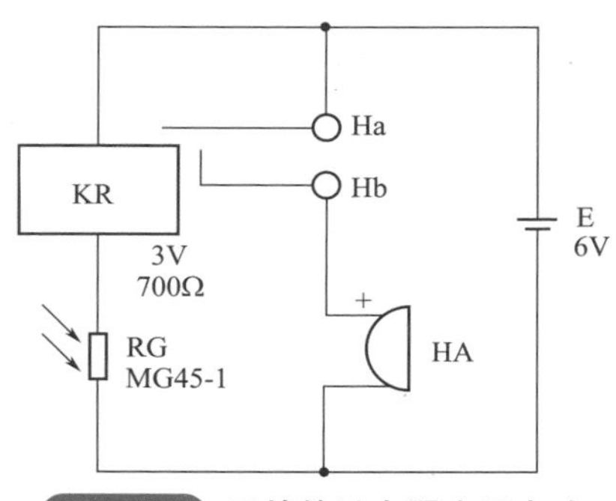

图13-26 干簧管继电器应用电路

第14章 扬声器等电声器件的检测与维修

14.1 电声器件的型号命名

国产电声器件的型号命名由四部分组成，各部分的主要含义见表 14-1。

14.2 扬声器

扬声器是一种把电信号转变为声信号的换能器件，扬声器的性能优劣对音质的好坏影响很大。扬声器在音响设备中是一个最薄弱的器件，而对于音响效果而言又是一个最重要的部件。扬声器的种类繁多，而且价格相差很大。音频电能通过电磁，压电或静电效应，使其纸盆或膜片振动并与周围的空气产生共振（共鸣）而发出声音。常见的扬声器的外形及图形符号如图 14-1 所示，在电路中常用字母“B”或“BL”表示。

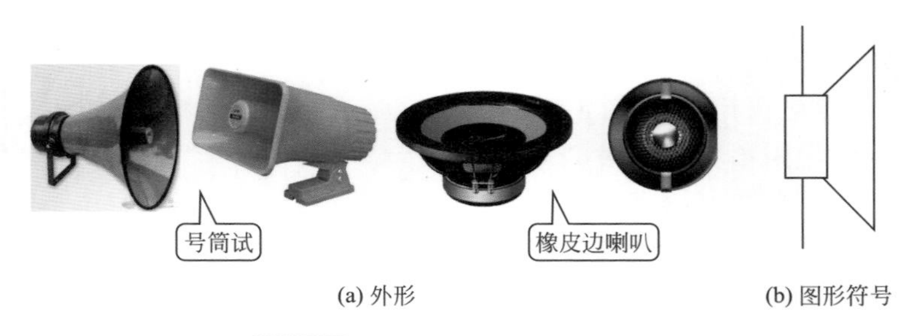

(a) 外形　　(b) 图形符号

图14-1 扬声器的外形及图形符号

表14-1 电声器件各部分的主要含义

第一部分：主称		第二部分：类型		第三部分：特征				第四部分：序号
字母	含义	字母	含义	字母	含义	数字	含义	
Y	扬声器	C	电磁式	C	手持式；测试用	Ⅰ	1级	用数字表示产品序号
C	传声器	D	电动式（动圈式）	D	头戴式；低频	Ⅱ	2级	
E	耳机			F	飞行用	Ⅲ	3级	
O	送话器	A	带式	G	耳挂式；高频	025	0.25W	
H	两用换能器	E	平膜音圈式	H	号筒式	04	0.4W	
S	受话器	Y	压电式	I	气导式	05	0.5W	
N、OS	送话器组	R	电容式、静电式	J	舰艇用；接触式	1	1W	
EC	耳机传声器组			K	抗噪式	2	2W	
HZ	号筒式组合扬声器	T	炭粒式	L	立体声	3	3W	
		Q	气流式	P	炮兵用	5	5W	
YX	扬声器箱	Z	驻极体式	Q	球顶式	10	10W	
YZ	声柱扬声器	J	接触式	T	椭圆形	15	15W	
						20	20W	

14.2.1 扬声器的结构

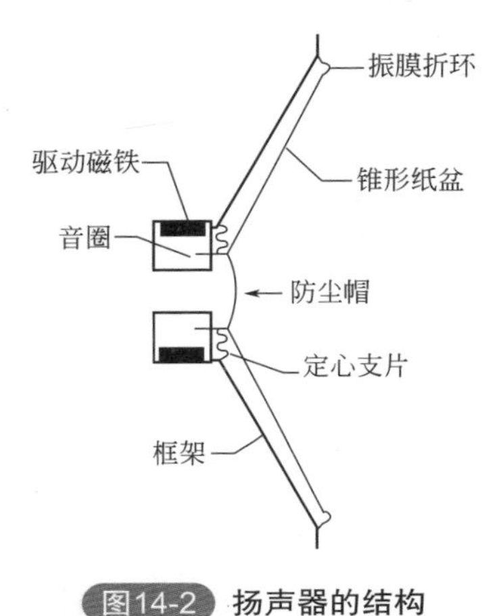

图14-2 扬声器的结构

扬声器大体由磁回路系统（永磁体、芯柱、导磁板）、振动系统（纸盆、音圈）和支撑辅助系统（定心支片、盆架、垫边）等三大部分构成，如图 14-2 所示。各部分作用如下：

① 音圈。音圈是锥形纸盆扬声器的驱动单元。它是用很细的铜导线分两层绕在纸管上，一般绕有几十圈（又称线圈），放置于导磁芯柱与导磁板构成的磁隙中。音圈与纸盆固定在一起，当声音电流信号通入音圈后，音圈振动带动着纸盆振动。

② 纸盆。锥形纸盆扬声器的锥形振膜所用的材料有很多种类，一般有天然纤维和人造纤维两大类。天然纤维常采用棉、木材、羊毛、绢丝等，人造纤维刚采用人造丝、尼龙、玻璃纤维等。

由于纸盆是扬声器的声音辐射器件，在相当大的程度上决定着扬声器的放声性能，所以无论哪一种纸盆，要求既要质轻又要刚性良好，不能因环境温度、湿度变化而变形。

③ 折环。折环是为保证纸盆沿扬声器的轴向运动、限制横向运动而设置的，同时起到阻挡纸盆前后空气流通的作用。折环的材料除常用纸盆的材料外，还利用塑料、天然橡胶等，经过热压粘接在纸盆上。

④ 定心支片。定心支片用于支持音圈和纸盆的结合部位，保证其垂直而不歪斜。定心支片上有许多同心圆环，使音圈在磁隙中自由地上下移动而不作横向移动，保证音圈不与导磁板相碰。定心支片上的防尘罩是为了防止外部灰尘等落入磁隙，避免造成灰尘与音圈摩擦，而使扬声器产生异常声音。

14.2.2 扬声器的主要参数

扬声器的主要参数有标称阻值、额定功率、频率响应、灵敏度、谐振频率。

① 标称阻抗。标称阻抗又称额定阻抗，是指扬声器的交流阻抗值，在此交流阻抗值可获得最大输出功率。标称阻抗是扬声器的重要参数，

一般印在磁钢上。口径小于 90mm 的扬声器的标称阻抗是用 1000Hz 的测试频率测出的，口径大于 90mm 的扬声器的标称阻抗则是用 400Hz 测试频率测量出的。选用扬声器时，其标称阻抗应与放大器的输出阻抗相符，从而获得最大输出功率和最佳的音质。

② 频率响应。频率响应又称有效频率范围，是指扬声器重放音频的有效工作频率范围。扬声器的频率响应范围越宽越好，国产普通纸盆 130mm（5in）扬声器的频率响应大多为 120~10000Hz，相同尺寸的优质发烧级同轴橡皮边或泡沫边扬声器则可达 55Hz~21kHz。

③ 标称功率。标称功率又称额定功率，是指扬声器能长时间正常工作的允许输入功率。扬声器在额定功率下工作是安全的，失真度也不会超出规定值。当然，实际上扬声器能承受的最大功率要比额定功率大，所以在应用中不必担心因音频信号幅度变化过大、瞬时或短时间内音频功率超出额定功率值而导致扬声器损坏。常用扬声器的功率有 0.1W、0.5W、1W、5W、10W、50W 等多种。

④ 谐振频率。谐振频率是指扬声器有效频率范围的下限值。谐振频率越低，扬声器的低音越好。重低音扬声器的谐振频率多为 20~30Hz。

⑤ 特性灵敏度。特性灵敏度又称灵敏度，是指在规定的频率范围内，加给扬声器 1W 的噪声信号，在其参考轴上距参考点 1m 处能产生的声压。扬声器灵敏度越高，其电声转换效率就越高。

14.2.3 扬声器的检测

（1）好坏检测 检测扬声器时，将万用表置于 R×1 挡，用万用表两表笔（不分正、负）继续触碰扬声器两引出端（见图 14-3），扬声器中应发出“喀喀……”，否则说明该扬声器已损坏。“喀喀……”声越大越清脆越好。如“喀喀……”声小或不清晰，说明该扬声器质量较差。

若手头没有万用表，也可以利用一节 5 号电池和一根导线对扬声器的音圈是否正常进行判断，方法是：将电池负极与音圈的一个接线端子相接，电池正极接导线的一端，用导线的另一端点击音圈的另一个接线端子，正常时扬声器也能发生“咔咔”的声音。

（2）扬声器阻抗检测 扬声器铁芯的背面通常有一个直接打印或贴上去的铭牌，该铭牌上一般都标有阻抗的大小。检测扬声器阻抗时，将万用表置于 R×1 挡并调零，用万用表两表笔（不分正、负）接扬声器两引出端，万用表指针所指示的即为扬声器音圈的直流电阻，应为扬声器标称阻抗的0.8左右。如音圈的直流电阻过小，说明音圈有局部短路。如万用表指针不动，则说明音圈已断路，如图14-4所示。

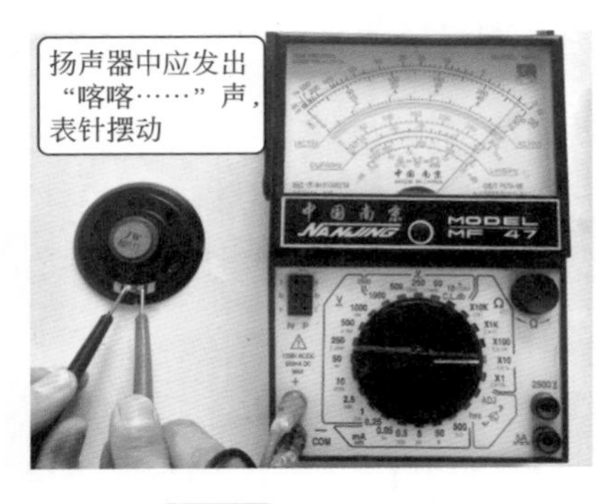

图14-3 检测扬声器

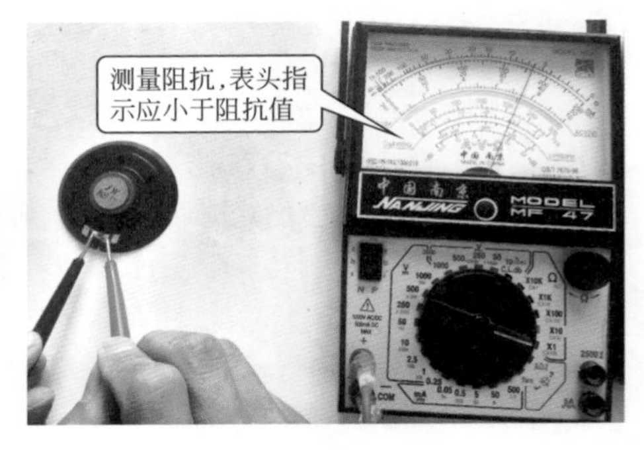

图14-4 测量扬声器音圈电阻

（3）极性判断 在多只扬声器组成的音箱中，为了保持各扬声器的相位一致，必须搞清楚扬声器两引出端的正与负，否则会因相位失真而影响音质。大部分扬声器在背面的接线支架上通过标注“+”、“−”的符号标出两根引线的正、负极性，而有的扬声器并未标注，为此需要对此类扬声器的极性进行判别，采用的判别方法主要有电池检测法和万用表检测法两种。

① 电池检测法。利用电池判别扬声器的极性时，将一节5号电池的正、负极通过引线点击扬声器音圈的两个接线端子，点击的瞬间及时观察扬声器的纸盆振动方向，若纸盆向上振动，说明电池正极接的接线端子是音圈的正极，电池负极接的接线端子是音圈的负极；反之，若纸盆向下（靠近磁铁方向）振动，说明电池负极接的引脚是扬声器的正极。

② 万用表检测法。万用表检测法有两种，其中一种和电池检测法类似，将万用表置于R×1挡，用两个表笔分别点击扬声器音圈的两个接线端子，在点击的瞬间及时观察扬声器的纸盆振动方向，若纸盆向上振动，说明黑表笔接的端子是音圈正极；若纸盆向下振动，说明黑表笔接的端子是扬声器音圈的负极。

还有一种利用万用表检测扬声器极性的方法，那就是利用万用表的直流电流挡识别出扬声器引脚极性。具体方法为：将扬声器纸盆口朝上放置，万用表置于最小的直流电流挡（50μA挡），两个表笔任意接扬声器的两个引脚，用手指轻轻而快速地将纸盆向里推动，此时指针有一个向左或向右的偏转。当指针向右偏转时（如果向左偏转，将红黑表笔互相反接一次），红表笔所接的引脚为正极，黑表笔所接的引脚为负极，如图 14-5 所示。

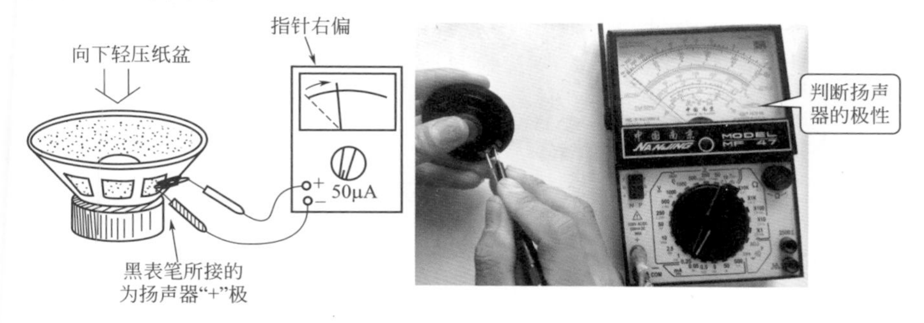

图14-5　判别扬声器相位

14.2.4　扬声器的故障修理

（1）从外观结构上检查　从外表观察扬声器的铁架是否生锈，纸盆是否受潮、发霉、破裂，引线有无断线、脱焊或虚焊（若有则应焊接），磁体是否摔跌开裂、移位；用螺丝刀靠近磁体检查其磁力的强弱。

（2）线圈与阻抗的测试　将万用表置于 R×1 挡，用两表笔（不分正、负极）点触其接线端，听到明显的"咯咯"响声，表明线圈未断路。再观察指针停留的地方，若测出来的阻抗与所标阻抗相近，说明扬声器良好；如果实际阻值比标称阻值小得多，说明扬声器线圈存在匝间短路；若阻值为∞，说明线圈内部断路，或接线端有可能断线、直脱焊或虚焊（可焊接处理）。

（3）声音失真

a. 纸盆破裂。纸盆是发声的重要部件，应重点检查纸盆是否破损。当扬声器纸盆破裂时，放音时会产生一种"吱吱"声；如果纸盆破损不严重，则可用胶水修补。纸盆破损严重，损坏面积较大，不能修补，可弃之不用。

b. 音圈与磁钢相碰。音圈在磁钢的磁缝隙中运动，损坏的机会较多。可用手指轻按纸盆，若纸盆难以上下动作，说明线圈被磁钢卡住。其原因有两个：一个是扬声器摔跌后，磁芯发生偏移；另一个是纸盆与连着的线圈发生偏移或变形，导致音圈在振动时与磁钢产生相互摩擦，使声音发闷或发不出声音，轻者使声音产生"沙沙"声而失真，重者使音圈松脱或断线。

c. 对于号筒式扬声器，音圈烧坏后可用相同型号的音圈代用。使用时，主要注意的是凹膜和凸膜（区分方法是音圈向上，下凹的为凹膜，凸起的为凸膜）。代用时，可用凸膜代凹膜，方法是将凸起部分按下去即可，但凹膜不能代凸膜。装音膜时应先清理磁钢中的磁粉，再装入。拧螺钉时应对角拧，以防变形。

14.2.5 扬声器的代换

① 注意扬声器的口径及外形。新、旧扬声器口径应尽可能相同。例如，代换用于收录机的扬声器，要根据收录机机壳内的容积来选择扬声器。若扬声器的磁体太大，会使磁体刮碰电路板上的元器件；若磁体太高，则可能导致机壳的前、后盖合不上。对于固定孔位置与原固定位置不同的扬声器，可根据机壳前面板固定柱的位置，重新钻孔安装，或采用卡子来固定扬声器。

② 注意扬声器的阻抗，扬声器阻抗非常重要。阻抗匹配不能相差太大。当负载阻抗减小时，则输出功率就增大。其输出电流也增大，这就要考虑到电路中某些晶体管的一些相关指标是否满足要求。例如，功率放大管的集电极最大电流 I_{CM} 和耗散功率 P_{CM} 是否够用。若管的上述参数指标不够用而随意降低其负载阻抗值，在放大器功率输出时势必将管烧毁。当然，这个情况也包括采用功放集成电路的功放级。

③ 注意扬声器的额定功率。代换扬声器时，不要选配额定功率太大的扬声器，否则当音量电位器开小时，其输出功率没有足够力量推动纸盆振动或振动幅度太小，声音便显得很不好听；当音量电位器开足后，放大器失真度又相应地增大。但是，也不能使扬声器与放大器的输出功率相差太多，两者相差悬殊也容易将扬声器的音圈烧坏或使纸盆移动。

除上述三项外，在选用时还应注意扬声器的电性能指标，即要求失真度小、频率特性好和灵敏度高等。

14.3 耳机

耳机也是常用的电声转换器件，其特点是体积小、重量轻、灵敏度高、音质好和音量较小，主要用于个人聆听。耳机可分为头戴式耳机、耳塞机、单声道耳机、立体声耳机等，如图 14-6（a）所示。耳机的文字符号是“BE”，图形符号如图 14-6（b）所示。

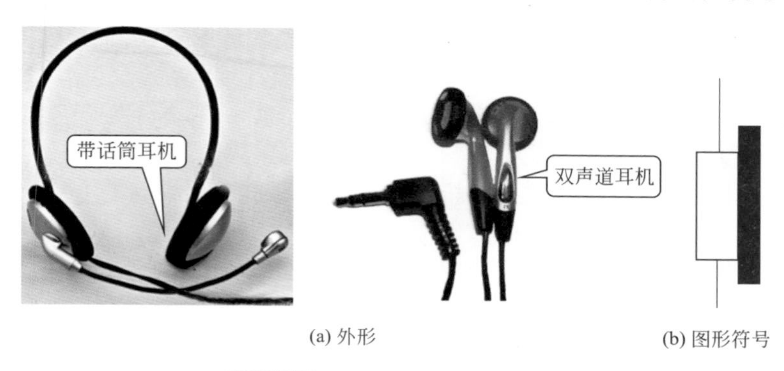

(a) 外形 (b) 图形符号

图14-6 耳机的外形及图形符号

14.3.1 耳机的分类

① 按换能原理分类。依照耳机中使用换能器的声音驱动方式，可分为动圈式（Dynamic）和静电式（Electrostatic）、压电式、动铁式、气动式、电磁式等。

a. 动圈式耳机。动圈式耳机又称电动式耳机。目前绝大多数平价的耳机耳塞都属于此类，原理类似于电动式扬声器，处于永磁场中缠绕的圆柱体状线圈与振膜相连，线圈在信号电流驱动下带动振膜发声。目前动圈式耳机的最佳频率响应为 SONY MDR-SA5000 耳机的 5Hz~110kHz（110000Hz），一般耳机的频率响应在 20Hz~20kHz（20000Hz，也就是人类听觉以内最广的频率）。

目前，动圈式耳机多为低阻抗类型，阻值多为 20Ω 或 30Ω。

b. 动铁式耳机。又称平衡电枢式。利用了电磁铁产生交变磁场，振动部分是一个铁片悬浮在电磁铁前方，信号经过电磁铁时会使电磁铁磁场变化，从而使铁片带动振膜振动发声。其优点是失真小、灵敏度高、体积小，缺点是成本高，常用于高端耳机。更高级的动铁式耳机采用双平衡电枢驱动器，能带来录音室般品质的声音。

c. 压电式耳机。压电式耳机利用压电陶瓷的压电效应发声。优点是效率高、频率高。缺点是失真大、驱动电压高、低频响应差、抗冲击力差。此类耳机多用于电报收发使用，现基本淘汰。少数耳机采用压电陶瓷作为高音发声单元。

d. 气动式耳机。采用气泵和气阀控制气流，直接控制气压和流量，使得空气发生振动。有时气阀改用大功率扬声器来代替。飞机上常用这样的耳机，此耳机实际上只是个导气管。优点是无电驱动，无限制并联、效率高。缺点是失真大、频响窄、有噪声。

② 按外观形状分类。按耳机外观形状分类，主要分为开放式、半开放式和封闭式（密闭式）。

a. 开放式耳机。开放式耳机的特点就是通过采用柔软的海绵状微孔发泡塑料作为透声耳垫，佩戴舒适，没有与外界的隔绝感；它的缺点就是低频损失较大。一般听感自然，佩戴舒适，常见于家用欣赏的 HIFI 耳机。其声音可以泄漏，反之同样也可以听到外界的声音，耳机对耳朵的压迫较小。

b. 半开放式耳机。半开放式没有严格的规定，优缺点皆介于封闭式和开放式两种耳机之间，根据需要而作出相应的调整。

c. 封闭式耳机。封闭式耳机一般具有完全遮蔽整个耳廓的耳罩，对耳朵压迫较大以防止声音出入，声音正确定位清晰，专业监听领域中多见此类。

③ 按功能分类。按功能分类，耳机可分为普通耳机和两分频式耳机两种。两分频式耳机是在半开放式耳机的基础上结合了电动式和电容式两种耳机优点制成的新一代耳机，具有动态范围大、瞬态响应好、放音透明纯真、音色丰富等优点。

14.3.2 耳机的主要参数

① 阻抗。耳机的阻抗是其交流阻抗的简称，它的大小是线圈直流电阻与线圈的感抗之和：$Z=\frac{1}{2}(R_2+\omega_2L_2)$。

民用耳机和专业耳机的阻抗一般都在 100Ω 以下，有些专业耳机阻抗在 200Ω 以上，这是为了在一台功放推动多只耳机时减小功放的负荷。驱动阻抗高的耳机需要的功率更大。日系耳机相对阻抗较低，即使是像天龙 D7100 这样的旗舰级耳机，阻抗也仅为 25Ω，非常容易驱动。

② 灵敏度。平时所说的耳机灵敏度实际上是耳机的灵敏度级，它是施加于耳机上 1mW 的电功率时，耳机所产生的耦合于仿真耳（假人头）中的声压级，1mW 的功率是以频率 1000Hz 时耳机的标准阻抗为依据计算的。灵敏度的单位是 dB/mW，另一个不常用单位的是 dB/Vrms，即 1Vrms 电压施于耳机时所产生的声压级。灵敏度高意味着达到一定

的声压级所需功率要小，动圈式耳机的灵敏度一般都在 90dB/mW 以上，如果为随身听选耳机，灵敏度最好在 100dB/mW 左右或更高。

音箱的灵敏度是输入 1W 功率在 1m 处产生的声压级。对于灵敏度数值相近的耳机和音箱，耳机所需的功率相当于音箱的 1/1000，实际上这个数值还要小，因为很少有人在 1m 的距离听音箱。

③ 谐波失真。谐波失真就是一种波形失真，在耳机指标中有标示，失真越小，音质也就越好。

④ 频率响应。频响范围是指耳机能够放送出的频带的宽度，国际电工委员会 IEC581-10 标准规定高保真耳机的频响范围不能小于 50~12500Hz，优秀耳机的频响宽度可达 5~45000Hz，而人耳的听觉范围仅在 20~20000Hz。值得注意的是界定频响宽度的标准是不同的，例如以低于平均输出幅度的 1/2 为标准或低于 1/4 为标准，这显然是不一样的。一般的生产商是以输出幅度降低 1/2 为标准测出频响宽度，这就是说以 −3dB 为标准，但是由于所采用的测试标准不同，有些产品是以 −10dB 为标准测量的。这是实际上是等于小于正常值 1/16 下为标准测量的。因此频响宽度大大展宽。用户在选购时应注意不同品牌的耳机的频响宽度可能有不同的测试标准。

⑤ 扩散场均衡。耳机的均衡方式有两种：自由场均衡和扩散场均衡。自由场均衡假设环境是没有反射的，如旷野；扩散场均衡则模拟一个有反射的房间，它的听感比自由场均衡要自然。国际电工委员会有关测试扩散场平坦度的方法见标准 IEC60268-7。但扩散场均衡是以标准的头部形状和房间模型为模型的，它不会令所有使用者满意，也不适合一些录音，比如假人头录音。

14.3.3 耳机插头

单声道耳机只有一个放音单元，其插头上有两个接点，分别是芯线接点和地线接点，如图 14-7 所示。双声道耳机具有两个独立工作的放音单元，可以分别插放不同声道的声音。双声道耳机插头上有 3 个接点，其中两个是芯线接点，另一个是公共地线接点，如图 14-8 所示。

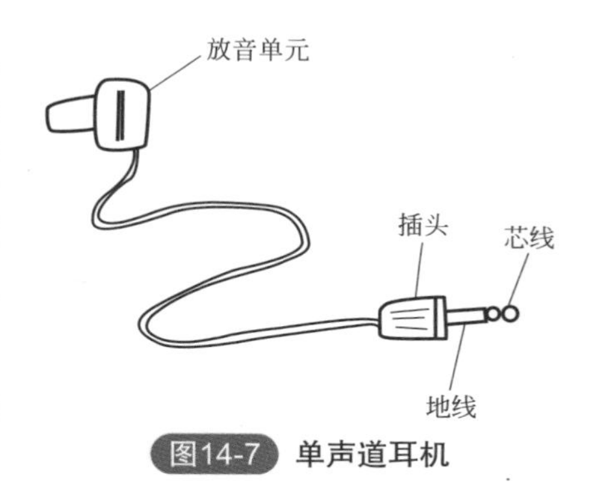

图14-7 单声道耳机

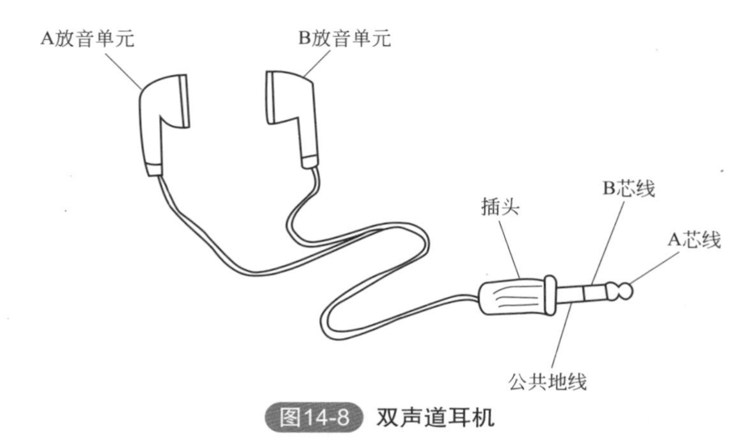

图14-8 双声道耳机

14.3.4 耳机的检测

耳机好坏的判断方法和扬声器基本相同，将万用表置于 R×1 挡，红表笔接插头的接地端，用黑表笔点击信号端，若耳机能够发出“咔咔”的声音，说明耳机正常；否则说明耳机的音圈、引线或插头开路，如图 14-9 所示。

对于立体声耳机，应分别对每一声道的耳机单元进行检测。

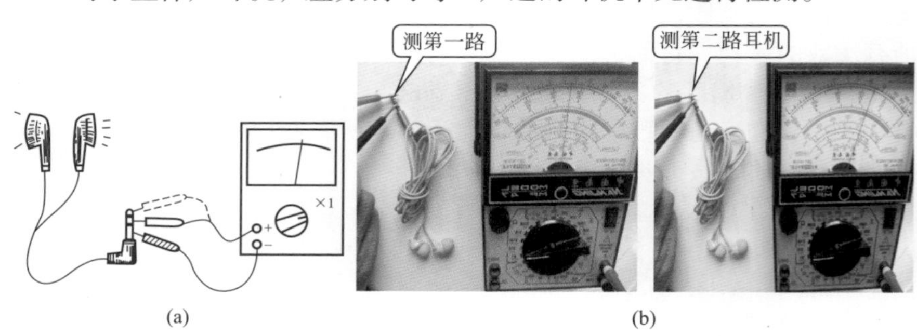

图14-9 检测耳机好坏的示意图

14.4 压电陶瓷片及检测

14.4.1 认识压电陶瓷片

压电陶瓷片是一种电子发音元件，在两片铜制圆形电极中间放入压电陶瓷介质材料，当在两片电极上面接通交流音频信号时，压电片会根据信号的大小频率发生振动而产生相应的声音。压电陶瓷片由于结构简单，造价低廉，被广泛地应用于电子电器方面，如玩具、发音电子表、电子仪器、电子钟表、定时器等。

目前应用的压电陶瓷片有裸露式和密封式两种。裸露式压电陶瓷片的外形和图形符号如图 14-10 所示，在电路中通常用字母“B”表示。密封式压电陶瓷片的外形和图形符号如图 14-11 所示，在电路中通常用字母“BX”和“BUZ”表示。

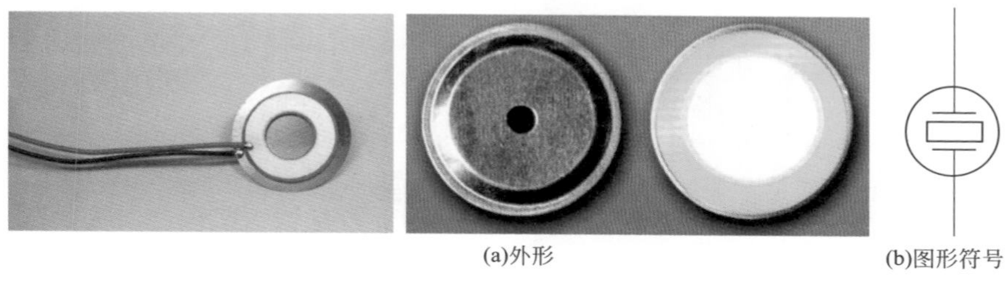

(a)外形 (b)图形符号

图14-10 裸露式压电陶瓷片的外形、图形符号

(a)外形 (b)图形符号

图14-11 密封式压电陶瓷片的外形、图形符号

14.4.2 压电陶瓷片的检测

第一种方法：将万用表的量程开关拨到直流电压 2.5V 挡，左手拇指与食指轻轻捏住压电陶瓷片的两面，右手持万用表表笔，红表笔接金属片，黑表笔横放陶瓷表面上，然后左手稍用力压一下，随后又松一下，这样在压电陶瓷片上产生两个极性相反的电压信号，使万用表指针

先向右摆，接着回零，随后向左摆一下，摆幅为0.1~0.15V，摆幅越大，说明灵敏度越高。若万用表指针静止不动，说明内部漏电或破损（图14-12、图14-13）。

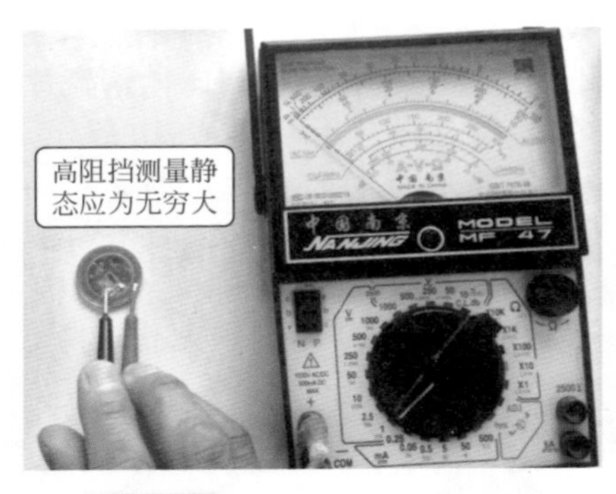

图14-12 压电陶瓷片静态测量

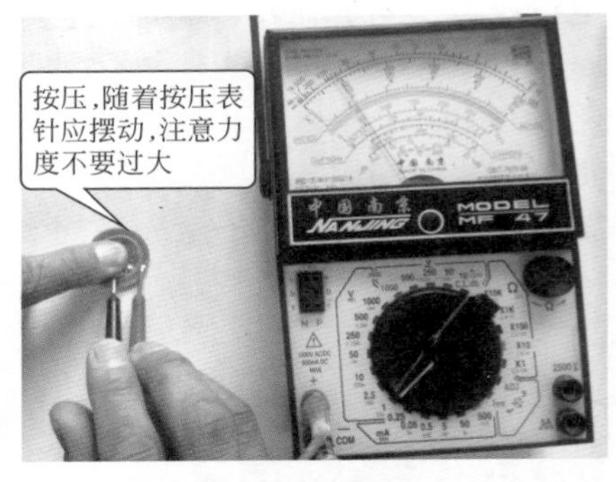

图14-13 压电陶瓷片动态测量

切记不可用湿手捏压电片，测试时万用表不可用交流电压挡，否则观察不到指针摆动，且测试之前最好用R×10k挡，测其绝缘电阻应为无穷大。

第二种方法：用R×10k挡测两极电阻，正常时应为无穷大，然后轻轻敲击陶瓷片，指针应略微摆动。

14.5 蜂鸣器

蜂鸣器是一种一体化结构的电子讯响器，采用直流电压供电，广泛应用于计算机、打印机、复印机、报警器、电子玩具、汽车电子设备、电话机、定时器等电子产品中作发声器件。蜂鸣器在电路中用字母“H”或“HA”（旧标准用“FM”、“LB”、“JD”等）表示。蜂鸣器的外形如图14-14所示。

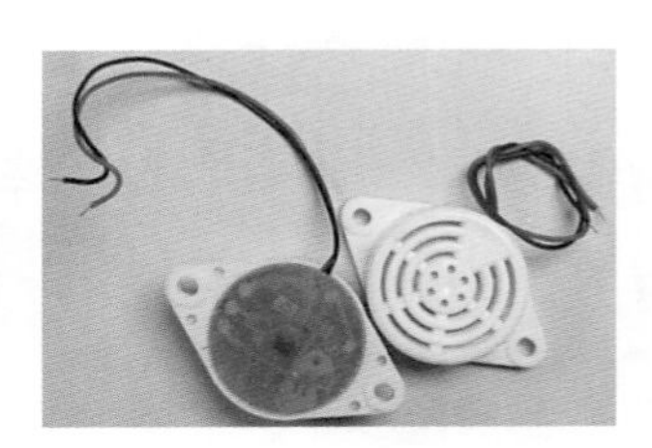

图14-14 蜂鸣器的外形

14.5.1 蜂鸣器的分类

蜂鸣器按发声原理可分为压电式蜂鸣器和电磁式蜂鸣器，按工作方式又可分为有源蜂鸣器和无源蜂鸣器。

14.5.2 蜂鸣器的结构

① 压电式蜂鸣器。压电式蜂鸣器主要由多谐振荡器、压电蜂鸣片、阻抗匹配器及共鸣箱、外壳等组成。有的压电式蜂鸣器外壳上还装有发光二极管。多谐振荡器由三极管或集成电路构成。当接通电源后（1.5~15V 直流工作电压），多谐振荡器起振，输出 1.5~2.5kHz 的音频信号，阻抗匹配器推动压电蜂鸣片发声。

② 电磁式蜂鸣器。电磁式蜂鸣器由振荡器、电磁线圈、磁铁、振动膜片及外壳等组成。接通电源后，振荡器产生的音频信号电流通过电磁线圈，使电磁线圈产生磁场。振动膜片在电磁线圈和磁铁的相互作用下，周期性地振动发声。

14.5.3 蜂鸣器的检测

（1）区分有源蜂鸣器和无源蜂鸣器 用万用表电阻挡 R×1 挡测试：用黑表笔接蜂鸣器“+”引脚，红表笔在另一引脚上来回碰触，如果能发出咔咔声且电阻只有 8Ω（或 16Ω）的是无源蜂鸣器，如果能发出持续声音且电阻在几百欧以上的是有源蜂鸣器。有源蜂鸣器直接接上额定电源（新的蜂鸣器在标签上都有注明）就可连续发声；而无源蜂鸣器则和电磁扬声器一样，需要接在音频输出电路中才能发声。

（2）好坏检测

① 检测无源蜂鸣器。将指针型万用表置于 R×1 挡，用红表笔接在它的一个接线端子上，黑表笔点击另一个接线端子，若蜂鸣器能够发出“咔咔”的声音，并且指针摆动，说明蜂鸣器正常，如图 14-15 所示；否则，说明蜂鸣器异常或引线开路。

② 检测有源蜂鸣器。对于采用直流供电（如采用 8V 供电）的蜂鸣器，将待测蜂鸣器通过导线与直流稳压器的输出端相接（正极接正极、负极接负极），再将稳压器的输出电压调到 8V；打开稳压器的电源开关，若蜂鸣器能发出响声，说明蜂鸣器正常；否则，说明蜂鸣器已损坏。如图 14-16 所示。

对于采用交流供电（如采用 220V 供电）的蜂鸣器，将待测蜂鸣器通过导线与市电电压相接后，若蜂鸣器能发出响声，说明蜂鸣器正常；

否则，说明蜂鸣器已损坏。

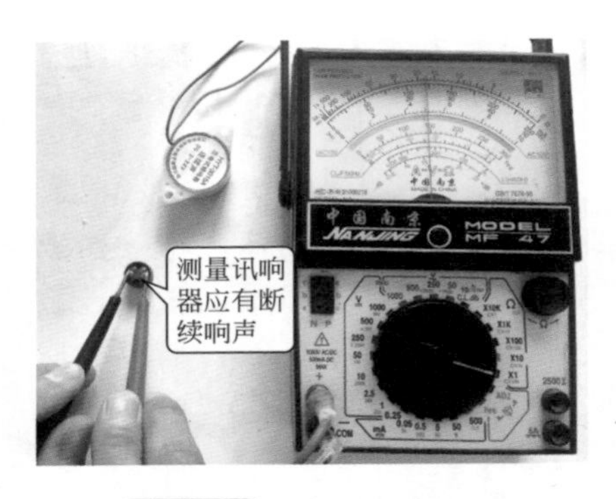

图14-15 检测无源蜂鸣器

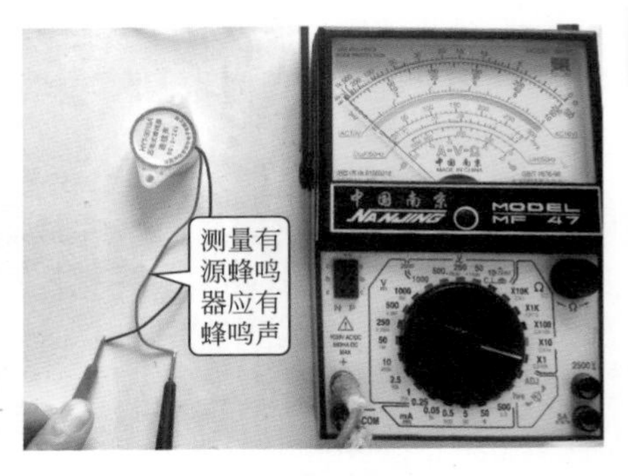

图14-16 检测有源蜂鸣器

14.6 传声器

传声器（俗称话筒，又称麦克风）是一种将声音信号转换成相应电信号的声能转换器件。以前传声器在电路中用“S”、“M”或“MIC”表示，现在多用“B”或“BM”表示。

14.6.1 传声器的分类

传声器的种类很多，按换能原理可分为电动式（动圈式、铝带式）、电容式（直流极化式）、压电式（晶体式、陶瓷式）以及电磁式、炭粒式、半导体式等多种，按声场作用力分为压强式、压差式、组合式、线列式等，按电信号的传输方式分为有线式和无线式，按用途分为测量传声器、人声传声器、乐器传声器、录音传声器等，按指向性分为心型、锐心型、超心型、双向（8 字型）、无指向（全向型）。

14.6.2 传声器的基本工作原理

（1）动圈式传声器的工作原理 动圈式传声器是把声音转变为电信号的装置。动圈式传声器是利用电磁感应现象制成的，主要由振动膜片、音圈、永久磁铁和升压变压器等组成。它的工作原理是当人对着传声器讲话时，振动膜片就随着声音前后颤动，从而带动音圈在磁场中作切割磁力线的运动。根据电磁感应原理，在线圈两端就会产生感应音频电动势，从而完成了声电转换。为了提高传声器的输出感应电动势和阻抗，还需装置一只升压变压器。

根据升压变压器一、二次绕组匝数不同，动圈式传声器有两种输出阻抗：低阻抗为 200~600Ω，高阻抗几十千欧。动圈式传声器频率响应范围为 50~10000Hz，输出电平为 −50~−70dB，无方向性。

动圈式传声器结构简单、稳定可靠、使用方便、固有噪声小。早期的动圈式传声器灵敏度较低、频率范围窄，随着制造工艺的成熟，近几年出现了许多专业动圈式传声器，其特性和技术指标都很好，被广泛用于语言广播和扩声系统中。

常见动圈式传声器的外形及结构如图 14-17 所示。

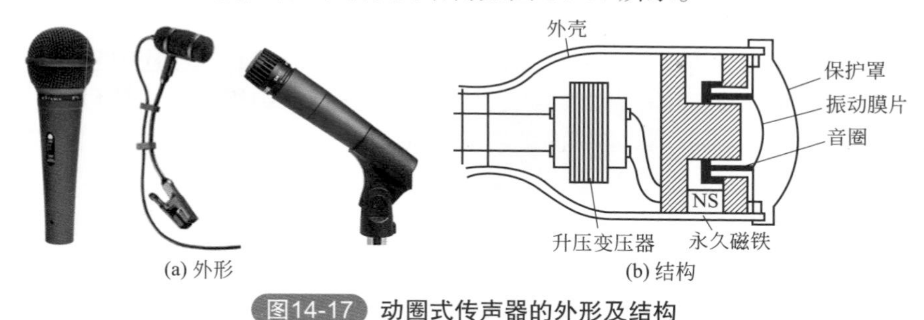

图14-17 动圈式传声器的外形及结构

（2）电容式传声器的工作原理 电容式传声器是一种依靠电容量变化而起换能作用的传声器，也是目前应用最广、性能较好的传声器之一。电容式传声器主要由振动膜片、刚性极板、电源和负载电阻等部分组成。普通电容式传声器的外形及结构如图 14-18 所示。

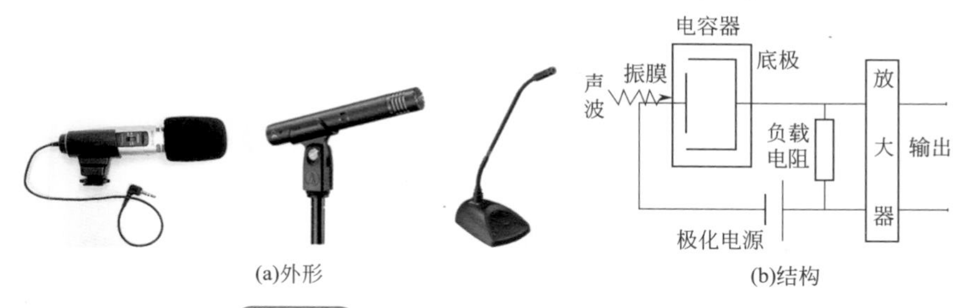

图14-18 普通电容式传声器的外形及结构

电容式传声器因采用超薄的振动膜片，具有体积小、重量轻、灵敏度高及频率响应优越的特点，所以能设计成超小型传声器（俗称小蜜蜂及小蚂蚁）广泛应用，但电容式传声器价贵，而且必须为它提供直流极化电源（如 24V），给使用者带来不便。

电容式传声器的极头实际上是一只电容器。只不过是电容器的两个电极，其中一个固定，另一个可动而已，通常两电极相隔很近（一般只有几十微米）。可动电极实际上是一片极薄的振膜（25~30μm）。固定电极是一片具有一定厚度的极板，板上开孔或挖，控制孔或槽的开口大小以及极板与振膜的间距，以改变共振时的阻尼而获得均匀的频率响应。电容式传声器的工作原理是：当膜片受到声波的压力，并随着压力的大小和频率的不同而振动时，膜片极板之间的电容量就发生变化。与此同时，极板上的电荷随之变化，从而使电路中的电流也相应变化，负载电阻上也就有相应的电压输出，从而完成了声电转换。

（3）驻极体传声器的工作原理 驻极体传声器具有体积小、结构简单、电声性能好、价格低的特点，广泛用于盒式录音机、无线传声器及声控等电路中。属于最常用的电容式传声器。由于输入阻抗和输出阻抗很高，所以要在这种传声器外壳内设置一个场效应管作为阻抗转换器，为此驻极体电容式传声器在工作时需要直流工作电压。

① 驻极体传声器的工作原理。驻极体传声器是用事先已注入电荷而被极化的驻极体代替极化电源的电容式传声器。驻极体传声器有两种类型，一种是用驻体高分子薄膜材料作振膜（振模式），此时振膜同时担负着声波接收和极化电压双重任务；另一种是用驻极材料作后极板（背极式），这时它仅起着极化电压的作用。由于该种传声器不需要极化电压，简化了结构。另外由于其电声特性良好，所以在录声、扩声和户外噪声测量中已逐渐取代外加极化电压的传声器。

常见的驻极体传声器的外形及结构如图 14-19 所示。

驻极体传声器由声电转换和阻抗变换两部分组成。声电转换的关键元件是驻极体振膜。它是一片极薄的塑料膜片，在其中一面蒸发上一层纯金薄膜。然后再经过高压电场驻极后，两面分别驻有异性电荷。膜片的蒸金面向外，与金属外壳相连通。膜片的另一面与金属极板之间用薄的绝缘衬圈隔离开。这样，蒸金膜与金属极板之间就形成一个电容。当驻极体膜片遇到声波振动时，引起电容两端的电场发生变化，从而产生了随声波变化而变化的交变电压。驻极体膜片与金属极板之间的电容量比较小，一般为几十皮法。因而它的输出阻抗值很高［$X_C=2\pi/(fc)$］，在几十兆欧以上。这样高的阻抗是不能直接与音频放大器相匹配的。所以在传声器内接入一只结型场效应管来进行阻抗变换。场效应管的特点是输入阻抗极高、噪声系数低。普通场效应管有源极（S）、栅极（G）

和漏极（D）三个极。这里使用的是在内部源极和栅极间再复合一只二极管的专用场效应管。接二极管的目的是在场效应管受强信号冲击时起保护作用。场效应管的栅极接金属极板。这样，驻极体传声器的输出线便有三根，即源极 S（一般用蓝色塑线）、漏极 D（一般用红色塑料线）和连接金属外壳的编织屏蔽线。

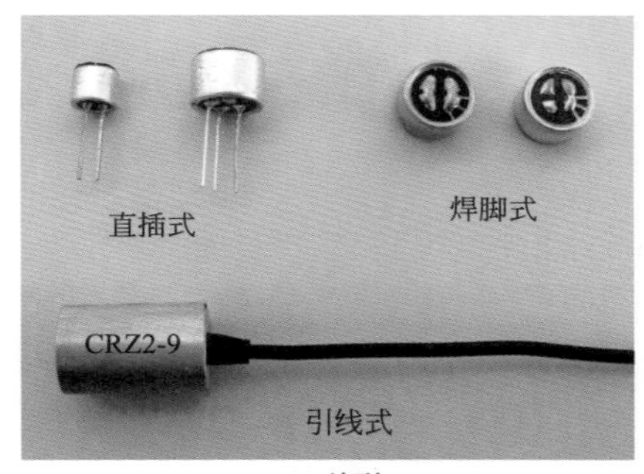

(a) 外形

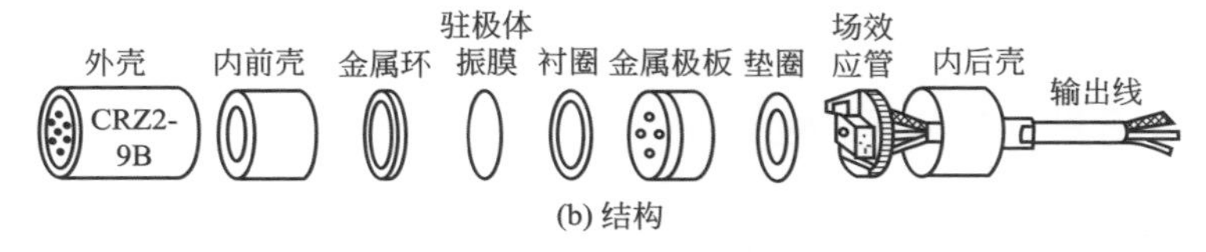

(b) 结构

图14-19 驻极体传声器的外形及结构

② 驻极体传声器的两种接法。驻极体传声器与电路的接法有两种：源极输出与漏极输出如图 14-20 所示。源极输出类似三极管的射极输出。需用三根引出线。漏极 D 接电源正极，源极 S 与地之间接一电阻 R_S 来提供源极电压，信号由源极经电容 C 输出。编织线接地起屏蔽作用。源极输出的输出阻抗小于 2kΩ，电路比较稳定，动态范围大。但输出信号比漏极输出小。

漏极输出类似三极管的共发射极放大器。只需两根引出线。漏极 D 与电源正极间接一漏极电阻 R_D，信号由漏极 D 经电容 C 输出。源极 S 与编织线一起接地。漏极输出有电压增益，因而传声器灵敏度比源极输出时要高，但电路动态范围略小。

提示：不管是源极输出或漏极输出，驻极体传声器必须提供直流电压才能工作，因为它内部装有场效应管。

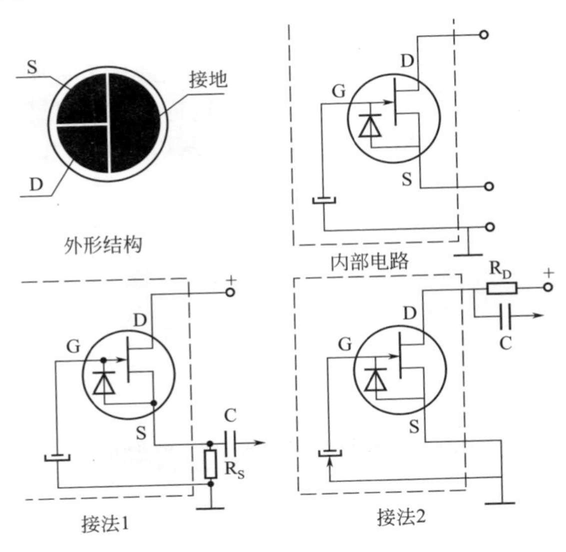

图14-20 驻极体传声器的两种接法

14.6.3 传声器的检测

（1）动圈式传声器的检测 检测动圈式传声器时，将万用表置于R×1挡，两表笔（不分正、负）断续触碰传声器的两引出端（设有控制开关的传声器应先打开开关），如图14-21所示。传声器中应发出清脆的“喀喀……”声，如果无声，说明该传声器已损坏；如果声小或不清晰，说明该传声器质量较差。

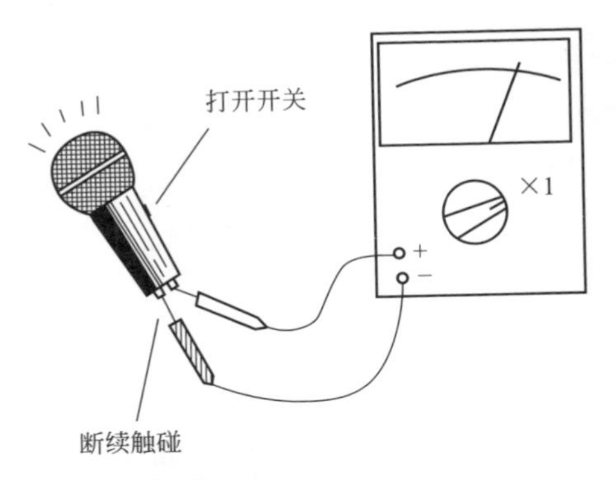

图14-21 检测动圈式传声器

还可进一步测量动圈式传声器输出端的电阻值（实际上就是传声器内部输出变压器的二次侧电阻值）。将万用表置于 R×1 挡，两表笔（不分正、负）与传声器的两引出端相接，低阻传声器应为 50~200Ω，高阻传声器应为 500~2000Ω。如果相差太大，说明该传声器质量有问题。

（2）驻极体传声器的检测

① 极性判别。驻极体传声器由声电转换系统和场效应管两部分组成。由于其内部场效应管有两种接法，所以在使用驻极体传声器之前首先要对其进行极性的判别。

由于在场效应管的栅极与源极之间接有一只二极管，因而可利用二极管的正反向电阻特性来判别驻极体传声器的漏极 D 和源极 S。其方法是：将万用表拨至 R×1k 挡，黑表笔接任一极，红表笔接另一极。再对调两表笔测试，比较两次测量结果，阻值较小时，黑表笔接的是源极，红表笔接的是漏极。

② 好坏判别。检测驻极体传声器时，将万用表置于 R×1k 挡。对于两端式驻极体传声器，万用表黑表笔（表内电池正极）接传声器 D 端，红表笔（表内电池负极）接传声器的接地端，如图 14-22 所示。这时用嘴向传声器吹气，万用表指针应有摆动。指针摆动范围越大，说明该传声器灵敏度越高。如果指针无摆动，说明该传声器已损坏。

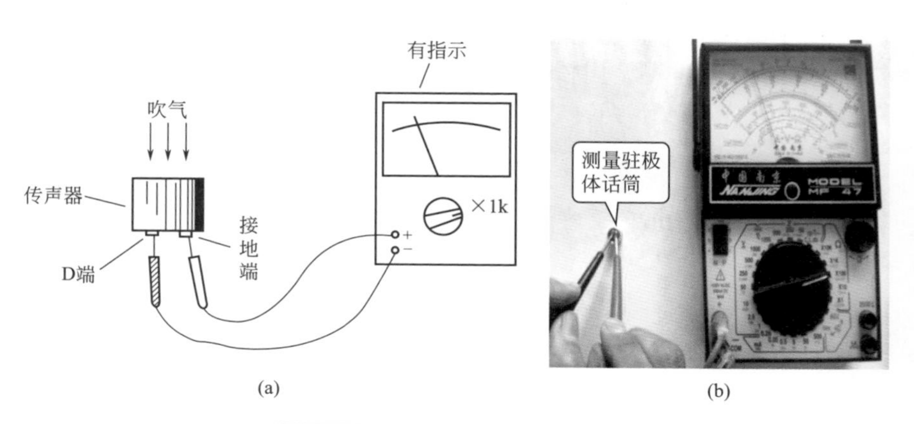

图14-22 检测两端式驻极体传声器

对于三端式驻极体传声器，万用表黑表笔（表内电池正极）接传声器的 D 端，红表笔（表内电池负极）接传声器的 S 端和接地端（见图 14-23），然后按相关方法吹气检测。

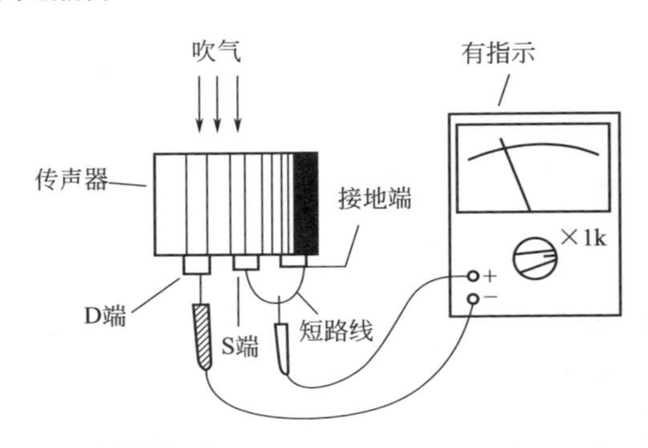

图14-23 检测三端式驻极体传声器

14.6.4 驻极体传声器的常见故障与检修

① 灵敏度低。此故障多为场效应管性能变差或传声器本身受剧烈振动使膜片发生位移。应更换新的同型号驻极体传声器。

② 断路或短路故障。断路故障多是由内部引线折断或内部场效应管电极烧断损坏造成的；短路故障多是传声器内部引出线的芯线与外层的金属编织线相碰短路或内部场效应管击穿所造成的。检修断路或短路故障时，应先将传声器外部引线剪断，用万用表测量传声器残留引线间的阻值，检查是否还有断路或短路现象。如无断路或短路现象，则说明被剪掉的引线有问题，用新软线重新接在残留引线两端即可；如仍有断路或短路现象，则应检查内部场效应管是否异常，是则应更换。

提示：内部加有场效应管的传声器，使用时应加偏置电压，不加偏压而直接加在音频放大器输入端不能工作。

第15章

石英谐振器的检测与维修

15.1 认识石英谐振器

晶振是晶体振荡器（有源晶振）和晶体谐振器（无源晶振）的统称，其作用在于产生原始的时钟频率，这个频率经过频率发生器的放大或缩小后就成了电路中各种不同的总线频率。通常无源晶振需要借助于时钟电路才能产生振荡信号，自身无法振荡起来。有源晶振是一个完整的谐振振荡器。电路中常见的晶振如图 15-1 所示。

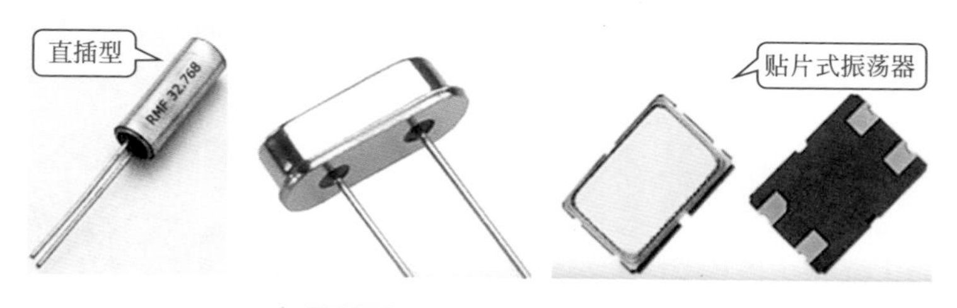

图15-1 电路中常见的晶振

（1）晶振的电路符号 晶振是电子电路中最常用的电子元件之一，一般用字母“X”、“G”或“Z”表示，单位为 Hz。晶振的图形符号如图 15-2 所示。

（2）晶振的工作原理 晶振具有压电效应，即在晶片两极外加电压后晶体会产生变形，反过来如外力使晶片变形，则两极上金属片又会产生电压。如果给晶片加上适当的交变电压，晶片就会产生谐振（谐振频率与石英斜面倾角等有关系，且频率一定）。晶振利用一种能把电能和机械能相互转化的晶体，在共振的状态下工作可以提供稳定、精确的单频振荡。在通常工作条件下，普通的晶振频率绝对精度可达百万分之五十。利用该特性，晶振可以提供较稳定的脉冲，广泛应用于微芯片的时钟电路里。晶片多为石英半导体材料，外壳用金属封装。

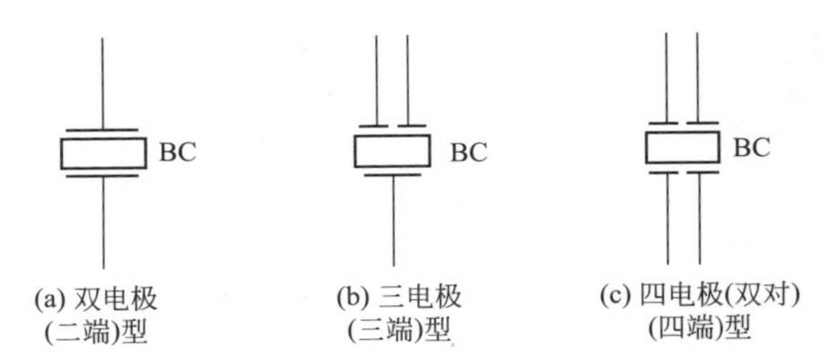

图15-2 晶振的图形符号

当晶振与主板、南桥、声卡等电路连接使用。晶振可比喻为各板卡的“心跳”发生器，如果主卡的“心跳”出现问题，必定会使其他各电路出现故障。

（3）晶体振荡器的分类 石英晶体振荡器分为非温度补偿式晶体振荡器、温度补偿式晶体振荡器（TCXO）、电压控制晶体振荡器（VCXO）、恒温控制式晶体振荡器（OCXO）和数字化补偿式晶体振荡器（DCXO/MCXO）等几种类型。其中，非温度补偿式晶体振荡器是最简单的一种，在日本工业标准（JIS）中称之为标准封装晶体振荡器（SPXO）。

① 恒温控制式晶体振荡器。恒温控制式晶体振荡器（OCXO）是利用恒温槽使晶体振荡器或石英晶体振子的温度保持恒定，将由周围温度变化引起的振荡器输出频率变化量削减到最小的晶体振荡器，如图 15-3 所示。在 OCXO 中，有的只将石英晶体振子置于恒温槽中，有的是将石英晶体振子和有关重要元器件置于恒温槽中，还有的将石英晶体振子置于内部的恒温槽中，而将振荡电路置于外部的恒温槽中进行温度补偿，实行双重恒温槽控制法。利用比例控制的恒温槽能把晶体的温度稳定度提高到 5000 倍以上，使振荡器频率稳定度至少保持在 1×10^{-9}。OCXO 主要用于移动通信基地站、国防、导航、频率计数器、频谱和网络分析仪等设

图15-3 恒温控制式晶体振荡器的外形

备、仪表中。OCXO 是由恒温槽控制电路和振荡器电路构成的。通常人们是利用热敏电阻“电桥”构成的差动串联放大器来实现温度控制的。具有自动增益控制（AGC）的（Clapp）振荡电路，是目前获得振荡频率高稳定度的比较理想的技术方案。近几年中，OCXO 的技术水平有了很大的提高。

② 温度式补偿晶体振荡器。温度式补偿晶体振荡器（TCXO）是通过附加的温度补偿电路使由周围温度变化产生的振荡频率变化量削减的一种石英晶体振荡器，如图 15-4 所示。TCXO 中，对石英晶体振子频率温度漂移的补偿方法主要有直接补偿和间接补偿两种类型：

a. 直接补偿型。直接补偿型 TCXO 是由热敏电阻和阻容元件组成的温度补偿电路，在振荡器中与石英晶体振子串联而成的。在温度变化时，热敏电阻的阻值和晶体等效串联电容容值相应变化，从而抵消或削减振荡频率的温度漂移。该补偿电路简单，成本较低，节省印制电路板（PCB）尺寸和空间，适用于小型和低压小电流场合。但当要求晶体振荡器精度小于 $\pm1\times10^{-6}$ 时，直接补偿方式并不适合。

b. 间接补偿型。间接补偿型又分模拟式和数字式两种类型。模拟式间接温度补偿是利用热敏电阻等温度传感元件组成温度 - 电压变换电路，并将该电压施加到一只与晶体振子相串接的变容二极管上，通过晶体振子串联电容量的变化，对晶体振子的非线性频率漂移进行补偿。该补偿方式能实现 $\pm0.5\times10^{-6}$ 的高精度，但在 3V 以下的低电压情况下受到限制。数字式间接温度补偿是在模拟式间接温度补偿电路中的温度 - 电压变换电路之后再加一级模 / 数（A/D）转换器，将模拟量转换成数字量。该法可实现自动温度补偿，使晶体振荡器频率稳定度非常高，但具体的补偿电路比较复杂，成本也较高，只适用于基地站和广播电台等要求高精度化的情况。

图15-4 温度控制式补偿晶体振荡器

③ 普通晶体振荡器。普通晶体振荡器（SPXO）是一种简单的晶体振荡器，通常称为钟振。它是一种完全由晶体自由振荡完成工作的晶体

振荡器。这类晶振主要应用于稳定度要求不高的场合。图 15-5 所示为普通晶体振荡器。

图15-5 普通晶体振荡器

④ 电压控制晶体振荡器。电压控制晶体振荡器（VCXO），是通过施加外部控制电压使振荡频率可变或是可以调制的石英晶体振荡器。在典型的 VCXO 中，通常是通过调谐电压改变变容二极管的电容量来“牵引”石英晶体振子频率的。VCXO 允许频率控制范围比较宽，实际的牵引度范围约为 $\pm 200\times 10^{-6}$ 甚至更大。如果要求 VCXO 的输出频率比石英晶体振子所能实现的频率还要高，可采用倍频方案。扩展调谐范围的另一个方法是将晶体振荡器的输出信号与 VCXO 的输出信号混频。与单一的振荡器相比，这种外差式的两个振荡器信号调谐范围有明显扩展。

15.2 晶振的型号命名与主要参数

（1）晶振的型号命名 国产晶振型号命名一般由三个部分构成，分别为外壳的形状和材料、石英片的切片型和主要性能及外形尺寸，如图 15-6 所示。

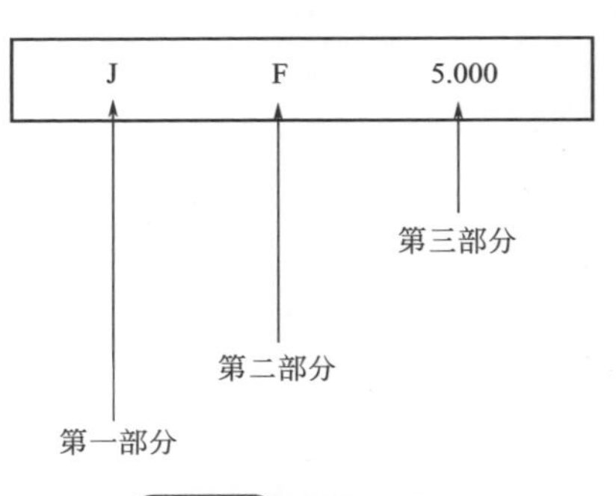

图15-6 晶振的命名

第一部分为外壳的形状和材料主。J 表示金属壳。

第二部分为石英切片型，用字母表示。F 表示为 FT 切割方式。

第三部分为主要功能和外形尺寸，用数字表示。5.000 表示谐振频率为 5MHz。

因此 JF5.000 表示采用 F 切割方式、金属外壳、谐振频率为 5MHz 的谐振晶振。

为了方便读者查阅，表 15-1 和表 15-2 分别列出了晶振外壳的形状和材料字母含义对照表，石英切片型号的表示方法字母含义对照表。

表15-1 晶振外壳的形状和材料字母含义对照表

字母	含义
B	玻璃壳
S	塑料壳
J	金属壳

表15-2 石英切片型的表示方法字母含义对照表

字母	含义	字母	含义
A	AT 切型	H	HT 切型
B	BT 切型	I	IT 切型
C	CT 切型	J	JT 切型
D	DT 切型	K	KT 切型
E	ET 切型	L	LT 切型
F	FT 切型	M	MT 切型
G	GT 切型	N	NT 切型
U		音叉弯曲振动形 WX 切型	
X		伸缩振动 X 切型	
Y		Y 切型	

（2）晶振的主要参数 晶振的主要参数有标称频率、负载电容、频率精度、频率稳定度等，这些参数决定了晶振的品质和性能。因此，在实际应用中要根据具体要求选择适当的晶振，如通信网络、无线数据传输等系统就需要精度高的晶振。不过，由于性能越高的晶振价格也越贵，所以购买时选择符合要求的晶振即可。

① 标称频率。不同的晶振标称频率不同，标称频率大都标注在晶振外壳上。

② 负载电容。负载电容是指晶振的两条引线连接的集成电路（IC）内部及外部所有有效电容之和，可看作晶振片在电路中串接电容。负载电容不同，振荡器的振荡频率不同。但标称频率相同的晶振，负载电容

不一定相同。一般来说，有低负载电容（串联谐振晶体）和高负载电容（并联谐振晶体）之分。因此，标称频率相同的晶体互换时还必须要求负载电容一致，不能轻易互换，否则会造成电路工作不正常。

③ 频率准确度。频率准确度是指在标称电源电压、标称负载阻抗、基准温度（25℃）以及其他条件保持不变时，晶体振荡器的频率相对于其规定标称值的最大允许偏差，即（f_{max}−f_{min}）/f_0。

④ 温度稳定度。温度稳定度是指其他条件保持不变时，在规定温度范围内晶体振荡器输出频率的最大变化量相对于温度范围内输出频率极值之和的允许频偏值，即（f_{max}−f_{min}）/（f_{max}+f_{min}）。

⑤ 频率调节范围。通过调节晶体振荡器的某可变元件可改变输出频率的范围。

⑥ 负载特性。其他条件保持不变时，负载在规定变化范围内晶体振荡器输出频率相对于标称负载下的输出频率的最大允许频偏。

⑦ 电压特性。其他条件保持不变时，电源电压在规定变化范围内晶体振荡器输出频率相对于标称电源电压下的输出频率的最大允许频偏。

⑧ 杂波。杂波是指输出信号中与主频无谐波（副谐波除外）关系的离散频谱分量与主频的功率比，用 dBc 表示。

⑨ 谐波。谐波是指谐波分量功率 P_i 与载波功率 P_0 之比，用 dBc 表示。

⑩ 日波动。指振荡器经过规定的预热时间后，每隔 1h 测量一次，连续测量 24h，将测试数据按 S=（f_{max}−f_{min}）/f_0 计算，得到日波动。

15.3 晶振的检测

15.3.1 用指针万用表检测

电阻测量法：将指针型万用表置于 R×10k 挡，用表笔接晶体的两个引脚，测量正常晶体的阻值应为无穷大；若阻值过小，说明晶体漏电或短路（图 15-7、图 15-8）。

15.3.2 用数字万用表检测

电容测量法：晶体在结构上类似一只小电容，所以可用电容表测量晶体的容量，通过所测和的容量值来判断它是否正常（图 15-9）。表 15-3 是常用晶体的容量参考值。

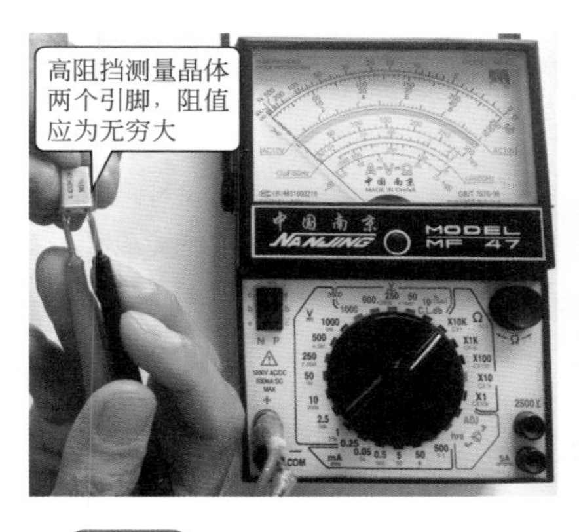

图15-7 高阻挡测量晶体（一）

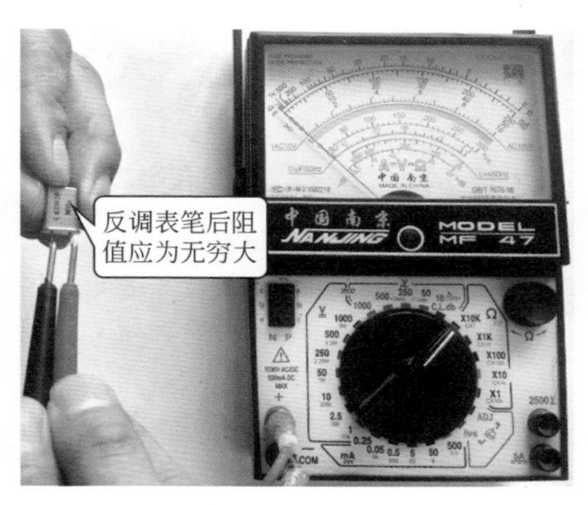

图15-8 高阻挡测量晶体（二）

表15-3 常用晶体的容量参考值

频　　率	容量 /pF（塑料或陶瓷封装）	容量 /pF（金属封装）
400~503kHz	320~900	—
3.58MHz	56	3.8
4.4MHz	42	3.3
4.43MHz	40	3

图15-9 数字表测晶体

15.4 石英晶体的修理及代换应用

15.4.1 石英晶体的修理

石英晶体出现内部开路故障，一般是不能修理的，只能更换新的同型号晶体。如晶体出现击穿或漏电而阻值不是无穷大（如有的彩电用的是500kHz晶体遇到此故障较多），而一时又无原型号晶体更换，可采用下面应急修理：

① 用小刀沿原晶体的边缝将有字母的测盖剥开，将电极支架及晶振片从另一盖中取出；

② 用镊子夹住晶片从两极间抽出；

③ 把晶振倒置或转向90° 后，再放入两电极间，使晶片漏电的微孔离开电极触点；

④ 测量两电极的电阻应为∞，然后重新组装好，盖好盖将边缝用502胶外涂即可。

15.4.2 石英晶体的代换

表15-4列出部分石英晶体的代换型号，供参考。

表15-4 常用晶体的代换型号表

型号	可直接代换的型号
A74994	JA18A
KSS-4.3MHZ	JA24A、JA18A、JA18
RCRS-B002CFZZ	JA18
TSS116M1	JA24A、JA18A
EX0005XD	XZT500
4.43MHZPAL-APL	JA24A、JA18、JA18A
EX0004AC	JA188、JA24、ZFWF：2S-B

15.4.3 石英晶体应用电路

石英晶体电路测试器：石英谐振器可以采用在路测试法对其进行测试。如图15-10所示电路，是一个石英晶体测试，可以准确地测试出晶体的好坏。图中的XS1、XS2是两个测试插口，可用集成电路插座改制。LED发光管最好选择高亮度的。

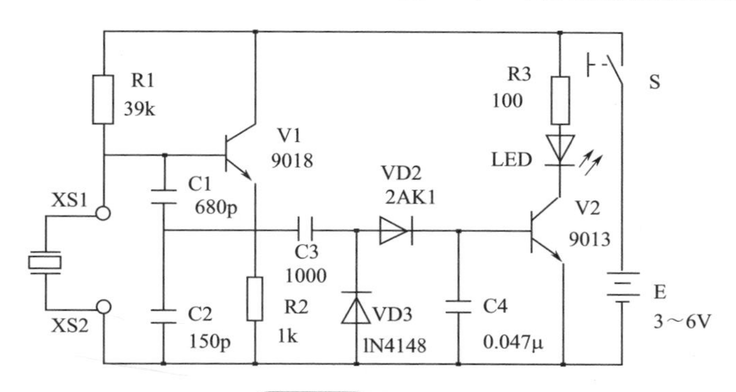

图15-10 电路测量

测试石英晶体时，把晶体的两个管脚插入到XS1和XS2两个插口中，按下开关S，如果晶体是好的，则由三极管VT1、电容C1、C2等元件构成的振荡电路产生振荡，振荡信号经C3耦合至VD2检波，检波后的直流信号电压使VT2导通，于是接在VT2集电极回路中的LED发光，指示被测晶体是好的。如果LED不亮，则说明被测石英晶体是坏的。此测试器可测试频率较宽的石英谐振器，但最佳测试频率是几百千赫兹到几十兆赫兹。

第16章

光电器件的检测与维修

16.1 认识光电耦合器

光电耦合器内部的发光二极管和光电三极管只是把电路前后级的电压或电流变化转换为光的变化，两者之间没有电气连接，因此能有效隔断电路间的电位联系，实现电路之间的可靠隔离。发光源的引脚为输入端，受光器的引脚为输出端。常见的发光源为发光二极管，受光器为光电二极管、光电三极管等。

16.1.1 种类、工作原理及特性

① 光电耦合器的种类。光电耦合器的种类较多，常见有光电二极管型、光电三极管型、光敏电阻型、光控晶闸管型、光电达林顿型、集成电路型等。如图 16-1 所示，光电耦合器的外形有金属圆壳封装、塑封双列直插等。光电耦合器的内部结构见图 16-2。

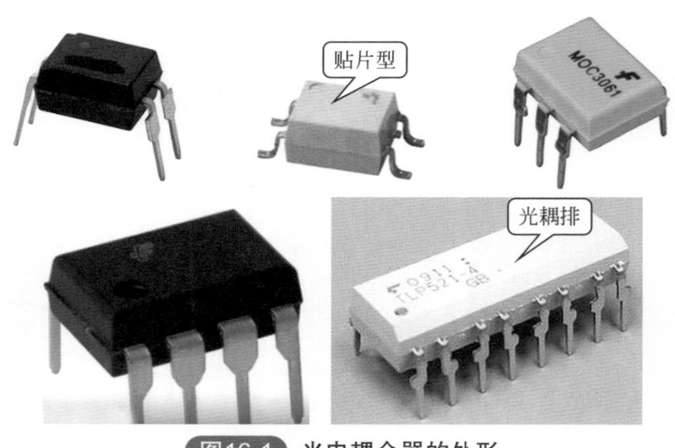

图16-1 光电耦合器的外形

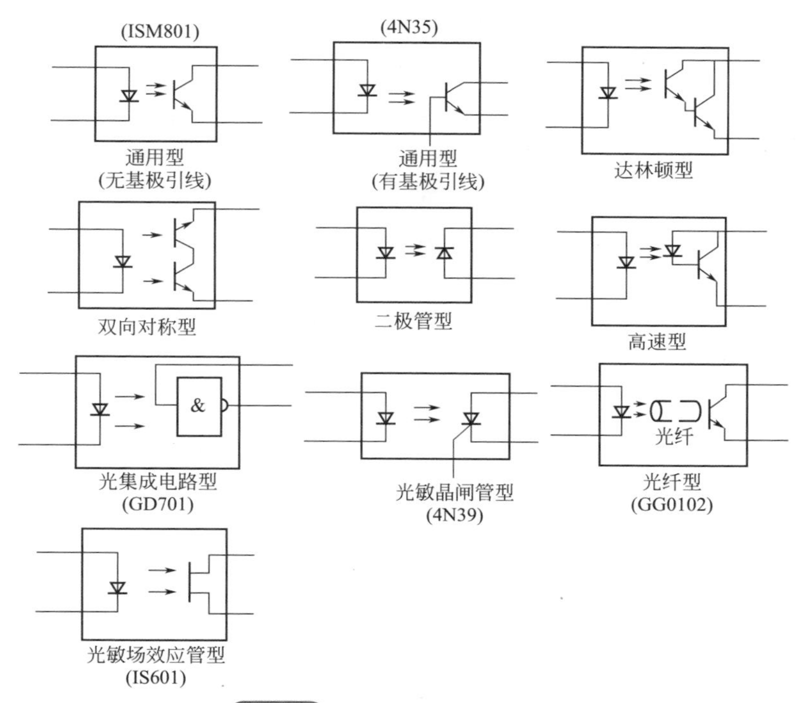

图16-2　光电耦合器的内部结构

② 光电耦合器的工作原理。在光电耦合器输入端加电信号使发光源发光，光的强度取于激励电流的大小，此光照射到封装在一起的受光器上后，因光电效应而产生了光电流，由受光器输出端引出，这样就实现了电 - 光 - 电的转换。

③ 光电耦合器的基本工作特性（以光电三极管为例）

a. 共模抑制比很高。在光电耦合器内部，由于发光管和受光器之间的耦合电容很小（2pF 以内），所以共模输入电压通过极间耦合电容对输出电流的影响很小，因而共模抑制比很高。

b. 输出特性。光电耦合器的输出特性是指在一定的发光电流 I_F 作用下，光电三极管所加偏置电压 U_{CE} 与输出电流 I_C 之间的关系。当 I_F=0 时，发光二管极不发光，此时的光电三极管集电极输出电流称为暗电流，一般很小。当 I_F>0 时，在一定的 I_F 作用下，所对应的 I_C 基本上与 U_{CE} 无关。I_C 与 I_F 之间的变化呈线性关系，用半导体管特性图示仪测出的光电耦合器输出特性与普通三极管输出特性相似。

16.1.2 光电耦合器的使用

光电耦合器可作为线性耦合器使用。在发光二极管上提供一个偏置电流，再把信号电压通过电阻耦合到发光二极管上，这样光电三极管接收到的是在偏置电流上增、减变化的光信号，其输出电流将随输入的信号电压作线性变化。光电耦合器也可工作于开关状态，传输脉冲信号。在传输脉冲信号时，输入信号和输出信号之间存在一定的延迟时间，不同结构的光电耦合器输入、输出延迟时间相差很大。

16.2 光电耦合器的测试

因为光电耦合器的方式不尽相同，所以测试时应针对不同结构进行测量判断。例如对于三极管结构的光电耦合器，检测接收管时应按测试三极管的方法检查。

16.2.1 输入输出判断

由于输入为发光二极管，而输出端为其他元件，所以用 R×1k 挡测某两脚正向电阻为数百欧，而反向电阻在几十千欧以上，则说明被测脚为输入端，另外引脚则为输出端。

16.2.2 用万用表判断好坏

用 R×1k 挡测输入脚电阻，正向电阻为几百欧，反向电阻为几十千欧，输出脚间电阻应为无限大。再用万用表 R×10k 挡依次测量输入端（发射管）的两引脚与输出端（接收管）各引脚间的电阻值都应为无穷大，发射管与接收管之间不应有漏电阻存在。如图 16-3~ 图 16-7 所示。

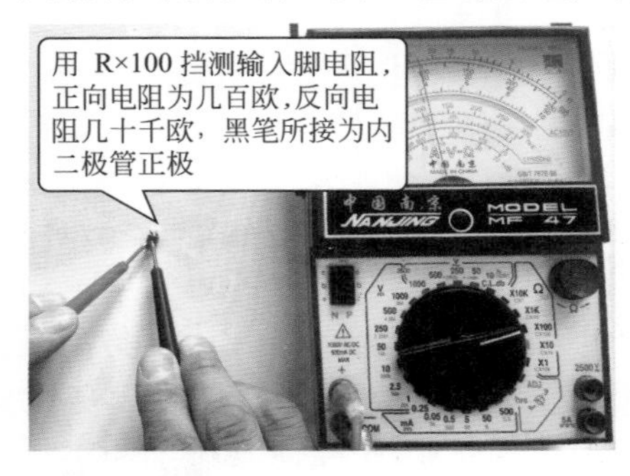

图16-3 光电耦合器测量（一）

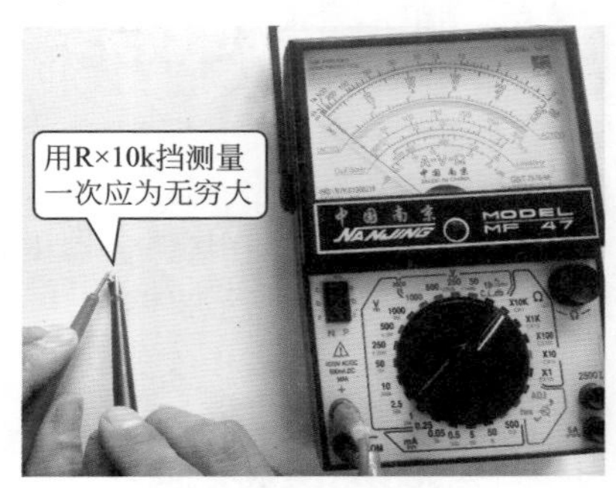

图16-4 光电耦合器测量（二）

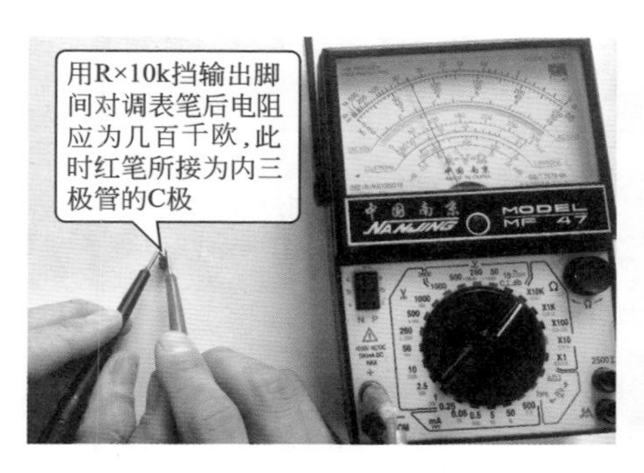

图16-5　光电耦合器测量（三）

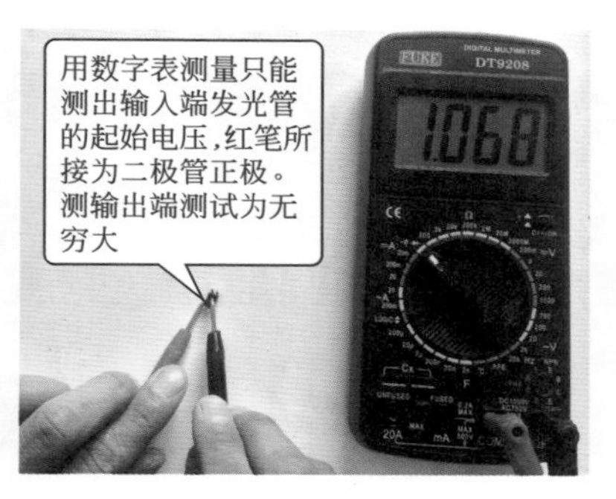

图16-6　数字表测量光电耦合器（一）

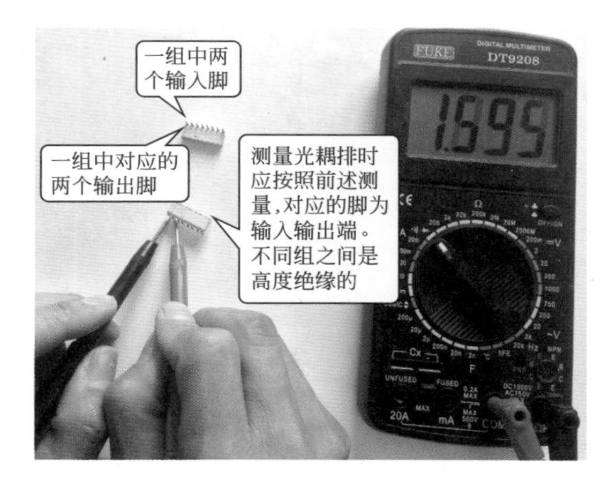

图16-7　数字表测量光电耦合器（二）

16.3 光电耦合器的应用

应用时查找各型号的光电耦合器内部结构，如表16-1中所示电路图。

表16-1　光电耦合器电路图

型号	内部电路	同类品
TLP512		

续表

型号	内部电路	同类品
TLP532	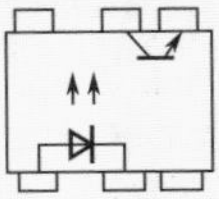	CNX82A，FX0012CE，TLP332，TLP632，TLP634，TLP732
TLP550	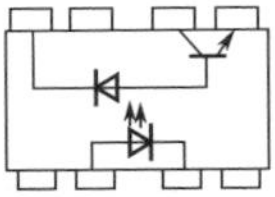	TLP650
TLP580	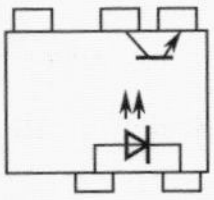	
TLP581	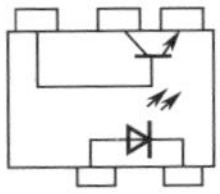	
TLP620	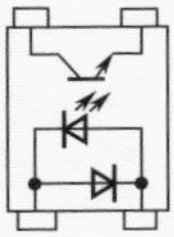	TLP120，TLP126，TLP626
TKP620-2	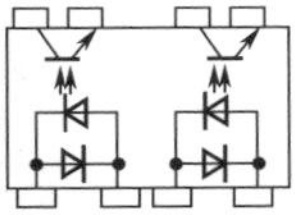	TLP626-2
TLP620-3	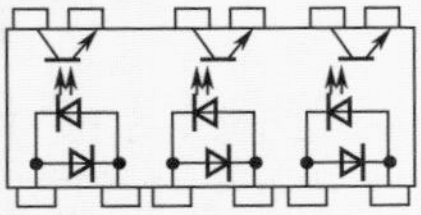	TLP626-3
TKP620-4	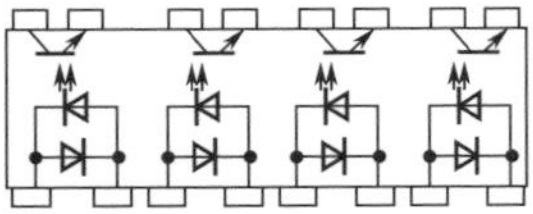	TLP626-4
TLP621	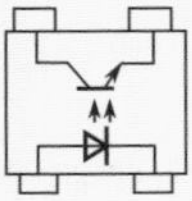	TLP121，TLP124，TLP321，TLP521，TLP621，LTV817，PC114，PC510，PC617，PC713，PC817，ON3111，ON3131

续表

型号	内部电路	同类品
TLP621-2	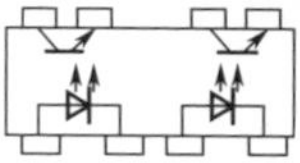	TLP321-2 TLP521-2 TLP624-2
TLP621-3	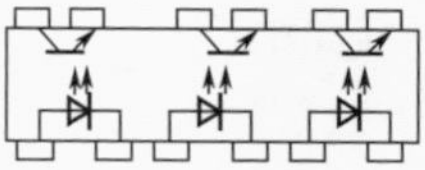	TLP321-3 TLP521-3 TLP624-3
TLP621-4	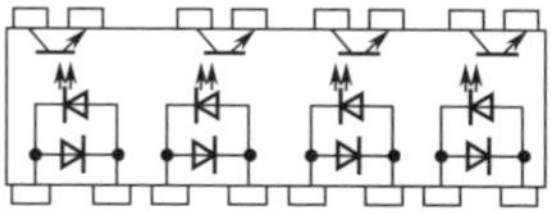	TLP321-4 TLP521-4 TLP624-4
TLP630	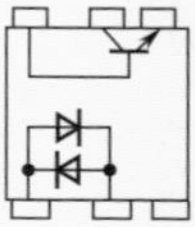	TLP130 TLP330
TLP631	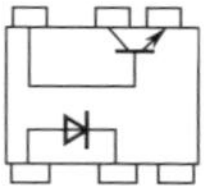	4N25，4N25A，4N26，4N27，4N28，4N30，4N33，4N35，4N36，4N38，4N38A，4N35411，TLP131，TLP137，TLP331，TLP531，TLP535，TLP632，TLP731，TIL113，TIL117，PC120，PC417，MC227，PS2002，PCD830，SPX7130

（1）光电耦合器用于隔离、控制　图 16-8 所示为彩电开关稳压电源中的部分电路，稳压电路由 VT806、VT802、N801 及 VT803 等组成，稳压电路的采样电压取自开关电源 115V 输出端，VT806 发射极接 6.2V 稳压管 VD812。当开关电源输出电压升高时，VT806 的基电极电位上升，集电极电流增大，流过光电耦合器 N801 中发光二极管的电流增大，发光强度增大，则 N801 中光电三极管的导通电流增大，R809 上的压降增大，VT802 基极电下降，集电极电流增大，VT803 基极电位迅速上升，VT803 导通电流加大，对开关管 VT804 基极电流的分流加大，使 VT804 提前退出饱和状态。开关管导通时间缩短，开关电源一次侧输出电压下降而恢复到正常值。当开关电源输出电压下降，稳压电路的工作过程与上述过程相反，从而保证输出电压的稳定。因此光电耦合器 N801 起着控制作用，同时使市电与稳压输出隔离。光电耦合器用于电

机控制如图 16-9 所示。光电耦合器用于隔离、控制作用如图 16-10 所示。

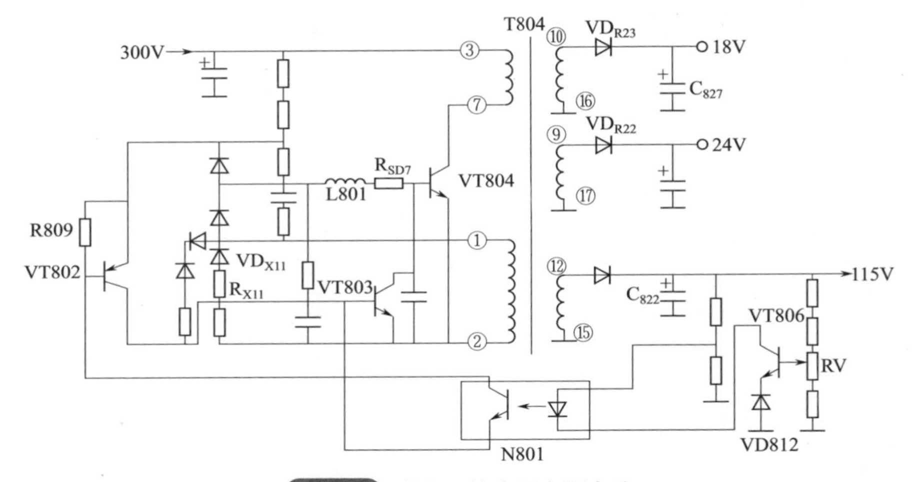

图16-8 彩电开关稳压电源电路

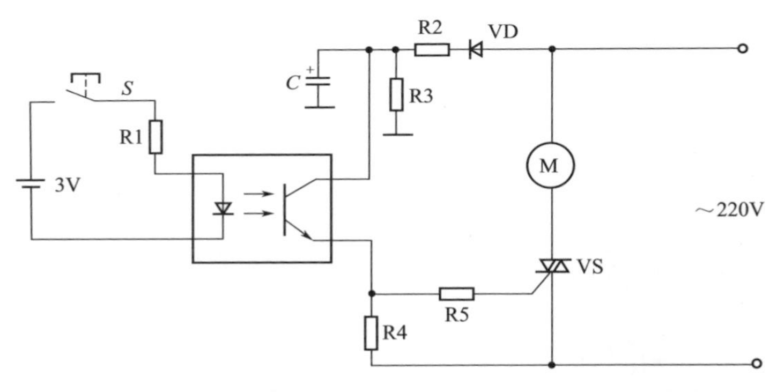

图16-9 光电耦合器用于电机控制

（2）光电耦合器用于接口电路 图 16-11 所示光电耦合器 4N25 起到耦合脉冲信号和隔离单片机 89C51 系统与输出部分的作用，使两部分的电流相互独立。输出部分的地线接机壳或大地，而 89C51 系统的电源地线浮空，不与交流电源的地线相接，这样可以避免输出部分电源变化对单片机电源的影响，减小系统所受的干扰，提高系统可靠性。

（3）光电耦合器用于信号耦合电路 光电耦合器用于信号耦合电路如图 16-12 所示。

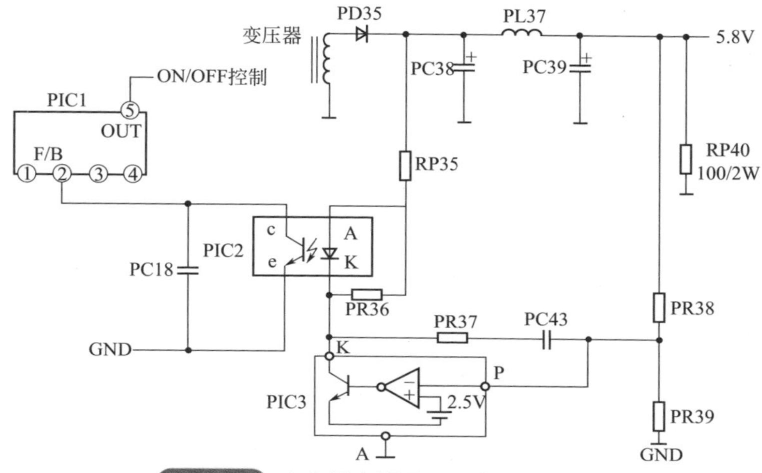

图16-10 光电耦合器用于隔离、控制作用

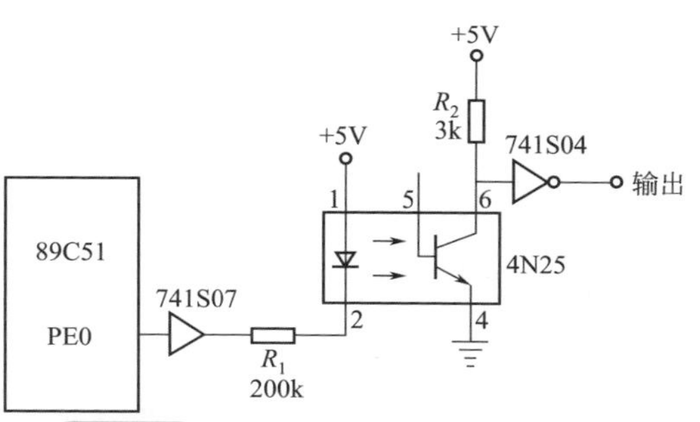

图16-11 光电耦合器用于信号接口电路

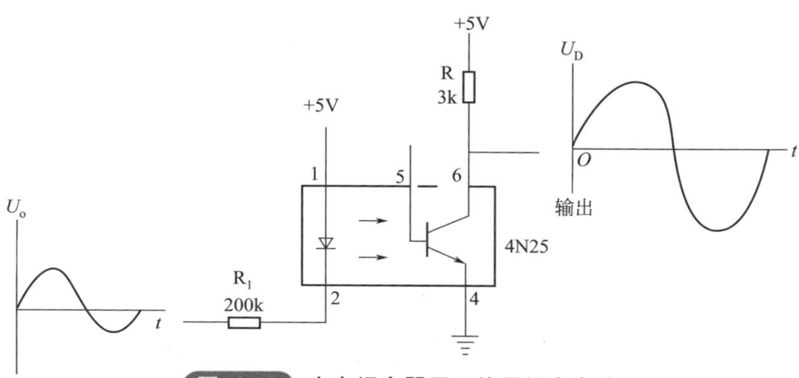

图16-12 光电耦合器用于信号耦合电路

第17章

集成电路与稳压器件的检测

17.1 常用集成电路及分类

（1）按功能结构分类 集成电路，又称为IC，按其功能、结构的不同，可以分为模拟集成电路、数字集成电路和数/模混合集成电路三大类。

模拟集成电路又称线性电路，用来产生、放大和处理各种模拟信号（指幅度随时间变化的信号。例如半导体收音机的音频信号、录放机的磁带信号等），其输入信号和输出信号成比例关系。而数字集成电路用来产生、放大和处理各种数字信号（指在时间上和幅度上离散取值的信号。例如3G手机、数码相机、电脑CPU、数字电视的逻辑控制和重放的音频信号和视频信号）。

（2）按制作工艺分类 集成电路按制作工艺可分为半导体集成电路和膜集成电路。其中，膜集成电路又分为厚膜集成电路和薄膜集成电路。

（3）按集成度高低分类

集成电路按集成度高低的不同可分为：

- SSIC 小规模集成电路（Small Scale Integrated circuits）；
- MSIC 中规模集成电路（Medium Scale Integrated circuits）；
- LSIC 大规模集成电路（Large Scale Integrated circuits）；
- VLSIC 超大规模集成电路（Very Large Scale Integrated circuits）；
- ULSIC 特大规模集成电路（Ultra Large Scale Integrated circuits）；
- GSIC 巨大规模集成电路，也被称作极大规模集成电路或超特大规模集成电路（Giga Scale Integration）。

（4）按导电类型不同分类 集成电路按导电类型可分为双极型集成

电路和单极型集成电路，它们都是数字集成电路。

双极型集成电路的制作工艺复杂，功耗较大，代表性的有 TTL、ECL、HTL、LST-TL、STTL 等类型。单极型集成电路的制作工艺简单，功耗也较低，易于制成大规模集成电路，代表集成电路有 CMOS、NMOS、PMOS 等类型。

（5）按用途分类　集成电路按用途可分为电视机用集成电路、音响用集成电路、影碟机用集成电路、录像机用集成电路、电脑（微机）用集成电路、电子琴用集成电路、通信用集成电路、照相机用集成电路、遥控集成电路、语言集成电路、报警器用集成电路及各种专用集成电路。

① 电视机用集成电路包括行、场扫描集成电路、中放集成电路、伴音集成电路、彩色解码集成电路、AV/TV 转换集成电路、开关电源集成电路、遥控集成电路、丽音解码集成电路、画中画处理集成电路、微处理器（CPU）集成电路、存储器集成电路等。

② 音响用集成电路包括 AM/FM 高中频电路、立体声解码电路、音频前置放大电路、音频运算放大集成电路、音频功率放大集成电路、环绕声处理集成电路、电平驱动集成电路，电子音量控制集成电路、延时混响集成电路、电子开关集成电路等。

③ 影碟机用集成电路有系统控制集成电路、视频编码集成电路、MPEG 解码集成电路、音频信号处理集成电路、音响效果集成电路、RF 信号处理集成电路、数字信号处理集成电路、伺服集成电路、电动机驱动集成电路等。

④ 录像机用集成电路有系统控制集成电路、伺服集成电路、驱动集成电路、音频处理集成电路、视频处理集成电路。

（6）按应用领域分　集成电路按应用领域可分为标准通用集成电路和专用集成电路。

（7）按封装分类　按封装结构分为直插式集成电路和贴面式集成电路两大类。

① 直播式集成电路。直播式集成电路又分为双列（双排引脚）集成电路和单列（单排引脚）集成电路两类。其中，小功率直播式集成电路多采用双列方式，而功率较大的集成电路多采用单列方式。

② 贴面式集成电路。贴面式集成电路又分为双列贴面式和四列贴面式两大类。中、小规模贴面式集成电路多采用双列贴面焊接方式，而大规模贴面式集成电路多采用四列贴面焊接方式。

17.2 集成电路的封装及引脚排列

集成电路明显特征是引脚比较多（远多于三个引脚），各引脚均匀分布。集成电路一般是长方形的，也有方形的。大功率集成电路带金属散热片，小功率集成电路没有散热片。

（1）单列直插式封装 单列直插式封装（SIP）集成电路引脚从封装一个侧面引出，排列成一条直线。通常，它们是通孔式的，引脚插入印制电路板的金属孔内。当装配到印制基板上时封装呈侧立状。单列直插式封装集成电路的外形如图 17-1 所示。

图17-1 单列直插式封装集成电路的外形

单列直插式封装集成电路的封装形式很多，集成电路都有一个较为明显的标记来指示第一个引脚的位置，而且是自左向右依次排序，这是单列直插式封装集成电路的引脚分布规律。

若无任何第一个引脚的标记，则将印有型号的一面朝着自己，且将引脚朝下，最左端为第一个引脚，依次为各引脚，如图 17-2 所示。

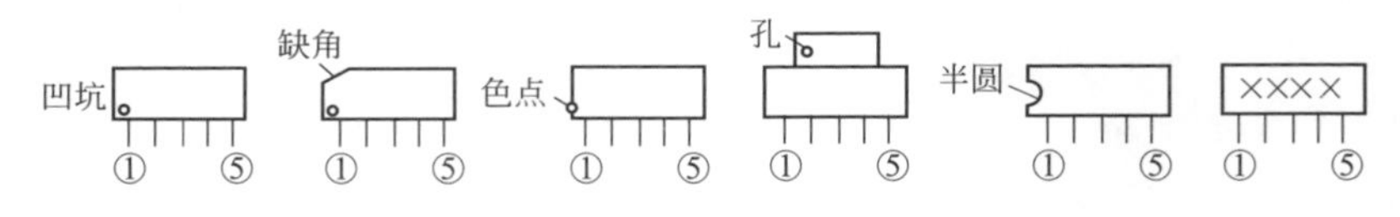

图17-2 单列直插式封装集成电路引脚排列

（2）单列曲插式封装 锯齿形单列式封装（ZIP）是单列直插式封装形式的一种变化，它的引脚仍是从封装体的一边伸出，但排列成锯齿形。这样，在一个给定的长度范围内，提高了引脚密度。引脚中心距通常为 2.54mm，引脚数为 2~23，多数为定制产品。单列曲插式封装集成电路的外形如图 17-3 所示。

图17-3 单列曲插式封装集成电路的外形

单列曲插式封装集成电路的引脚呈一列排列，但是引脚是弯曲的，即相邻两个引脚弯曲排列。单列曲插式封装集成电路还有许多，它们都有一个标记是指示第一个引脚的位置，然后依次从左向右为各引脚，这是单列曲插式封装集成电路的引脚分布规律。

当单列曲插式封装集成电路上无明显的标记时，可按单列直插式集成电路引脚识别方法来识别，如图 17-4 所示。

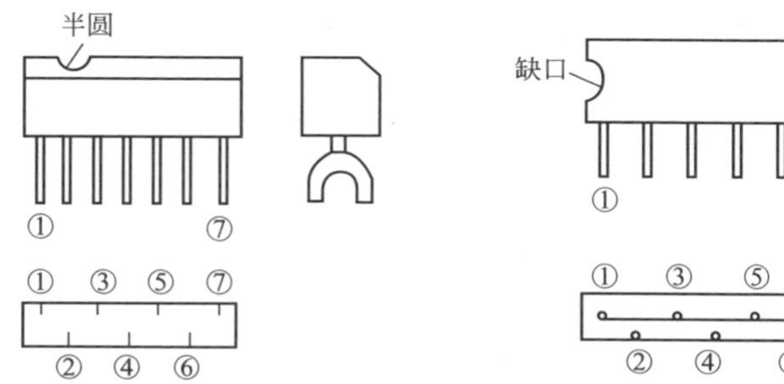

图17-4 单列曲插式封装集成电路引脚排列

（3）双列直插式封装 双列直插式封装也称 DIP 封装（Dual Inline Package），是一种最简单的封装方式。绝大多数中小规模集成电路均采用双列直插形式封装，其引脚数一般不超过 100。DIP 封装的 CPU 芯片有两排引脚，需要插入到具有 DIP 结构的芯片插座上。双列直插式封装集成电路的外形如图 17-5 所示。

双列直插式集成电路引脚分布规律也很一般，有各种形式的明显标记，指明是第一个引脚的位置，然后沿集成电路外沿逆时针方向依次为各引脚。

图17-5 双列直插式封装集成电路的外形

无任何明显的引脚标记时，将印有型号的一面朝着自己正向放置，左侧下端第一个引脚为①脚，逆时针方向依次为各引脚。如图 17-6 所示。

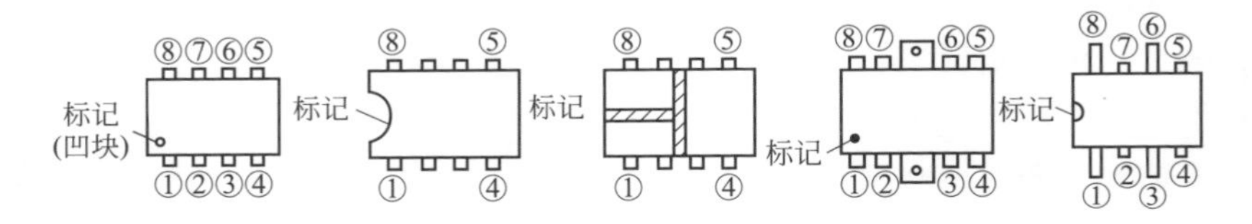

图17-6 双列直插式封装集成电路引脚排列

（4）四列表贴封装 随着生产技术的提高，电子产品的体积越来越小，体积较大的直插式封装集成电路已经不能满足需要。故设计者又研制出一种贴片封装集成电路，这种封装的集成电路引脚很小，可以直接焊接在印制电路板的印制导线上。四列表贴封装集成电路的外形如图 17-7 所示。

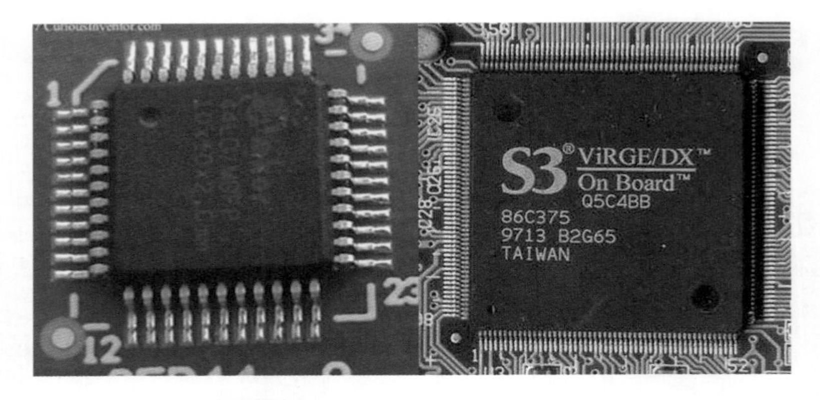

图17-7 四列表贴封装集成电路的外形

四列表贴封装集成电路的引脚分成四列，集成电路左下方有一个标记，左下方第一个引脚为①脚，然后逆时针方向依次为各引脚。

四列表贴封装集成电路引脚排列如图 17-8 所示。

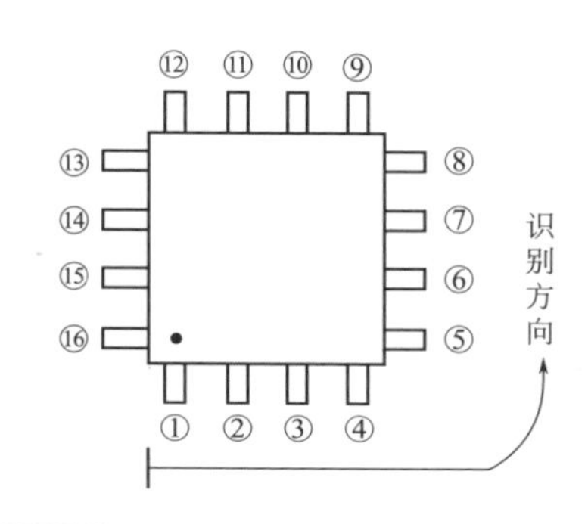

图17-8 四列表贴封装集成电路引脚排列

（5）金属封装 金属封装是半导体器件封装的最原始形式，它将分立器件或集成电路置于一个金属容器中，用镍作封盖并镀上金。金属圆形外壳采用由可伐合金材料冲制成的金属底座，借助封接玻璃，在氮气保护气氛下将可伐合金引线按照规定的布线方式熔装在金属底座上，经过引线端头的切平和磨光后，再镀镍、金等惰性金属给予保护。在底座中心进行芯片安装和在引线端头用铝硅丝进行键合。组装完成后，用 10 号钢带所冲制成的镀镍封帽进行封装，构成气密的、坚固的封装结构。金属封装的优点是气密性好，不受外界环境因素的影响；它的缺点是价格昂贵，外形单一，不能满足半导体器件日益快速发展的需要。现在，金属封装所占的市场份额已越来越小，几乎已没有商品化的产品。少量产品用于特殊性能要求的军事或航空航天技术中。金属封装集成电路的外形如图 17-9 所示。

图17-9 金属封装集成电路的外形

采用金属封装集成电路，外壳呈金属圆帽形，引脚识别方法：将引脚朝上，从突出键标记端起，顺时针方向依次为各引脚。

金属封装集成电路引脚排列图如图17-10所示。

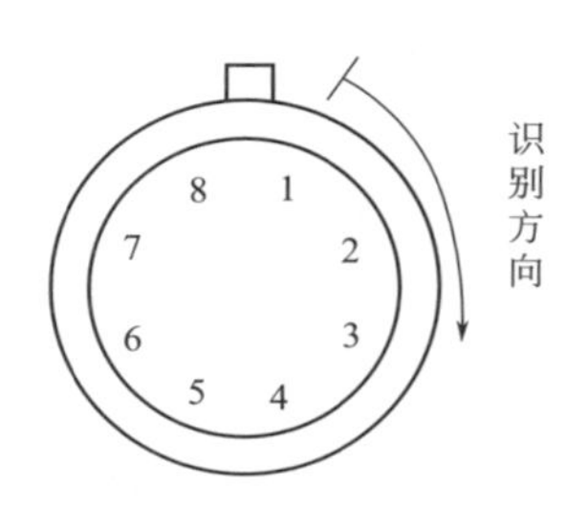

图17-10 金属封装集成电路引脚排列

（6）反方向引脚排列集成电路 前面介绍的集成电路均为引脚正向分布的集成电路，引脚从左向右依次分布，或从左下方第一个引脚逆时针方向依次分布各引脚。

引脚反向分布的集成电路则是从右向左依次分布，或从左上端第一个引脚为①脚，顺时针方向依次分布各引脚，与引脚正向分布的集成电路规律恰好相反。

引脚正、反向分布规律可以从集成电路型号上识别，例如，HA1366W引脚为正向分布，HA1366WR引脚为反向分布，型号后多一个大写字母R表示这一集成电路的引脚为反向分布，它们的电路结构、性能参数相同，只是引脚分布相反。

（7）厚膜电路 厚膜电路也称为厚膜块，其制造工艺与半导体集成电路有很大不同。它将晶体管、电阻、电容等元器件在陶瓷片上或用塑料封装起来。其特点是集成度不是很高，但可以耐受的功率很大，常应用于大功率单元电路中。图17-11所示为厚膜电路，引出线排列顺序从标记开始从左至右依次排列。

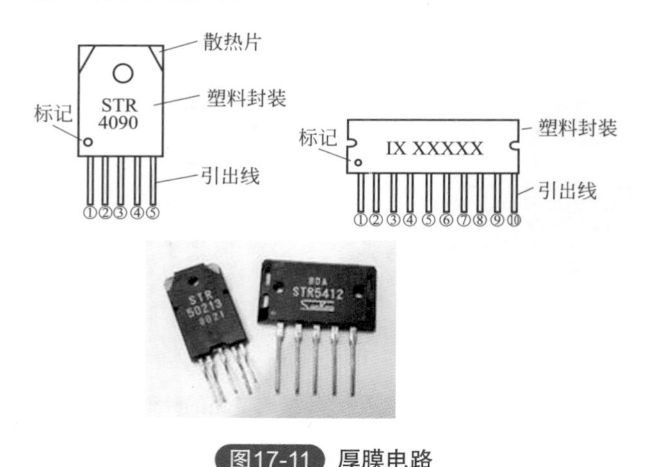

图17-11 厚膜电路

17.3 集成电路的型号命名

国产集成电路型号命名一般由五个部分构成，依次分别为符合的标准、器件的类型、集成电路系列和品种代号、工作温度范围、集成电路的封装形式，如图 17-12 所示。

第一部分为集成电路符合的标准，C 表示中国国标产品。

第二部分为器件的类型，用字母表示。W 表示稳压器。

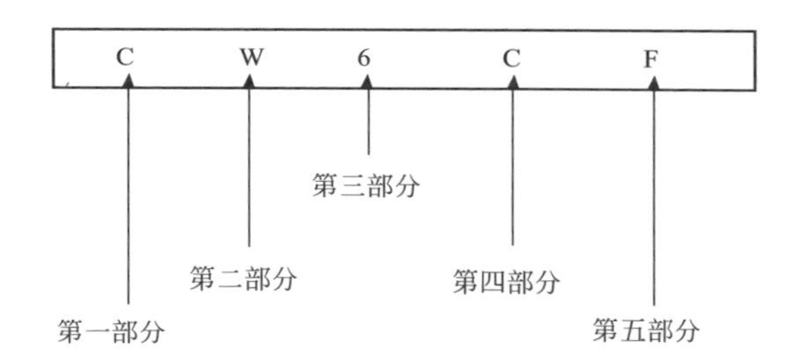

图17-12 集成电路的命名

第三部分为集成电路系列和品种代号，用数字表示。6 表示代码 6。

第四部分为工作温度范围，用字母表示。C 表示 0~70℃。

第五部分为集成电路的封装形式，用字母表示。F 表示全密封扁平。

例如 CW6C2 表示为国产全密封扁平稳压器，代码为 6，工作温度范围在 0~70℃之间。

为了方便读者查阅，表 17-1~ 表 17-3 分别列出了集成电路类型符号含义对照表、集成电路工作温度范围符号含义对照表以及集成电路封装形式符号含义对照表。

表17-1 集成电路类型符号含义对照表

符号	类　型	符号	类　型
T	TTL 电路	B	非线性电路
H	HTTL 电路	J	接口电路
E	ECL 电路	AD	A/D 转换器
C	CMOS 电路	DA	D/A 转换器
M	存储器	SC	通信专用电路
U	微型机电路	SS	敏感电路
F	线性放大器	SW	钟表电路

续表

符号	类　型	符号	类　型
W	稳压器	SJ	机电仪电路
D	音响、电视电路	SF	复印机电路

表17-2 集成电路工作温度范围符号含义对照表

符号	工作温度范围	符号	工作温度范围
C	0~70℃	E	−40~85℃
G	−25~70℃	R	−55~85℃
L	−25~85℃	M	−55~125℃

表17-3 集成电路封装形式符号含义对照表

符号	封装形式	符号	封装形式
W	陶瓷扁平	P	塑料直插
B	塑料扁平	J	黑陶瓷直插
F	全密封扁平	K	金属菱形
D	陶瓷直插	T	金属圆形

17.4 集成电路的主要参数

（1）集成电路的电气参数 不同功能的集成电路，其电气参数的项目也各不相同，但多数集成电路均有最基本的几项参数（通常在典型直流工作电压下测量）。

① 静态工作电流。静态工作电流是指在集成电路的信号输入脚无信号输入的情况下，电源脚与接地脚回路中的直流电流。该参数对确认集成电路是否正常十分重要。集成电路的静态工作电流包括典型值、最小值、最大值 3 个指标。若集成电路的静态工作电流超出最大值和最小值范围，而它的供电脚输入的直流工作电压正常，并且接地端子也正常，就可确认被测集成电路异常。

② 增益。增益是指集成电路内部放大器的放大能力。增益又分开环增益和闭环增益两项，并且也包括典型值、最小值、最大值 3 个指标。

用万用表无法测出集成电路的增益，需要使用专门仪器来测量。

③ 最大输出功率。最大输出功率是指输出信号的失真度为额定值（通常为 10%）时，集成电路输出脚所输出的电信号功率。一般也分别

给出典型值、最小值、最大值3项指标。该参数主要用于功率放大型集成电路。

（2）集成电路的极限参数 集成电路的极限参数主要有以下几项：

① 最大电源电压。最大电源电压是指可以加在集成电路供电脚与接地脚之间的直流工作电压的极限值。使用中不允许超过此值，否则会导致集成电路过电压损坏。

② 允许功耗。允许功耗是指集成电路所能承受的最大耗散功率，主要用于功率放大型集成电路（简称功放）。

③ 工作环境温度。工作环境温度是指集成电路能维持正常工作的最低环境温度和最高环境温度。

④ 储存温度。储存温度是指集成电路在储存状态下的最低温度和最高温度。

17.5 集成电路的检测

在修理集成电路的电子产品时，要对集成电路进行判断是一个重要内容，否则会事倍功半。首先要掌握该集成电路的用途、内部结构原理、主要电特性等，必要时还要分析内部电路原理图。除了这些之外，如果再有各引脚对地直流电压、波形、对地正反向直流电阻值，就更容易判断了。然后按现象判断其故障部位，并按部位查找故障元件，有时需要多种判断方法证明该器件是否损坏。一般对集成电路的检查判断方法有两种：一是不在线检查判断，即集成电路未焊入印制电路板的判断，在没有专用仪器设备的条件下，要确定集成电路的质量好坏是很困难的，一般情况下可用直流电阻法测量各引脚对应于接地脚之间的正反向电阻值并与完好集成电路进行比较，也可以采用替换法把可疑的集成电路插到正常电路同型号的集成电路的位置上来确定其好坏；二是在线检查判断，即集成电路连接在印制电路板上的判断方法。在线判断是检修集成电路电视机最实用和有效的方法。下面对几种方法进行简述。

（1）电压测量法 用万用表测出各引脚对地的直流工作电压值，然后与标称值相比较，依此来判断集成电路好坏。但要区别非故障性的电压误差（图17-13~图17-16）。

测量集成电路各引脚的直流工作电压时，如遇到个别引脚的电压与原理图或维修技术资料中所标电压值不符，不要急于断定集成电路已损坏，应该先排除以下几个因素后再确定：

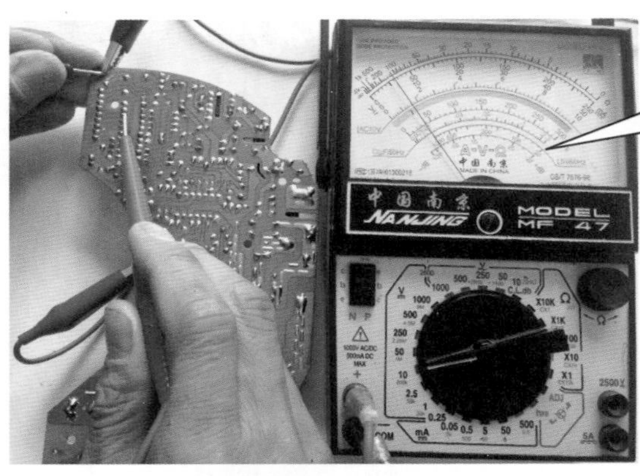

图17-13 在路测量集成电路引脚电压（一）

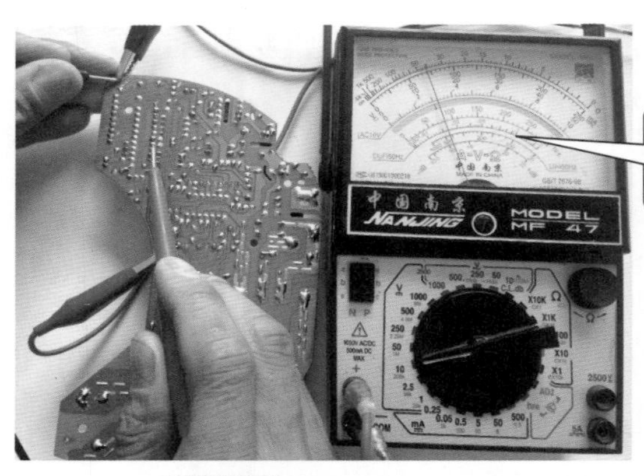

图17-14 在路测量集成电路引脚电压（二）

① 原理图上标称电压是否有误。因为常有一些说明书、原理图等资料上所标的数值与实际电压值有较大差别，有时甚至是错误的。此时，应多找一些有关资料进行对照，必要时分析内部图与外围电路，对所标电压进行计算或估算来验证所标电压是否正确。

② 标称电压的性质应区别开，即电压是静态工作电压还是动态工作电压。因为集成电路的个别引脚随着注入信号的有无而明显变化，此时可把频道开关置于空频道或有信号频道，观察电压是否恢复正常。如后者正常，则说明标称电压属动态工作电压，而动态工作电压又是指在某一特定的条件下而言，当测试时动态工作电压随接收场强不同或音量不同有变化。

图17-15 数字表在路测量（一）

图17-16 数字表在路测量（二）

③ 外围电路可变元件可能引起引脚电压变化。当测出电压与标称电压不符时，可能因为个别引脚或与该引脚相关的外围电路连接的是一个阻值可变的电位器（如音量电位器、色饱和度电位器、对比度电位器等）。这些电位器所处的位置不同，引脚电压会有明显不同，所以当出现某一引脚电压不符时，要考虑该引脚或与该引脚相关联的电位器的位置变化，可旋动看引脚电压能否与标称值相近。

④ 使用万用表不同，测得数值有差别。由于万用表表头内阻不同或不同直流电压挡会造成误差，一般原理图上所标的直流电压都是以测试仪表的内阻大于 20kΩ/V 进行测试的。当用内阻小于 20kΩ/V 的万用表进行测试时，将会使被测结果低于原来所标的电压。

综上所述，就是在集成电路没有故障的情况下，由于某种原因而使所测结果与标称值不同。所以总的来说，在进行集成电路直流电压或直流电阻测试时要规定一个测试条件，尤其是要作为实测经验数据记录时更要注意这一点。通常把各电位器旋到机械中间位置，信号源采用一定场强下的标准信号。当然，如能再记录各电位器同时在最小值和最大值时的电压值，那就更具有代表性。如果排除以上几个因素后，所测的个别引脚电压还是不符合标称值时，需进一步分析原因，但不外乎两种可能：一是集成电路本身故障引起，二是集成外围电路造成。如何区分这两种故障源，是修理集成电路的关键。

（2）在线直流电阻普测法 如果发现引脚电压有异常，可以先测试集成电路的外围元器件好坏以判定集成电路是否损坏。断电情况下测定阻值比较安全，而且可以在没有资料和数据以及不必要了解其工作原理的情况下，对集成电路的外围电路进行在线检查。在相关的外围电路中，以快速方法对外围元器件进行一次测量，以确定是否存在较明显的故障。方法是用万用表 R×10 挡分别测量二极管和三极管的正反向电阻值。此时由于电阻挡位定得很低，外围电路对测量数据的影响较小，可很明显地看出二极管、三极管的正反向电阻值，尤其是 PN 结的正向电阻增大或短路更容易发现，其次可对电感是否开路进行普测，正常时电感两端的在线直流电阻只有零点几欧最多至几十欧，具体阻值要看电感的结构而定。如测出两端阻值较大，那么即可断定电感开路。继而根据外围电路元件参数的不同，采用不同的电阻挡位测量电容和电阻，检查是否有较为明显的短路和开路性故障，先排除由于外围电路引起个别引脚的电压变化，再判定集成电路是否损坏（图 17-17、图 17-18）。

（3）电流流向跟踪电压测量法 此方法是根据集成电路内部和外围元器件所构成的电路，并参考供电电压（即主要测试点的已知电压）进行各点电位的计算或估算，然后对照所测电压是否符合正常值来判断集成电路的好坏。本方法必须具备完整的集成电路内部电路图和外围电路原理图。

图17-17 电阻挡测量（一）

图17-18 电阻挡测量（二）

（4）在线直流电阻测量对比法 它是利用万用表测量待查集成电路各引脚对地正、反向直流电阻值与正常值进行对照来判断好坏。这一方法是一种机型同型号集成电路的正常可靠数据，以便和待查数据相对比。测试时，应注意如下事项：

① 测试条件要规定好，测验记录前要记下被测机牌号、机型、集成电路型号，并设定与该集成电路相关电路的电位器应在机械中心位置，测试后的数据要注明万用表的直流电阻挡位，一般设定在 R×1k 或 R×10 挡，红表笔接地或黑表笔接地测两个数据。

② 测量造成的误差应注意：测试用万用表要选内阻≥20kΩ/V，并且确认该万用表的误差值在规定范围内，并尽可能用同一块万用表进行数据对比。

③ 原始数据所用电路应和被测电路相同：牌号机型不同，但集成电路型号相同，还是可以参照的。不同机型不同电路要区别，因为同一块集成电路可以有不同的接法，所得直流电阻值也有差异。

（5）非在线数据与在线数据对比法 集成电路未与外围电路连接时所测得的各引脚对应于地脚的正、反向电阻值称为非在线数据。非在线数据通用性强，可以对不同机型、不同电路、集成电路型号相同的电路作对比。具体测量对比方法如下：首先应把被查集成电路的接地脚用空心针头和电烙铁使之与印制电路板脱离，然后对应于某一怀疑引脚进行测量对比。如果被怀疑引脚有较小阻值电阻连接于地与电源之间，为了不影响被测数据，该引脚也可以与印制板开路。例如：CA3065E 只要把第②、⑤、⑥、⑨、⑫五个引脚与印制电路板脱离后，各引脚应和非在路原始数据相同，否则说明集成电路有故障。

（6）代换法 用代换法判断集成电路的好坏确是一条捷径之路，可以减少由许多检查分析而带来的各种麻烦。

集成电路的使用注意事项如下。

① 使用前应对集成电路的功能、内部结构、电特性、外形封装及与该集成电路相连接的电路作全面的分析和理解，使用情况下的各项电性能参数不得超出该集成电路所允许的最大使用范围。

② 安装集成电路时要注意方向，不要搞错，在不同型号间互换时更要注意。

③ 正确处理好空脚。遇到空的引脚时，不应擅自接地，这些引脚为更替或备用脚，有时也作为内部连接。CMOS 电路不用的输入端不能悬空。

④ 注意引脚承受的应力与引脚间的绝缘。

⑤ 对功率集成电路需要有足够的散热器，并尽量远离热源。

⑥ 切忌带电插拔集成电路。

⑦ 集成电路及其引线应远离脉冲高压源。

⑧ 防止感性负载的感应电动势击穿集成电路，可在集成电路相应引脚接入保护二极管，以防止过电压击穿。

提示：供电电源的极性和稳定性，可在电路中增设诸如二极管组成的保证电源极性正确的电路和浪涌吸收电路。

17.6 认识三端稳压器件

三端稳压器主要有两种，一种输出电压是固定的，称为固定输出三端稳压器；另一种输出电压是可调的，称为可调输出三端稳压器。其基本原理相同，均采用串联型稳压电路。在线性集成稳压器中，由于三端稳压器只有三个引出端子，具有外接元器件少、使用方便、性能稳定和价格低廉等优点，因而得到广泛应用。

17.6.1　三端稳压器的特点

三端稳压器的主要特点如下：

① 体积小。由于三端稳压器所有的元器件都集成在一块很小的芯片上，就设置了 3 个引脚。三端稳压器体积较小，和三极管体积相似。

② 稳压性能好。由于三端稳压器采用了先进的半导体技术，所以它的增益高、漂移小、失调小、稳压性能好。

③ 保护功能完善。三端稳压器内部设置了芯片过热保护、功率管过电流保护等，这是普通电源所不具备的。

17.6.2　三端稳压器的分类

（1）按输出电压形式、电流的不同分类　集成三端稳压器的输出电压有固定输出和可调输出之分。固定输出电压是由制造厂预先调整好的，输出为固定值。例如 7805 型集成三端稳压器，输出电压为固定 +5V。

可调输出电压式稳压器输出电压可通过少数外接元器件在较大范围内调整，当调节外接元器件值时，可获得所需的输出电压。例如 CW317 型集成三端稳压器，输出电压可以在 12~37V 范围内连续可调。

固定输出电压式根据输出电压的正、负分为输出正电压系列（78××）集成稳压器和输出负电压系列（79××）集成稳压器。

根据输出电流分挡，三端集成稳压器的输出电流有大、中、小之分。

（2）按封装结构分类 三端稳压器按封装结构可分为金属封装和塑料封装两大类。

（3）按焊接方式分类 三端稳压器按焊接方式可分为直插式和贴面式两大类。

17.7 三端稳压器的主要参数

（1）输出电压 U_o 输出电压 U_o 是指稳压器的各项工作参数符合规定时的输出电压值。对于三端不可调稳压器，它是常数；对于三端可调稳压器，它是输出电压范围。

（2）输出电压偏差 对于不可调稳压器，实际输出的电压值和规定的输出电压 U_o 之间往往有一定的偏差。这个偏差值一般用百分比表示，也可以用电压值表示。

（3）最大输出电流 I_{omax} 最大输出电流是指稳压器能够保持输出电压时的电流。

（4）最小输入电压 U_{imin} 输入电压值在低于最小输入电压值时，稳压器将不能正常工作。

（5）最大输入电压 U_{imax} 最大输入电压是指稳压器安全工作时允许外加的最大电压值。

（6）最小输入、输出电压差 它是指稳压器能正常工作时的输入电压 U_i 与输出电压 U_o 的最小电压差值。通常要求该压差不能低于2.5V。

（7）电压调整率 S_V 电压调整率是指当稳压器负载不变而输入的直流电压变化时，所引起的输出电压的相对变化量。电压调整率用来表示稳压器维持输出电压不变的能力。

电压调整率有时也用某一输入电压变化范围内的输出电压变化量表示。

（8）电流调整率 S_I 电流调整率是指当输入电压保持不变而输出电流在规定范围内变化时，稳压器输出电压相对变化的百分比。

电流调整率有时也用负载电流变化时输出电压的变化量来表示。

（9）输出电压温漂 S_T 输出电压温漂也称输出电压的温度系数。在规定的温度范围内，当输入电压和输出电流不变时，单位温度变化引起的输出电压变化量就是输出电压温漂。

（10）**输出阻抗 Z** 输出阻抗是指在规定的输入电压和输出电流的条件下，在输出端上所测得的输出电压与输出电流之比。输出阻抗反映了在动态负载状态下，稳压器的电流调整率。

（11）**输出噪声电压 U_N** 输出噪声电压是指当稳压器输入端无噪声电压进入时，在其输出端所输出的噪声电压值。输出噪声电压是由稳压器内部产生的，它会给负载的正常工作带来一定的影响。

17.8 固定式三端稳压器的检测

固定式三端不可调稳压器主要有78××系列和79××系列两大类，其中78××系列稳压器输出的是正电压，而79××系列稳压器输出的是负电压。三端不可调稳压器的主要产品有美国NC公司的LM78××/79××、美国摩托罗拉公司的MC78××/79××、美国仙童公司的uA78××/79××、日本东芝公司的TA78××/79××、日本日立公司的HA78××/79××、日本日电化司的uPC78××/79××、韩国三星公司的KA78××/79××以及意法联合公司生产的L78××/79××等。其中，××代表电压数值，例如7812代表输出电压为12V的稳压器，7905代表输出电压为−5V的稳压器。

17.8.1 固定式三端稳压器的封装

固定式三端稳压器是目前应用最广泛的稳压器。常见的固定式三端稳压器封装如图17-19所示。

17.8.2 固定式三端稳压器的分类

① 按输出电压分类 固定式三端稳压器按输出电压可分为10种，以78××系列稳压器为例，包括7805（5V）、7806（6V）、7808（8V）、7809（9V）、7810（10V）、7812（12V）、7815（15V）、7818（18V）、7820（20V）、7824（24V）。

② 按输出电流分类 固定式三端稳压器按输出电流可分为多种。电流大小与型号内的字母有关，稳压器最大输出电流与字母的关系见表17-4。

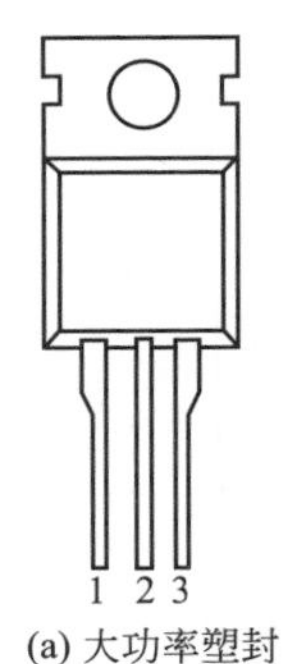

(a) 大功率塑封

1脚输入, 2脚接地, 3脚输出

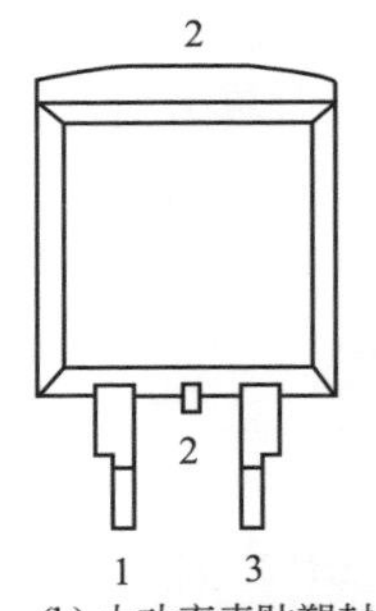

(b) 大功率表贴塑封

1脚输入, 2脚接地, 3脚输出

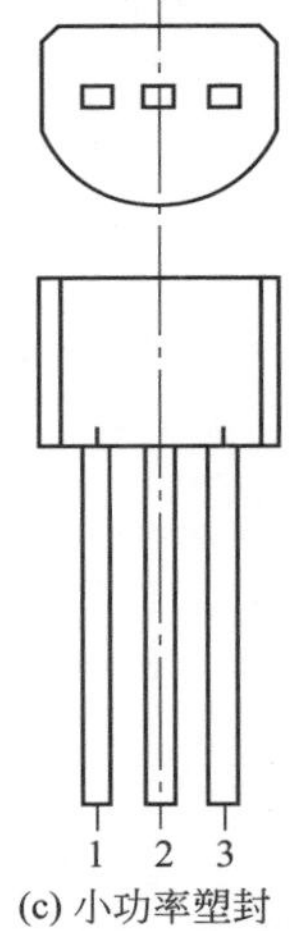

(c) 小功率塑封

1脚输入, 2脚接地, 3脚输出(78××系列);
1脚接地, 2脚输入, 3脚输出(79××系列)

(d) 小功率表贴塑封

1脚输出, 2脚接地, 3脚输入

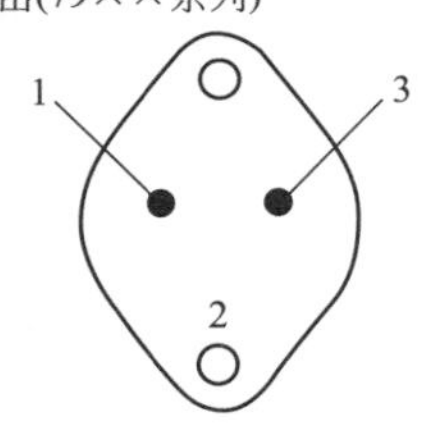

(e) 大功率金属封装

1脚输入, 2脚接地, 3脚输出(78××系列)
1脚接地, 2脚输入, 3脚输出(79××系列)

图17-19 常见固定式三端稳压器封装

表17-4 稳压器最大输出电流与字母的关系

字母	L	N	M	无字母	T	H	P
最大输出电流 /A	0.1	0.3	0.5	1.5	3	5	10

参见表 17-4，常见的 78L05 就是最大输出电流为 100mA 的 5V 稳压器，而常见的 AN7812 就是最大输出电流为 1.5A 的 12V 稳压器。

17.8.3 78×× 系列三端稳压器

① 78×× 系列三端稳压器的构成。78×× 系列三端稳压器由启动电路（恒流源）、采样电路、基准电路、误差放大器、调整管、保护电路等构成，如图 17-20 所示。

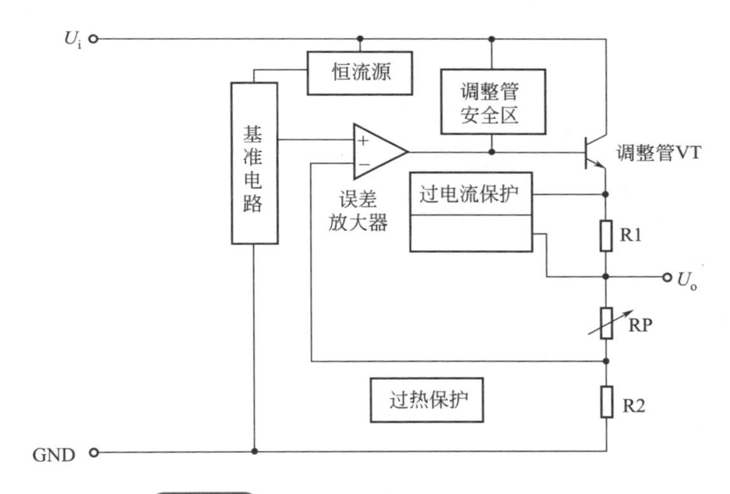

图17-20 78××系列三端稳压器的构成

② 78×× 系列三端稳压器的工作原理。如图 17-20 所示，当 78×× 系列三端稳压器输入端有正常的供电电压 U_i 输入后，该电压不仅加到调整管 VT 的 C 极，而且通过恒流源为基准电路供电，由基准电路产生基准电压并加到误差放大器，误差放大器为 VT 的 B 极提供基准电压，使 VT 的 E 极输出电压，该电压经 R1 限流，再通过三端稳压器的输出端子输出后，为负载供电。

当输入电压升高或负载变轻，引起三端稳压器输出电压 U_o 升高时，通过 RP、R2 采样后电压升高。该电压加到误差放大器后，使误差放在器为调整管 VT 提供的电压减小，VT 因 B 极输入电压减小导通程度减弱，

VT 的 E 极输出电压减小，最终使 U_o 下降到规定值。当输出电压 U_o 下降时，稳压控制过程相反。这样，通过该电路的控制确保稳压器输出的电压 U_o 不随供电电压 U_i 高低和负载轻重变化而变化，实现稳压控制。

当负载异常引起调整管过电流时，被过电流保护电路检测后，使调整管 VT 停止工作，避免调整管过电流损坏，实现了过电流保护。另外，VT 过电流时，温度会大幅度升高，被芯片内的过热保护电路检测后，也会使 VT 停止工作，避免了 VT 过热损坏，实现了过热保护。

17.8.4 79×× 系列三端稳压器

① 79×× 系列三端稳压器的构成。79×× 系列三端稳压器的构成和 78×× 系列三端稳压器基本相同，如图 17-21 所示。

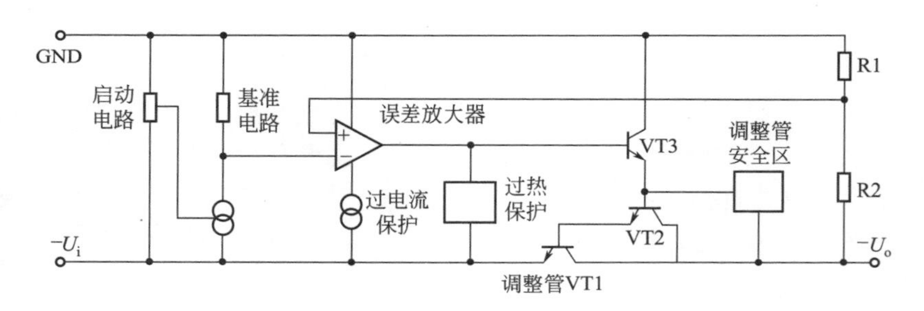

图17-21 79××系列三端稳压器的构成

② 79×× 系列三端稳压器的工作原理。如图 17-21 所示，79×× 系列三端稳压器的工作原理和 78×× 系列三端稳压器一样，区别就是它采用的是负压电和负压输出方式。

17.8.5 固定式三端稳压器的检测

(1) 正、反向电阻检测

① 检测 78×× 系列三端稳压器。将万用表置于 R×1k 挡，分别测量各引脚与接地引脚之间的正、反向电阻，如图 17-22 所示。一般正反电阻相差较大为好，如测量结果与正常值出入很大，则说明该集成稳压器已损坏。部分 78×× 系列集成稳压器各引脚对地电阻值见表 17-5 和表 17-6。

一般来讲，集成稳压器的内部电阻呈现无穷大或零，说明元器件已经损坏。

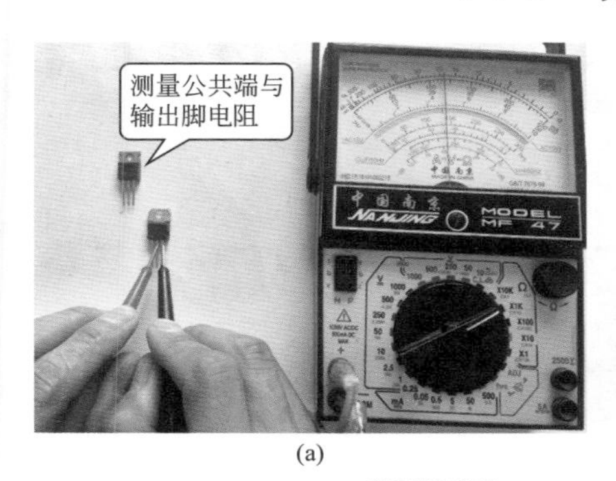

(a)

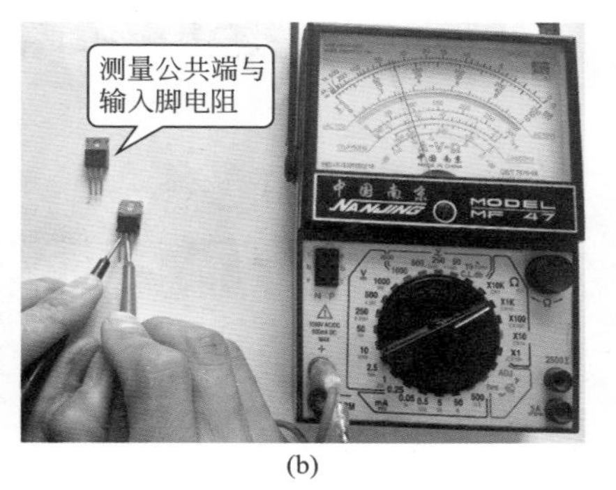

(b)

图17-22 检测78××系列稳压器

表17-5 MC7805集成稳压器各引脚对地电阻值

引　脚	①	②	③
正向电阻 /kΩ	26	地	5
反向电阻 /kΩ	4.7	地	4.8

表17-6 AN7812集成稳压器各引脚对地电阻值

引　脚	①	②	③
正向电阻 /kΩ	29	地	15.6
反向电阻 /kΩ	5.5	地	6.9

② 检测 78×× 系列三端稳压器。将万用表置于 R×1k 挡，分别测量各引脚与接地引脚之间的正、反向电阻，如图 17-23 所示。如测量结果与正常值出入很大，则说明该集成稳压器已损坏。部分 79×× 系列集成稳压器各引脚对地电阻值见表 17-7 和表 17-8。

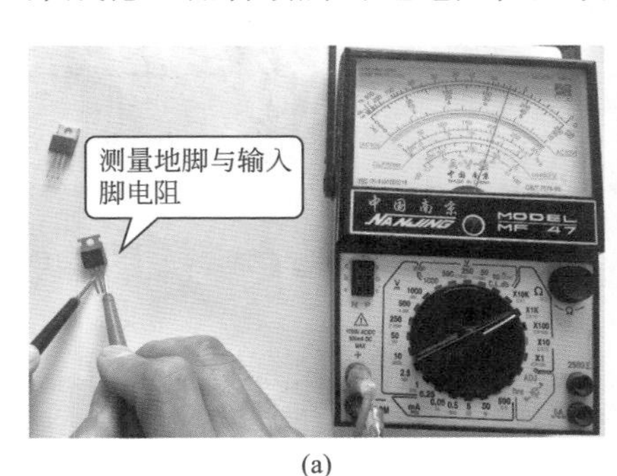

(a)

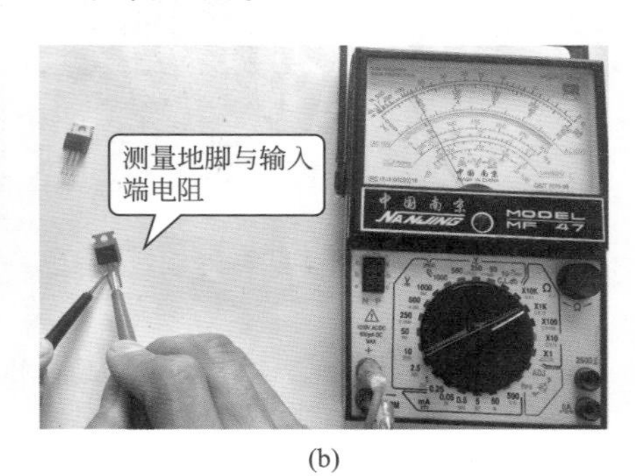

(b)

图17-23 检测79××系列稳压器

表17-7 AN7805T集成稳压器各引脚对地电阻值

引　脚	①	②	③
正向电阻 /kΩ	地	5.2	6.5
反向电阻 /kΩ	地	24.5	8.5

表17-8 LM7812CT集成稳压器各引脚对地电阻值

引　脚	①	②	③
正向电阻 /kΩ	地	5.3	6.8
反向电阻 /kΩ	地	120	13.9

（2）电压检测　下面以三端稳压器 KA7812 为例进行介绍，检测过程如图 17-24 所示。

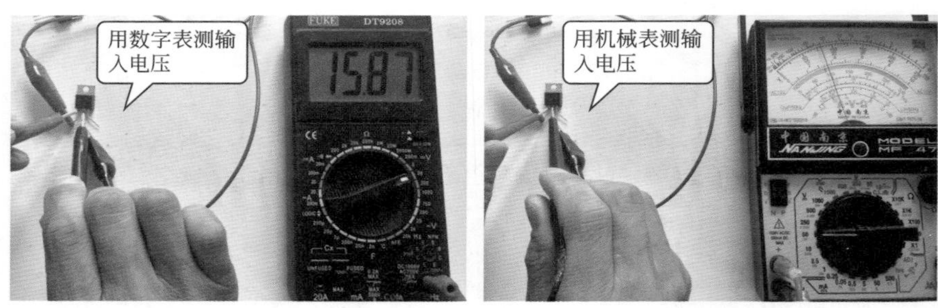

(a) 测量输入电压

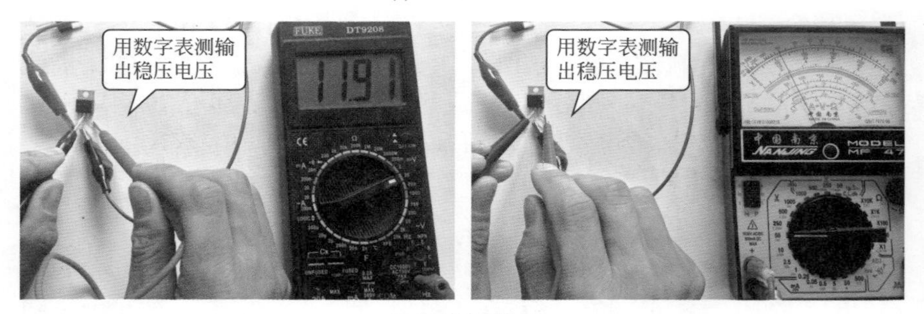

(b) 测量输出电压

图17-24 三端稳压器KA7812的检测示意图

将 KA7812 的供电端和接地端通过导线接在稳压电源的正、负极输出端子上，将稳压电源调在 16V 直流电压输出挡上，测得 KA7812 的供电端与接地端之间的电压约为 15.87V，输出端与接地端间的电压约为 11.91V，说明该稳压器正常。若输入端电压正常，而输出端电压异常，则说明稳压器异常。

若稳压器空载电压正常，而接上负载时输出电压下降，则说明负载过电流或稳压器带载能力差。在这种情况下，缺乏经验的人员最好采用代换进行判断，以免误判。

17.9 可调式三端稳压器的检测

可调式三端稳压器是在不可调稳压器的基础上发展起来的，其最大优点就是输出电压在一定范围内可以连续调整。它和固定式三端稳压器一样，也有正电压输出和负电压输出两种。

17.9.1 可调式三端稳压器的封装

目前，可调式三端稳压器应用最多的是 LM117/217/317 系列。该系列三端稳压器输入电压最高为60V，输入-输出之间压差为3~37V可调，可调式 LM117/217/317 三端稳压器封装如图 17-25 所示。

17.9.2 可调式三端稳压器的分类

① 按输出电压分类。可调式三端稳压器按输出电压可分为 4 种：第一种的输出电压为 1.2~15V，如 LM196/396；第二种的输出电压为 1.2~32V，如 LM138/238/338；第三种的输出电压为 1.2~33V，如 LM150/250/350；第四种的输出电压为 1.2~37V，如 LM117/217/317。

② 按输出电流分类。可调式三端稳压器按输出电流分为 0.1A、0.5A、1.5A、3A、5A、10A。如果稳压器型号后面加字母 L，说明该稳压器的输出电流为 0.1A，如 LM317L 就是最大输出电流为 0.1A 的稳压器；如果稳压器型号后面加字母 M，说明该稳压器的输出电流为 0.5A，如 LM317M 就是最大输出电流为 0.5A 的稳压器；如果稳压器型号后面没有加字母，说明该稳压器的输出电流为 1.5A，如 LM317 就是最大输出电流为 1.5A 的稳压器，而 LM138/238/338 是 5A 的稳压器，LM196/396 是 10A 的稳压器。

17.9.3 可调式三端稳压器的工作原理

可调式三端稳压器由恒流源（启动电路）、基准电压形成电路、调整器（调整管）、误差放大器、保护电路等构成。三端可调稳压器 LM317 的构成如图 17-26 所示。

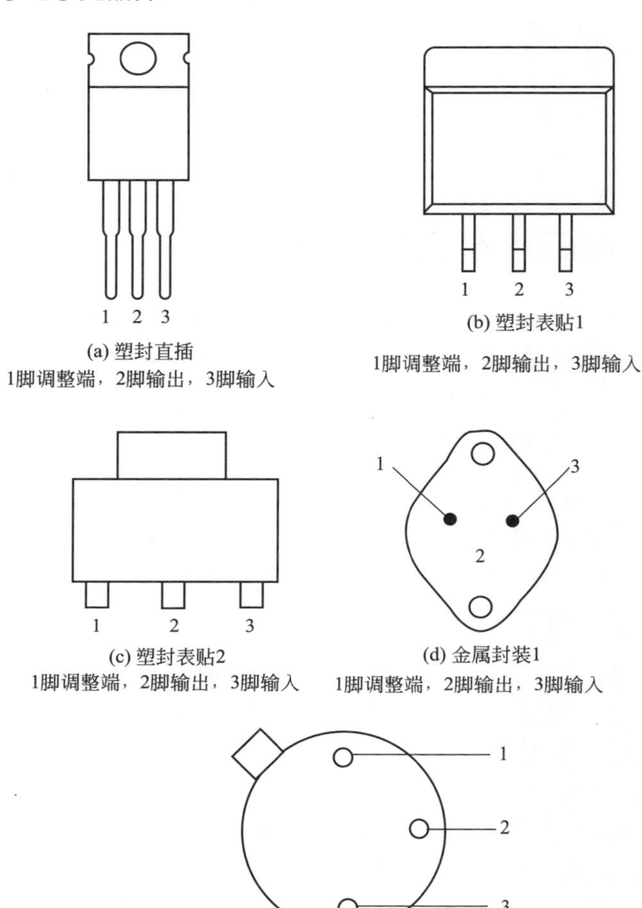

图17-25 常见可调式三端稳压器封装

当稳压器LM317的输入端有正常的供电电压输入后，该电压不仅为调整器（调整管）供电，而且通过恒流源为基准电压放大器供电，由它产生基准电压并加到误差放大器的同相（+）输入端后，误差放大器为调整器提供导通电压，使调整器开始输出电压，该电压通过输出端子输出后，为负载供电。

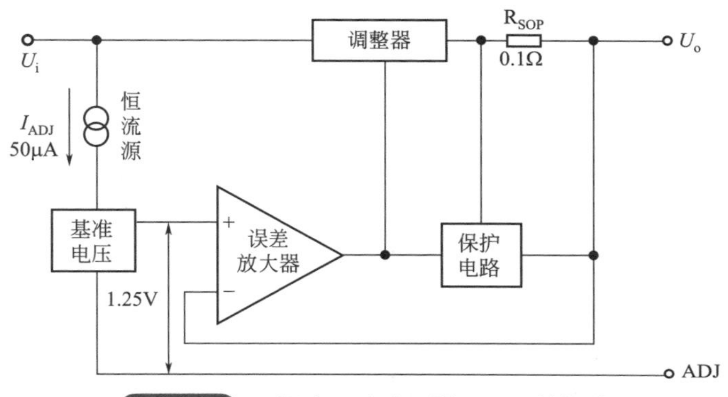

图17-26 可调式三端稳压器LM317的构成

当输入电压升高或负载变轻，引起LM317输出电压升高时，误差放大器反相（−）输入端输入的电压增大，误差放大器为调整器提供的电压减小，调整器输出电压减小，最终使输出电压下降到规定值。输出电压下降时，稳压控制过程相反。这样，通过该电路的控制确保稳压器输出的电压不随供电电压和负载变化而变化，实现稳压控制。

LM317没有设置接地端，它的1.25V基准电压发生器接在调整ADJ上，这样改变ADJ端子电压，就可以改变LM317输出电压的大小。比如，通过控制电路的调整使用ADJ端子电压升高后，基准电压发生器输出的电压就会升高，误差放大器的电压因同相输入端电压升高而升高，该电压加到调整器后，调整器输出电压升高，稳压器为负载提供的电压升高；通过控制电路的调整使ADJ端子电压减小后，稳压器为负载提供的电压降低。

当负载异常引起调整器过电流时，被过电流保护电路检测后，使调整器停止工作，避免调整器过电电流损坏，实现了过电流保护。另外，调整器过电流时，温度会大幅度升高，被芯片内的过热保护电路检测后，也会使调整器停止工作，避免了调整器过热损坏，实现了过热保护。

17.9.4 可调式三端稳压器的检测

（1）正、反向电阻检测 将万用表置于R×1k挡，分别测量各引脚与调整端引脚之间的正、反向电阻，如图17-27所示。如测量结果与正常值出入很大，则说明该集成稳压器已损坏。CW317K集成稳压器各引脚对地电阻值见表17-9。

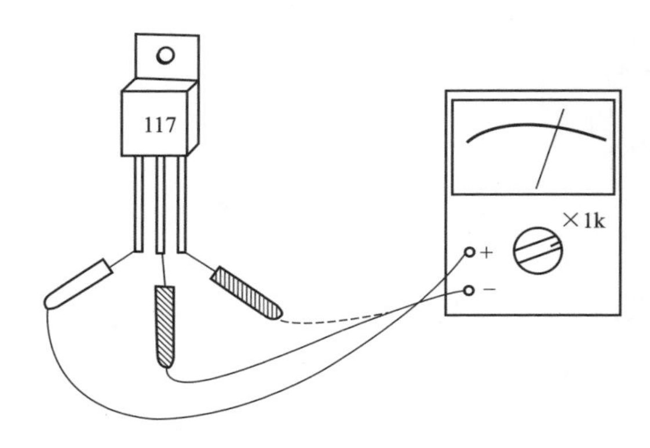

图17-27 检测三端可调正输出集成稳压器

表17-9 CW317K集成稳压器各引脚对地电阻值

引 脚	①	②	③
正向电阻 /kΩ	地	8.7	∞
反向电阻 /kΩ	地	4.1	26

（2）电压检测 下面以三端稳压器 LM317 为例进行介绍，检测电路如图 17-28 所示。

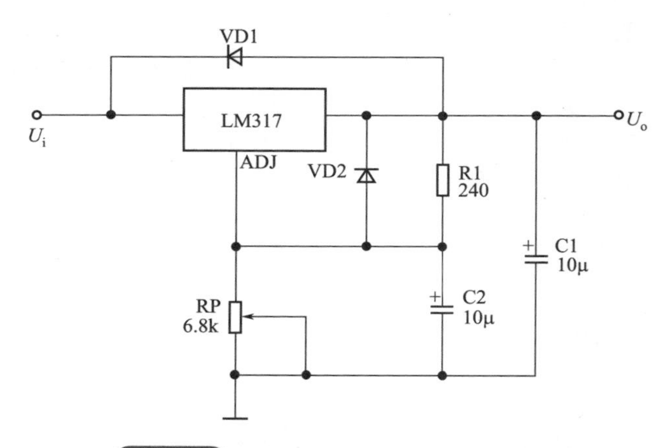

图17-28 三端稳压器LM317的检测电路

将可调电阻 RP 左旋到头，使 ADJ 端子电压为 0 时，用数字型万用表或指针型万用表的电压挡测量滤波电容 C1 两端电压，应低于 1.25V；随后慢慢向右旋转 RP 时，测 C1 两端电压，应逐渐增大，最大电压能够达到37V。否则，说明LM317异常。当然，R1、C2、RP异常使ADJ端子电压不能增大时，稳压器的电压也不能增大。

C2作用是软启动控制，使该稳压器在工作瞬间输出电压由低逐渐升高到正常，以免稳压器工作瞬间输出电压过高可能导致工作异常。二极管VD1、VD2是钳位二极管，以免内部的调整管等元器件过电压损坏。

17.10 三端误差放大器的检测

17.10.1 认识三端误差放大器

三端误差放大器TL431（或KIA431、KA431、LM431、HA17431）在电源电路中应用得较多。TL431属于精密型误差放大器，它有8脚直插式和3脚直插式两种封装形式，如图17-29所示。

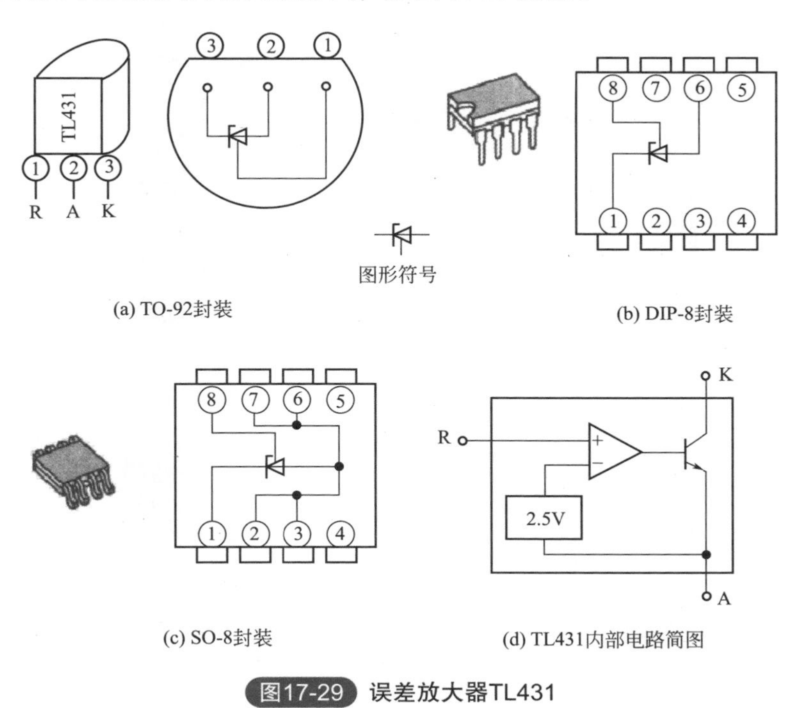

(a) TO-92封装　图形符号　(b) DIP-8封装

(c) SO-8封装　(d) TL431内部电路简图

图17-29 误差放大器TL431

目前，常用的是3脚封装（外形类似2SC1815）。它有3个引脚，分别是误差信号输入端R（有时也标注为G）、接地端A、控制信号输出端K。

当R脚输入的误差采样电压超过2.5V时，TL431内比较器输出的电压升高，使三极管导通加强，TL431的K极电位下降；当R脚输入的电压低于2.5V时，K脚电位升高。

17.10.2 三端误差放大器的检测

TL431可采用非在路电阻检测和在路电压检测两种检测方法。下面介绍非在路电阻检测方法，如图17-30所示，TL431的非在路电阻检测主要是测量R、A、K脚间正、反向电压导通值。

> 提示：实际检测中，只要输入输出脚对地有导通电压，就基本认为是好的，若不是，则大致判断为坏。

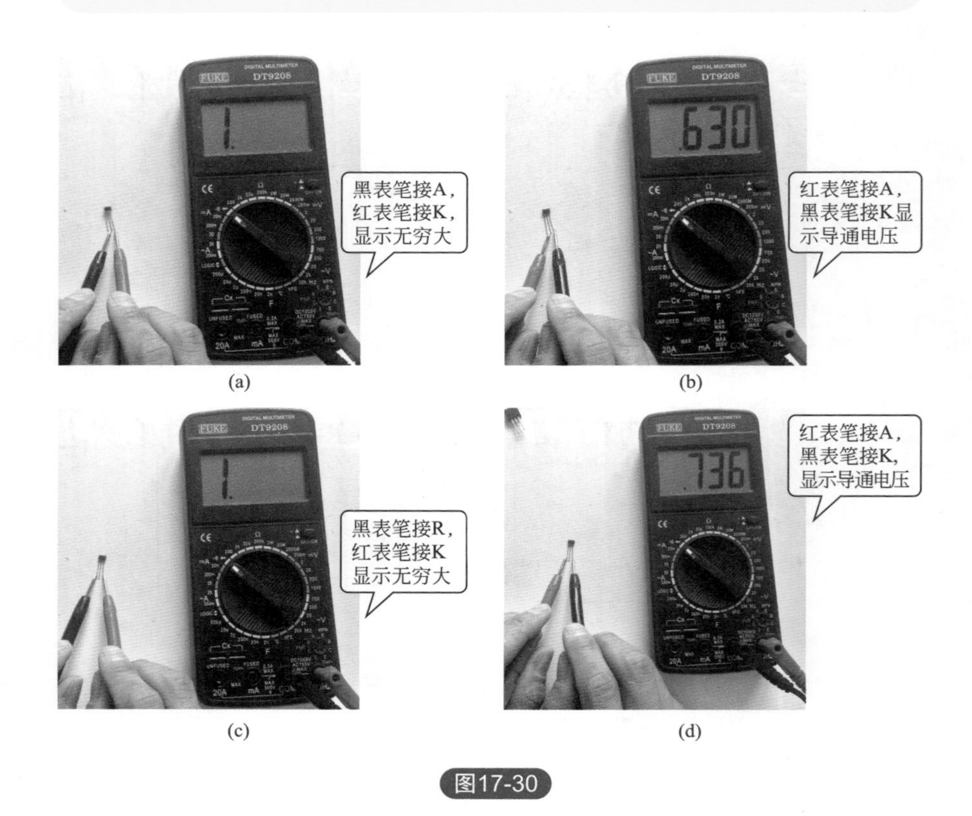

图17-30

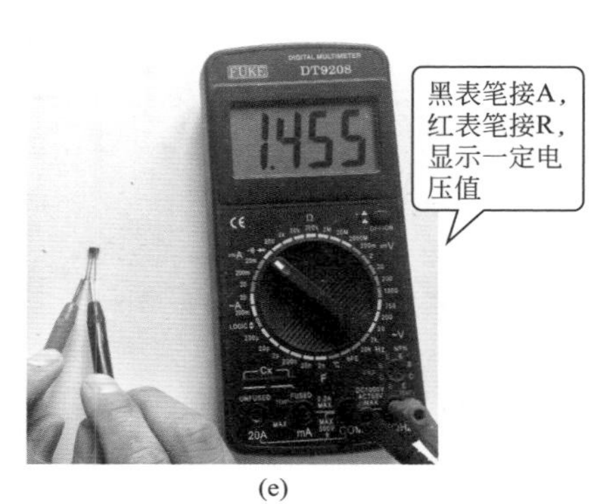

(e)

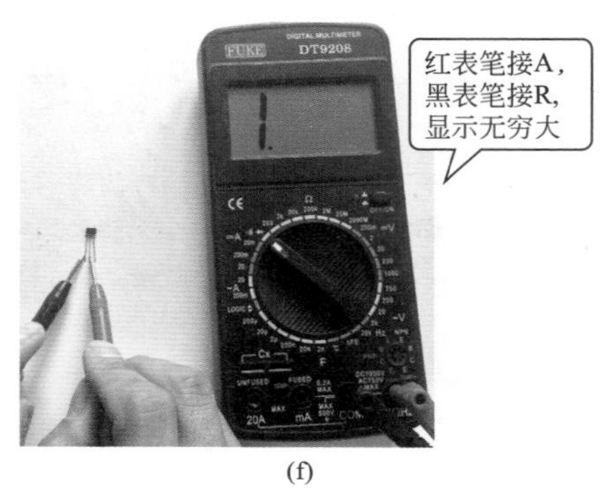

(f)

图17-30 TL431的非在路电阻检测

参考文献

[1] 孙艳．电子测量技术实用教程．北京：国防工业出版社，2010.

[2] 张冰．电子线路．北京：中华工商联合出版社，2006.

[3] 杜虎林．用万用表检测电子元器件．沈阳：辽宁科学技术出版社，1998.

[4] 华容茂．数字电子技术与逻辑设计教程．北京：电子工业出版社，2000.

[5] 王永军．数字逻辑与数字系统．北京：电子工业出版社，2000.

[6] 祝慧芳．脉冲与数字电路．成都：电子科技大学出版社，1995.

附录

电气图常用符号与检修实战视频讲解

电气图常用图形符号和文字符号

空调器整机工作原理

空调器电气构成

空调电辅助加热器的判别

热保护器判别

空调压缩机电机绕组的判别

空调压缩机启动电容检测

空调主控板电路与故障检修

主板维修之主电路电源检修

红外线接收头的判别

空调摆风步进电机判别

空调主电气供电电路检修

空调室外风机电机及运行电容判别

空调主板维修之内风机不转检修

空调器温度传感器判别

空调室温及蒸发温度传感器判别

空调四通阀的检测

冰箱压缩机电机绕组的测量

电冰箱温控器的检测

电磁炉加热线圈与电饭锅加热盘的检测

洗涤电机检测

洗衣机单开关定时器的检测

洗衣机多开关定时器的检测

衣机脱水电机的检测

低压电器检测

单相电机绕组好坏判断

三相电机绕组好坏判断

电缆断线的检测

检测相线与零线

线材绝缘与设备漏电的检测

万用表检测数码管

检测 NE555 集成电路

万用表检测集成运算放大器

二维码及视频讲解清单

正文

- 3页-指针万用表的使用
- 18页-数字万用表的使用
- 36页-电工工具的使用
- 51页-指针表测量普通电阻
- 53页-数字表测量普通电阻
- 62页-指针表测量电位器
- 65页-数字表测量电位器
- 92页-电阻排的检测
- 115页-指针表测量电容器
- 124页-数字表测量电容器
- 129页-电感的测量
- 156页-指针表测量变压器
- 161页-数字表测量变压器
- 172页-指针表测量二极管
- 174页-数字表测量二极管
- 213页-指针表测量三极管
- 221页-数字表测量三极管
- 221页-指针表在路测量三极管
- 229页-指针表测量达林顿管
- 231页-数字表测量达林顿阻尼管
- 246页-场效应管的检测
- 255页-IGBT晶体管的检测
- 264页-单向可控硅的检测
- 267页-双向可控硅的测量
- 272页-开关继电器的检测
- 294页-电声器件的检测
- 320页-石英晶体的测量
- 324页-光电耦合器的检测
- 332页-集成电路与稳压器件的检测

附录

- 00-电气图常用图形符号和文字符号
- 01-空调器整机工作原理
- 02-空调器电气构成
- 03-空调电辅助加热器的判别
- 04-热保护器判别
- 05-空调压缩机电机绕组的判别
- 06-空调压缩机启动电容检测
- 07-空调主控板电路与故障检修
- 08-主板维修之主电路电源检修
- 09-红外线接收头的判别
- 10-空调摆风步进电机判别
- 11-空调主电气供电电路检修
- 12-空调室外风机电机及运行电容判别
- 13-空调主板维修之内风机不转检修
- 14-空调器温度传感器判别
- 15-空调室温及蒸发温度传感器判别
- 16-空调四通阀的检测
- 17-冰箱压缩机电机绕组的测量
- 18-电冰箱温控器的检测
- 19-电磁炉加热线圈与电饭锅加热盘的检测
- 20-洗涤电机检测
- 21-洗衣机单开关定时器检测
- 22-洗衣机多开关定时器检测
- 23-衣机脱水电机的检测
- 24-低压电器检测
- 25-单相电机绕组好坏判断
- 26-三相电机绕组好坏判断
- 27-电缆断线的检测
- 28-检测相线与零线
- 29-线材绝缘与设备漏电的检测
- 30-万用表检测数码管
- 31-检测NE555集成电路
- 32-万用表检测集成运算放大器